军队“2110 工程”三期建设教材

战场情报信息综合处理技术

杨露菁　郝　威　刘志坤　王　炜　编著

国防工業出版社

·北京·

内 容 简 介

本书系统全面地介绍战场情报信息处理相关概念及其相关技术，主要内容分为上下两篇：上篇“单传感器情报信息处理技术”主要介绍雷达、声纳、电子侦察等战场情报信息获取技术，以及基于上述传感器的目标探测、定位、跟踪、识别技术；下篇“多源情报信息综合处理技术”主要介绍基于多源情报信息的目标综合处理技术。全书共分为10章，第1章绪论，第2章情报信息处理的目标探测技术，第3章情报信息处理的目标识别技术，第4章情报信息处理的目标定位技术，第5章情报信息处理的目标跟踪技术，第6章情报信息综合处理系统结构，第7章情报信息时空配准技术，第8章情报信息数据关联技术，第9章情报信息综合处理技术，第10章战场态势综合处理技术。

图书在版编目（CIP）数据

战场情报信息综合处理技术 / 杨露菁等编著. —北京：国防工业出版社，2022.8 重印
ISBN 978-7-118-11327-3

Ⅰ. ①战… Ⅱ. ①杨… Ⅲ. ①数字化战场－信息处理
Ⅳ. ①E81

中国版本图书馆 CIP 数据核字（2017）第 161554 号

※

国防工业出版社出版发行
（北京市海淀区紫竹院南路 23 号 邮政编码 100048）
北京虎彩文化传播有限公司印刷
新华书店经售

*

开本 787×1092 1/16 **印张** 18¼ **字数** 431 千字
2022 年 8 月第 1 版第 2 次印刷 **印数** 2001—2400 册 **定价** 88.00 元

（本书如有印装错误，我社负责调换）

国防书店：(010) 88540777 发行邮购：(010) 88540776
发行传真：(010) 88540755 发行业务：(010) 88540717

前　　言

未来战争是高技术条件下的信息化战争，信息技术、电子技术等高技术的飞速发展引起信息化战争时空特性的极大变化，诸军兵种在陆、海、空、天、网、电等多维一体化空间进行联合作战，作战对象多元、战场环境复杂。信息优势成为传统的陆、海、空、天（空间）优势以外新的争夺领域，有效并且迅速地建立与掌握对敌的信息优势成为作战的首要任务，以及获取、保持、强化和聚合传统优势的基础，也成为决定战争胜负的主要条件。在信息化战争中，情报信息获取手段越来越丰富，信息呈现出海量、多元、复杂、动态、异构等特点，由此对各类军事信息系统中的战场情报信息综合处理技术提出了越来越高的要求。

本书以战场情报信息处理全过程为主线，旨在系统全面地介绍战场情报信息处理相关概念及其相关技术。主要内容分为上下两篇：上篇“单传感器情报信息处理技术”以指挥信息系统为应用背景，系统、全面地介绍雷达、声纳、电子侦察等战场情报信息获取技术，以及基于上述传感器的目标探测、定位、跟踪、识别技术；下篇“多源情报信息综合处理技术”是在上篇基础上介绍多源情报信息的综合处理技术，包括情报综合处理系统体系结构、情报信息时空配准技术、情报信息综合技术、战场态势综合处理技术。全书共分 10 章，上下两篇各包含 5 章内容：第 1 章绪论，第 2 章情报信息处理的目标探测技术，第 3 章情报信息处理的目标识别技术，第 4 章情报信息处理的目标定位技术，第 5 章情报信息处理的目标跟踪技术，第 6 章情报信息综合处理系统结构，第 7 章情报信息时空配准技术，第 8 章情报信息数据关联技术，第 9 章情报信息综合处理技术，第 10 章战场态势综合处理技术。

本书的编写经历了很长的历程，作者杨露菁于 2003 年编写了《目标信息处理技术》一书，并在海军工程大学指挥自动化专业创立了相同名称的课程，经过多年的教学使用，于 2010 年获得海军重点教材立项，并于同年修改编写了第 2 版。该书系统、全面地介绍了雷达、声纳等目标信息获取技术，以及目标探测技术、目标定位技术、目标跟踪技术、目标识别技术、目标信息融合技术等战场目标信息处理技术。同时作者分别于 2006 年（第 1 版）和 2011 年（第 2 版）出版了《多源信息融合理论与应用》一书，于 2008 年出版了译著《多传感器数据融合手册》，对多源信息融合技术相关理论有了较为深入的理解。2013 年，随着海军教改全面展开，作者进一步结合信息技术发展现状以及多年来参与总部和海军信息化建设的实践经验，将目标信息处理技术拓展到战场情报信息综合处理技术，编写完成了本书。

本书的特点是技术与应用相结合，根据实际应用中所需技术构思内容，既有基本概念和基本原理阐述，也有较为深入的技术分析，具有系统性、理论性和实用性。既适用于指挥信息系统工程、电子科学与技术、通信与信息系统、控制科学与工程、系统工程等军内外学科专业本科、研究生教学，也可为相关领域工程技术人员和科研人员提供参考。

作　者

2017 年 2 月

目　　录

上篇　单传感器情报信息处理技术

下篇 多源情报信息综合处理技术

上篇　单传感器情报信息处理技术

第1章　绪　　论

本章首先介绍情报信息的基本概念、战场情报信息分类方法和战场情报信息相关指标；然后介绍战场情报信息获取系统的作用，并从空间分布、情报侦察系统和传感器设备三个方面对信息获取系统进行分类；接着分析战场情报信息处理流程，概述战场情报信息处理技术和信息融合技术；最后介绍信息化战争的基本特征、信息化战争中情报信息的特点和作用。

1.1　战场情报信息概述

1.1.1　情报信息的基本概念

信息同物质、能量一样，是人类赖以生存和发展的宝贵资源，是现代社会的三大要素之一。信息、数据、情报信息是具有共同特点但又有所区别的不同概念。信息与数据的区别：数据是人们对问题说明或事件处理的一种定量表示，它仅仅是一种抽象的量的概念，本身并不代表任何具体含义；信息则是数据经过一定方式处理后得到的，加载在数据之上对数据具体含义的解释，信息是直接面向用户的，对于不同的用户具有不同的意义和价值。数据是信息系统的加工原材料，信息则是信息系统的产品。信息与情报信息的区别：信息是事物运动的状态和方式及其表现形式；情报信息则是有组织获取的有针对性的信息，它是指挥决策的依据，没有及时准确的情报，就不可能有科学正确的指挥和控制。信息具有五大基本特征。

一是客观性。信息是客观存在的，这种客观存在性并不意味着信息本身就是一种物质，而是说它是事物的状态、特征及其变化的客观反映。

二是可用性。信息能满足人们某些方面的需求，用来为社会和军事服务。因此，信息具有使用价值。信息通过一定载体反映出来，被人们知道和理解，即可产生利用价值。经过加工、整理、概括、归纳后的信息，价值更大。

三是共享性。信息作为现代社会的一种重要资源，可供人类共同享用。但是同一则信息，由于人们对其认识程度的不同，必然会导致对其利用程度的不同。如战场上，对一些信息的不同判断和利用，可以导致不同的作战结果。

四是可控性。信息的可控性反映在可扩充性、可压缩性、可处理性、可传输性四个方面。信息的可控性，既增加了信息技术的可操作性，又增加了信息技术利用的复杂性。

五是替代性。信息的利用可以替代资本、劳动力和物质材料，给社会提供裨益。在信息化战场上，信息可以在一定程度上替代物质与能量，起到克敌制胜的重要作用。

1.1.2 战场情报信息分类

战场情报信息是信息应用于军事作战领域的一种特殊形式，是在作战中表现出来的一种属性，是反映各种作战活动方式、特征、状态及其发展变化情况的各种情报、命令、指令、消息和资料的统称，包括数字、报表、凭证、文字、符号、图纸、语音、图像、视频和多媒体等多种形式。它是作战指挥和军事行动的重要依据，是综合作战能力的重要组成部分。为了合理地利用各种信息资源，首先要了解信息的不同类别，以下给出几种战场情报信息分类的方法。

一、按情报信息的作用分类

按这种方法分类最具有实际意义，通常包括情报信息、指挥信息、作战平台与武器系统控制信息、政工信息、后勤和装备保障信息、内部管理与支援信息等。以海战场作战指挥信息为例，按其作用可以分为以下八类。

（1）侦察情报信息。侦察情报信息包括侦察卫星、预警机、侦察机和海军岸基观通雷达站、电子侦察船、电子侦察机、侦察部队、舰艇传感器（雷达、光电、声纳、电子侦察）等获取的信息或信号。

（2）战场态势信息。战场态势信息是指已经过综合的信息，主要是以数据形式自动传输的目标航迹、目标属性、目标种类、目标类型、态势图及文书形式的各种通报。

（3）作战指挥信息。作战指挥信息包括上级下达的各类作战命令（方案），下级向上级的各类请示、报告、目标指示、对空引导、对海指挥引导等信息。

（4）武器共用信息。武器共用信息包括目标指示信息、火力通道组织信息、武器制导控制信息、武器引导信息等。

（5）协同信息。这类信息是各兵力集团或兵力群组织协同动作时所需传输的信息，包括上级给下级下达的兵力群组织协同动作计划信息、各协同兵力间的情况通报信息。

（6）战勤保障信息。这类信息是涉及战勤物资状况、调度等所需传输的信息，其内容较为复杂。

（7）航海保障信息。这类信息一般为广播通报或事先装载，包括地理、水文、气象、电磁环境、大气波导预测、导航定位信息、时统信息等。

（8）自由文电信息。以上几类信息以文书形式发送时，则作为自由文电信息，这类信息形态简单。

例如，舰艇作战系统是海上一个相对独立、自成体系的作战平台，它所包含的信息十分丰富。系统内部的信息有来源于传感器的信息，也有来源于武器系统的信息，还有舰艇平台保障信息等。协同作战时，除了本舰作战系统内部信息外，还有来自协同兵力的信息。按系统信息的作用可以分为以下几种。

① 目标信息。它包括表征目标特性及其状态的所有信息，如定位属性，即目标方位、距离、高度（仰角）；运动属性，即目标航向、航速；敌我属性等。

② 战术命令信息。由指挥员下达或由战术辅助决策应用软件产生的作战指令信息。

如射击命令、目标指示命令、目标检测录取命令等。

③ 系统状态信息。表征系统所属的武器装备工作状态的信息，如开/关机状态、工作良好/故障、弹药量以及系统通道工作状态等。

④ 作战保障信息。它包括所有导航信息等保障作战系统正常运行的信息。如舰艇的姿态及其运动属性等。

上述各类信息仍可进一步细分，如根据目标类型的不同，目标信息包括空中目标、水面目标、水下目标、电子侦察目标、红外预警目标信息等，由此可以得到如图 1.1 所示的舰艇作战系统信息分类结构。

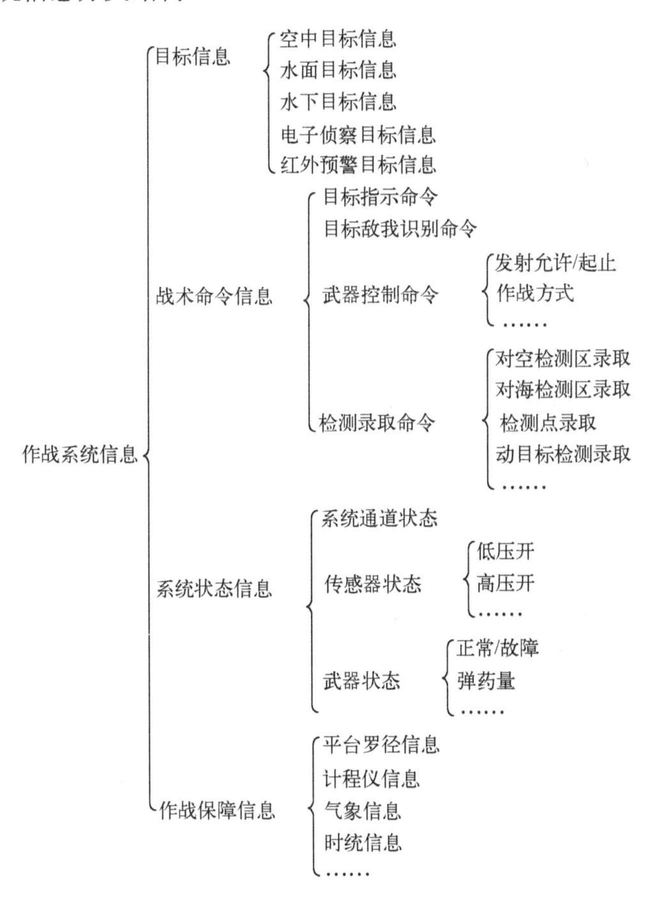

图 1.1　舰艇作战系统信息分类结构

二、按情报信息的属性分类

按情报信息的属性分类，战场情报信息可分为敌情、我情和战场环境信息。

（1）敌情信息。有关作战目标等敌方实体及关联关系的信息，如敌方实体的静态联系反映了战前的敌情信息，敌方实体的动态交互活动反映作战过程中的敌情信息。

（2）我情信息。我方作战单元等战场实体战技指标、作战约束条件等信息。与敌情信息不同，我方信息重点不是实体活动及其关联，而是实体的作战能力，特别是实体的战技性能、功能互补协调性、整体性等。

（3）战场环境信息。影响作战的自然和人文环境信息等。战场环境信息可分为战场环境基础信息和战场环境专题信息。前者是指通用的战场环境信息，如地形、地貌、天文、水文信息；后者是指经过封装的与作战主题相关的战场环境信息。

三、按情报信息的技术来源分类

战场情报信息可以通过如下多种信息获取手段得到。

1. 图像情报

图像情报是从光学、红外或高分辨率合成孔径雷达（SAR）等具有成像功能的多谱段传感器获得的。可以将图像情报作为数字图像进行分析和解读，从而观测各种军事目标的特征、军事设施及其能力；也可以利用相干/非相干变化检测方法，对一段时间内的图像进行分析，得到图像随时间的变化；还可以把来自多个传感器、多个角度的多幅静态图像合并起来对图像特征进行更细致的解读。

2. 信号情报

对电磁谱信号的分析和解读通常称为信号情报，包括通信情报和电子情报，与雷达和主动传感器的电磁发射有关。信号情报收集往往是长期的过程，有助于更好地了解敌方的作战能力、威胁和意图，以及敌方的弱点和部署，从而在战争期间能够更快地确定突发目标的攻击优先权。

（1）通信情报。使用先进的拦截和解密方法捕获的信息，包括传真、移动电话通信、电子邮件和卫星通信等，通过对这些通信信号进行截获和分析，从而获得敌方的通信模式，以及这些信号传送的情报。

为了寻找出具有重要价值的情报，往往需要拦截海量的通信流量。因此，大部分通信情报分析都高度自动化，借助计算机来搜索所截获的文本或语音中的关键字、相互关系和模式。之后由语言学家实时地解码外文模糊消息，进行更详细的分析或实时的分析。最后将通信情报处理成报告，传达给作战指挥员。

（2）电子情报。通过截获并分析电磁频谱中的非通信信号，从而得到有关敌方活动和传感器的信息，如通过分析雷达回波信号来获得雷达情报信息。

作战中，信号干扰和主动欺骗很常见，但是通信情报和电子情报活动通常是长期进行的隐蔽活动，这样可以了解敌方的模式、技术和行动，从而采取相应的对策。收集到的信息可以用来开发威胁库，以便更好地了解敌军装备的作战用途和使用模式，并获得敌军部队的部署模式图。

3. 人工情报

人工情报是从现场报告、特工、平民和非政府组织获得的信息。对人工情报的精确解读需要对敌方的文化、政治、态度和决策制定过程有所了解。人工情报专家采用系统的方式，吸收消化来自部队作战地区的当地人（或者接触到参战人员的人，或者影响作战区域活动的人）的重要情报。

人工情报为指挥员提供有关敌军意图、能力或工作方式的及时、精确的情报，而且有时是唯一的情报。在所有各种情报来源中，来自可信来源或者经过多个来源证实的人工情报可能特别值得信赖，因为其他形式的情报都依赖于电子系统的完整性，因此容易遭到电子欺骗攻击。

4. 测量与特征情报

测量与特征情报依靠从多个来源收集到的情报来描述固定或动态目标的特征，从而在可能遭遇到这些目标的环境中探测、识别和跟踪它们。测量与特征情报是一个相对较慢的、耗时的过程，用来构建多谱段和多特征的目标特征库，并用于指挥信息系统作战参考或者敌我识别目的。测量与特征情报在反欺骗方面尤其有用，因为它能够使多个特征关联起来并通过使用各种特征测量技术与已知的目标特征进行比对。

测量与特征情报涵盖范围很广泛，而且包含许多学科，但是可以概括地认为它包含以下几个子集。

（1）光电测量与特征情报。在可见光频率范围内对军事装备和军事能力的光电特征进行分析，它与图像情报是互补的。图像情报主要关注图像的建立，而光电测量与特征情报则支持对图像更为具体的解读，如可以将真实目标与假目标的特性区分开来；图像情报很大程度上依赖于对可视图像的人工解读，而光电测量与特征情报能够基于对特定光电频率模式和强度的定量评估，产生光谱特征基准库来辅助图像解读。对电磁频谱进行精确的频率分析，能够揭示与某些军事能力特征相关的具体特征，如导弹发射时的紫外线闪光、成像激光以及与制造工厂特定化学品溢出量相关的高谱段特征。

（2）红外测量与特征情报。通常采用在特定频率上工作的传感器来搜索特定的军事特征，如与导弹、火炮和间接射击炮弹相关的热能或紫外线特征。根据搜索目标的不同，传感器可以是陆基或天基，如果要对较大区域的陆地或海洋上的活动进行观察，通常使用天基凝视红外传感器。有些国家（特别是美国）为了实现大范围红外异常探测和导弹早期预警能力，安置了一系列天基凝视阵列传感器来探测和定位来自热源（如导弹火箭发动机、核爆炸或常规爆炸以及工业活动）的红外特征。

（3）光谱测量与特征情报。对来自目标或关注区域的辐射能量及其相关波长进行分析。光谱测量与特征情报既可以运用到已经在辐射能量的目标，如发动机排气或发热装置，也可以用于由激光或其他能量源激发而释放能量（从而能够测量材料特征）的目标。与图像情报不同，测量与特征情报虽然可以构造目标的合成图像（运用能量、波长以及几何坐标测量），但是它并不属于真正的成像技术。

光谱测量与特征情报通常覆盖一系列频率，而且往往扩展到红外和紫外范围，与可见光相比，它的目标特征辨别能力更加广泛。例如，光谱测量可以提示一栋建筑物是采用混凝土结构、木质结构还是砖结构，或者某条道路是柏油路面还是土路，路面上的液体是水还是其他化学品。

（4）核测量与特征情报。它包括核能和材料的探测以及电离核辐射对材料、人员、装备以及环境作用的分析。核测量与特征情报传感器通常采用天基方式，而且经常与其他科学领域组合起来（如地震学和大气采样）探测核活动。

（5）地球物理学测量与特征情报。对与天气、声学、地震学、重力测定和磁环境等相关的物理环境特征进行分析，以了解地球物理学特征对军事行动的影响，并探测这些可能具有军事影响的特征的变化。通过对地球物理特征的长时间分析能够探测环境变化，从而提示敌军活动或敌军设施的存在（包括隧道、道路或其他会破坏自然环境的活动的迹象）。

（6）雷达测量与特征情报。测量来自雷达的电磁辐射特征，利用处理和分类技术来测量目标在不同条件、不同角度下的雷达特征，从而构建这些特征的基准库，辅助目标敌我识别。例如，用于非合作目标识别，通过对来自目标的雷达反射特征进行详细分析，可以确定对被照射平台的类型。通过对雷达发射特征进行研究和分类，可以构建一个库来帮助识别预警系统探测到的雷达的类型。每部雷达都有自己独一无二的发射模式，根据雷达运行模式的不同，雷达的发射模式会出现非常大的变化，可以警告某个平台是否被探测以及某部雷达是否被锁定为导弹发射做准备。所有雷达特征都有细微的差别，那么，通过精确的测量，有可能识别个体雷达（而不仅仅是雷达类型）的发射，这类“指纹”称为特定辐射源识别。翔实的雷达特征知识还可以用于重放虚假信号，让敌方误认为该平台发射的信号完全不同于其真实身份的信号。

（7）材料测量与特征情报。探测、收集、处理和分析气体、液体或固体样本，更好地了解敌方的能力或使用方法。对于规划响应核生化或核生化辐射威胁，无论是军用环境还是民用环境，都非常有用。

（8）射频测量与特征情报。根据军事系统和装备有意或无意的射频发射来描述其特征。虽然电子情报也会分析有意的射频发射，但是射频测量与特征情报还考虑到来自雷达和无线电系统（如旁瓣天线辐射）的无意辐射以及其他射频发射特征，用来帮助识别那些配备有众多射频传输系统的特定平台。此外，还对由发电系统、核爆炸、大规模常规爆炸和电磁脉冲武器发射的电磁脉冲进行分析。

5. 技术情报

通过收集和分析国外装备与相关资料取得情报，提供给战略、战役和战术层指挥员使用。技术情报的工作是单兵在战场上发现新情况并采取适当的步骤上报，报告内容在后续的更高层得到利用，直到拿出对策来瓦解敌方的技术优势。技术情报旨在更好地了解敌军武器系统和传感器的特征与能力，从而更便于探测和识别它们，并且开发和部署有效的对抗措施。

6. 公开来源情报

从公开可用的数据（如互联网来源、出版机构、解密的政府文件）中收集到的情报。从商业电台和电视广播、报纸、杂志以及其他书面出版物获取信息，并对这些信息进行分析和解读，往往交叉匹配其他情报来源，从而给出有关军事能力的结论。公开来源情报的优势在于能够较为廉价和安全地从世界各地获取，而且来源比较易于理解。

7. 科技情报

通过对国外武器和传感器系统、作战物资和技术之类的技术情报进行解读与利用，对其研发能力、相关技术在武器和传感器系统中的应用情况进行详细评估，并对敌方能力进行分析。还可以搜寻表明战争可能性的国外科技发展信息，如医疗能力和武器系统特点、能力、弱点、限制和有效性，以及与这些系统有关的研发活动和相关的制造信息。

四、按情报信息的相对稳定性分类

按情报信息存储、利用的相对稳定性，可将情报信息分为静态和动态两大类。

（1）静态信息。主要是指某一时期内基本不变的信息，如电子海图、敌我兵器的性能、射表、作战方案和舰艇人员情况等，一般情况下，操作人员不对其进行修改。相应地，存储这些信息的数据库称为静态数据库。

（2）动态信息。主要是指战场态势信息，这些信息是由各种传感器实时探测后获得的，随战场态势的变化而不断更新。它们由专门的动态数据库加以存储，以便随时对其进行读写操作。例如，目标航迹就是一种典型的动态信息，存储的是有关目标的状态信息。

五、按信息的输入/输出分类

按照信息系统中信息流向不同，可分为输入和输出两类信息：流入系统的是战场态势信息；流出系统的是作战指令信息。以舰载指控系统为例，其输入、输出信息分别包括以下几种。

（1）输入信息。舰载指控系统的信息来源很多，通过各种手段获取的信息大致可分为敌、我、友和自然四大类。其中敌信息包括目标的位置、运动参数、数量、类型等参数；我信息如本舰的航行状态、位置、本舰武备的状态；友信息包括友邻舰艇的情况、上级的指示等内容；自然参数主要是作战海区的地理、水文、气象情况，如海区的风向、风速、温度、岛礁位置等。

（2）输出信息。经过指控系统处理后，主要可输出以下几类信息。

① 目标信息。这些信息一般都是用显示器以直观、简明的方式提供给指挥员的，指挥员可借此进行态势判断和决策。

② 辅助决策信息。指控系统可调用事先装入的一些战术软件进行辅助决策计算，并给出相应的战术计算结果或方案，这些方案可供指挥员备选，从而提高指挥员进行决策的正确性、准确性及快速性。

③ 舰艇和武备控制信息。要使决策得以实现，必须将方案下达到具体的部门或操作人员手中。这些方案的下达是在指挥员的操控下，由指控系统自动传送到各个战位的，当然也可以用传统的人工方式下达。

④ 对外发送信息。这些信息主要是通过诸如战术数据链之类的自动化通信设备自动对外发送的，其接收的对象包括友邻舰艇、飞机、编指或岸指等。通过这种方式可达到情报资源共享和协同作战的目的。

以上这些输出信息一般可通过指控系统的显示器以事先约定的方式加以显示，信息的输出也可以人工控制，从而达到良好的人机相辅的目的。

1.1.3 战场情报信息相关指标

一、战场情报信息的度量

信息是可以度量的，信息的多少通常用信息量来表示。所谓信息量的多少，是指反映事务未知情况的程度。例如，对一份军事情报，可以从内容新颖的程度、内容覆盖的范围、数据的准确度、分析问题的深刻性等来考察其信息量的大小。另一种是从信息接收者来度量，即以接收者从信息中获取的关于事务未知状态的多少来度量。不同的信息接收者从同一个信息源提供的同一个信息中获取的信息量一般是不同的。如同一份军事情报，对已经掌握这些情报的指挥员来说没有什么信息量，而对于未掌握这些情报的指挥员就有一定的信息量。

战场情报信息质量=信息的真实性质量+信息的可用性质量，其中信息的真实性质量是指信息内容反映战场的真实程度，是感知信息与实际战场目标/事件的符合程度的度量；信息的可用性质量是指战场感知信息对作战应用的满足程度，是信息对战场预警、指挥决策和火力打击等作战活动支持程度的度量。信息的真实性质量是从客观抽象角度来理解信息质量的，可以视为信息质量的理论定义，情报部门通常使用这一概念，将其视为情报质量的度量标准；信息的可用性质量是从实际应用角度来理解信息质量的，作战部门通常使用这一概念，作为情报信息对作战活动支持程度的评估标准。

战场情报信息的质量可以从以下七个方面来衡量。

（1）信息的真伪性，是指信息描述的是真目标、假目标/杂波的程度或比率。

（2）信息偏差，是指信息表述的目标状态与目标真实状态的偏差，含系统误差和随机误差。

（3）信息的符合性，是指目标识别信息与目标实际属性（敌我、类型、型号/数量等）的符合程度。

（4）信息的实时性，是指信息获取或处理的时间延迟。

（5）信息的连续性，是指信息表述的目标状态的持续获取程度。

（6）信息的完整性，是指获取目标状态或属性信息所能反映真实战场态势的完整程度。

（7）信息的一致性，是指多个作战单元对共同关心的态势信息掌握的一致程度。

二、指挥信息系统中的信息指标

在指挥信息系统中，情报信息的获取、处理、传输等都有一些相关的指标。指挥信息系统能力指标无外乎从准确性、时效性两个方面来描述：准确性表示与实际相符合的程度，如信息系统处理后的目标状态与真实目标状态相吻合的程度；时效性表示任务延迟时间，如从系统收集信息到产生公共作战态势所需的时间。

1. 信息获取能力

与情报信息获取能力相关的性能指标可以从侦察探测的手段、范围、探测目标能力等方面来描述，主要包括信息获取范围、信息获取密度、信息获取概率、信息获取精度、信息获取平均时间、目标识别、精确定位等指标。

（1）信息源种类。系统获取目标信息的电子设备或手段，如雷达、声纳、预警机、红外、激光设备等。度量单位：种。

（2）目标的种类。系统针对的目标对象，如空天目标有中远程导弹、潜射导弹、洲际导弹等；空中目标包含飞机、巡航导弹、地空导弹和近程对地导弹等；海面目标有水面舰艇，水下目标有潜艇。度量单位：种。

（3）区域范围。预警探测和情报侦察范围，在侦察探测和通信传输手段都可达的情况下，信息源收集与处理信息的特定任务海域，如战场侦察的纵深与宽度，雷达、声纳探测设备的覆盖半径、预警高度（深度）等。一般是以情报处理中心为圆心，×××km为半径的一个圆域。度量单位：km、km^2。

（4）情报信息获取密度。单位时间内系统获取的目标信息总量。度量单位：次/s、事件/min、批/min、点/s、B/s 等。

（5）目标探测性能。它包括目标发现概率、目标识别率、虚警概率、漏检率等。

（6）目标测量精度。系统得到的目标信息与实际目标相符合的程度，即通过观测得到的测量数值偏离其真实数值的程度。影响精度的因素是雷达或探测设备的测量误差，包括距离、方位、高度等误差。度量单位：m、km、%。

2. 信息传输能力

通信网络是信息系统信息传输的基础，是实现网络连接和获得信息优势的重要保证。

它可以用以下指标来度量。

（1）通信覆盖范围。

（2）通信容量。通常以单位时间内输入输出的信息量来表示（b/s）。

（3）传输误码率。通信系统可靠性指标，是指信息经过传输后的错误比特数占传输总比特数的比率。

（4）信息传输速率。通信系统有效性指标，单位时间内传输的信息量大小。

（5）连通率。通信网络中任意节点间随时可接通的概率。

（6）信息传输的安全保密性、通信信道抗干扰能力。

3. 信息处理能力

对预警探测和情报信息进行综合处理，从而及时产生完备和准确的战场态势。

（1）处理信息类型。雷达情报、水声情报、电子对抗侦察情报、侦察态势情报、侦察动向情报、我方舰位自报信息、我方兵力行动/计划信息、民用海上目标信息等海情信息。

（2）情报处理格式。能够收集和整理格式化报文、无格式报文、专用格式文本、表格、图形、图片、音频、视频、数据库等海上目标情报。

（3）情报处理容量。系统存储信息和综合处理目标的容量。信息存储量是指系统可存储敌、我、友等信息的总量。度量单位：MB。综合处理目标的容量是指系统能够同时接收处理的目标信息数量。如接收和处理批数，主要取决于计算机的数据处理能力。如果目标批数已经确定，则要通过选择具有相应处理能力的计算机才能满足要求。度量单位：海情×××批、空情××。

（4）情报处理密度（点/min）。

（5）信息处理质量。反映对多源信息进行提取、识别、分析、关联及整合的处理精度，如航迹、速度、航向误差、目标识别能力、信息错漏率（在信息获取、传输、处理过程中出错、丢失的那部分信息量占整个收集到的信息量的百分比）等。

（6）情报处理时延。情报信息从探测设备捕获报出开始，经通信传输、情报处理中心处理、显示器显示或其他方式输出所滞后的时间。度量单位：min、s。

1.2 战场情报信息获取系统

战场情报信息获取系统是由各种收集和获取情报信息的技术、设备、系统根据作战需要而构成的立体网络体系。其中信息获取技术包括目标探测技术、识别技术和定位技术等；信息获取设备由可见光遥感设备、微光夜视设备、红外遥感设备、微波遥感设备、多光谱遥感设备、声学遥感设备等各种传感设备，以及将这些技术、设备与不同载体相结合所构成的侦察预警卫星、侦察预警飞机、侦察预警雷达、无线电侦察设备、定位定向设备、侦察预警声纳等信息获取装备组成；信息获取系统由空间信息获取系统、空中信息获取系统、地面信息获取系统、海面信息获取系统等组成。信息获取系统的特点是：空间配置立体化，信息获取、处理、传递实时化，信息获取手段综合化，信息探测打击系统一体化等。

战场情报信息获取系统的主要任务是综合利用部署在空间、空中、陆地、海洋、水下的各种侦察探测装备和设备，及时、准确、大量地收集国家周边地区的军事态势、敌方重兵集团的集结和动向、重要武器的研制和部署、指挥系统的构成和电磁频谱信息等战略情报；敌方导弹或其他飞行器来袭的预警情报；当面之敌的兵力编成和部署、阵地编成、火力配系、指挥系统、作战企图、通信枢纽、部队的集结和动向、信息武器的技术性能、技术参数、信息化武器的配置、后方仓库、机场、地形地貌、气象、敌我态势等战场情报，并以数据、图形、图像等多媒体形式，向指挥控制中心提供与作战有关的各种情报信息，为计算机辅助决策、武器控制以及指挥员定下决心、处置情况提供及时准确的情报依据。

1.2.1 按空间分布分类的信息获取系统

战场情报信息获取系统按其安装位置和平台的空间分布可分为空间信息获取系统、空中信息获取系统、地面信息获取系统、海面信息获取系统。

一、空间信息获取系统

空间信息获取系统是指卫星侦察系统，侦察卫星是用以获得军事情报的人造卫星。它利用卫星的光电遥感器或无线电接收机等侦察设备，从轨道上搜集地面、海洋和空中目标的有关信息，对目标实施侦察、监视和跟踪，获取情报。侦察设备收集到的电磁波信息，或直接记录存储于返回舱内，在地球上回收，或通过无线电传输方法送到地面接收站进行处理，从中获取情报。它具有侦察面积大、范围广、速度快、效果好、可长期或连续监视以及不受国界和地理条件限制等优点。根据执行的任务和侦察设备不同，一般分为照相侦察卫星、电子侦察卫星、地面海洋监视卫星、弹道导弹预警卫星等。

1. 照相侦察卫星

照相侦察卫星是利用所携带的光学遥感器和微波遥感器拍摄地面一定范围内的物体并产生高分辨率图像的卫星。主要用于战略情报收集、战术侦察、军备控制核查和打击效果评估等目的。它一般运行在近地点为 150～280km 的近地轨道上。它把目标的图像信息记录在胶片或磁记录器上，然后通过返回式卫星送回地面，或用无线电传输方式实时或延时传回地面。这些信息经过加工处理后，就能判读和识别目标的性质，并确定其地理位置。

照相侦察卫星的侦察设备包括可见光相机、红外相机、多光谱相机、微波相机以及电视摄像机等，它们各有自己的特点和用途。其中，可见光照相能够获得最佳的地面分辨率，照片直观，易于判读；红外照相可以揭露一部分伪装；多光谱照相便于识别更多的目标；微波照相不受天候影响，可昼夜工作，并且具有一定的穿透地表及森林、冰块的能力。

照相侦察卫星的最主要特点是地面分辨率较高，至少优于 5m。照相侦察卫星所能分辨地面物体的最小尺寸，与轨道高度及成像系统的质量有关。分辨率越高，对目标判断的结果越精确。图 1.2 所示为卫星分辨率与目标识别分级表，共分为四级：第一级“发现”（Detect），是指大致知道目标形态，从照片上仅仅能判断目标是否存在；第二级“识别”（Recognize），是指发现目标较为细致，能够辨识目标，如是人还是车、是大炮还是飞机；第三级“确认”（Identify），是指能较为详细地区分目标，能从同一类目标中指出其所属类型，如车辆是卡车还是公共汽车、房子是住宅还是工厂；第四级“描述”(Describe)，是指能更为细致地知道目标的具体形状，识别目标的特征和细节，如能指出飞机、汽车的型号和舰船上的装备等。

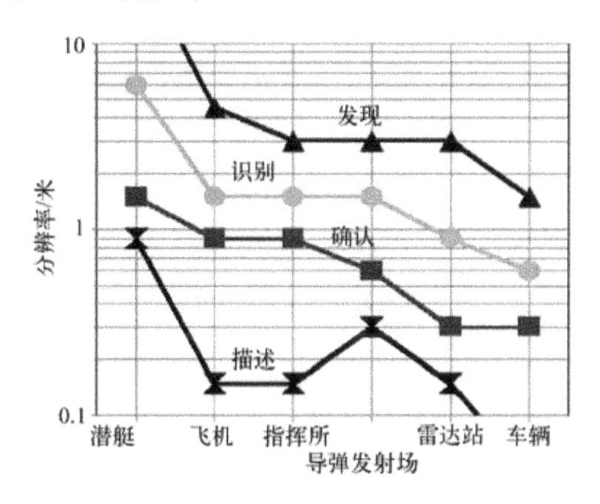

图 1.2　卫星分辨率与目标识别分级表

2. 电子侦察卫星

电子侦察卫星是用于侦收雷达、通信和遥测等系统辐射的电磁信号并测定辐射源地理位置的侦察卫星。卫星将侦收到的电磁信号进行预处理后，发送到地面接收站，以分析电磁信号的各种参数，进行辐射源定位，并从中提取军事情报。电子侦察卫星侦察范围广、速度快、效率高，且不受地域、天气条件的限制，可对敌方进行长时间、大范围的连续侦察监视，获取时效性很强的军事情报，是现代军事侦察不可缺少的重要手段。

电子侦察卫星运行的高度一般在 300～1000km，主要有两个任务：一个是侦察敌方反导弹雷达、防空雷达信号，测定其精度，确定位置、作用距离及信号特性，为己方战略轰炸机和弹道导弹的突防、实施有效的电子干扰提供情报；另一个是确定敌方军用电台和发信设施的位置及其无线电信号特征，以便战时将其摧毁，平时窃听军事通信中的重要情报，从而掌握对方潜在的军事动向和计划企图等。有时也用来截收导弹试验时向基地发回的遥测信号，以掌握敌方战略武器动态。

电子侦察卫星上装有侦察接收机和磁带记录器，当卫星飞经敌方上空时，将各种频率的无线电波信号记录在磁带上，在卫星飞经本国地球站上空时，再回放磁带，以快速通信方式将信息传回。

3. 海洋监视卫星

海洋监视卫星是用于探测、识别、跟踪、定位和监视全球海面舰艇和水下潜艇活动的卫星，它能提供舰船之间、舰岸之间的通信，是 20 世纪 70 年代发展起来的十分先进的卫星技术。由于它所覆盖的海域广阔，自海洋监视卫星问世以来，广泛用于发现和跟踪海上军用舰船，探测海洋各种特性。

海洋监视卫星的轨道比较高，一般在 1000km 左右，其主要任务是对海上舰船和潜艇进行探测、识别、定位、跟踪监视。它可在黑夜和云雾等全天候条件下监测海面，有效鉴别敌舰队形、航向和航速，准确确定其位置，能探测水下潜航中的核潜艇，跟踪低空飞行的巡航导弹，为作战指挥提供海上目标的动态情报，为武器系统提供超视距目标指示。另外，它还能探测海洋的各种特性，如海浪的高度、海流的强度和方向、海面风速、海水温度和含盐量及海岸的性质等，为本国舰船的安全航行提供海面状况与海洋特性等重要数据。

海洋监视卫星包括电子侦察型和雷达型两种，前者实际上就是电子侦察卫星，只不过它监视的是水面舰船发出的无线电信号；后者在卫星上装有大孔径雷达，可以不依赖对方发射信号而主动搜索目标，其精度比电子侦察型高。海洋监视卫星常采用多颗卫星组网的侦察体制，以达到连续监视、提高探测概率和定位精度的目的。

4. 弹道导弹预警卫星

弹道导弹预警卫星是为实现预警目的，监视和发现敌方弹道导弹发射的侦察卫星。弹道导弹预警卫星的主要任务是监视地面弹道导弹的发射情况，在导弹发射后 90s 内，星载的红外探测器就可以测出导弹尾焰产生的红外辐射信号，加上中间传递过程，共需要三四分钟的时间，便可将预警信息传到指挥中心。此外，预警卫星上一般还装有核辐射探测器，包括 X 射线探测器、γ 射线探测器和中子计数器等，因此预警卫星往往兼有探测核爆炸的任务，它能监视和发现大气层内和外层空间所发生的核爆炸事件。

在预警卫星出现之前，对弹道导弹发射的探测主要依靠地面上的防空雷达网。雷达发射的电波信号沿直线传播，受地球曲率的影响，使雷达发现导弹的距离受到限制，不能尽早捕获目标，所能掌握的预警时间很短。预警卫星通常运行在地球静止卫星轨道或周期约 12h 的大椭圆轨道上，一般由几颗卫星组成预警网，覆盖范围很大，能克服雷达预警的缺点，延长预警时间，便于捕捉战机，及时组织战略防御和反攻。在现代战争中，预警卫星是有效的防御工具。预警卫星上装有红外探测器和电视摄像机。遇有地面或水下发射弹道导弹的情况，高灵敏度的红外探测器就能够探测到导弹主动段飞行期间发动机尾焰的红外辐射并发出警报。与此同时，带有远摄镜头的高分辨率电视摄像机对准有关的空域，跟踪导弹并自动或根据遥控指令向地面发送目标图像，在地面电视屏幕上同时显示出导弹尾焰图像的运动轨迹。根据尾焰在不同高度上形状和亮度的差异，可识别出目标的真伪，及时准确地判明导弹发射。

二、空中信息获取系统

空中信息获取系统主要是指机载或气球飞艇侦察系统，包括侦察飞机、侦察直升机、侦察预警机、气球飞艇载侦察系统等。

1. 侦察飞机

侦察飞机携带可见光照相机、电视摄像机、前视红外遥感器、侧视成像雷达、电子侦察设备等，可以及时、准确地完成对战场情况的侦察，并能直接引导突击武器摧毁目标。如固定翼侦察机是有人驾驶侦察飞机的主要机种，是航空侦察系统的主力，在历次战争中发挥着巨大的作用。固定翼侦察机主要有两大类：一类是专用侦察机，具有侦察能力强、侦察容量大、侦察精度高的特点；另一类是战斗机加侦察吊舱来完成侦察任务，其装备的型号与数量较多。

2. 侦察直升机

侦察直升机在军事侦察方面有其独特的优势，是目前由陆军、海军直接控制的侦察手段之一。它能在很低的高度（距地面 10～15m、距海面 1m）上实施侦察，并且飞行速度不高，有利于对地面、海面进行更准确、细致的观察，从而提高了所获情报的可靠性；

能够悬停于空中，行动隐蔽，便于从己方领域对敌整个战术纵深内的活动目标进行跟踪；飞行高度灵活，可根据具体的战情确定，一般在3000m以下，侦察纵深最远可达100～150km；可在狭小的场地（如林中空地、市内广场、舰船甲板等）上起降，可紧靠指挥员及司令部驻扎，便于根据他们的需要进行侦察。因此，当前各国都十分重视发展侦察直升机。

3. 侦察预警机

侦察预警指挥飞机是空中信息获取系统的核心装备，实际上，它是一个以实现情报获取、预警指挥为主要目的的空中指挥所，其核心部分是一个航空综合电子信息系统。它配备有功能完善、性能优良的传感器，如监视雷达、敌我识别器和电子支援系统，高吞吐量、强处理能力的数据处理系统，快速、安全和抗干扰能力强的信息传输系统，综合导航系统和自卫干扰系统；具有全向情报收集、快速数据传输、综合信息处理与显示、高效辅助决策与指挥控制功能。

4. 气球飞艇

除侦察机外，气球、飞艇也可用于侦察。气球侦察系统由地面上的系留设施，利用一条系留缆索，将气球及其所携带的侦察设备悬停在某一高度上，完成远距离监视、侦察与预警任务。气球侦察系统具有许多特点，如探测距离远、覆盖面积广、续航时间长、运行费用与采购费用低等。

飞艇与气球一样，其飞行都是靠空气的浮力或空气的静力来实现的，依靠吊挂的舱内装载各种侦察设备来完成军事侦察任务。与其他空中侦察手段相比，飞艇侦察系统有许多独特的优点，如可垂直起降、有较长的续航时间、载重量大、噪声小、稳定性好、飞行高度高等。但是，飞艇也存在体积大、目标特征大的缺点，影响了其生存能力。

三、地面信息获取系统

地面信息获取系统主要由设在地面的各种无线电侦察系统、传感器侦察系统、侦察预警雷达系统等组成。

1. 无线电侦察系统

无线电侦察系统通过信号搜索截获、信号测向定位、信号测量分析、信号侦听、信号识别判断等来获取情报信息。它通过对敌方信息设备，主要是通信设备所发射的通信信号进行搜索截获、测量分析和测向定位，以获取信号频率、速率、电平、调制样式和电台位置参数，对截获的信号进行判别、破译，以确定信号的属性和内容，从而查明敌方信息设备的配置、使用情况及其战术技术性能和参数。

2. 传感器侦察系统

传感器侦察系统用来执行预警、目标搜索、目标监视等战术侦察任务。传感技术设备主要有六种基本类型：音响传感器、振动传感器、红外传感器、压力传感器、磁传感器和扰动传感器等。

3. 侦察预警雷达系统

侦察预警雷达系统是地面信息获取系统的主要情报获取装备，它是利用目标对电磁波的反射现象来发现目标并测定其各种战术技术参数的。

地面信息获取系统主要包括装甲侦察车、地面固定侦听站、地面移动侦察站和便携式侦察设备。常用的侦察设备有信号侦察接收设备、雷达/红外/光电侦察观测设备、地面传感探测设备、无人地面侦察车等，这些侦察装备可与海、空、天基侦察资源相联，构成陆战侦察体系，及时为地面部队提供准确的战场态势和目标信息。

四、海面信息获取系统

海面信息获取系统以侦察舰船和其他海上交通工具作为平台，装备有多种专用的情报侦察设备，如光学侦察设备、无线电侦察设备、雷达侦察机、探测预警雷达、声纳侦察设备等，以及相应的情报侦察处理设备。

海面信息获取系统在海上进行综合侦察，并能长时间进行跟踪监视，弥补了空中侦察和地面侦察的不足。海上侦察按平台方式分为水面舰艇侦察、潜艇侦察、海军航空兵侦察和两栖侦察。

电子侦察船（舰）是专门从事海上情报侦察的舰船，是海上大型的机动侦察、预警、侦听站，它活动范围很广，可根据需要进行远洋侦察或环球侦察，主要用于战略侦察。电子侦察船在海上实施侦察的主要任务是：接收并记录对方无线电通信、雷达和武器控制系统等电子设备所发射的电磁波信号，查明这些电子设备的技术参数和战术性能，为研究电子技术侦察和电子对抗设备提供依据；查明对方无线电台、雷达站和声纳站的位置和网系，并判明其指挥关系；侦听无线电话，侦收无线电报，并破译密码，以获取军事情报；对海上活动的舰船及编队进行跟踪监视等。电子侦察船上的侦察系统，一般都有各种频段的无线电侦察接收机、雷达侦察接收机、测向仪、解调终端、记录设备、信号分析仪及多种接收天线，有的还配备光学侦察设备和声纳侦察设备。

1.2.2 按情报侦察系统体系分类的信息获取系统

从情报侦察系统的体系来看，信息获取系统主要由战略情报侦察系统、战役战术情报侦察系统、预警探测系统和电子战情报侦察系统组成。不同的情报侦察系统，其获取的情报信息种类不同，内容也不同。

一、预警探测系统

预警探测系统包含以下技术领域：雷达探测器、光电探测器、自动目标识别等。这些探测器有固定式的，也有移动式的。探测器的移动平台包括高低轨道卫星、飞机和直升机、系留气球、水面舰艇和水下潜艇、各种机动车辆以及便携探测器等。预警探测系统所要探测的目标如下。

（1）外层空间目标，如空间轨道卫星、战略和战术弹道导弹等。

（2）大气层内目标，如各种飞机、巡航导弹、直升机、各种导弹等。

（3）水面和水下目标，如水面舰艇、水下潜艇、鱼雷等。

（4）陆上目标，如地面设施、坦克、火炮、导弹等。

预警探测系统的任务是：不论在和平时期还是战争时期，都保持常备不懈，全天候昼夜监视，在尽可能远的警戒距离内，对目标精确定位，测定有关参数，并识别目标的性质，以备突然来袭之敌。

预警探测系统分为战略预警系统和战区内战役战术预警系统两大类。战略预警系统的主要对象是防御战略弹道导弹、战略巡航导弹和战略轰炸机。战区内战役战术预警系统的对象是探测大气层内的空中、水面和水下、陆上等战役战术目标。

战略预警探测系统的主要技术装备包括高、低轨道预警卫星，机载预警和控制系统，天波超视距雷达，地面弹道导弹预警雷达等。

预警卫星装有红外探测器、电视摄像机等遥感装置或合成孔径雷达（SAR）等，红外探测器可以感受弹道导弹发射时的红外辐射，探测到弹道导弹的发射、飞行方向，粗略估计弹着点；合成孔径雷达成像卫星可以主动探测导弹和其他目标。预警卫星的优点是监视区域大，反应灵敏，不易受到来自地面的干扰和攻击，生存能力强，一般可在发射后 90s 内探测到目标。

地面弹道导弹相控阵雷达用于搜索、发现和跟踪弹道导弹，作用距离可达 3000～7000km。它的探测精度比星载红外探测器要高，跟踪过程中能较精确地预报目标的发射点和弹着点以及弹道飞行轨迹，可以给反导系统做目标指示或引导反导系统的搜索雷达捕获目标。它还能同时跟踪和处理多批目标，在跟踪过程中识别真假弹头，计算出有关参数。

机载预警和控制系统装有大型脉冲多普勒雷达及红外探测器，能在强杂波背景中发现低空目标。担负战略预警任务时，可以发现起飞段的弹道导弹，并以激光进行跟踪和摧毁它。

战役战术预警系统的主要装备包括预警卫星，短波超视距警戒雷达，机载预警和控制系统，地面或舰载远程警戒雷达，武器平台嵌入的搜索、制导、火控雷达，综合反潜声纳系统等。

二、情报侦察系统

情报侦察分为战略情报侦察和战术情报侦察两大类。实施战略情报侦察的主要方式和手段如下。

（1）谍报侦察。通过派遣谍报人员或策反工作获取重要的、核心机密的政治、经济、军事情报。

（2）无线电技术侦察。通过窃取全频段的无线电信号（含通信信号和非通信信号）来获取情报。它可分为无线电侦察、无线电窃听、无线电测向、雷达侦测和其他非通信信号的侦测。

（3）航天侦察。使用各种轨道高度的航天飞行器（卫星、空间站、航天飞船、航天飞机等），实施成像侦察（光学摄像、合成孔径雷达成像等）、电子侦察或窃听、海洋监视、导弹预警和核爆炸效果探测等。

（4）航空侦察。使用各种空中平台（有人或无人驾驶飞机、升空气球等），获得敌方纵深目标情报。

（5）海上侦察。使用专用的或改装的电子侦察船抵达敌方的海岸或跟踪敌方的船队，接收、记录敌方的无线电信号、声纳信号和武器控制系统发出的信号，从中获取有价值的情报。

实施战役战术情报侦察的主要方式和手段如下。

（1）战场侦察雷达。利用部署在战役前沿（或海防前线）的战场侦察雷达或装在直升机、固定飞机上的远程战场侦察雷达探测敌方前沿阵地和纵深的兵力集结及调动情报。

（2）战场光学侦察系统。光学侦察是战役战术侦察的重要组成部分，它可分为电视侦察、照相侦察、热成像侦察、红外侦察、激光侦察和微光侦察以及各种观察器材（望远镜、潜望镜等）侦察等，通过成像画面直观了解敌方的活动。光学侦察系统可装在各种载体（卫星、飞机、舰艇及各种车辆）上。

（3）战场传感器侦察系统。选用各种传感器感受战场环境的声、磁、振动等物理量的变化，并将其转换成易于识别和分析的图像及信号，以确定战场中目标的类型、位置、规模、运动方向和速度等。

（4）战场窃听系统。它包括声音窃听、电话窃听和无线电波窃听等。无论是战略侦察还是战役战术侦察，所获得的情报都必须经过分析、整理或整编（包括情报综合或融合、台情分析、密码破译、情报评估等）、情报处理（包括情报报告、通报、储存和检索等）以及情报传输，把情报上报或分发给有关部门。上述整个情报形成的过程必须有统一的情报指挥和控制系统，以使情报的搜集、分析、整编、处理、传输有序进行。

三、电子战情报侦察系统

电子战情报侦察系统分为电子战侦察对抗系统和光学侦察对抗系统。

（1）电子战侦察对抗系统。电子战侦察对抗系统是运用电子技术设备和方法，搜索和截取敌方无线电电子设备辐射的电磁信号，从中获取所需情报而进行的侦察。其按信号性质分为通信信号侦察和非通信信号侦察。

通信信号侦察是使用无线电信号接收、记录和检测设备，截获侦察对象各种信道的各类电报、语音、数据和图像等通信信号，通过台情分析、解译通信内容、分析信号特征、测定辐射源位置和破译密码等方法，从中获取反映其兵力、部署、动向、作战意图、战略企图以及政治、经济等方面的情报。

非通信信号侦察是使用相应的电子侦察设备，对各类主动发射或无意泄漏的雷达、导航设备、敌我识别器和制导设备等辐射的非通信信号进行搜索、监测和分析，查明其电子装备和载体的战术技术性能、类型、用途、分布状态、配置变化和活动状况等，进而判断其装备水平、作战能力等。

（2）光学侦察对抗系统。光学侦察对抗系统是利用照相侦察、电视侦察、红外侦察、激光侦察等方法，获取目标的图形图像信息。

四、情报侦察系统的发展趋势

未来战争对情报侦察的时效性、准确性的要求将越来越高，情报侦察系统将随电子信息技术的发展而不断完善，其主要发展趋势如下。

（1）情报侦察系统向综合化和一体化发展。随着侦察传感器技术、情报处理技术、计算机技术和通信技术的发展，情报侦察系统的规模将扩大，性能将增强，综合化程度将不断提高。综合利用无源侦察与有源侦察、通信信号侦察与非通信信号侦察、电子侦察与光电侦察、固定侦察与机动侦察等手段，是提高侦察能力的根本途径，也是侦察装备的一种重要发展趋势。例如，美军正在发展一体化的多传感器指挥控制飞机，以探测地面和空中移动目标，而这些任务，目前是由机载预警与控制系统和联合监视与目标攻击雷达系统两个独立的平台分别完成的。

（2）侦察平台向无人化、小型化、微型化等个性化发展。大型固定翼侦察平台的最大特点是飞得高、飞得远、机载侦察设备齐全，但随之也带来许多局限性。随着集成技术、软件技术的飞速发展，多种小型化、微型化、无人化的侦察平台，正在从遥控、半自主式向全自主、智能化、全隐身、全天候方向发展，并将广泛应用于高风险环境，完成以信息对抗为主的各项侦察任务。航程远、滞空时间长的无人战斗侦察机还可压制敌方防空系统，执行侦察 / 打击纵深目标等高危险任务。

（3）不断提高情报侦察系统的智能化水平。在不久的将来，信息融合技术在概念、功能、模型、体系结构、算法等方面将取得进一步发展，这无疑将改善综合情报侦察系统的信息处理范围、速度、精度，以及情报的置信度和辅助决策的能力。尤其是人工智能理论的发展，将促进综合情报侦察系统走向智能化。

（4）不断提高侦察技术和生存能力。在高技术战场上，侦察与反侦察的斗争日趋加剧，情报侦察技术水平需不断提高，尤其是提高对跳频、直扩、猝发等低截获概率信号的侦察技术；提高测向定位的精度，图像情报传感器的分辨率，传感器的作用距离；提高抗隐身、抗干扰、抗辐射和抗摧毁能力，完善分布式体系结构和安全机制等。

1.2.3 按传感器设备分类的信息获取系统

传感器设备是信息获取系统的主要信息来源，根据探测方法的不同，可分为主动探测设备和被动探测设备两大类。主动探测设备主要有主动雷达和主动声纳，它们是通过向目标发射信号，然后接收被目标反射和散射回来的信号来测定目标的方位、距离等位置参数的；被动探测设备主要有红外探测仪、光学望远镜、电子侦察设备、噪声声纳、平台罗经、计程仪和风速风向仪等，它是利用目标固有的声、光、热、磁和运动等特性，探测目标的位置及运动等参数。

根据采用的传感器设备来分类，战场情报信息获取系统包括电子对抗侦察系统、雷达探测系统、声纳探测系统、光电侦察系统、技术侦察系统，它们可构成全天候、全时空、不同作战平台的立体化侦察情报体系。

1. 电子对抗侦察系统

电子对抗侦察系统包括电子对抗侦察站、侦察分队、侦察部队、战役指挥所、战略指挥所信息系统。电子对抗侦察分为战略电子对抗侦察和战术电子对抗侦察，通常以陆海空天基传感器截获雷达、通信、光电等辐射信号或信息，通过电子对抗情报分析处理、识别、判断辐射源的位置、战术技术指标以及其他相关信息，提供电子对抗综合情报和支援情报。

2. 雷达探测系统

雷达探测系统包括雷达观通站、分队、部队、战役指挥所、战略指挥所信息系统。雷达探测可对太空、空中、海上、地面具有雷达电磁波反射能力的目标进行判定，提供目标的经度、纬度、高度、速度、类型等信息，使指挥员能够判断来袭目标的性质、意图。

3. 技术侦察系统

技术侦察系统包括技术侦察系统站、分队、部队、战役指挥所、战略指挥所信息系统，技术侦察是通过地面、航空、航天飞行器，利用电子侦察方法截获敌方通信、广播、数据链传播的信息内容，经分析处理获取侦察区域内军事目标通信内容和电磁辐射特征，通过解析所截获的情报内容判断电磁辐射目标的通信内容、部署、活动规律、工作状态等，使指挥员能够从战略、战役以及战术层次综合掌握目标的性质。

4. 图像侦察系统

图像侦察系统通过航空、航天飞行器装载的可见光、合成孔径雷达、红外等成像设备，利用照相、遥感以及合成孔径雷达成像等方法获取侦察区域的敌方目标图像信息，经过分析处理获得图像侦察情报，进而判断军事目标地理位置、外部特征和类型，提供军事目标的部署、结构、活动规律等，使指挥员能够从战略层次综合掌握目标的性质。

这些系统包括机载图像侦察系统，如机载红外图像侦察系统、机载可见光图像侦察系统、机载合成孔径雷达图像侦察系统；星载图像侦察系统，如星载红外图像侦察系统、星载可见光图像侦察系统、星载合成孔径雷达图像侦察系统。

当今，美国已建立了遍布全球的全维、立体的情报监视侦察体系，能够融合来自空间系统，空中预警、侦察及作战系统，水面舰艇、潜艇乃至陆上军事力量的各种目标信息，将所感知的战区和战场信息实时提供给各级作战人员和武器平台，从而使所有参战人员得以快速、全面、实时、可靠地洞察整个战场情况和态势，将分布广阔的探测系统、通信系统、指挥控制系统和各种武器系统融为一体，实现了战场态势共享，构成了一个高效的信息化作战整体，极其显著地提高所有作战单元的作战效能和整体作战效能。

1.3 战场情报信息处理技术

1.3.1 战场情报信息处理流程

从信息流程上来讲，战场情报信息处理系统通常是以计算机为核心、信息为媒介、通信网络为神经的，具有特有的信息获取、传递、处理和对抗等能力的一种分布式信息处理系统。

（1）信息获取。情报信息的获取是通过一定的技术手段取得所需情报信息的过程。通常需要获取的情报信息包括目标数量、位置、状态、电磁、武器性能、水文气象、地形等。

（2）信息传输。情报传输是利用情报信息传输网络将侦察监视器材获得的原始信息或经过处理的情报信息发送到所需平台的过程。基本手段分为有线与无线、既设设施与野战临时设施，有线方式使用同轴和光纤，无线方法由于使用了许多新的技术，则几乎涵盖了所有的频率范围。两种方法的信息传输都依赖于以计算机为核心的数据通信方式，并采用了许多新的加密和抗干扰方法。

（3）信息处理。广义的情报处理是指从获取情报到提供使用的整个过程。情报信息系统的核心功能是情报信息处理。处理过程包括数据处理(格式转换) 、信息存储、相关处理、逻辑分析和输出。目前，情报信息系统进行信息处理的核心技术是多源情报数据融合，涵盖技术层、表示层和认知层三个层次。

（4）信息分发。经处理后的情报信息要根据需要分配给使用者，这个过程就是信息的分发。情报信息分发的基本原则是: 按权限，按范围，按需求，按时序。

（5）信息应用。情报信息的应用主要集中在三个关键的层面：指挥决策层，各作战要素层，武器平台操作层。理想化的结果是使各应用终端最终达到：可靠互通，充分互用，易于互操作。

（6）信息反馈。情报信息反馈主要是从信息获取前端到数据应用终端的逐级信息双向交流，关键是不断地更新、改正和完善各类数据库，为应用提供可靠的信息数据。

指挥信息系统的信息处理流程如图 1.3 所示。

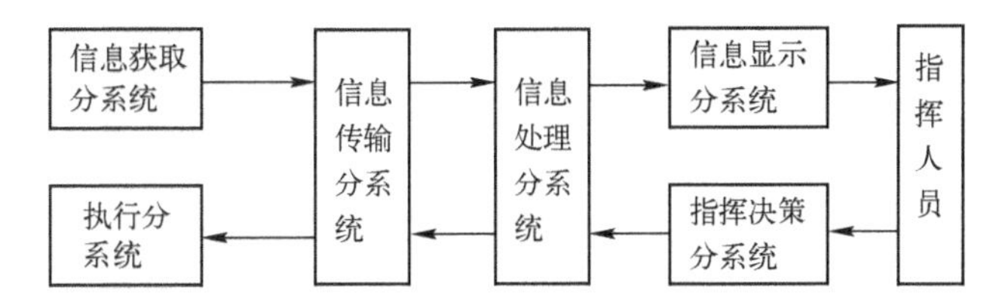

图 1.3　指挥信息系统信息处理流程

按照信息流程和业务应用的需求划分，指挥信息系统分为信息收集分系统、信息传输分系统、信息处理分系统、信息显示分系统、指挥决策分系统、执行分系统等部分，各个分系统的功能如下。

（1）信息收集分系统。信息收集分系统是指挥信息系统的“耳目”，是整个系统的输入部分。该分系统能及时收集敌我双方的兵力部署、作战行动、战场地形、气象等情况，为指挥员定下决心提供实时的准确情报。

在作战应用上，信息获取分系统主要对应预警探测和情报侦察等系统，利用遥感、传感技术进行情报收集，由侦察卫星、侦察飞机、雷达、声纳、光学、红外等侦察探测设备组成。接收的信息类型主要包括电磁信息、图形图像信息、声响信息、文电信息、语音信息等。

（2）信息传输分系统。信息传输分系统是指挥信息系统的“神经网络”，是连接指挥信息系统各要素、各分系统和各种设备的桥梁与纽带。在作战应用上，信息传输分系统主要对应军事通信系统，其主要任务是：迅速、准确、安全可靠、不间断地传输各种指挥、控制、情报信息，将指挥信息系统各要素连接为一个有机的整体。

信息传输分系统主要由各种传输信道、交换设备、通信终端等组成。传输信道以光纤、数字微波接力、通信卫星信道为主，辅之以短波、超短波、散射信道等。

（3）信息处理分系统。信息处理分系统是指挥信息系统的“大脑”，是指挥信息系统的核心。在作战应用上，信息处理分系统主要对应指挥控制系统中的指挥部分，其任务是对所收集的各种情报信息和预警探测信息进行综合、分类、存储、更新、检索、复制和计算等，并进行目标运动参数计算、属性识别、威胁估计等分析和处理。

（4）信息显示分系统。其作用是以文字、符号、数字、表格、图形图像等多种形式，为指挥员、参谋人员、操作人员提供形象、直观、清晰的战场态势，以便指挥参谋人员及时了解情况，迅速做出决策。该分系统所显示的信息，可以是由信息收集分系统提供并经信息处理分系统处理过的动态信息，也可以是数据库中存储的静态信息，如军用地图、水文资料等。

（5）指挥决策分系统。在作战应用上，指挥决策分系统主要对应指挥控制系统中的指挥部分，供指挥员实施作战指挥，参谋人员和操作人员进行战术技术管理。可根据作战需要，随时调阅各种实时情报或历史情报信息，随时调整所需显示或输出的信息，并可根据问题的性质，进行自动决策或计算机辅助决策控制。辅助指挥人员拟制各种作战方案或计划，对各种作战方案进行模拟、比较评估和优选等，提高指挥决策的科学性。

（6）执行分系统。执行分系统是指挥信息系统的“神经中枢”，是整个系统的输出与控制部分。在作战应用上，主要对应指挥控制系统中的控制部分，其主要任务是将作战命令信息或控制指令信息变为具体的作战行动或动作。执行分系统主要由人或部（分）队和执行设备组成，如导弹的发射控制和制导装置、火炮的发射控制装置以及各种遥控设备的执行机构等。

根据上述系统划分，指挥信息系统包含战场目标的信息获取、传输、处理、显示、指挥决策等技术。其基本任务是收集各种情报信息，主要是有关敌我双方目标的各种信息，如目标属性、类型、位置参数、运动参数等，及时传送给指挥中心，在指挥中心进行汇集、分析、融合后，形成综合战场态势，为指挥员提供准确、完整的实时作战空间图像，以及敌方目标视图，以便于其进行作战指挥决策。

1.3.2 战场情报信息处理技术概述

战场情报信息处理系统是在各种信息技术武器设备的基础上，以计算机技术为核心，以通信网络技术为支撑平台而构成的军事信息流通渠道，主要用于信息的获取、传输与处理。它通常由信息获取系统、信息传输系统、信息处理系统组成。信息处理系统包括各类信息分析、信息分发、指挥控制等硬件设备和计算机应用软件，这些设备和软件用于从大量原始信息资源中提取真实和有用的军事信息，并依据这些信息为作战指挥人员提供辅助决策。其中信息处理技术在涉及到信息获取、传递、存储、处理和使用的方方面面。

信息技术是一个比较大的概念，包括的范围很广，主要由信息的获取与感知、传输与分发、分析与处理、开发与利用、存储与显示、安全与对抗等技术组成。特别要指出的是，信息技术往往不是单独应用的，而是相互交叉渗透的。现以 GPS（全球定位系统）为例进行说明。

（1）从信息获取与感知角度：GPS 是一个定位、授时系统。

（2）从信息传输与分发角度：GPS 是一个卫星通信系统。

（3）从信息分析与处理角度：GPS 是一个求解目标地理位置的数据处理系统。

（4）从信息开发与利用角度：GPS 是一个卫星微波测量距离和卫星姿态控制系统；同时，它还是一个密码加密系统。

由此可知，可以将信息技术理解为上述几项技术的相乘，而不是简单的相加，即信息技术 = 获取与感知×传输与分发×分析与处理×开发与利用×安全与对抗。这里的乘号是交叉渗透的意思。

战场情报信息综合处理的任务是收集来自多种信息源的有关敌我双方目标的各种信息，如目标属性、类型、位置参数、运动参数、目标图像等，综合处理后得到综合战场态势，并提供给指挥员做出决策。战场情报信息处理技术主要包含战场目标感知、检测、识别、定位和跟踪技术。它的基本任务是收集来自多种信息源的有关敌我双方目标的各种信息，如目标属性、类型、位置参数、运动参数、目标图像等，综合处理后得到综合战场态势，并提供给指挥员做出决策。

（1）目标感知技术（Cognition Technology）。利用各种探测设备探测目标的外在特征信息，即目标所表现出来的几何特性、物理特性（如声、光、电、磁、热力学特性）以及化学特性，以获取目标的本质及其内在规律。

对军事目标的感知最初采用的手段是对人类感觉器官功能的直接延伸，代表性仪器有工作于可见光波段的望远镜、照相机、探照灯等光学仪器。感知技术发展的里程碑是第二次世界大战中雷达、声纳的应用。目前，随着新技术的发展和作战需求的牵引，雷达感知技术、声纳感知技术、电子侦察感知技术、可见光无源感知技术、红外和多光谱感知技术等成为重要的信息获取技术。

（2）目标检测技术（Target Detection）。根据探测设备接收到的电磁信号、声信号、图形图像信息等，判断是否存在目标。

（3）目标识别技术（Target Recognition）。目标识别技术亦称属性分类或身份估计，是指对目标敌我属性、类型、种类的判别。目标综合识别是对基于不同信息源得到的目标属性数据所形成的一个组合的目标身份说明。现代战争要求指挥员能在瞬息万变的战场迅速做出战术决策，而只有在准确识别目标的基础上才能做到快速决策和有效打击。因此，综合目标识别技术在现代战争中将始终具有重要地位。

（4）目标定位技术（Location Technique of Targets）。测量目标位置参数、时间参数、运动参数等时空信息的技术，用于对目标进行精确定位。

（5）目标跟踪技术（Tracking Technique of Targets）。根据传感器获取的目标点迹，确定或估计目标的有关参数，如航向、航速等运动参数，进而推算目标未来位置的过程。

以海战场情报信息处理过程为例，一般而言，首先，收集雷达观通站、电子对抗侦察站、水声站等预警探测站点上报的海上目标情报，收集预警机/警戒机/电子侦察机、海上编队、水面舰艇、潜艇等海空潜平台上报的海上目标情报，收集各级技术侦察情报、海上兵力行动/计划信息和民用海情信息；然后，根据情报的类别或手段，分别进行各专业情报处理，完成基于单信息源的目标检测、目标识别、目标定位、目标跟踪，实现目标状态和属性的估计，即进行目标航迹生成和属性类型初判；在此基础上，进行多元异类情报综合，以某种准则和算法合并多信息源获取的位置、特征参数和身份信息，以获取单个实体目标（如辐射源、平台、武器、军事单元）的精确表示；最后，基于对实体间的关系所做的推理，进行实体状态的估计和预测，最终构建战场态势图。

1.3.3 信息融合技术概述

随着传感器、通信、计算机等科学技术的迅猛发展及其在海战场上的广泛应用，作战武器多样化，侦察手段不断增多，通信能力不断增强，战场复杂性不断增加，战争形态已经发展到了陆、海、空、天、电磁五维结构的全面对抗，这些都极大地扩展了战场指挥员的视野，但同时也使他们被淹没在了复杂的战场情报信息的海洋之中。因此，如何从大量复杂的情报信息中实时提取对作战指挥有用、准确的信息成了当务之急。信息融合技术（IF：Information Fusion）是解决这一问题的基础，是情报信息处理的核心，是形成实时、准确、统一的战场态势的关键。

信息融合技术起源于军事应用，是信息科学的一个新兴领域。20 世纪 70 年代初，首先在军事领域产生了“数据融合”的全新概念，即把多种传感器获得的数据进行“融合处理”，以得到比单一传感器更加准确和有用的信息。80 年代开始，基于多源信息综合意义的“融合”一词开始广泛出现于各类技术文献中，并且这一概念不断扩展，处理的对象不仅包含多平台、多传感器、多源的信号和数据，还包括符号、知识和经验等多种信息。随着传感器技术、计算机科学和信息技术的发展，信息融合技术的研究对象和应用领域已深入到国防、工业、农业、交通、通信等传统行业，还拓展到气象预报、地球科学、生物、社会、经济等新兴交叉行业，其理论和方法已成为智能信息处理及控制的一个重要研究方向。

一、信息融合的定义

由于信息融合研究内容的广泛性和多样性，很难对信息融合给出一个统一的定义。在军事应用中普遍接受的信息融合的定义是 1991 年由美国国防部（DoD）数据融合实验室联合领导机构（Joint Directors of Laboratories，JDL）提出的，1994 年由澳大利亚防御科学技术委员会（Defense Science and Technology Organization，DSTO）加以扩展。JDL 定义为：信息融合是一种多层次、多方面的处理过程，包括对多源数据的检测、关联、相关、估计和综合，以得到精确的状态和身份估计以及完整、及时的态势和威胁估计。

这个定义强调信息融合的三个主要方面。

（1）信息融合是一种多层次、多方面的处理过程，不同层次代表信息处理的不同级别，一般包括数据级、特征级、决策级。

（2）信息融合的过程包括数据的检测、关联、相关、估计和综合。

（3）信息融合的结果包括低层次上的状态和身份估计，以及高层次上的战场态势评估和威胁估计。

上述定义只适用于军事领域，一般意义上的信息融合技术是一种对多源不确定性信息进行综合处理及利用的信息处理技术。它是利用计算机技术，对由多种信息源获取或多个传感器观测到的信息进行多级别、多方面、多层次的处理，以获得单个或单类信息源所无法获得的有价值的综合信息，并最终完成其决策和估计任务。

也有专家认为，信息融合就是由多种信息源如传感器、数据库、知识库和人类本身获取有关信息，并进行滤波、相关和集成，从而形成一个表示架构，这种架构适合于获得有关决策，如对信息的解释，达到系统目标（如识别、跟踪或态势评估）、传感器管理和系统控制等。

这里的信息源可能是传感器（指的是对环境进行观测或探测的设备，是一种实体），如雷达、声纳、红外、光学设备等，其信息形式主要是传感器获取的数据、图像等，此时的信息融合称为多传感器数据融合（Multisensor Data Fusion，MSDF）。目前，信息融合已扩大到多类信息源，如数据库、知识库和人工情报，故一般称为多源信息融合（Multi-Source Information Fusion，MSIF）。多传感器是数据融合技术的硬件基础，多信息源是数据融合的对象，识别优化是数据融合技术的核心。

二、信息融合的优势

与单传感器系统相比，多传感器系统从多个几何学角度观察目标，然后融合数据，可以极大地增强探测和分类特征，并克服某些传感器的特定限制，可以概括为具有以下优势。

1. 扩展了时间/空间覆盖范围

由于各传感器可能分布在不同的空间上，通过多个交叉覆盖的传感器作用区域，一种传感器可以探测到其他传感器探测不到的地方，如当目标从一个传感器探测区域转移到另一个传感器探测区域时，系统可以将目标跟踪从一个传感器正确地切换到另一个传感器。在时间上，一种传感器可以探测其他传感器不能顾及到的目标/事件，还可分时工作，如可见光传感器与红外传感器构成的多传感器系统，可在白天和夜晚分时工作。

2. 增加了测量空间的维数

多传感器收集的信息中不相关的信息在测量空间中是正交的。在一定范围内增加测量向量的维数，可显著提高系统的性能，使多传感器系统不易受到敌方有意的干扰和迷惑。例如，在探测隐身平台时，雷达从不同角度进行辐射探测可能探测到该平台的一些次优属性，并区分探测是否为目标。

图 1.4 体现了增加测量空间维数的优势，图 1.4（a）为两个空中目标的方位和高度测量，因为它们在空间上重叠，所以无法可靠分离开来。但是如果增加距离测量（图 1.4（b）），就很容易分开两类了。因为最初的二维数据集的信息内容是不充分的，即使采用复杂的聚类算法也不能区分这两组目标，而增加第三个测量维数，就能够轻易地利用一个简单的聚类算法完成这个任务。

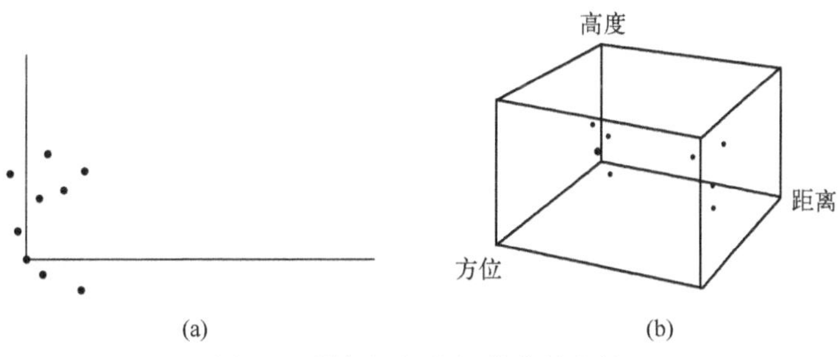

图 1.4　增加测量空间维数的优势

（a）两个空中目标的方位和高度测量；（b）增加距离测量。

3. 增强了系统的生存能力与容错能力

系统中布设多个传感器，当某些传感器不能利用或受到干扰毁坏时，可能会有其他传感器提供信息，即个别传感器的毁伤不影响整个系统的能力。例如，一个雷达工作在1GHz 频率，另一个雷达工作在 3GHz 频率，在这种情况下，敌人必须采用对抗措施来对付这两种波段，才能使这个综合系统无法给出目标航迹。

4. 改善了系统的处理性能

多种传感器对同一目标/事件加以确认，降低了目标/事件的不确定性，减少了信息的模糊性，提高了信息的可信度，从而提高了检测、识别、跟踪等决策的可信度。如多个传感器优化协同作用，提高了目标的探测概率，降低了多测量数据的模糊性和不确定性；多传感器目标数据综合处理，提高了系统跟踪和识别精度。

例如，红外成像和雷达是目标探测和跟踪的两种主要传感器。它们各有优缺点：红外成像可以测得目标的成像信息，而且测角精度高，测量连续，但是不能测距；雷达则具有全天候、可测角、测距等优点，但是测角精度低，容易受干扰，且在某些测量周期内会产生漏检现象。因此，如果将二者的信息有效融合，可以改善目标的跟踪精度，增强对目标跟踪的鲁棒性和抗干扰能力，提高武器系统的综合作战效能。

对于多传感器目标识别来说，现代战场上，由于目标的种类日益增多、行为日趋复杂，加之战场环境的复杂性和单一传感器探测的片面性，传统的基于雷达、声纳、电子支援措施、敌我识别器、光电等单传感器的目标识别方法已难以取得令人满意的效果。利用多个传感器从时间、空间等不同的角度刻画目标特征，提供多种观测数据，进行优化综合处理，能够去伪存真，最大程度地提高识别的准确性。

三、信息融合技术分类

信息融合有多种分类方法，如按照其融合技术、融合算法、融合结构分类等，以下给出信息融合的各种分类。

1. 按传感器组合方式分类

在多传感器网络中，多种传感器可以按同类传感器或异类传感器进行组合。

（1）同类传感器组合。处理来自同一类传感器的信息，如多部雷达、多部声纳等。各个传感器的数据格式、信息内容都完全相同，因而处理方法相对比较简便。

（2）异类传感器组合。同时处理来自各种不同类型传感器采集的数据。优点是信息内容广泛，可以互相取长补短，实现全源信息相关，因而分析结论更准确、更全面、更可靠，但处理难度则高得多。

2. 按信息融合处理层次分类

信息融合是一个多级别、多层次的处理过程。按融合层次分类，可分为数据级融合、特征级融合、决策级融合，其中数据级融合是最低层次，决策级融合是最高层次。

（1）数据级融合。数据级融合是在采集到的原始信息层次上进行融合，即直接对未经预处理的传感器原始观测数据或图像进行综合和分析。它只适合于同类传感器的数据融合，如同类（或同质）的雷达数据直接合成或多源图像融合（也称为像素级融合）。

其优点是：保留了尽可能多的信息，基本不发生信息丢失或遗漏（信息损失量最少），因此融合性能最好。其缺点是：处理信息量大，所需处理时间长，实时性差；要求数据在时间、空间上严格配准，图像融合则要求严格配准到每个像素的配准精度；抗干扰性能差、容错性差；算法难度高。

（2）特征级融合。特征级融合兼顾了数据级和决策级的优点，利用从传感器的原始信息中提取到的特征信息进行综合分析和处理。其优点是：既保持足够数量的重要信息，又已经过可容许的数据压缩，大大稀释了数据量，可以提高处理过程的实时性；特别有价值的是，在模式识别、图像分析、计算机视觉等现代高技术应用中，实际上都是以特征提取为基础的，并已在这方面开展了大量工作，因此在特征级上进行融合较为方便。特征级信息融合的缺点是：不可避免地会有某些信息损失，因此需对传感器预处理提出较严格的要求。

（3）决策级融合。决策级融合是在各传感器和各低层信息融合中心已经完成各自决策的基础上，根据一定准则和每个传感器的决策与决策可信度执行综合评判，给出一个统一的最终决策。

其优点是：处理的信息量最少，最简单、实用；容错性强，即当某个或某些传感器出现错误时，系统经过适当融合处理，仍有可能得到正确结果；传感器可以是异类的，融合中心处理代价低。其缺点是：信息损失量大，性能相对较差。

上述三个信息融合处理层次的优缺点对比如表 1.1 所列。

表 1.1 信息融合各处理各层次的优缺点

	数据级融合	特征级融合	决策级融合
传感器类型	同类	同类/异类	异类
处理信息量	最大	中等	最小
信息量损失	最小	中等	最大
抗干扰性能	最差	中等	最好
容错性能	最差	中等	最好
算法难度	最难	中等	最易
融合性能	最好	中等	最差

3. 按信息融合目的分类

信息融合的目的大体可分为检测、状态估计、属性识别等。

（1）检测融合（Detection Fusion）。主要目的是利用多传感器进行信息融合处理，消除单个或单类传感器检测的不确定性，提高检测系统的可靠性，获得对检测对象更准确的认识，如利用多个传感器检测目标以判断其是否存在。

利用单个传感器的检测缺乏对多源多维信息的协同利用、综合处理，也未能充分考虑检测对象的系统性和整体性，因而，在可靠性、准确性和实用性方面都存在着不同程度的缺陷，需要多个传感器共同检测，并利用多个检测信息进行融合。

（2）估计融合（Estimation Fusion）。主要目的是利用多传感器检测信息对目标运动轨迹进行估计。利用单个传感器的估计可能难以得到比较准确的估计结果，需要多个传感器共同估计，并利用多个估计信息进行融合，以最终确定目标运动轨迹。

（3）属性融合（Recognition Fusion）。主要目的是利用多传感器检测信息对目标属性、类型进行判断。

1.4 信息化战争与战场情报信息

1.4.1 信息化战争的基本特征

信息技术的迅速发展和广泛应用，推动着人类社会从工业时代向信息化时代迈进，军事斗争的形式和方式也随之发生着深刻的变化，人类战争形态正在逐步由机械化战争向信息化战争演进。信息化战争是以大量应用信息技术而形成的信息化武器装备为基础，以数字化部队为主力，以 C^4ISR 系统为统一控制协调的纽带，以夺取信息优势为战略指导，以电子战、网络战、情报战、空间战和远程精确打击等为主要作战样式，诸军兵种在陆、海、空、天、网、电等多维一体化空间进行联合作战的高技术战争。在信息化战争中，信息呈现出海量、多元、复杂、动态、异构等特点，信息优势成为传统的陆、海、空、天（空间）优势以外的新的争夺领域，有效并且迅速地建立与掌握对敌的信息优势成为作战的首要任务，成为获取、保持、强化和聚合传统优势的基础，也成为决定战争胜负的主要条件。

从海湾战争以来的几场局部战争已经显现出信息化战争的一些特征，如战场空间扩大、精确制导武器大量使用、交战双方力量不直接接触、作战节奏加快、指挥关系灵活、支援保障一体等。如果从信息能力和信息利用的角度分析，信息化战争的基本特征主要表现在以下几个方面。

1. 认知作用大大增强，认知时间相对变长

从认识论的角度看，战争进程可以抽象为“认知”和“行动”两大活动。

“认知”指的是侦察、探测、监视、预警、敌我识别、导航、定位、通信、情报、指挥、控制等关于信息的活动，目的是在知己知彼的基础上形成决策；“行动”指的是机动、打击、防护等，目的是削弱乃至摧毁敌物质、能量和肉体。与机械化战争相比，信息化战争中的认知作用大大增强，且相对于行动而言，认知时间变长。

例如，在伊拉克战争中，美英联军“斩首行动”三个波次的空中打击只用了2h25min，而追踪萨达姆的“认知”过程则很早就开始了。信息技术使得认知具有持续性、准确性和即时性，也使得行动具有突然性和精确性。认知的持续性、准确性和即时性成为行动突然性、精确性的前提，也成为决定战争胜负的关键因素。

2. 信息主导体系对抗，作战要素高度一体

传统战争中，战场感知能力弱，兵器自动化程度低，相互之间关联性差，战场对抗更多地体现为同类要素之间的分散对抗。

信息化条件下，以信息感知和利用为主线，整合、集成各作战要素，形成一体化、智能化的大系统，战场对抗表现为体系与体系的整体对抗，战场空间扩大到天基范畴，打击信息系统、瘫痪作战体系成为战场对抗的焦点，信息作战、以天制地成为有效的手段。例如，在伊拉克战争中，美英联军的作战要素、战场体系完整；伊军处于全面劣势，基本没有成形的作战体系。尽管如此，伊方还是在寻求破坏对方的作战体系的某些核心要素，如实战中使用了GPS干扰技术，对美军的GPS精确制导武器起到一定的干扰作用，成为此次战争中的一个亮点。

3. 信息共享广泛深入，联合粒度趋向小型

未来信息化战场，侦察情报网络、战场感知网络、指挥控制网络与各种打击系统和支援保障系统将无缝隙地连接，每个信息单位、作战单元，甚至单兵都能在极短的时间内，直接按需获取信息，实现战场信息充分共享；作战行动的联合向基础战术单位延伸，联合的粒度趋小，作战编成向小型化发展。

例如，在伊拉克战争中，既有传统意义上的军种间的联合作战行动，如陆军集团军和空军航空兵师的联合作战，也体现了联合粒度变小的趋势，如海军陆战队与陆军师、旅级部队直接实施地面联合作战；陆军战术分队甚至单兵都可直接呼唤战术空军火力支援等。后期投入的美军第四机步师是全世界第一支数字化师，作战效能声称3倍于普通机步师，其作战编成独特，信息单位和火力单位的数量比例首次出现倒置，参战中用于认知的信息力量人数比用于行动的打击力量人数还多。

4. 信息作用全域渗透，信息优势全程争夺

信息化战争改变了机械化战争的传统模式，信息成为主导要素，信息的作用无所不在，成为战争核心资源。谁拥有信息优势，谁就拥有战场主动权。战争的信息化程度越高，对信息的依赖性就越强。战场上，作战双方必将倾其全力争夺信息优势，导致电子战和网络战成为重要作战样式，信息作战行动从战术级向战略级扩展，围绕信息的侦察

与反侦察、监视与反监视、探测与反探测、制导与反制导、利用与反利用等斗争空前激烈，夺取信息优势贯穿战争的始终以及作战行动的每个环节。

海湾战争以来的四场局部战争，美军拥有绝对的信息优势。伊拉克战争更是一场高度不对称的战争，美英联军以军事卫星网为依托，空地一体化的战场信息支持体系功能更加完善，战场感知无所不在，“发现即摧毁”基本成为现实，信息劣势一方的大规模部队集结和机动反击变得越来越困难。战争实践不仅使人们越来越深刻地认识到物质、能量和信息在战争中的作用将发生革命性变化，而且使人们越来越清晰地看到信息、信息系统和信息化装备的巨大作用，感受到了未来信息化战争的无限前景。

5. 战场可控程度提高，作战行动精确高效

控制战争的规模、进程和节奏是军事家们竞相追求的目标。信息化条件下，无所不在的战场感知能力、大容量的信息共享能力、精确高效的远程打击能力和及时准确的支援保障能力，使得决策更加科学、精细、到位，地形、地物、天候等因素对作战行动的影响大大减小，战场更加透明，战争的可控性大大增强。

在伊拉克战争中，美英联军使用的精确制导弹药达到70%～80%，几乎所有的飞机都能实施精确打击，这远高于前几场局部战争，战争伤亡及附带损伤随之大幅下降；微波炸弹、电力干扰弹、钻地炸弹、高爆温压弹等新概念武器应用于战场，针对不同目标打击手段的选择性增强，新闻舆论控制手段运用充分，精确后勤的思想得到了实战检验。

1.4.2 信息化战争中情报信息的特点

一、信息化战争中情报活动的特点

1. 军事情报活动的作用更加明显

（1）可以增强部队战斗力。情报信息系统通过实时或近实时的信息搜集、处理和传递手段来提供准确的情报信息，可大大提高部队的战场感知能力、反应能力和协同能力，从而可使指挥员准确的掌握战场态势，及时抓住战机，准确、高效地使用兵力。

（2）可以提高部队的战场生存能力。情报信息系统能及时查明敌方威胁情况，从而防止被探测和命中。

（3）可以使兵力兵器调遣更加自由。在传统战争中，需要大量的部队对某一非决定性作战区域实施警戒。现在，则可以由信息侦察监视系统来警戒，从而使兵力和兵器调遣更自由，为集中作战力量与决定性地点创造了条件。

2. 军事情报活动的地位更加突出

信息化战争的胜负取决于情报信息的准确性和信息技术的优劣。与传统战争相比，信息化战争条件下的情报信息已不再从属于军事行动和武器装备，恰恰相反，各种军事行动和信息化武器的使用开始从属于情报信息，即有什么目标的情报，就打击什么目标。这种从属关系的变化，说明情报信息在夺取战争主动权方面比以往任何时候都重要，其在信息战中所处的地位也空前突出。

3. 军事情报活动的范围更加广泛

（1）包含的内容范围更加广泛。信息化战争较之传统战争有着更广泛的领域，信息化战争无论是手段还是目标均已超出纯军事的范围，各种各样的情报活动行动常常以政治、外交、经济等领域里的目标为作战对象，军事情报所涉及的内容十分广泛。

（2）包含的空间范围更加广泛。随着信息时代各国、各地区在政治和经济等诸方面的相互依赖性的提高，全球一体化趋势的不断加深以及信息网络化的快速发展，军事情报的搜集范围不断延伸和扩展。军事情报不仅包括敌方当前情况，还包括敌方纵深情况；不仅包括陆、海、空三维立体情况，还应包括天空和电磁这两个空间的情况。

4. *军事情报活动的时效性更强*

军事情报的时效性直接影响着军事情报的价值，进而影响到战争的结局。信息化战争是高效能的战争，部队的武器装备机动能力较强，远程进攻兵器大量投入使用，加之战场形势瞬息万变，作战节奏明显加快，因而，对情报信息的时效性提出了更高的要求。在现代军事信息系统中，计算机技术和网络技术的发展为情报信息的快速获取、分析和传递提供了可能，从而实现了情报信息活动的高效化和实时化。

5. *获取情报的方法更加先进*

军事情报的获取过程包括军事情报的搜集、侦察和识别等一系列活动。传统获取情报的方法主要依赖于人工方式，即通过派人去侦察、刺探，然后通过人对搜集到的情报素材进行识别和分析，因而工作难度较大，隐蔽性也较差。随着现代技术在情报领域的应用，情报获取的方法已经向高科技方向发展，不仅在情报信息的侦察、探测和传递方面依靠各种高技术侦测设备进行，而且在情报信息的研制、分析和处理等方面也是依靠人–机结合的智能化军事信息系统进行，如各种卫星预警系统、精确制导武器控制系统等。

二、信息化战争中情报信息的特点

（1）涉及的领域广泛。未来的情报信息既要涉及与作战直接相关的领域，如当面之敌的编成、数量、兵力火力配置、各项保障等信息，又要对交战国的政治、经济、外交等情报进行广泛掌握，甚至对敌方参战力量的文化、宗教信仰等情况也要准确把握。

（2）信息获取相当困难。未来战争的对抗性加剧，这也导致了交战双方获取情报信息的难度加大。战时与非战时没有明显界限，过程漫长需要长期坚持，方法的科学与分工的合理基本决定了获取信息的质量。

（3）信息海量。未来的一体化联合作战是非线性作战，战争的复杂性呈几何级数增加，相应的情报信息也必然大大增加。美军在阿富汗战争中遇到的一个突出问题就是所需的情报信息不是不够用，而是多到难以应付，致使一些关键信息淹没于海量信息的“汪洋大海”之中。

（4）可靠性要求高。情报信息作为首长决策的基本依据，直接关系到决策的质量与作战效能的发挥。情报信息的可靠性主要包括信息源、数据字典、数据标准等几个方面，其中信息源的可靠性是基础。因此，要求首先要把好信息的来源关，也即初始的采集关，其次要把好信息的验证关。

（5）时效性极为关键。未来战争的复杂性和对抗性急剧增强，情报信息的时效性尤其重要，其与时间关联紧密，需在第一时间发挥作用，过了使用时间即丧失价值，甚至成为错误、有害信息。诸如实时目标、战场态势、重点气象预报信息等，因此情报信息的实时更新成为必需。

（6）共享性成为联合作战的纽带。情报信息系统只有上下互连、信息互通、资源共享，才能保证己方在作战全过程中获取和运用情报信息的能力优于敌方。情报信息在未来的一体化联合作战中必须要同时为多个参战单位使用，其共享程度的高低成为决定联合作战成败的关键因素之一。

1.4.3 信息化战争中情报信息的作用

未来战争是高技术条件下的信息化战争，信息技术、电子技术等高技术的飞速发展引起了信息化战争时空特性的极大变化，信息化战场作战环境广阔，陆、海、空、天、网、电多维一体，作战对象多元、战场环境复杂，同时情报信息获取手段越来越丰富，这对战场情报信息的综合处理提出了越来越高的要求。近年来的几场局部战争表明，没有对目标的快速发现、准确识别以及高度的战场态势综合感知能力，就不能做到快速决策、快速部署、快速反应和有效打击。

在信息化战场上，军事力量各要素之间的紧密协调和各种武器系统威力的发挥，越来越明显地表现为对信息的依赖。信息已经成为继物质、能量之后的又一重要致胜因素和战略资源，信息控制能力是国力、军力的重要体现。由此可见，未来战争的胜负在很大程度上将取决于作战双方对信息的获取能力、处理能力和利用能力。“信息威慑”正日益成为未来战争中的一种新的威慑力量。信息优势已成为决定战争结局的重要因素。可以说，谁拥有信息优势，谁掌握制信息权，谁就能在未来的战争中赢得主动，并最终夺取战争胜利。

一、信息化战争中情报信息的作用

在信息化作战中，对于作战区域的各类情报信息的有效汇聚和共享是确保战争制胜权的关键。即需要利用各种信息综合处理技术对大量的、来自多渠道的情报信息进行分析处理，辅助形成战场综合态势，从而保障各级首长实施作战指挥。军事情报信息在战场上的重要作用主要体现在以下五个方面。

1. 信息成为一种重要的作战资源

在日益透明化的信息化战场上，指挥员可以在最需要的关键时间和重要区域集中适当的兵力，准确高效地使用兵力，达到以“信息集中”代替“兵力集中”，并控制“火力集中”的目的；在一些非决定性作战区域，也可由监视系统实施警戒，以节省大量作战部队；掌握了制信息权，就可以最快的速度实现军事力量的机动，夺取战场主动权。因此，在未来军事斗争中，信息将转变为一种重要的作战资源，将成为继物质、能源之后的又一重要战略资源。

2. 信息在战场上急剧升值

信息是信息时代的主要财富之一，成为支撑一个国家战略的重要资源和力量基础。工业时代的战争，起主导作用的是物质和能量，主要打的是“钢铁”和“火力”。信息时代的战争，信息成为核心资源，是决定战争胜负的关键因素。美国高级军事专家艾略特•科恩在《战争的革命》一书中写道：“在未来战争中，对信息的争夺将发挥核心作用，可能会取代以往冲突中对地理位置的争夺。”可以说，攻城略地已经成为机械化战争的历史，在信息化战争中，地理目标将日趋贬值，信息资源将急剧升值。争夺制信息权的斗争将在全时空展开，争夺并保持“信息优势”将成为敌对双方对抗的焦点。海湾战争、科索沃战争、阿富汗战争和伊拉克战争的实践，不仅使人们充分认识到物质、能量和信息在战争中的作用将发生革命性变化，而且使人们越来越清晰地看到信息、信息系统和信息化装备的巨大作用，感受到信息资源的巨大价值。

3. 信息制约着战争能量的释放

一方面，随着信息技术在战场的广泛运用，作战将逐步从“平台中心战”发展到“网络中心战”，通过网络，所有的作战平台、传感器系统、武器系统、指挥控制系统将“黏合”在一起，可以达成信息共享、武器共用的目的。这样，信息通过控制作战区域力量的部署、集结和机动，控制着能量投放的地域和能量释放的形态，使能量投放的方式与形态产生了质的跃进，它不但讲究能量释放的大小，而且更加讲究能量释放的有效性。另一方面，武器装备的自动化、精确制导化、隐性化和智能化，使得能量的释放可以有效控制，使之更加符合战场的需要，更加具有精确性、时效性和智能性。

4. 信息广泛地渗透到战场的各个领域

高技术条件下的战场，信息获取技术设备相当于人的“感官”；信息传输技术设备相当于人的“神经网络”；信息处理技术设备相当于人的“大脑”；信息反馈与控制技术设备将上述各方面连接起来构成 C^4ISR 系统，使战场上的情报、侦察、监视、通信、指挥和控制连接成一个有机整体，构成了现代军队作战的神经系统。海上、空中、水下、电磁、网络和心理空间的作战将取决于信息是否灵通，信息将渗透于战场的侦察监视、指挥控制、作战决策、兵力行动和武器使用等各个领域。

5. 信息将催生出新的对抗形式

现代战争是体系与体系的对抗，当今军事体系之间对抗的高技术性，在信息领域得到更加充分的展示。如果说信息技术的发展创造了“软”“硬”杀伤相结合的电子战手段，使信息作战样式初见端倪，那么，军事信息系统的发展则不仅使现代战场置于广阔的复杂电磁环境中，而且使战争样式和对抗内容发生了质的变化。从一定意义上讲，战争中的人流、物流、能流的流量和流向更加依赖于信息流的指挥与控制。指挥员的作战指挥就是通过把握信息流去控制人流、物流和能流，进而控制整个战争全局。因此，制信息权将成为夺取和保持制海（空）权的前提条件，对抗形式将发生革命性的变化。

由此可见，信息已经成为综合作战能力的“倍增器”，军事系统的整体对抗、最佳组合效应对抗和系统先进性对抗能力的强弱，在一定意义上将取决于其信息对抗能力的强弱。对军事信息控制能力的强弱，已成为影响战争全局甚至决定战争胜负的关键。因此，在作战思想上，强化信息观念，把信息作为人力、物力、财力等更重要的战争资源加以集聚、谋划、运用和保护的同时，还必须把这种信息的观念升华为系统作战的大概念，谁认识到这点，谁就有可能拥有战场的信息优势，谁就有可能在军事对抗中掌握主动权。

二、信息化战争对情报信息的要求

现代信息化战争中，需要借助于各类人工或自动信息收集系统广泛收集多源多类情报信息，并借助于各类军事信息系统，以计算机和软件为核心，以网络为依托，对战场情报信息进行综合加工处理，进行高质、高效的目标航迹融合及综合识别、印证，即以某种准则和算法合并多信息源获取的位置、特征参数和身份信息，以获取单个实体目标（如辐射源、平台、武器、军事单元）的精确表示，包括数据对准、数据联合求精、数据关联与点迹 / 航迹指派，实现目标位置、速度、识别属性及低级实体身份的估计。最终形成统一的目标态势，为用户按需提供实时、准确、连续、稳定、可靠、可信的目标情报。具体而言，信息化战争对情报信息的要求如下。

（1）情报信息的获取必须及时、准确，先敌一步，并且贯穿作战的全过程。

一方面，现代战争特别是高技术条件下的作战，由于战场空间扩大，时效提高，对抗更加激烈，因此要求情报信息必须及时、准确，才能适应战争的需要。另一方面，先进的情报侦察手段具备了实时获取、传递和处理情报的能力，更加剧了情报信息的争夺与对抗。敌对双方都力争在情报的获取、传递和处理上先敌一步，掌握主动权，同时尽量造成对方的情报信息失误。

（2）情报信息的获取必须在陆、海、空、天和电磁领域五维全面展开。

现代战争虽然在规模和时间上有限，但将是陆、海、空、天和电磁“五维一体”的联合作战，所涉及的军兵种多、作战方向多、战场范围广阔，且战场以外的许多信息也对战争有着深刻影响和作用。作战双方，谁能及时获取全方位有价值的情报信息，谁就把握了战争的主动权。

（3）情报信息的侦察获取必须多种手段综合并用，各军兵种的战略、战役、战术信息获取网络实现无缝连接、信息共享。

现代战争特别是高技术条件下的局部战争，往往是在战略层次上的指挥、战役层次上的组织和战术层次上的实施，只有使各层次情报信息融为一体，互通共享，才能确保战场情报信息的整体性和完整性，及时、全面和准确地掌握各方面的情况，最大限度地有效利用情报信息，保证不同层次作战的情报需要。

（4）情报信息处理必须高效。

及时获取情报信息是情报信息工作的基础，而适时、高效地处理各类情报信息，为指挥员决策提供准确的情报信息服务则是关键。在现代战争中，情报信息量剧增，如何对这些情报信息及时处理并提供给指挥人员加以利用，将是情报信息工作亟待解决的重大问题之一。据悉，目前，美国陆军集团军只能处理所获取情报信息的 30%，而指挥员又只能利用已处理情报信息的 30%。也就是说，被指挥员所利用的情报信息只占所获取情报信息的 9%左右。只有先进的情报信息的侦察和探测手段，而没有高效的情报信息处理能力，也无法实施灵活、正确的作战指挥。

总之，战场情报信息的有效获取、综合处理、实时共享是信息化战争中军队作战体系的核心，是实现联合作战力量的综合集成和一体化指挥的基础，也是夺取信息优势、实现信息压制的关键所在。

习　题

1. 按照海战场作战指挥信息的作用和功能来划分，可以将其分为哪几类？
2. 按照情报信息的属性分类，军事情报信息可分为哪几类？
3. 军事情报信息的来源通常有哪几类？
4. 按自己的想法给出一些战场情报信息的性能指标。
5. 概述战场情报信息获取系统的主要任务。
6. 从空间分布的角度看，信息获取系统主要由哪几部分构成？
7. 空间、空中、地面信息获取系统分别由哪几部分构成？各部分的主要任务是什么？
8. 海面信息获取系统的任务是什么？

9. 战略和战役战术预警探测系统的主要装备分别有哪些？
10. 实施战略和战役战术情报侦察的主要方式和手段分别有哪些？
11. 军事侦察卫星分为哪几类？各自功能是什么？
12. 从情报侦察系统的体系说明战场情报信息获取系统的组成。
13. 根据采用的传感器设备说明战场情报信息获取系统的组成。
14. 试说明指挥信息系统的信息处理流程。
15. 战场情报信息处理技术大体包括哪些？
16. 简要描述多源信息融合的定义、优势和分类。
17. 试从信息能力和信息利用的角度说明信息化战争的基本特征。
18. 简要说明信息化战争中情报信息的作用。
19. 简要说明信息化战争对情报信息的要求。

第 2 章 情报信息处理的目标探测技术

实时获取与感知战场信息是指挥决策的基础，是指挥员了解敌我力量变化、研究态势和目标的基础，是判断情况、正确决策的前提。信息获取系统是指挥信息系统中的神经末梢，是指挥决策者的“耳目”，是实现“知己知彼”必不可少的手段。信息获取是通过各类光学、电学、热学、力学、运动学的传感器来感知战场目标信息。传感器作为信息源，其性能直接影响到信息的质量。本章介绍各种探测设备获取目标信息的基本原理，包括雷达目标探测原理、声纳目标探测原理、电子侦察探测原理。

2.1 雷达目标探测原理

雷达（Radio）是最重要的信息源之一，能够实时、全天候地获取目标信息，并且具有远距离探测、多批目标处理、高数据率、高精度测量、高分辨率能力和目标识别能力。雷达的基本任务有两个，一是发现目标的存在，二是测量目标的参数，前者称为雷达目标检测，后者称为雷达参数提取或雷达参数估值。

2.1.1 雷达基本组成与工作原理

一、雷达的基本组成

图 2.1 所示为一部典型脉冲雷达的组成框图，它包括定时器、发射机、收发转换开关、天线、接收机、显示器、天线控制装置以及电源等部分。

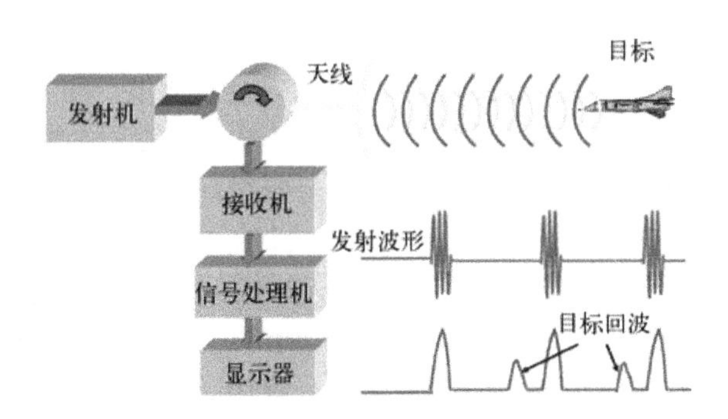

图 2.1 典型脉冲雷达的组成框图

各部分的主要功能如下

（1）定时器。雷达的控制中心，也是雷达的频率和时间标准。它产生定时触发脉冲，送到发射机、显示器等各雷达分系统，控制雷达全机同步工作。

（2）发射机。在触发脉冲控制下产生强大功率的射频脉冲进行发射。对于高性能相参雷达，发射机实际上是一个雷达信号的功率放大链，它将来自高稳定频率综合器的信号进行调制和放大，使信号功率达到需要的电平。

（3）收发转换开关。在发射期间将发射机与天线接通，断开接收机，而在其余时间将天线与接收机接通，断开发射机。对于收发共用一副天线的雷达来说，必须具有收发转换开关。

（4）天线。担负着辐射和接收电磁波的双重任务，具有很高的方向性。辐射时，射频脉冲在这里被聚集成为一个很狭窄的波束，实现定向辐射。若辐射方向无目标，该波束就一去不复返；若有目标时，当波束照射到目标后，目标就产生二次散射，其中一部分能量被反射回来，再为天线所接收。这样，天线指向目标的方向，就是目标的方位。

（5）接收机。它的首要任务是把微弱的回波信号放大到足以进行信号处理的电平，并进行一部分信号处理，滤除杂波和干扰，最后转换成视频回波脉冲，然后送入显示器。

（6）显示器。雷达终端设备之一，用来显示目标回波、指示目标位置，是操作员操作、控制雷达工作的装置。如以极坐标显示目标斜距和方位的二维平面位置显示器（PPI或P显），以直角坐标显示目标距离和方位的B显，另外还有距离显示器A显等。

以P显为例，当雷达发射机辐射射频脉冲时，首先在显示器的荧光屏上显示出主波（从收发开关漏过来的辐射脉冲信号）；当雷达接收机接收到目标的反射信号（回波）时，在荧光屏上就显示出回波。回波显示在主波的后面，两者之间的间隔同电磁波往返的时间成正比。因此，根据主波与回波之间的间隔，就能知道目标和雷达之间的距离，并可根据目标亮点的位置测读出目标的方位角。

（7）伺服装置（亦称天线控制装置）。控制天线转动，使天线波束依照一定的方式在空间扫描，以搜索或跟踪目标，并不断把天线所指的方向和俯仰角数据送到显示器或其他指示装置，以便在测定目标距离的同时，测定目标的方位角和俯仰角。

脉冲雷达的基本工作过程是：当雷达工作时，定时器按一定的时间标准（间隔）产生一种周期性的短促脉冲，即触发脉冲，它是用来使雷达各分机同步工作的。发射机在触发脉冲的触发下，产生一个强大的矩形射频脉冲波，经收发转换开关送至天线，再经天线定向成束向外辐射。由于触发脉冲持续时间短（1μs左右），彼此之间间隔时间很长（几千μs），在这很长的时间间隔内，发射机积蓄了大量的能量，而在很短的脉冲持续时间内集中地辐射出去，因而，辐射射频脉冲的功率是很强大的（达兆瓦以上）。接收机在每个重复周期内，接收两种波：一种是发射机向外辐射射频脉冲时，通过收发开关漏入的极少量能量的射频信号波（主波）；另一种是远处目标所反射回来，经天线、收发开关进入接收机的微弱的反射信号波（回波）。这两个在时间上有先后的电磁波，由接收机放大检波后，加至显示器形成主波和回波，它们之间的时间差就是目标和雷达之间的距离。显示器在触发脉冲的作用下，开始扫描形成一条扫描线，这样从显示器的扫描线上，可以直接读出主波和回波的时间差，即可确定目标的距离。同时，由于天线与显示器的扫描线（P显）或方位指示器同步旋转，所以在显示器上也可读出目标的方位角。目标的仰角（高度）是通过俯仰天线角度得到的。

雷达目标的探测和处理可划分为三个层次。

一次处理：基本任务是检测目标的回波信号（确定有无目标），测定探测到的目标坐标。辅助任务是进行目标的坐标编码、目标编号、记录发现时间和发现时刻的目标运动参数（目标距离、目标方位、目标速度），甚至有些情况下初步判读并确定目标的种类（如机型、舰型，多为人工经验判断方式完成）。

二次处理：一次处理只是对目标信息提取过程的初级阶段，目标点近似地反映了探测时刻目标的真实位置，一个目标点还不能可靠地做出发现目标的判定，更不能确定目标的航迹参数（航向、航速）。二次处理的任务为通过分析几个扫描周期内雷达获取的信息，形成目标运动轨迹（航迹），进一步做出有无目标的判决和确定目标航迹参数。

三次处理：经雷达信息的一次和二次处理，可获得单雷达的航迹信息。多个雷达站的信息送到情报处理中心或指挥中心，在此进行综合处理，即三次处理。三次处理进行多站航迹关联，对来自同一目标的航迹进行融合，获得统一的综合航迹，进一步精确确定目标的属性、信息、运动轨迹。

二、雷达方程

雷达方程是描述影响雷达性能诸因素的唯一并且也是最有用的方式，它抽象地反映了各参数对雷达探测这一物理过程的影响和作用，根据雷达特性给出雷达的作用距离。一种给出接收信号功率 P_r 的雷达方程的形式为

$$P_r = \frac{P_t G_t}{4\pi R^2} \times \frac{\sigma}{4\pi R^2} \times A_e \tag{2-1}$$

为了描述所发生的物理过程，式（2-1）右侧写成三个因子的乘积。第一个因子是在距辐射功率为 P_t、天线增益为 G_t 的雷达 R 米处的功率密度。第二个因子的分子是以平方米表示的目标截面积 σ 。分母表示电磁辐射在返回途径上随距离的离散程度，如同第一个因子的分母表示电磁波在向外辐射途径上的散度一样。前两项的乘积表示返回到雷达的每平方米的功率。有效孔径为 A_e 的天线截获总功率的一部分，它由上述三个因子的乘积给出。如果雷达的最大距离定义为当接收功率 P_r 等于接收机最小可检测信号 $S_{\min}$ 时的雷达作用距离，则雷达方程可写作

$$R_{\max}^4 = \frac{P_t G_t A_e \sigma}{(4\pi)^2 S_{\min}} \tag{2-2}$$

当同一天线兼作发射和接收时，发射增益 G_t 与有效接收孔径 A_r 的关系式为 $G_t = 4\pi A_e / \lambda^2$ ，式中 λ 表示雷达电磁能量的波长。将该式代入上述方程得到雷达方程的另外两种形式，即

$$R_{\max}^4 = \frac{P_t G_t^2 \lambda^2 \sigma}{(4\pi)^3 S_{\min}} \tag{2-3}$$

$$R_{\max}^4 = \frac{P_t A_e^2 \sigma}{4\pi \lambda^2 S_{\min}} \tag{2-4}$$

上面给出的雷达方程可用于粗略计算雷达测距性能，但由于过于简化，故不能精确估计实际雷达的作用距离，估算的作用距离往往过于乐观，这至少有两个主要原因：首先，雷达方程不包含雷达的各种损失；其次，目标截面积和最小可检测信号在本质上是统计量。所以，作用距离必须用统计值来说明。虽然在雷达方程中作用距离为 4 次幂，但在特定的条件下，它也可以是 3 次幂、2 次幂或 1 次幂。

雷达方程除了用于估算作用距离外，还可以通过在与雷达性能相关的各种参数中选择可行的折中方案，从而为初始的雷达系统设计打下良好的基础。

2.1.2 雷达目标检测原理

雷达发现目标的基本过程是：雷达发射机向空间发射电磁波，电磁波遇到目标时，一小部分能量被反射回接收机，接收机接收到从目标反射回来的回波信号，如果它超过一定的门限电压值就探测到或是发现目标。由此可见，在某些因素的影响下回波信号可能超过门限电压，但不存在目标，这就是虚警，可见，发现目标是概率事件。雷达目标检测就是从噪声环境中检测是否有目标回波的过程。

一、统计检测基本原理

雷达探测源可以接收目标的回波，但雷达接收机的输出信号中不但有目标回波，还有各种噪声，如海杂波等背景噪声、雷达天线和接收机内部进入及产生的噪声，因此接收机的输出将是回波和噪声干扰的叠加结果（图 2.2）。首先应从噪声背景中检测出目标回波信号，之后才能从中提取到关于目标的有用信息（确定目标坐标和特性）。

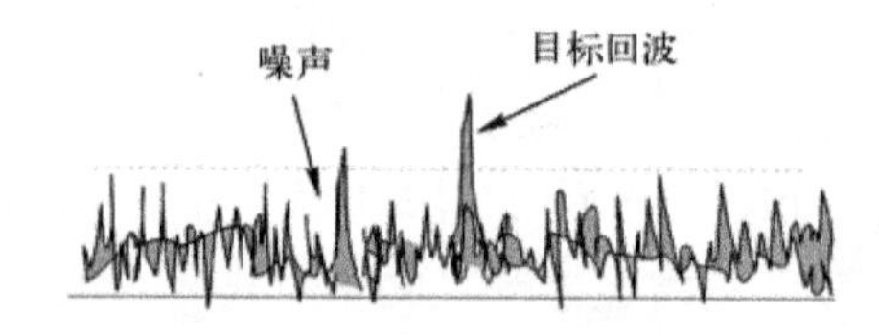

图 2.2 目标回波与杂波示意图

一般情况下，噪声信号能量小于回波信号，但在某些情况下，噪声信号与有用回波信号的幅度差不多，噪声是时间的随机函数，它使有用的目标回波信号产生失真；此外，回波信号本身也是起伏的。因此，目标回波信号的检测是统计学意义上的，是通过对叠加有随机噪声的信号进行分析来实现的。

假设 H_1 表示被探测信号中存在目标，H_0 表示被探测信号中不存在目标，则检测目标的任务可表述为，寻找一种准则来选择某一假设，在选择时可能会出现以下两种错误判决。

（1）当 H_0 为真时，判决为接受假设 H_1。即不存在目标，而做出有目标的判决。这个判决用条件概率 $P(H_1^*|H_0)$ 表示，其中（*）表示接受该假设的事件。该错误判决在统计检测原理中称为第一类错误或虚警，即 $P(H_1^*|H_0)=P_f$，为了确定第一类错误的无条件概率，需要知道真实假设 H_0 的先验概率 $P(H_0)$，而无条件概率表达式为 $P(H_1^*,H_0)=P(H_0)P(H_1^*|H_0)$。

（2）当 H_1 为真时，接受假设 H_0。即存在目标，而做出无目标的判决。这种错误判决称为第二类错误或漏检，漏检的条件概率表示为 $P(H_0^*|H_1)=P_m$。为了确定第二类错误的无条件概率，需要知道真实假设 H_1 的先验概率 $P(H_1)$，而无条件概率表达式为 $P(H_0^*,H_1)=P(H_1)P(H_0^*|H_1)$。

此外，还有两种正确判决的情况。

（1）正确发现目标。即存在目标，且做出有目标判决。其对应的条件概率为检测概

率 $P(H_1^* \mid H_1)=P_d$，无条件概率表达式为 $P(H_1^*,H_1)=P(H_1)P(H_1^* \mid H_1)$。

（2）正确的未发现目标。即不存在目标，且做出无目标判决。其对应的条件概率和无条件概率表达式分别为 $P(H_0^* \mid H_0)=P_{an}$ 和 $P(H_0^*,H_0)=P(H_0)P(H_0^* \mid H_0)$。

综合上述几种情况可得到表 2.1。

表 2.1　发现目标的可能判断情况和判决的特征

情况	实际事件	做出的判断	判决的特征	
			条件概率	无条件概率
正确发现目标	H_1	H_1^*	$P_d=P(H_1^* \mid H_1)$	$P(H_1)P_d$
漏检	H_1	H_0^*	$P_m=P(H_0^* \mid H_1)$	$P(H_1)P_m$
正确未发现目标	H_0	H_0^*	$P_{an}=P(H_0^* \mid H_0)$	$P(H_0)P_{an}$
虚警	H_0	H_1^*	$P_f=P(H_1^* \mid H_0)$	$P(H_0)P_f$

对统计数据的分析显示，当有目标回波信号时，接收机的输出电压峰值比无回波信号时大。这样就可合理地进行假设：当出现高电平信号时，证明有目标。最简单的假设选择规则是把接收信号与一定的电平（门限）V_T进行比较，当信号高于 V_T时，选择假设 H_1；当信号低于 V_T时，选择假设 H_0。这种设置门限电平来判定目标回波有无的方法称为门限检测。

图 2.3 是一部雷达接收机输出的信号加噪声的包络特征波形示意图以及门限检测输出结果。其中设 A、B、C 是目标回波与噪声叠加后的结果，D 为噪声。为了不使噪声也作为目标输出，设置了门限电平 V_T，如果接收机输出的信号超过门限电平 V_T，就有输出并判定是目标回波，否则就没有输出。

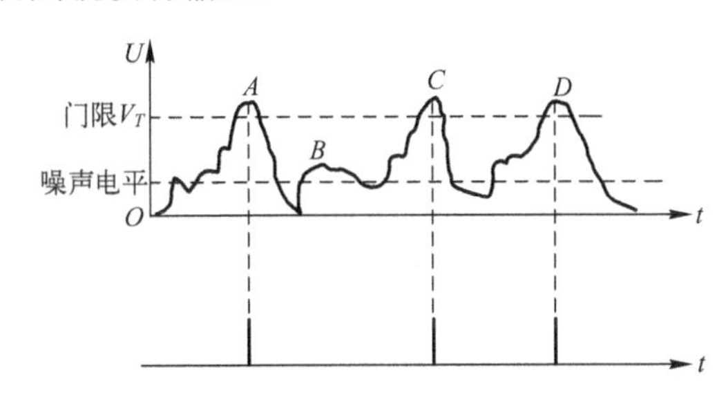

图 2.3　雷达接收机输出和门限检测输出结果

门限检测的关键问题是门限 V_T 的选取。随着门限的升高，漏检概率 P_m 增大，而虚警概率 P_f 和正确检测概率 P_d 减少；反之，随着门限的降低，P_f 和 P_d 增大，而 P_m 减少。因此，门限 V_T的选择就是寻找合适的折中值，这个折中值能够满足求出的解在某种规则下是最佳的，如最大正确发现概率规则、最小虚警规则、恒定虚警规则等。

二、恒虚警处理

由前所述，门限电平越大，虚警概率越小；噪声越强，虚警概率越大。虚警概率的变化对雷达的工作是不利的。例如，当虚警率突然增大时，录取的假目标数量很大，将会使计算机内存饱和，不能进行正常工作，所以必须设法保持虚警率的稳定。恒虚警处理的目的就是保证检测器在恒定的虚警概率下进行目标信息的检测并使正确检测概率最大。

恒虚警处理的方法很多，大致可分为慢门限和快门限恒虚警处理电路，慢门限用于对雷达接收机内部产生的噪声进行处理；快门限则对快速变化的干扰进行处理。一般的雷达同时设有这两种恒虚警处理，根据干扰环境的变化而自动转换。

1. 慢门限恒虚警处理

当检测器工作在噪声环境中时，噪声功率的变化要求门限电平随之变化，以保持恒虚警率。由于噪声功率的变化相对来说是比较慢的，调整门限电平的周期可以比较长（如0.5s），所以叫慢门限恒虚警处理。

图 2.4 是慢门限恒虚警处理原理框图，主要适合对变动缓慢的接收机内部噪声进行处理。其基本工作原理是：在一个调整周期（由数个雷达脉冲重复周期组成）的采样单元数 N 内，根据实际出现的虚警数 n 与满足虚警概率 P_f 要求所允许出现的虚警 n_0 之差来提高或降低门限电平，保持恒定的虚警。从接收机输出的雷达原始视频输入到比较判定电路与门限电平比较后输出量化信号。

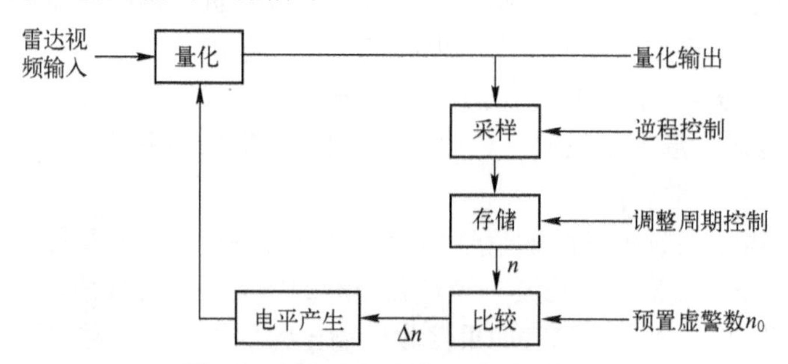

图 2.4　慢门限恒虚警电路原理框图

这里 n_0 是根据虚警概率 P_f 所预置的调整周期内（即采样单元数 N 内）允许出现的虚警数；n 是当前采样单元数 N 内实际出现的虚警数，它是在雷达工作的逆程所采集到的脉冲（即采样电路在逆程控制信号的控制下，逆程开始时采样开始，逆程结束时停止采样），因为在逆程时没有目标的回波，超过门限电平的脉冲都是噪声所产生的，从而保证采到的是内部噪声引起的虚警。

存储电路在调整周期开始信号的控制下存储采集到的虚警脉冲个数，当调整周期结束信号到来时，输出所计的虚警脉冲个数，并将存储器清零；比较电路将一个调整周期内采集到的虚警脉冲个数 n 与预置的虚警个数 n_0（即允许出现的虚警）作比较后输出Δn，控制电平产生电路产生相应的门限电平 V_T，从而使 V_T的大小按允许的 n_0 和接收机内部噪声的变化而不断调整。

2. 快门限恒虚警处理

快门限恒虚警处理是针对杂波工作环境而设置的。杂波与噪声的情况不同，它常常是区域性的，随着距离和方位角而变化，强度的起落也往往比较大。对于这类干扰，为了保持检测器的虚警率恒定，门限电平的调整要求比较快，所以称为快门限，可以采用参量法或非参量法进行处理。

参量法：用于对杂波的概率分布已知的场合，可以按照分布律来设计恒虚警电路。

非参量法：用于对杂波的概率分布未知的场合，多用滑窗检测、比较判定的方法。

在雷达的检测中，因为噪声干扰和杂波干扰都存在，噪声是经常性的，杂波是区域性的，所以这两类干扰的恒虚警处理都要设置，另外还要有一个杂波区的检测电路。一般情况下，采用慢门限恒虚警处理；当进入杂波区时，检测电路将送出转换信号，转到快门限恒虚警处理；当退出杂波区时，则从快门限转到慢门限恒虚警处理。

三、雷达信号检测

上述处理完成了对目标单个回波的判定问题，但不能简单地就此而判定它是真正的目标或没有目标。这是因为，一方面，虽已进行上述处理，但仍存在着虚警；另一方面，由于各种因素的影响，对单个目标回波的发现概率也不是100%的。可见，仅凭接收到的一个回波就判断目标的存在是不符合实际的，同时也是一种信息的浪费。

实际的目标回波信号不是单个脉冲，而是同一距离处的脉冲串，脉冲数取决于天线方向图主瓣的宽度、转动速度及探测信号的重复频率。在自动录取过程中，对目标有无的判断是通过对雷达扫过目标可能获得的数个量化回波进行积累后，再按一定准则来判定是否真正存在目标。注意：这样对目标存在与否的判断仍然是基于概率的，无非是经过积累后，错误的概率更小。

设雷达天线以角速度Ω作周期扫描，其天线波束宽度为θ（图2.5），发射信号的重复周期为T_n（图2.6）。在考虑目标为理想点目标的情况下，当天线波束扫过目标，即目标出现在天线方向图范围内时，将会反射雷达辐射信号。反射信号相对于发射信号延迟t_r时间后进入接收机。目标处在方向图范围内的时间$t=\dfrac{k\theta}{\Omega}$，在此期间雷达发射多个探测脉冲，接收机也接收到多个目标回波信号，因此天线波束扫过目标可能产生的最大回波个数为$n=\dfrac{k\theta}{\Omega T_n}$，其中$k$为系数。考虑到天线方向图半功率点范围外可能出现的回波脉冲，通常取$k=1\sim1.5$。

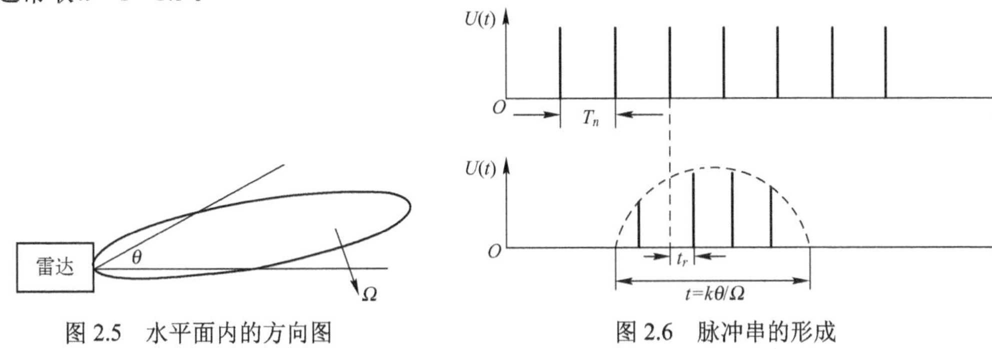

图2.5　水平面内的方向图　　　　图2.6　脉冲串的形成

例如，当$\theta=2°$，$\Omega=36°/\mathrm{s}$，$k=1$，$T_n=3\mathrm{ms}$时，脉冲数为$n=\dfrac{1\times2}{36\times0.003}\approx19$。目标位于方向图内的时间为$t=\dfrac{k\theta}{\Omega}=2°/36°\approx0.06\mathrm{s}$。在此期间内，若目标以300m/s的速度飞行，则飞过距离为 S=300m/s×0.06s=18m。目标的距离实际上没什么变化，因此，在环形显示器上，表示不同径向扫描的单个回波脉冲到屏幕中心的距离是一样的，并以小弧显示在屏幕上。实践中，操作员就是用屏幕上的亮点进行分析的。

显然，同一目标产生的回波信号是具有相关性的，而噪声干扰则往往具有随机性。

在雷达P显上，利用显示器的长余辉作用，可以对天线扫过目标时所产生的一列回波信号进行“积累”，所产生的目标亮点其实是多个回波显示的结果。显然，这样就增强了回波的亮度，改善了人们对目标的发现能力，提高了判别目标的正确性。

在自动检测系统中，常采用数字积累技术，并利用噪声的非相关性和目标回波的相关性，通过积累进一步提高信噪比，改善自动检测系统的检测性能。因此，通常，自动检测器有两个基本任务：目标回波的脉冲积累；门限检测，判定有无目标。

雷达信号的检测有专门的信号检测与估计理论来研究。但从理论上导出的最佳检测系统可能过于复杂，工程上实现起来比较困难，因此，在处理实际问题时，往往并不追求上面所述的最佳，而是寻求现实中比较合适的方案，下面介绍几种自动检测器的基本工作原理。

1. 双门限检测器

双门限检测器的组成如图 2.7 所示，它根据雷达对某一目标进行多次扫探来判别目标是否存在。双门限检测器的第一门限是量化器，它是在恒虚警条件下对目标的回波脉冲信号进行量化，达到第一门限 V_T 的信号为“1”，小于为“0”。超过第一门限的“1”信号再由计数器累计，并与某一预先确定的数值 K 进行比较，超过或等于 K 则判定该距离单元上有目标存在；小于 K 则认为不存在真正的目标。由于第一门限采用最简单的二进制量化器，随后用计数器计数，所以又称这种检测器为二进制检测器。

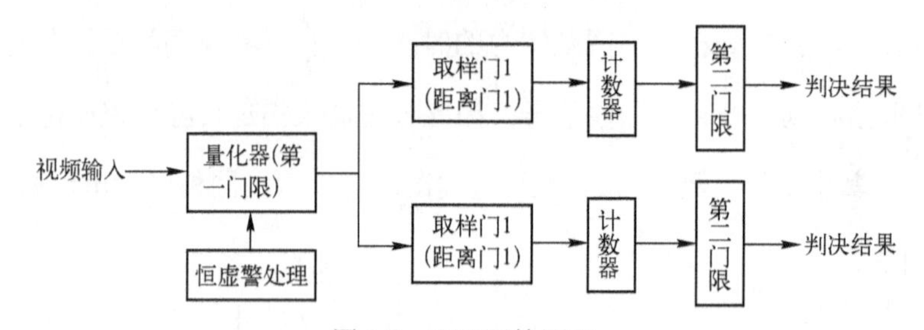

图 2.7　双门限检测器

雷达对同一距离上的目标进行探测时，其回波是间隔为雷达脉冲重复周期 T_r 的脉冲串（图 2.8）。图 2.8（a）是雷达天线扫过点目标（设目标为点目标）的情况，并设最大回波个数为 7，其中 6 个目标回波、1 个随机噪声，回波均落在同一距离单元（距离门）n 上。图 2.8（b）为时间轴上的量化回波，图 2.8（c）为第 n 个距离单元上经量化后的目标回波及随机噪声。

显然，目标回波脉冲串之间具有相关性，在同一距离单元上，对量化后的回波通过计数器进行积累后，使 N 个取样中计数器积累超过第二门限的概率就大。对于随机噪声，在恒虚警处理条件下其超过第一门限的概率受限制，而且在雷达多次扫描中在同一距离上超过第一门限的可能性很小，经计数器积累后超过第二门限的概率就更小了。第二门限判决正是利用信号和噪声这种相邻周期的相关性的不同来区分是目标信号还是噪声干扰以达到正确检测目标的目的。

类似的道理，对于杂乱干扰脉冲，这种检测器的虚警亦小，因为在不同周期内干扰脉冲相关性极小，即使有少量在同一距离上的干扰脉冲，不论其振幅多大，只要第二门限选择恰当，干扰本身也不易超过第二门限而产生虚警。

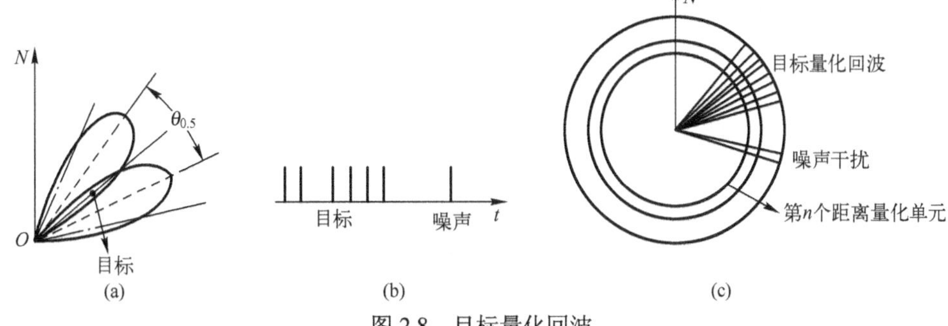

图 2.8　目标量化回波

（a）天线波束对目标的扫掠；（b）时间轴上的量化回波；（c）距离单元上的量化回波。

双门限检测器取样门的作用是允许某一距离范围内的目标回波量化信号进入计数器，以确保计数器所计目标回波数为同一个目标的回波数，从而提高判别目标的正确性。为了能对不同距离上的目标进行计数判别，取样门设置有多个，而且其距离范围是可变的，即可调至雷达测程内任意距离上，以便检测任意距离上的目标回波。

2. 滑窗检测器

1）普通滑窗检测器

另一种常用的检测目标方法称为滑窗检测器，实质上，它也是一种双门限检测器，其结构原理和输入输出波形如图 2.9 所示。

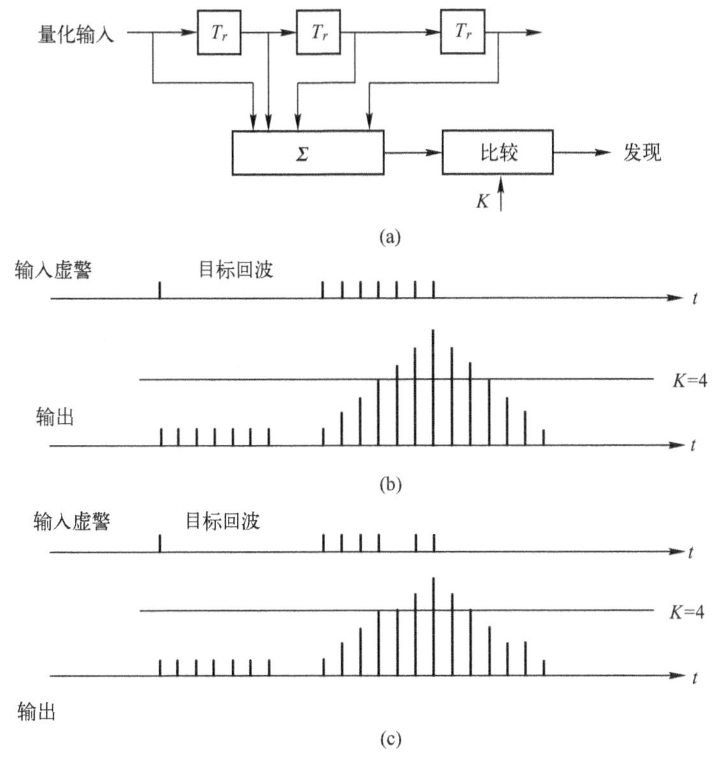

图 2.9　滑窗检测器及其波形图

（a）滑窗检测器原理图；（b）回波较强时的波形图；（c）回波较弱时的波形图。

雷达接收到的目标回波信号经量化后变为“0/1”信号，它们作为滑窗检测器的输入。图 2.9（a）中延迟单元数由雷达天线扫过目标时可能收到的回波脉冲数决定，每单元的延迟时间为雷达脉冲重复周期 T_r。设天线扫过目标时收到的最大回波个数为 N，则滑窗检测器由（N−1）个延迟单元组成。当雷达天线波束扫过一个目标时，回波脉冲串经滑窗检测器各单元的延迟后，求和输出 Σ的最大可能值为 N。同样，求和运算的结果还需经第二门限 K 判决，即当 Σ=K 时才能确定真正检测到了目标。

滑窗检测器的输入输出波形如图 2.9（b）和图 2.9（c）所示，它们为 N=7 时的波形。其中图 2.9（b）为目标回波脉冲较强时的波形，雷达每次扫掠都有回波脉冲存在，且都超过第一门限，经量化后是间隔为雷达重复周期 T_r 的等幅量化信号。设第二门限取 K=4，则当 Σ=4 时，便判决有目标，即检测到目标；图 2.9（c）是目标回波脉冲较弱的情况，雷达在扫掠时接收机输出的回波脉冲信号有起伏（如海上小目标、空中一定距离上的飞机回波），有的超过第一门限，有的低于第一门限，所以经第一门限检测后，丢失了部分回波脉冲。但通过求和运算，其输出 Σ仍可满足第二门限判决要求，故仍然判定有目标存在。对于图 2.9（b）和图 2.9（c）所示的干扰引起的单次虚警脉冲，虽然它们也通过了第一门限，但求和运算结果没有超过第二门限，判决为无目标，故此种检测器同样可减少虚警。

以上所述的滑窗检测器常用于天线波束扫过目标时收到的目标回波脉冲数较少的场合。如果目标回波脉冲数 N 很大（如警戒雷达探测海上大型舰船时），滑窗检测器要有很多个延迟单元才能对目标回波脉冲进行有效的积累，其设备相应地变得较复杂；而且，目标回波脉冲数 N 的大小受目标有效反射面积、目标的距离等因素的影响，事先难以确定，故在自动录取设备中常采用小滑窗检测器。

2）小滑窗检测器

小滑窗检测器的原理和滑窗检测器基本相同，区别仅在于其延迟单元个数 L-1 小于天线波束扫过目标时所收到的最大回波脉冲数 N。滑窗长度 L 一般比 N 小得多，如 N 在 20～30 以上时，L 取 5 或 7。所以这种检测器的明显优点是设备简单，通用性强。

由于小滑窗检测器延迟单元数少，在对目标回波脉冲数较大的目标进行检测时，目标的回波脉冲串不能进行有效的积累，因而，明显地降低了检测能力。图 2.10 是 N=13，L=5 时小滑窗检测器的输入和输出波形。从图中可以发现，当输出上升到 L 后便不再继续上升，检测性能下降。为了不使小滑窗检测器的检测性能下降，必须再增加积累时间长的设备。常用的方法是小滑窗加脉冲计数的方法，脉冲计数等效于长累积时间的设备，并可用所计脉冲数来判别真假目标和计算目标方位。

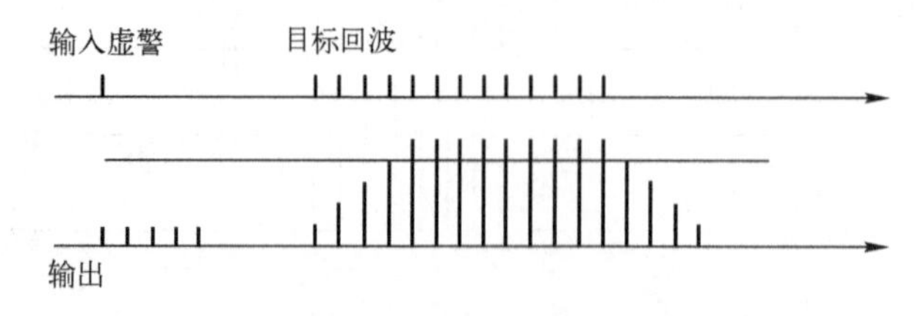

图 2.10　小滑窗检测器的输入和输出波形

小滑窗加脉冲计数的检测器有多种类型，主要差别在于计数脉冲起始和终了的准则以及脉冲计数的方式不同。最简单的是用小滑窗的第二门限 K/L 为准则，这个准则的含义是：在 L 次求和中，如求和输出 Σ 达到 K 时，认为目标起始；当天线波束逐渐偏离目标，求和输出 Σ 减小，导致 L 次求和结果降低到 K 以下时，认为目标终了。一般取目标起始为 K/L，目标终了为 J/L，而 $J<K$，然后，用计数器对两者之间的脉冲数加以计数，当它达到另一预定准则（称第三门限）时，才判定为目标。

在小滑窗检测器中，最佳 K 值可采用经验公式来确定，其表示为

$$K_{\text{opt}} = 1.5\sqrt{L} \tag{2-5}$$

例如，当滑窗长度 L 分别取 5 或 7 时，K 值分别取 3 或 4，此时，判别目标起始（目标头）和目标终了（目标尾）准则为 3/5～2/5 或 4/7～3/7。有的系统根据目标远近产生的回波脉冲数的多少来改变这个判别准则。如目标距离大于 40nmile，目标回波脉冲较少，目标起始和终了判别准则取 3/7 与 2/7，即相邻 7 次雷达距离扫描中，其中 3 次有回波脉冲，则判目标起始，当减少到 7 次扫描中累计只有 2 个回波脉冲时，便判目标终了；如果距离小于 40nmi1e，回波脉冲数相应增多，这时，检测器判别目标起始和终了的准则便改为 4/7～3/7。

通过上述方法，解决了判别目标的存在问题，当然也确定了目标的距离。但对目标的检测还需求得目标的方位，空中目标还要有目标的仰角。求取目标的方位或仰角的方法有多种：一种是最大信号法，即当滑窗检测器输出为最大时的天线指向作为目标的方位或仰角，但这种方法不适于小滑窗检测器，因小滑窗检测器的输出得不到最大值；另一种适用于小滑窗检测器求取目标方位的方法是，分别记下刚开始发现目标和目标终了两个瞬时天线对应的角度，然后取其平均值；还有一种方法是记下目标终了瞬时的天线方位值，再根据从开始发现至目标终了之间计数器所计的目标回波脉冲数，按一定公式计算出目标方位。

3. 大型假目标判别

由于海面目标类型有很多，如各种大小舰船、航标、大小岛屿等，这些目标的回波个数相差很大，而我们感兴趣的是敌方大小舰船目标。但如果在自动检测目标时，也对大面积的岛屿之类的回波进行检测并输出，这会造成计算机因目标太多而过载。因此，在自动检测系统中需要对可能检测到的岛屿之类大型目标进行特殊处理。处理的方法是：首先系统应根据一般的舰船目标及本雷达性能，计算出这些目标应有的回波脉冲数，然后选择一个恰当的数值，作为判别大型假目标（指岛屿）的标准值，而在具体设备中，则利用目标回波个数计数器，累计从发现目标起始至目标终了之间的目标回波脉冲数，这个数值又称为方位延伸数（NB），如 NB 大于判别大型假目标的标准值，则按假目标处理，不发出发现目标信号，也就不计算这类目标的坐标了。

判别大型假目标回波脉冲所取的标准值，是根据雷达探测海上舰艇目标所得的回波脉冲数 N 来确定的。如图 2.11 所示，目标回波脉冲数 N 可用一个设定的目标，根据下式计算，即

$$N = \frac{\theta_{0.5}}{\Omega_\beta} F_r + \frac{\arctan \dfrac{l}{R}}{\Omega_\beta} F_r \tag{2-6}$$

式中：$\theta_{0.5}$ 为雷达天线波束宽度；Ω_{β} 为雷达天线方位扫描角速度；F_r 为雷达重复频率；l 为与天线波束垂直的目标长度，最长时，取设定舰艇的长度；R 为目标距离。

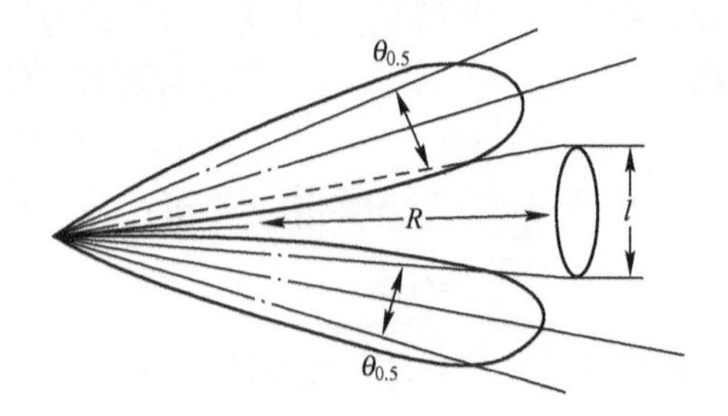

图 2.11　计算目标回波脉冲数示意图

由以上计算公式可知，目标回波脉冲数 N 还与目标距离和长度有关，这样系统要实时计算各个目标的回波数将占用大量机时，而且目标的长度 l 也无法知道。所以，实际判别目标时，只需取一典型舰艇的长度事先计算一下，选择确定一个固定数作为判别标准值装入机器。如果实际回波脉冲数 NB 大于此值，就不作为目标处理；小于此值，均认为发现了真实目标。

2.1.3　雷达目标参数提取

雷达通常采用极坐标系统，空间任一点目标所在的位置如图 2.12 所示，是由目标的斜距 R、方位角 ϕ 和俯仰角 θ 三个坐标决定的。目标的斜距 R 表示雷达到目标的直线距离；方位角 ϕ 是目标的斜距 R 在水平面上的投影与某一起始方向（如正北）在水平面上的夹角；俯仰角 θ 是目标的斜距 R 与它在水平面上的投影在铅垂面上的夹角。

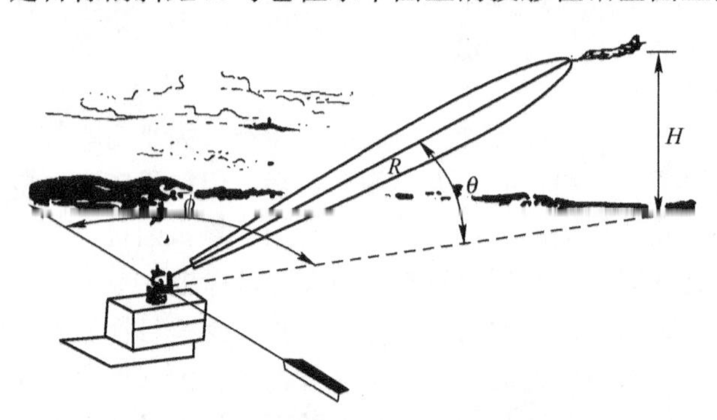

图 2.12　雷达目标位置参数示意图

一、目标距离数据的录取

雷达工作时，发射机经天线向空间发射一串重复周期一定的高频脉冲，如果在电磁波传播的途径上有目标存在，则雷达可接收到由目标反射回来的回波。由此可见，雷达到目标的距离是由电磁波从发射到接收所需的时间来确定的，假定电磁波往返于目标与雷达之间的时间间隔为 t，而电磁波是以恒定的光速 c（3×10^8m/s）传播的，则雷达到目标的距离为 $R=\dfrac{1}{2}ct$（图 2.13）。

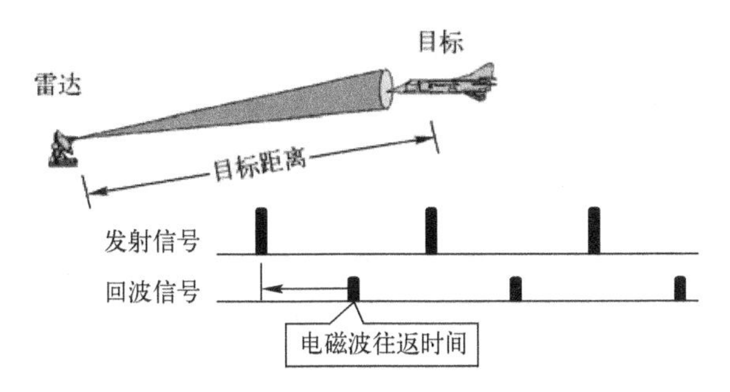

图 2.13　雷达测距原理示意图

二、目标角度数据的录取

为了确定目标的空间位置，雷达在大多数情况下，不仅要测定目标的距离，而且还要测定目标的方向，即测定目标的角坐标，包括目标的方位角和高低角（仰角）。雷达测角的物理基础是电波在均匀介质中传播的直线性和雷达天线的方向性。雷达测角方法有振幅法和相位法两类，其中振幅法又包括最大信号法、等信号法、最小信号法三种，相位法包括两天线相位法和三天线相位法。

1. 相位法测角

1）两天线相位法

相位法测角利用多个天线所接收的回波信号之间的相位差进行测角。如图 2.14 所示，设在 θ 方向有一远区目标，则到达接收点的目标所反射的电波近似为平面波。由于两天线间距为 d，故它们所接收到的信号由于存在波程差ΔR 而产生相位差，即

$$\varphi=\frac{2\pi}{\lambda}\Delta R=\frac{2\pi}{\lambda}d\sin\theta \tag{2-7}$$

式中：λ 为雷达波长。如果用相位计进行比相，测出其相位差 φ，就可以确定目标方向 θ。

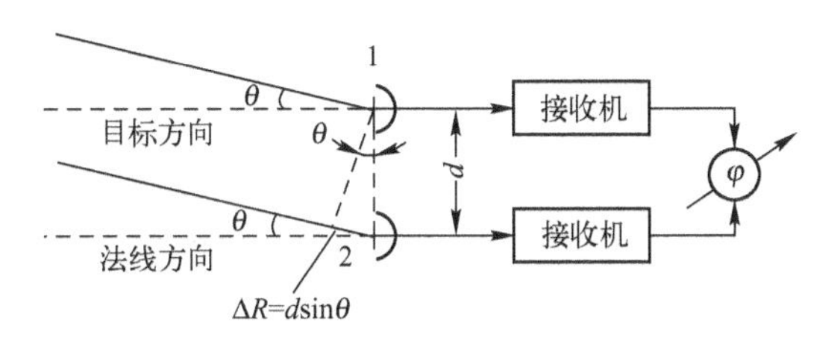

图 2.14　相位法测角框图

2）测角误差与多值性问题

相位差 φ 值测量不准，将产生测角误差，它们之间的关系如下（将式（2-7）两边取微分），即

$$\mathrm{d}\varphi=\frac{2\pi}{\lambda}d\cos\theta\mathrm{d}\theta \tag{2-8}$$

$$\mathrm{d}\theta=\frac{\lambda}{2\pi d\cos\theta}\mathrm{d}\varphi \tag{2-9}$$

由式（2-9）看出，采用读数精度高（$\mathrm{d}\varphi$ 小）的相位计，或减小 λ/d 值（增大 d/λ

值)，均可提高测角精度。注意到，当 θ=0 时，即目标处在天线法线方向时，测角误差 $\mathrm{d}\theta$ 最小。当 θ 增大，$\mathrm{d}\theta$ 也增大，为保证一定的测角精度，θ 的范围有一定的限制。

增大 d/λ 虽然可提高测角精度，但由式（2-7）可知，在感兴趣的 θ 范围（测角范围）内，当 d/λ 加大到一定程度时，φ 值可能超过 2π，此时，$\varphi = 2\pi N + \psi$，其中 N 为整数；$\psi < 2\pi$，而相位计实际读数为 ψ 值。由于 N 值未知，因而，真实的 φ 值不能确定，就出现多值性（模糊）问题。必须解决多值性问题，即只有判定 N 值才能确定目标方向。

3）三天线相位法

较为有效的办法是利用三天线测角设备，间距大的 1、3 天线用来得到高精度测量，而间距小的 1、2 天线用来解决多值性，如图 2.15 所示。

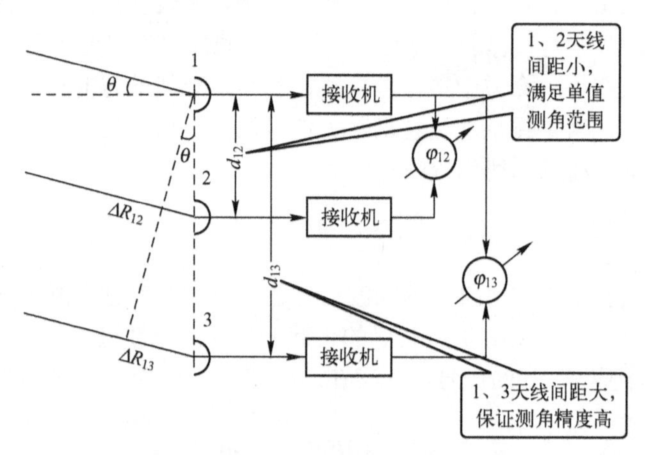

图 2.15　三天线相位法测角原理示意图

设目标在 θ 方向。天线 1、2 之间的距离为 d_{12}，天线 1、3 之间的距离为 d_{13}，适当选择 d_{12}，使天线 1、2 收到的信号之间的相位差在测角范围内均满足

$$\varphi_{12} = \frac{2\pi}{\lambda} d_{12} \sin\theta < 2\pi \tag{2-10}$$

φ_{12} 由相位计 1 读出。

根据要求，选择较大的 d_{13}，则天线 1、3 收到的信号的相位差为

$$\varphi_{13} = \frac{2\pi}{\lambda} d_{13} \sin\theta = 2\pi N + \psi \tag{2-11}$$

φ_{13} 由相位计 2 读出，但实际读数是小于 2π 的 ψ。为了确定 N 值，可利用如下关系，即

$$\frac{\varphi_{13}}{\varphi_{12}} = \frac{d_{13}}{d_{12}},\quad \varphi_{13} = \frac{d_{13}}{d_{12}} \varphi_{12} \tag{2-12}$$

根据相位计 1 的读数 φ_{12} 可算出 φ_{13}，但 φ_{12} 包含有相位计的读数误差，由式（2-12）标出的 φ_{13} 具有的误差为相位计误差的 d_{13}/d_{12} 倍，它只是式（2-11）的近似值，只要 φ_{12} 的读数误差值不大，就可用它确定 N，即把 $(d_{13}/d_{12})\varphi_{12}$ 除以 2π，所得商的整数部分就是 N 值。然后，由式（2-11）算出 φ_{13} 并确定 θ。由于 d_{13}/λ 值较大，保证了所要求的测角精度。

2. 振幅法测角

1）最大信号法

当天线波束作圆周扫描或在一定扇形范围内作匀角速扫描时，对收发共用天线的单基地脉冲雷达而言，接收机输出的脉冲串幅度值被天线双程方向图函数所调制。设波束扫描如图 2.16（a）所示，找出脉冲串的最大值（中心值），确定该时刻波束轴线指向即为目标所在方向，如图 2.16（b）的①所示。

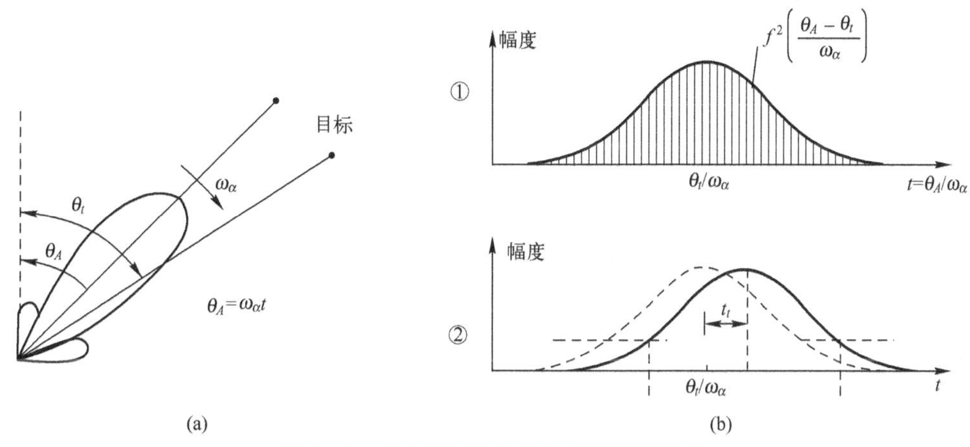

图 2.16　最大信号法测角波束图及波形图

（a）测角波束图；（b）测角波形图。

如天线转动角速度为 $\omega_a(\mathrm{r/min})$，脉冲重复频率为 f_r，则两个脉冲间的天线转角为

$$\Delta\theta_s=\frac{\omega_a\times 36°}{60}\cdot\frac{1}{f_r} \tag{2-13}$$

这样，天线轴线（最大值）扫过目标方向（θ_t）时，不一定有回波脉冲，就是说，$\Delta\theta_s$ 将产生相应的“量化”测角误差。

在人工录取的雷达里，操纵员在显示器画面上看到回波最大值的同时，读出目标的角度数据。采用平面位置显示（PPI）二度空间显示器时，扫描线与波束同步转动，根据回波标志中心（相当于最大值）相应的扫描线位置，借助显示器上的机械角刻度或电子刻度读出目标的角坐标。

在自动录取的雷达中，可以采用以下办法读出回波信号最大值的方向：一般情况下，天线方向图是对称的，因此回波脉冲串的中心位置就是其最大值的方向。测读时，可先将回波脉冲串进行二进制量化，其振幅超过门限时取“1”，否则取“0”，如果测量时没有噪声和其他干扰，就可根据出现“1”和消失“1”的时刻，方便且精确地找出回波脉冲串“开始”和“结束”时的角度，两者的中间值就是目标的方向。

通常，回波信号中总是混杂着噪声和干扰，为减弱噪声的影响，如图 2.16（b）②的实线所示，积累后的输出将产生一个固定的延迟（可用补偿解决），但可提高测角精度。

最大信号法测角的优点：一是简单；二是用天线方向图的最大值方向测角，此时回波最强，故信噪比最大，对检测发现目标是有利的。其主要缺点是直接测量时，测量精度不是很高，约为波束半功率宽度（$\theta_{0.5}$）的 20%。因为方向图最大值附近比较平坦，最强点不易判别，测量方法改进后可提高精度。另一个缺点是不能判别目标偏离波束轴线的方向，故不能用于自动测角。最大信号法测角广泛应用于搜索、引导雷达中。

2）等信号法

等信号法测角采用两个相同且彼此部分重叠的波束，其方向图如图 2.17（a）所示。如果目标处在两个波束的交叠轴 *OA* 方向，则两波束接收到的信号强度相等，否则，一个波束接收到的信号强度高于另一个（图 2.17（b）），故常常称 *OA* 为等信号轴，当两个波束接收到的回波信号相等时，等信号轴所指方向即为目标方向。如果目标处于 *OB* 方向，则波束 2 的回波比波束 1 强；处于 OC 方向时，波束 2 的回波比波束 1 弱。

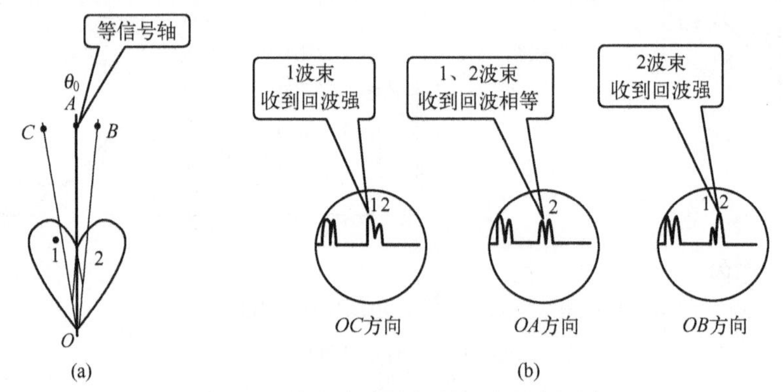

图 2.17　等信号法测角波束图及波形图

（a）测角波束图；（b）K 型显示器上的波形图。

因此，比较两个波束回波的强弱就可以判断目标偏离等信号轴的方向，并可用查表的方法估计出偏离等信号轴的大小。设天线电压方向性函数为 $F(\theta)$，等信号轴 *OA* 的指向为 θ_0，则波束 1、2 的方向性函数可分别写成

$$
\begin{aligned}
F_1(\theta) &= F(\theta_1) = F(\theta + \theta_k - \theta_0) \\
F_2(\theta) &= F(\theta_2) = F(\theta - \theta_k - \theta_0)
\end{aligned}
\tag{2-14}
$$

式中：θ_k 为 θ_0 与波束最大值方向的偏角。

用等信号法测量时，波束 1 接收到的回波信号电压值 $u_1 = KF_1(\theta) = KF(\theta_k - \theta_t)$，波束 2 接收到的回波信号 $u_2 = KF_2(\theta) = KF(-\theta_k - \theta_t) = KF(\theta_k + \theta_t)$，式中：$\theta_t$ 为目标方向偏离等信号轴 θ_0 的角度。

求 u_1、u_2 两信号的比值，即

$$
\frac{u_1}{u_2} = \frac{F(\theta_k - \theta_t)}{F(\theta_k + \theta_t)} \tag{2-15}
$$

根据比值大小，查找预先制定的表格就可以获得 θ_t 的信息，即得到目标方向偏离等信号轴 θ_0 的角度。

等信号法中，两个波束可以同时存在，若用两套相同的接收系统同时工作，称为同时波瓣法；两个波束也可以交替出现，或只要其中一个波束，使它绕 *OA* 轴旋转，波束

便按时间顺序在 1、2 位置交替出现，只要用一套接收系统工作，则称为顺序波瓣法。

等信号法的主要优点如下。

（1）测角精度高于最大信号法，因为等信号轴附近方向图斜率较大，目标略微偏离等信号轴时，两信号强度变化显著。由理论分析可知，对收发共用天线的雷达，精度约为波束半功率宽度的 2%，比最大信号法高出约一个量级。

（2）根据两个波束收到的信号的强弱，可判别目标偏离等信号轴的方向，便于自动测角。

等信号法的主要缺点如下。

（1）测角系统较复杂。

（2）等信号轴不是方向图的最大值方向，故在发射功率相同的条件下，作用距离比最大信号法小些。

若两波束交点选择在最大值的 0.7～0.8 处，则对收发共用天线的雷达，作用距离比最大信号法减小 20%～30%。等信号法常用来进行自动测角，即应用于跟踪雷达中。

三、目标高度数据的录取

目标高度的测量如图 2.18 所示，它是以测距和测仰角原理为基础的，目标高度 H 同斜距 R 和仰角 θ 之间的关系为 $H = R\sin\theta$。由该式可见，测出目标的斜距 R 和仰角 θ 即可计算出目标的高度。不过，由图中可见，由于地平线是弯曲的，计算出的高度需要进行修正。为了避免与地球半径的符号混淆，在下面的式子中将斜距 R 改为 d 表示。修正后的高度 H 表示为 $H = h + d\sin\theta + \dfrac{d^2}{2R}$。修正项中，$h$ 为雷达天线高度；R 为地球曲率半径，约等于 6370km；$\dfrac{d^2}{2R} = h_{修正}$。

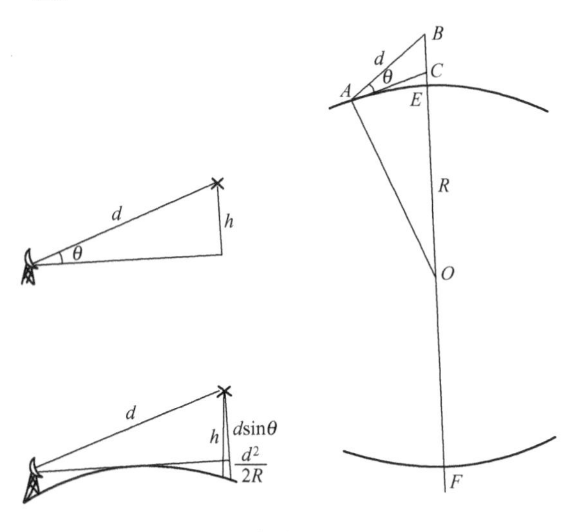

图 2.18　目标高度求解示意图

四、目标径向速度的测量方法

随着作为雷达观察对象的目标性能的提高，对雷达的战术性能提出了越来越高的要求。除了上述位置参数以外，对一些高性能或有特殊用途的雷达，还需测量运动目标的相对速度，如飞机或导弹飞行时的速度。

当目标与雷达站之间存在相对速度时，由于多普勒效应，从运动目标反射回来的回波信号的频率与发射信号的频率相比，增加了一个多普勒频率偏移成分。雷达只要测量出回波信号的多普勒频移，就可确定目标与雷达站之间的相对速度。

如果雷达信号波长为λ(m)，多普勒频移为f_d(Hz)，则目标径向速度v_r(m/s)可按下式算出，即

$$v_r = \frac{1}{2} f_d \cdot \lambda \qquad (2\text{-}16)$$

当目标向着雷达运动时，$v_r > 0$，回波载频提高；反之，$v_r < 0$，回波载频降低。

2.1.4 雷达的主要战技指标

一、主要技术指标

1. 工作频率及工作带宽

雷达的工作频率没有根本性的限制。无论工作频率如何，只要是通过辐射电磁能来检测和定位目标，并且利用目标反射回波来提取目标信息的任何设备都属于雷达的范畴。已经使用的雷达工作频率从几兆赫到紫外线区域，任何工作频率的雷达，其基本原理是相同的，但具体的实现却差距巨大，实际中，绝大多数雷达的工作频率是微波频率，但也有例外。

高频（HF）（3～30MHz）：地波雷达、天波雷达、超视距雷达工作在这个频段，波束窄要采用大型天线，外界自然噪声大，可用的带宽窄，并且民用设备广泛使用电磁频谱的这一部分。早期雷达曾使用过该频段，如第二次世界大战中英国曾用该频段的雷达成功探测到敌机，并依赖有限的战斗机有效抗击了进攻的轰炸机。另外，高频电磁波的一个重要特性是它能被电离层折射，根据电离层的实际情况，电磁波在500～2000nmile折射回地面，这可用于飞机和其他目标的超视距检测。

甚高频（VHF）（30～300MHz）：大多数早期雷达都工作在该频段，与HF频段一样，VHF频段拥挤，带宽窄，外部噪声高，波束宽。但与微波频段相比，工艺简单，价格便宜。

超高频（UHF）（300～1000MHz）：比起VHF频段，该频段外部噪声低，波束较窄，且不易受气候的困扰。在有合适的大天线的情况下，该频段适用于远程警戒雷达，特别是用于监视宇宙飞船、弹道导弹等外层空间目标的雷达。

L波段（1.0～2.0GHz）：它是地面远程对空警戒雷达首选频段，如作用距离为200nmile的用于空中管制和引导的雷达。军用三坐标（3D）雷达可以使用L波段，也可使用S波段。L波段也适用于检测外层空间远距离目标的大型雷达。

S波段（2.0～4.0GHz）：在S波段，对空警戒雷达可以是远程雷达，但比在较低频率上更难达到远距离。

C波段（4.0～8.0GHz）：该频段常用于导弹精确跟踪的远程精确制导雷达中。多功能相控阵防空雷达和中程气象雷达也使用该频段。

X波段（8～12.5GHz）：X波段是军用武器控制（制导）雷达和民用雷达的常用频段。

舰载导航和领港、气象规避、多普勒导航和警用测速都使用该波段。该波段雷达体积适宜，所以适合于注重机动性和重量轻而非距离远的场合。X 波段雷达带宽宽，并且可用尺寸相对较小的天线产生窄波束，这些有利于高分辨力雷达的信息收集。

Ku、K 和 Ka 波段（12.5～40GHz）：低端用 Ku 表示，高端用 Ka 表示，该频段受到关注是因为带宽宽，并且用小口径天线可获得窄波束。但是由于难于产生和辐射大的功率，且受雨杂波和大气衰减的限制，因此并没有多少雷达采用该频段。但用于机场交通定位和控制的机场地面探测雷达需要高分辨力，使用 Ku 频段。

除上述波段以外，还有毫米波长（40GHz 以上）激光频率。

2. 天馈线性能

对天线性能的描述主要包括天线孔径、天线的波束形状、天线增益、天线波瓣宽度、天线波束的副瓣电平、极化形式、天馈线系统的带宽、扫描方式等若干个方面。

雷达天线的波束形状：雷达天线对电磁能量在方向上的聚集能力用波束宽度来描述，波束越窄，天线的方向性越好。但设计、制造过程中不可能使能量集中在理想的波束之内，因此，能量集中在主波束内称为主瓣、其他方向上的泄漏称为旁瓣。

天线增益定量地描述了一个天线把输入功率集中辐射的程度。为了方便理解，可以定义雷达增益为输入功率相等的情况下，实际天线与理想的辐射单元在空间中同一点处所产生的信号的功率密度之比。显然，增益与天线方向图有密切关系，方向图主瓣越窄，旁瓣越小，增益越高。

扫描方式可分为机械扫描和电扫描。传统的雷达多为机械扫描，可以看到明显的雷达天线在机械装置的驱动和控制之下，以一定周期旋转扫描；雷达电扫描方式指的是雷达扫描阵列上有数百甚至上千个发射、接收模块构成有源天线阵列，通过计算机控制各发射、接收模块发射电磁波的相位实现雷达波束的方向改变，与传统的机械方式相比，它具有扫描速度快、作用距离远、多目标探测能力强、抗干扰等优点。

3. 雷达发射信号性能

主要包括脉冲重复频率、脉冲重复周期、脉冲宽度等。

脉冲宽度是指发射脉冲信号的持续时间；脉冲重复频率是指雷达每秒发射的射频脉冲的个数。

4. 发射机性能

主要包括发射功率（峰值功率、平均功率）、功率放大链总增益等。

发射功率是雷达的一个重要参数，由于电磁波的衰减，发射功率越大则理论上可探测的目标越远，目标回波也就越强，但实现也越困难。

5. 接收机性能

接收机性能包括接收机动态范围、接收机的灵敏度等。

接收机的灵敏度是指雷达接收微弱信号的能力，灵敏度越高越好。

技术参数是根据雷达的战术性能与指标要求来选择和设计的，因此它们的数值在某种程度上反映了雷达具有的功能。例如，为提高远距离发现目标能力，预警雷达采用比较低的工作频率和脉冲重复频率，而机载雷达则为减小体积、重量等目的，使用比较高的工作频率和脉冲重复频率。这说明，如果知道了雷达的技术参数，就可在一定程度上识别出雷达的种类。

二、主要战术指标

雷达战术指标主要由功能决定，合理确定完成特定任务的雷达战术指标，在很大程度上决定了雷达的性能。

1. 雷达的探测范围

雷达能以一定的检测概率和虚警概率、一定的目标起伏模型和一定的目标雷达截面积对目标进行连续观测的空域，称为探测范围，又称为威力范围，包括雷达方位观察空域（如两坐标监视雷达要求在360°范围内均能进行观察）、仰角观察空域（如对于监视雷达，仰角监视范围是0°～30°）、最大探测高度（H_{max}）、最大作用距离（R_{max}）。

2. 测量目标参数的精度

测量精度是指雷达所测量的目标坐标与其真实值的偏离程度，以测量误差的大小来衡量，误差越小，精度越高。精确度的高低取决于系统误差与随机误差，后者与测量方法、测量设备的选择以及信号噪声（或信号干扰）比有关。

3. 分辨率

分辨率是指雷达对两个相邻目标的区分能力，包括距离分辨率和角度分辨率。对于测速雷达，还有速度分辨率要求。雷达分辨率越好，测量精度也就越高。

距离分辨率是指同一方向（角度）上能够区分两个目标的最小距离$\Delta R=C\tau/2$。τ是雷达发射脉冲宽度，如图 2.19（a）所示。

角度分辨率是指在同一距离上能够区分两个目标的最小角度$\Delta\theta$。$\Delta\theta$是雷达天线半功率点波束角，如图 2.19（b）所示。

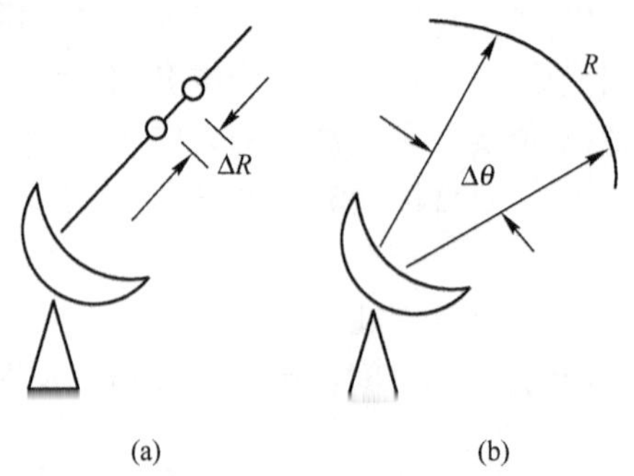

图 2.19　距离分辨率和角度分辨率示意图

（a）距离分辨率示意图；（b）角度分辨率示意图。

4. 数据率

数据率是雷达对整个探测范围完成一次探测所需时间的倒数，也是单位时间内雷达对每个目标提供数据的次数，它表征雷达的工作速度。对同一目标相邻两次跟踪之间的间隔时间称为跟踪间隔时间，其倒数称为跟踪数据率。

5. 抗干扰能力

抗干扰能力是指雷达在干扰环境中能够有效检测目标和获取目标参数的能力。通常，雷达都是在各种自然干扰和人为干扰条件下工作的。这些干扰包括人为施放的有源干扰和无源干扰、近处电子设备的电磁干扰以及自然界存在的地物、海浪和气象等干扰。对雷达的抗干扰（ECCM）能力一般从两个方面来描述：一是采取了哪些抗干扰措施，使用了何种抗干扰电路；二是以具体数值表达，如动目标改善因子的大小、接收天线副瓣电平的高低、频率捷变的响应时间、频率捷变的跳频点数、抗主瓣干扰自卫距离和抗副瓣干扰自卫距离等。

6. 工作可靠性

雷达需要可靠的工作。通常用两次故障之间的平均时间间隔来表示，称为平均无故障时间（MTBF）。可靠性的另一个标志是发生故障以后平均修复时间（MTTR）。

2.2 声纳目标探测原理

2.2.1 声波感知技术及声纳概述

在人类所接收的信息中，有90%以上是通过视觉器官获得的，有近10%的信息是通过听觉器官获得的，声波感知技术就是利用声波获取目标信息的感知技术，它包括有源声波感知技术和无源声波感知技术。有源声波感知技术是通过向目标发出声波，再接收并检测其回波以获取目标信息的感知技术，如声纳；无源声波感知技术是通过接收目标变化或在运动中发出的声波获取目标信息的感知技术，主要包括利用空气声波的炮声传感器和窃听技术，利用水声感知的水听器，利用大地震动声波的振动传感器。

在人们迄今所熟知的各种能量形式中，在水中以声波的传播性能最好（在水中的传播速度约为1450m/s以上）。在浑浊、含盐的海水中无论是光波还是无线电波，其衰减都非常大，因而，在海水中的传播距离十分有限（无线电波在水中的传播距离为几米到几十米，光波在水中的传播距离也只有几百米），远不能满足对水下目标探测、通信、导航等方面的需要。相比之下，声波在水中的传播性能就好得多（声波可以传播几千米，在特殊情况下可达到几百甚至几千千米），因此声波探测是在水中实现探测的最重要手段。

例如，舰艇（或潜艇）在海洋中航行，是一个声波的发生源（图2.20）。

（1）任何在水中航行的船只都产生声音，最重要的是螺旋桨搅拌水的声音（图2.20（a））；

（2）其次是船只内不同种类的机械设备产生的噪声，这些声音通过船体进入水中（图2.20（b））；

（3）当船只停在水中，螺旋桨和机械都安静下来，但仍有浪拍击船体产生的声音（图2.20（c））。

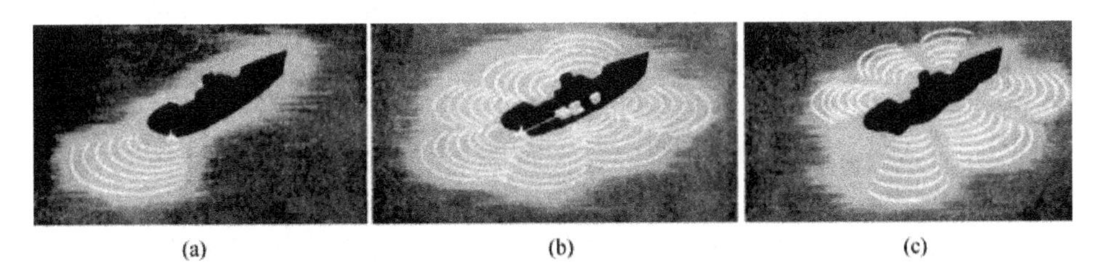

图2.20 舰艇在海洋中的发声示意图

声纳（Sonar，Sound Navigation and Ranging，声波导航与测距）是获取水下目标信

息的主要探测设备，它利用声波在水下的传输特性，通过电声转换和信号处理，完成对水下目标的探测、定位、跟踪、识别、通信、导航、武器制导以及水声对抗。

作为一种设备，它可以单独使用，也可以由多部声纳组成声纳网，声纳网的建立是声纳技术发展的必然趋势。迄今为止，国内外已经使用或正在使用研制的声纳不下百种，声纳系统分类的方法很多，按装置体系分类可以分为舰用声纳、潜艇用声纳、岸用声纳、航空吊放声纳和声纳浮标、海底声纳等；按其用途不同可分为警戒声纳、侦察声纳、攻击声纳、通信声纳、探雷声纳、猎雷声纳、识别声纳、导航声纳、水声制导声纳、水声对抗设备、水声测量设备等；按工作方式可分为主动（回声）声纳和被动（噪声）声纳两种，回音站、测深仪、通信仪、探雷仪等均可归入主动声纳类，而噪声站、侦察仪等归入被动声纳类。

一、岸用声纳及预警系统（岸边固定式声纳监视系统）

岸用声纳主要用来警戒进入海岸附近的目标，特别是潜艇。由于海港是军舰的基地，是海上运输及后勤给养的转运站，所以常常成为潜艇攻击的重要目标之一。各个国家都很重视布设海岸声纳系统，配合其他设备组成海岸防潜系统。

岸用声纳系统通常只将换能器基阵放在港口、海峡和海上主要通道附近及某些特殊海区，基阵接收的信息通过海底电缆传送到海岸基地的声纳电子设备上进行处理。由于岸用声纳基阵和电子设备都固定不动，所以它不受运载工具容积和载重量的限制，可以使用低频大功率大尺寸的换能器基阵，以增大作用距离（可达 60～70nmile）。

通常，岸用声纳工作于被动方式，因而隐蔽性好。为了扩大警戒范围，可布置多个岸用声纳联合使用，构成海岸警戒网。通常，两个声纳站间装置的距离等于作用距离的 1～1.8 倍，以便彼此之间有一定的交叉覆盖。换能器基阵布放在距离海岸 10～20km、深度不大于 100m 的平坦海底上。岸用声纳的缺点是缺乏机动性，且受气候及海况的影响较大。

二、水面舰艇上的声纳

水面舰艇上装备的声纳的主要目的是反潜防潜，即搜索潜艇目标，并引导火力系统进行攻击。此外，探测水雷、打捞沉物、对潜艇通信等也需要用声纳来完成。由于运动的水面舰艇本身无隐蔽性，因而，它主要采用主动声纳来搜索和测定水下目标。

一般水面舰艇通常装有 5～7 部声纳，大型反潜水面舰艇装有多达 10 部声纳，综合完成对潜搜索、定位、跟踪、射击指挥及水中通信、探雷、导航、水下目标识别、水声对抗等任务。现代反潜战要求水面舰艇声纳作用距离远，搜索速度快，能全面观察和监视周围海区，盲区小，能精确定位和自动跟踪目标。鉴于声纳在反潜中的地位和作用，有时不得不使水面舰艇的设计适应声纳设备的要求。因为水面舰艇航速高，航行噪声大，所以它们的工作环境恶劣。

换能器安装在舰艇壳体上的声纳称为舰壳式声纳。舰壳声纳主动工作频率已由早先的 20～30kHz 下降到 2～3kHz，发射功率高达数百千瓦。普遍采用了多波束电扫描，可同时跟踪多个目标。舰壳声纳一般也具有辅助的被动工作方式，用以搜索潜艇噪声。

近年来，水面舰艇拖曳声纳得到很大发展，这种声纳的换能器装置能够脱离舰体通过机电拖缆拖于水中，且可调节拖缆线的长度改变拖曳体与舰艇的距离和下潜深度（150～400m）。拖曳声纳可与舰上其他声纳合用一套电子设备，或单独使用一套电子设备。因拖曳换能器较舰壳声纳下潜深，单位面积发射声功率大，故更利于使用大功率发射。又由于拖体深度可调节，使其下潜到最佳深度，因而，不仅可以不受恶劣海况和海面气泡层的影响，又可较好地利用有利的水声传播途径。再者因换能器基阵远离舰体，减小了舰艇噪声对它的干扰，也避免了舰艇尾流的影响，所以拖曳声纳探测距离一般比舰壳声纳远。显然，拖体对舰艇的机动性和航速有一定影响，机械结构和操作系统也较复杂，故一般适合大中型舰艇使用。拖曳线列声纳是近年来发展的一种拖曳式被动监视系统。这种声纳的多个接收换能器镶嵌在特殊的拖缆上，呈线列阵，使拖缆和基阵形成一个整体，拖于舰艇后方，它比变深声纳拖曳体能下潜到更深的深度，且对舰艇的机动性影响较小。

三、潜艇上的声纳

由于无线电无法在下潜的潜艇上使用，潜艇在水下航行时的观察和通信器材主要依赖于声纳，因而，声纳在潜艇上地位显得更为重要。潜艇声纳的主要功能是为反潜武器和鱼雷武器的射击指挥提供水中目标的定位数据，其次是承担对水中目标的探测、警戒跟踪、通信、目标性质识别、助航等项任务。有时，一艘潜艇甚至有 1/2 的空间被声纳占据，通常，每艘攻击潜艇上装有 10 多部各种功能的声纳。

潜艇上虽然装有各种类型的声纳，但为了保持潜艇隐蔽活动的特点，平时主要使用被动声纳，不断地对潜艇周围海区进行搜索。因此，潜艇上被动定位和测距声纳已成为国内外潜艇必不可少的声纳。近几年，在被动声纳上已经使用了先进的目标被动识别技术，从而潜艇有可能完全依靠被动声纳完成目标定位、测距、识别以及引导水下武器进行攻击等任务。

潜艇的主动声纳不能经常使用，工作时间也不能过长，一般只在实施攻击前使用，即使投入工作也需要经常改变工作频率，以防敌方发现。在巡航或远距离航行中，为了导航的需要，也使用主动声纳（如避碰声纳、多普勒计程仪等）。

随着潜艇的战术水平提高和声纳技术的不断发展，潜艇编队航行和联合攻击离不开各种通信声纳。然而，由于声波在水中的传播速度比无线电在空中的传播速度低得多，致使水声通信速率很低，在远距离上甚至无法进行双工通信。

为了较好地发挥声纳在特定海区的性能，并对声纳使用性能进行预报，潜艇上往往还装有声线轨迹仪、探测仪和声速测量仪等设备。水声对抗系统也是潜艇上不可缺少的设备。除了与雷达对抗中的铝箔类似的气幕弹之外，潜艇上还使用宽带强声源类的压制性声纳器材。这种由潜艇释放的功率强大的干扰器，将使敌方声纳无法正常探测。近年来，潜艇上开始装备可自导航且可逼真模拟潜艇目标各种参数的目标模拟器。当潜艇被发现并有被攻击的危险时，便释放这种目标模拟器来误导敌方声纳（包括鱼雷上的声自导装置），从而使自己安全地实施规避。敌我识别器也是潜艇上已经装备的水声对抗装备之一，它能测定对方主动声纳信号的参数，还可利用编码信号通过应答方式来自动识别敌我。潜艇声纳工作频率已转向低声频，主动式工作为 3～3.5kHz 甚至更低，发射声功率也较大，达到兆瓦能量级；被动声纳频率更低，为 0.5～3kHz。声纳换能器尺寸最大直径达 5m，所以作用距离较远。

四、航空兵使用的声纳（机载声纳和声纳浮标）

随着潜艇活动能力的加强，提高潜艇速度显得格外重要。舰用声纳在高速航行时，由于本舰噪声的急剧增加而影响探测距离，从而影响探测速度。在空中用机载声纳探测水中目标就显示出很多优点。首先，空中探测机动灵活，可以任意地搜索各海区，迅速完成搜索任务。其次，飞机的飞行速度远比水下任何潜艇高，可以方便地追击目标，使被探测的水下潜艇难以逃脱。加之飞机在空中居高临下，易攻击水下目标，而水下潜艇却难发现和对付空中飞机。飞机还可以编队飞行，增大搜索区域，同时又易于与陆地、海上基地及其他反潜部门交换信息。

2.2.2 声纳基本组成与工作原理

一部声纳的组成形式和规模，取决于其所担负的使命任务、所要求的战术技术性能、所采用的信号处理技术和运载平台的种类。一般来说，多功能、高指标、技术新、运载平台大的声纳其组成就显得复杂和庞大，但不论各种声纳的复杂和庞大的程度如何，其基本的组成部分都包括综合显示控制台、发射系统、收发转换装置、换能器基阵和接收系统等，图 2.21 所示为一部典型主动声纳的组成框图。

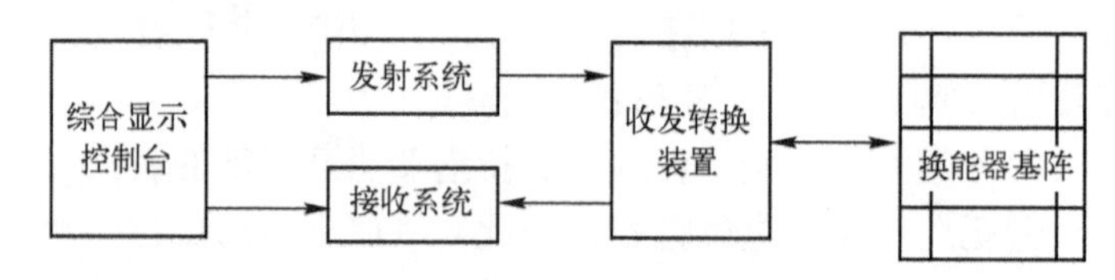

图 2.21　主动声纳的基本组成

各部分的主要功能如下。

1. 综合显示控制台

综合显示控制台是声纳的控制中心，也是声纳的频率和时间标准。它产生统一的时钟，控制声纳全机同步工作。一般由收听、显示、人–机对话等装置组成。

收听装置：用耳机或扬声器，供声纳员以听觉发现和识别目标。

显示器：有电子显示器和机械记录器两种，显示器利用图形、字符、表格和曲线，显示目标的位置参数，运动状态和操作控制标志等；记录器用电化纸记录回波信号，并可提供目标距变率，供深水炸弹攻击使用。

人-机对话装置：用于整机的统一定时、操作和控制等工作，包括工作方式选择、参数设置、确定搜索范围、数据传输与交换以及故障诊断等。

2. 发射系统

发射系统包括信号产生器、发射波束形成器、多路功率放大器等。

信号产生器：在人–机对话装置干预下，产生预定频率和预定波形的信号。频率由数千赫至数百千赫；波形有脉冲调制的单频或调频波和连续调频波等多种形式。

发射波束形成器：用于对信号进行延迟和变换，获得不同振幅相位，以形成波束，并控制其在空间旋转扫描和稳定。波束分为单波束、多波束、三重旋转多波束和全向多波束等。

功率放大器：用于信号功率放大。

3. 收发转换装置

它使收发共用一个换能器基阵。通过无触点转换，使发射时，换能器基阵与发射系统连接；当接收时，换能器基阵与接收系统连接。

4. 换能器基阵

它由许多单个换能器按一定的形状排列组合起来，形成一个尺寸巨大的换能器。换能器基阵具备把电能转换为声能或声能转换为电能的功能。

换能器基阵与雷达天线一样具有方向性和一定的灵敏度。它承担发射声波和接收声波的双重任务。发射时，把发射系统送来的电能转换为声能并聚集成束向水中辐射，若辐射方向上无目标，该波束就一去不复返；若有目标时，声波就被目标反射回来，再为换能器基阵所接收，并把声能转换为电能，送接收系统处理。

5. 接收系统

接收系统包括前置预处理器、数字转换器、接收波束形成器、信号时间处理器、后置处理器等。

前置预处理器：它包括放大器、滤波器和增益控制器。用于信号放大、模拟滤波和动态范围压缩等。主动声纳的一个重要特点是存在混响干扰，使得接收信号动态范围非常大，故要利用增益控制器调节信号动态，以防止信号太小而被干扰噪声淹没或信号过大导致接收机过载。

数字转换器：用于实现模拟信号数字化。

接收波束形成器：用来获得预形成波束，以增强观测方向的信号和抑制其他方向的干扰。

信号时间处理器：用于对波束形成器输出的信号进行匹配滤波等处理，以提高信噪比。

后置处理器：由恒虚警处理、自动判决装置、目标识别器和自动跟踪装置等组成。用于机助或自动判决目标的有无，辅助人工识别目标和估算目标运动要素等。

主动声纳的基本工作过程是：在人-机对话装置干预下，信号产生器产生预先设定的多种波形，经发射波束形成器，获得不同振幅相位的信号，由功率放大器放大，驱动发射基阵，以全向或扇面旋转定向方式向水中发射声波。发射声波遇到目标产生回声。接收基阵接收回声和伴随混入的混响、噪声干扰，并转换成电信号，经前置预处理器放大、滤波和动态范围压缩，数字转换器数字化处理，接收波束形成器空间处理，信号时间处理器匹配滤波，在综合显示器上获得目标信息，据此可对目标有无、目标类型和目标参数，分别进行判决、识别和参数测量。

被动声纳是以接收目标发出的声波来获得目标信息的声纳，用于水下警戒、跟踪、测向、测距、目标识别、鱼雷制导和侦察等，是潜艇和反潜预警系统的主要探测设备。被动声纳工作时无需发出探测信号，不暴露自身及其载体的存在，隐蔽性好，但不能探测非发声目标。其基本组成与主动声纳相似，只是没有相应的发射部分。

需要指出的是，声纳目标的检测同样是基于概率的，其基本思想与前面讲的雷达目标检测相似，但也略有区别，由于篇幅所限，本书不再阐述。

2.2.3 声纳参数及其物理意义

一、声纳参数及其物理意义

虽然主、被动声纳的工作方式有所不同，但它们工作时的信息流程却是相同的，都是由三个基本环节组成，这就是声信号赖以传播的海水介质、被探测目标和声纳设备本身。可以想到，这些基本环节的状态、特性和性能，将直接影响声纳信息的传送、处理和判决，也即影响声纳设备的效能。进一步的分析表明，上述三个基本环节中的每一个，又都包含了若干个影响声纳设备工作的因素，一般称为声纳参数。下面给出定义并说明其物理意义，最后给出声纳方程。

1. 声源级 SL

声源级 SL 用来描述主动声纳所发射的声信号的强弱。为了有效地提高主动声纳的作用距离，或提高发射功率，或是将发射器总是做成具有一定的发射指向性，使它所发射的声能主要集中在空间某一方向（通常就是目标所在的方向），其余方向则仅有很少的发射能量，这样就能得到较强的回声信号，从而接收信号提高信噪比。

2. 传播损失 TL

海水介质是一种不均匀的非理想介质，由于介质本身的吸收、声传播过程中声波阵面的扩展及海水中各种不均匀性的散射等原因，声波在传播过程中，声传播方向上的声强度将会逐级减弱，传播损失 TL 定量地描述了声波传播一定距离后声强度的衰减变化。

3. 目标强度 TS

对于主动声纳而言，它是利用目标回波来实现检测的。由声学基础知识可知，目标回波的特性除了与声波本身的特性如频率、波阵面形状等因素有关外，还与目标的特性如几何形状、组成材料等有关。也就是说，即使是在同样的入射波照射下，不同目标的回波也将是不一样的。目标强度反映了目标反射本领的差异。

4. 海洋环境噪声级 NL

海水介质中，存在着大量的各种各样的噪声源，它们各自发出的声波构成了海洋环境噪声。这种环境噪声，对声纳设备的工作无疑是一种干扰。环境噪声级 NL 就是用来度量环境噪声强弱的一个量。

5. 等效平面波混响级 RL

对于主动声纳来说，除了环境噪声外，混响也是一种背景干扰。混响不同于环境噪声，它不是平稳的，也不是各向同性的。为了定量描述混响干扰的强弱，引入声纳参数等效平面波混响级 RL。设有强度为 I 的平面波轴向入射到水听器上，水听器输出某一电压值，如将此水听器移置于混响场中，使它的声轴指向目标，在混响声的作用下，水听器也输出一个电压。如果这两种情况下水听器的输出相等，那么，就用该平面波的声级来度量混响场的强弱，称为等效平面波混响级。

6. 接收指向性指数 DI

接收换能器的接收指向性指数 DI 的定义为

$$\mathrm{DI}=\lg\left(\frac{\text{无指向性水听器产生的噪声功率}}{\text{指向性水听器产生的噪声功率}}\right)$$

设有两个水听器，一个无指向性，另一个有指向性，且指向性水听器的轴向灵敏度等于无指向性水听器的灵敏度，设为单位值。指向性水听器的指向性指数，其实就是在各向同性噪声场中，无指向性水听器输出的均方电压和具有同样轴向灵敏度的指向性水听器输出的均方电压的比值，并用分贝表示。

7. 检测阈 DT

声纳设备的接收器工作在噪声环境中，既接收声纳信号，也接收背景噪声，相应地，其输出也由这两部分组成。因此，这两部分比值的大小将直接影响设备的工作质量，即如果接收带宽内的信号功率（或均方电压）与 1Hz 带宽内（或工作带宽内）的噪声功率（或均方电压）的比值较高，则设备就能正常工作，它做出的“判决”也是可信的；反之，上述的信噪比值较低时，设备就不能正常工作，它做出的“判决”也就是不可信的。在水声技术中，习惯将设备刚好能正常工作需要的处理器输入端的信噪比（用分贝表示）称作检测阈，定义为

$$DT = 10\lg\left(\frac{\text{刚好完成某种职能时的信号功率}}{\text{水听器输出端上的噪声功率}}\right)$$

由检测阈定义可知，对于完成同样职能的声纳来说，检测阈值较低的设备，其处理能力较强，其性能也较好。

二、声纳方程

综合考虑水声所特有的各种现象和效应对声纳设备的设计、应用所产生的影响，可以得到介质、目标和设备在声波的综合作用在一起的关系式，即声纳方程，它在声纳设计和声纳性能预报中是十分重要的。

1. *基本考虑*

由于声纳总是工作在背景干扰的环境中，因此，工作时，既接收到有用的声纳信号，同时也接收到背景干扰信号，如果接收信号级与背景干扰级（指并非全部背景干扰都对设备的工作起干扰作用，只有设备工作带宽内的那部分背景噪声才起干扰作用）之差刚好等于设备的检测阈，即信号级–背景干扰级 = 检测阈，则根据检测阈的定义可知，此时，设备刚好能完成预定的职能。反之，若上式的左端小于右端时，设备就不能正常工作。所以通常将上式作为组成声纳方程的基本原则。

2. *主动声纳方程*

根据主动声纳信息流程及上式，可以方便地写出声纳方程。考虑一个收发合置的主动声纳，其辐射声源级为 SL，并设接收阵的接收指向性指数为 DI，由声源到目标的传播损失为 TL，目标的目标强度为 TS，时空处理器的检测阈为 DT，背景干扰为环境噪声，在设备的工作带宽内，其声级为 NL。图 2.22 给出了主动声纳信号强度变化示意图。

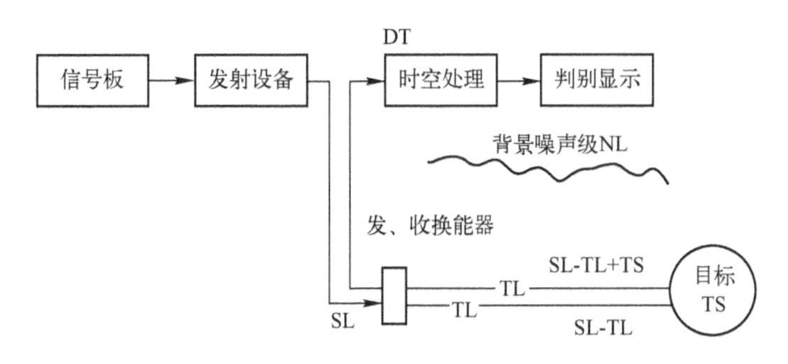

图 2.22　主动声纳信号强度变化示意图

由图 2.22 可知，由于声传播损失，声源级为 SL 的声信号到达目标时，其声级降为 SL−TL，由于目标的目标强度是 TS，由 TS 的定义可知，在返回方向上离目标声中心单位距离处的声级为 SL−TL+TS，此回声到达接收阵时的声级是 SL−2TL+TS。SL−2TL+TS 通常称为回声信号级。另一方面，背景噪声也作用于接收换能器，但它为接收阵接收指向性指数所抑制，起干扰作用的噪声级是 NL−DI。需要指出，因为换能器的声轴总是指向目标的，所以，回声信号级不会被接收指向性指数压低。回声信号和噪声经换能器转换为电信号送至处理器，该电信号的信噪比（以分贝表示）为

$$(\mathrm{SL}-2\mathrm{TL}+\mathrm{TS})-(\mathrm{NL}-\mathrm{DI}) \tag{2-17}$$

由此即可得到如下形式的主动声纳方程，即

$$(\mathrm{SL}-2\mathrm{TL}+\mathrm{TS})-(\mathrm{NL}-\mathrm{DI})=\mathrm{DT} \tag{2-18}$$

为了正确应用主动声纳方程，需注意以下两点：其一，该方程适用于收、发合置型声纳，对于收、发换能器分开的声纳，声信号往返的传播损失一般是不相同的，所以，不能简单地用 2TL 来表示往返传播损失；其二，该方程适用于背景干扰为各向同性的环境噪声情况。对于主动声纳来说，混响也是它的背景干扰，而混响是非各向同性的，因而，当混响成为主要背景干扰时，就应使用等效平面波混响级 RL 替代各向同性背景干扰 NL−DI，方程变为

$$\mathrm{SL}-2\mathrm{TL}+\mathrm{TS}-\mathrm{RL}=\mathrm{DT} \tag{2-19}$$

3. *被动声纳方程*

被动声纳的信息流程比主动声纳略为简单，首先，噪声源发出的噪声不再需要往返程传播，而直接由噪声源传播至接收换能器（阵）；其次，噪声源发出的噪声不经目标反射，所以，目标强度级 TS 不再出现；最后，被动声纳的背景干扰一般总为环境噪声。考虑到以上的差异，基于被动声纳工作时的信息流程，可以得到被动声纳方程为

$$\mathrm{SL}-\mathrm{TL}-(\mathrm{NL}-\mathrm{DI})=\mathrm{DT} \tag{2-20}$$

式中：SL 为噪声源辐射噪声的声源级，其余各参数的定义同主动声纳方程。

2.2.4 声纳目标参数提取

声纳系统的重要任务之一是探测目标的位置和目标的速度，其中目标在水平面内的位置由目标的方向角和距离决定。

一、声纳目标方向角测量

声纳目标测向方法与声学系统的结构有关。采用单个换能器、两个换能器或多个换能器阵元组成的系统，有不同的测向方法。然而，不论采用何种具体方法测向，其本质上均有共同之处，都是利用声波到达水听器系统的声程差和相位差来进行。例如，图 2.23 所示的二元基阵，若其间距为 d，则平面波到达两阵元的声程差为

$$\xi_a = d\sin\alpha \tag{2-21}$$

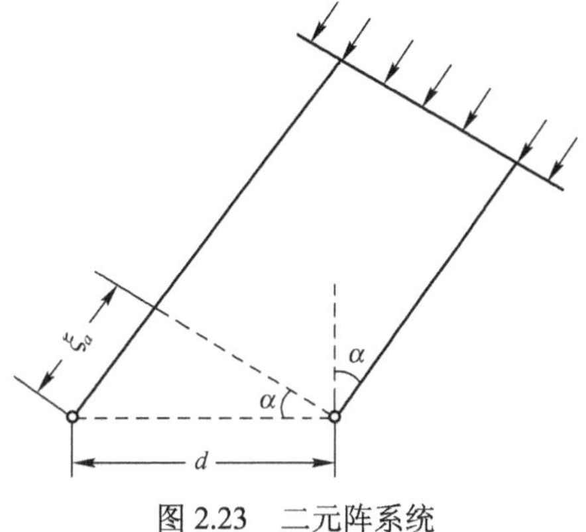

图 2.23　二元阵系统

式中：α 为目标的方位角，定义为声线与基阵法线方向的夹角。两接收器接收声压或输出电压间的时间差为

$$\tau = \frac{\xi_a}{c} = \frac{d}{c}\sin\alpha \tag{2-22}$$

相位差为

$$\varphi_a = 2\pi f\tau = \frac{2\pi f\xi_a}{c} = 2\pi f\frac{d}{c}\sin\alpha = 2\pi\frac{d}{\lambda}\sin\alpha \tag{2-23}$$

式中：$\alpha \in (0, \pm\pi/2)$；c 为声速。由上述两个式子可知，测量出反映声程差的时间差或相位差，就可测出目标方位。

二、声纳目标距离测量

在主动声纳中，测定目标的距离要利用目标的回波或应答信号，而在被动声纳中，目标距离的测定只能利用目标声源发出的信号或噪声。两类声纳对目标距离的测量方法有本质不同，因而，测距的精度也不相同。然而，不论何种测距方法都是利用距离不同引起的信号的各种变化来进行间接测量的。本节以主动声纳测距为例进行说明。

脉冲测距是利用接收回波与发射脉冲信号间的时间差进行测距。若有一目标与换能器的距离为 R，则换能器发射声脉冲经目标反射后往返传播时间为 $t = 2R/C$，由此可知，在已知声速 c 的情况下，可求得目标的距离为 $R = ct/2$。因此，只要测得声脉冲往返时间 t，便可求得目标距离。在用 A 式显示时，扫描线起始时刻同步。亦即在信号发射的同时，扫描器同时产生扫描电压（锯齿型），加到显示器水平偏转板上，光点自左至右扫描，扫描周期等于发射脉冲的周期 T，接收信号经检波后送到垂直偏转板上。在有回波信号时，屏上扫描线会出现相应的跳动，如图 2.24 所示。

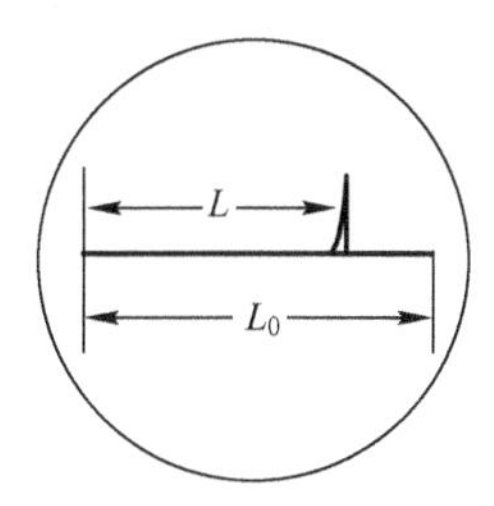

图 2.24　脉冲测距法在平面上的显示

设屏上光点移动的最大长度为 L_0，光点移动速度为 v_0，则

$$v_0 = \frac{L_0}{T} = \frac{L}{t} \tag{2-24}$$

式中：L 为出现目标信号时，光点移动的长度。因此，由上式可知，目标距离为

$$R = ct/2 = \frac{1}{2}c\frac{LT}{L_0} = KL \tag{2-25}$$

式中：$K = \frac{cT}{2L_0}$ 为一个比例常数，与显示器的灵敏度、水中声速、发射脉冲周期有关。若光点在屏上匀速运动，则 R 与 L 的关系为线性关系，在屏上可以直接读出距离，亦可利用计数器来测出收发信号脉冲时间差，算出目标距离。

利用脉冲法测距时，脉冲重复周期必须大于最大目标距离所对应的信号往返时间，否则，会出现所谓的距离模糊。这是因为当信号往返时间大于脉冲重复周期时（如 $t=T+\Delta t$），屏上的目标信号将会出现在第二个扫描周期内，声纳员将不能区分目标是在 $c(T+\Delta t)/2$，还是 $c\Delta t/2$ 的距离上。

三、声纳目标速度测量

目标的位置可通过上面介绍的方法测量。在海军作战中，为了指挥武器的射击，特别是鱼雷和导弹的发射，更重要的是，要知道目标瞬时速度及加速度，以便给出武器射击的提前量。一般来说，目标速度是指向量速度，通常用径向速度与切向速度来描述，利用速度的方向（与船艏艉线的夹角）和速度的数值大小亦可以描述向量速度。速度测量的基本原理是利用速度引起的信号的某些参数的变化及反映，一般是间接测量。声纳测速可分为目标测量和本舰速度测量。本节介绍目标测量的回波脉冲比较法。

回波脉冲比较法原理如图 2.25 所示。接收信号被分为两路，一路不经延迟，另一路经延迟 T，两路相减，延迟时间 T 为两发射脉冲间隔时间。

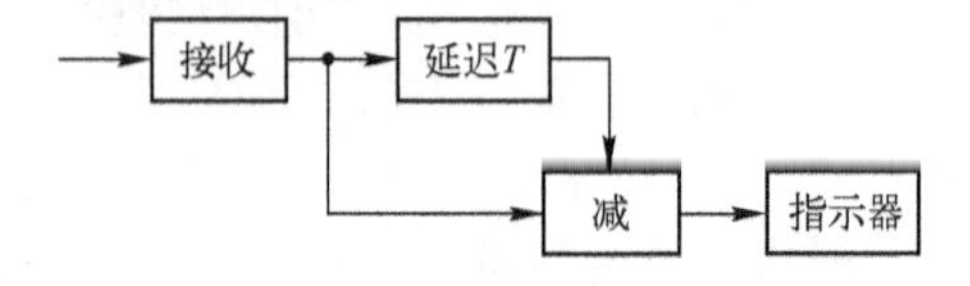

图 2.25　回波脉冲比较法测速原理

图 2.26 给出了回波脉冲比较法测速波形图。图 2.26（a）为发射脉冲，当目标与本舰无相对径向运动时，回波 1 与回波 2 落后发射脉冲的时间 τ_1、τ_2 相等，均为 $\tau = 2R/c$，延迟与不延迟信号相减后输出为零，如图 2.26（b）、（c）、（d）所示。当目标与本舰有径向相对运动时，τ_1 与 τ_2 不相等，延迟 T 与不延迟的信号相减后的输出不为零，如图 2.26（e）、（f）、（g）所示。速度越大，相减输出脉冲越宽。利用测宽度的方法可测得目标的径向速度。

利用该系统测速时，目标速度不可太高。若最大允许测量的速度为 $v_{r\max}$，则必须满足

$$T \cdot V_{r\max} \leqslant \frac{\tau_0 c}{2} \tag{2-26}$$

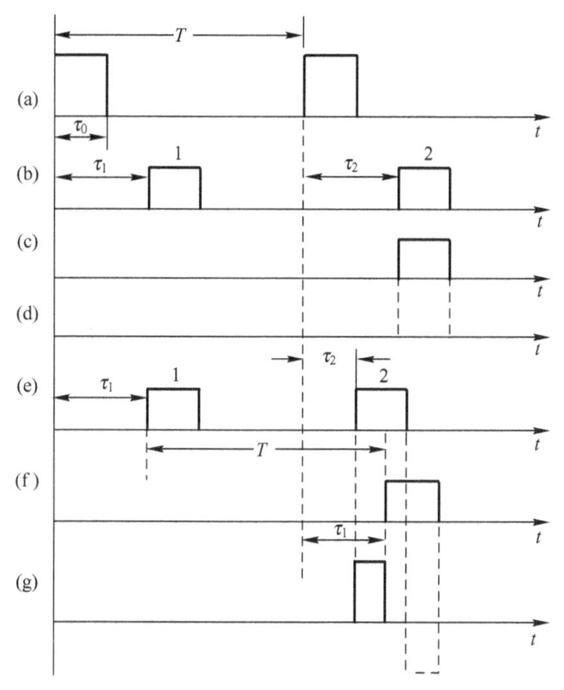

图 2.26　回波脉冲比较法测速波形

否则，第二回波脉冲与第一回波延迟后的脉冲宽度无重叠，相减输出脉冲宽度将为常数，无法测速。事实上，为保证相减器输入脉冲有重叠，必须满足$|\tau_2-\tau_1|\leqslant\tau_0$。第一回波与第二回波对应的距离分别为$R_1=c\tau_1$，$R_2=c\tau_2$，因而，目标速度为

$$v_r=\frac{|R_2-R_1|}{T} \tag{2-27}$$

2.3　电子侦察探测原理

电子侦察是电子战中的首要要素，也称电子支援（ESM），是指利用己方电子设备去探测、搜索、截获敌方电子设备的电磁波信号，通过记录、定位、分析、识别，从而掌握敌方电子设备的有关技术参数、部署和行动企图，并把这些技术参数、部署和行动企图存放到数据库中。这些情报信息用于制定电子对抗作战计划，也是实施电子干扰的前提。同时，对指挥信息系统而言，电子侦察可以与雷达探测互为辅助，进一步明确目标的有无、目标参数、技战术指标等。电子侦察探测主要分为雷达侦察和通信侦察两个部分。

2.3.1　雷达侦察原理

雷达侦察是利用雷达侦察接收机来接收对方发射机的雷达信号，发现对方雷达的位置和测定它的有关参数。

一、雷达侦察的基本任务

雷达侦察的基本任务是发现装载有雷达的目标，并测定雷达参数，确定其类型和用

途；引导雷达干扰机等。

1. 发现装有雷达的目标

首先使雷达侦察机对准对方雷达，而对方雷达天线同时又指向雷达侦察机方向，即两个波束相遇，雷达侦察机才有可能发现雷达目标，称为方向对准；同时，还必须在频率上对准。雷达侦察接收机输入端的信号功率必须大于该接收机输入端所需要的最小功率，以保证接收的信号经放大后，能在显示器上显示出目标来。

另外，还要考虑无线电波极化对信号接收的影响。在无线电波的传播过程中，通常是以电磁波的电场方向规定为无线电波的极化方向。它可分为水平极化、垂直极化和椭圆极化等。当天线和信号的极化方向相同时，天线才能接收到信号。根据电场分解理论，水平或垂直极化电波可以分解为旋转方向相反的圆极化波，因此圆极化的接收天线可接收各种极化的电波。

2. 测定雷达的参数，确定雷达的类型和属性

雷达参数包括雷达的工作频率、信号波形、信号调制、信号极化和信号强度等。信号调制参数包括脉冲重复频率、脉冲宽度、信号频谱、天线波束宽度、扫描周期、扫描方式、天线方向图的形式等。通过这些雷达参数，可以分析出雷达的型号和性能及对我威胁程度等信息。

3. 引导雷达干扰机

雷达干扰机若要干扰敌方雷达，必须先用雷达侦察机找出所要干扰的对象，在引导干扰时，雷达侦察机除了保证在方向上、频率上的跟踪引导外，还要根据敌方雷达的情况来确定最有效的干扰方式、时机和距离。

二、雷达侦察机的基本组成

雷达侦察接收机实际上就是一种专门接收雷达信号的设备。它由先进的天线接收系统和性能优良的信号处理系统以及显示器、记录器等组成，如图 2.27 所示。

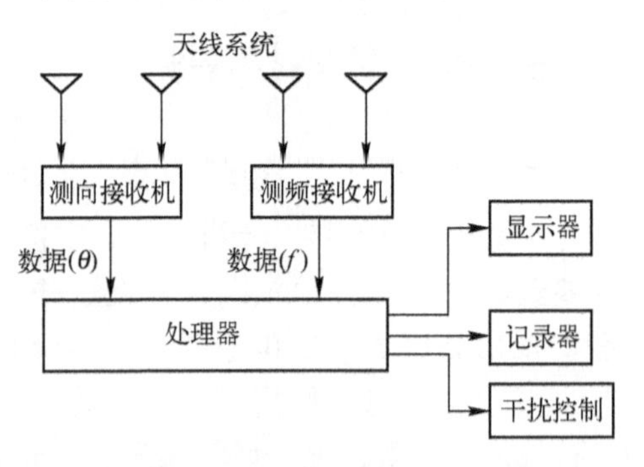

图 2.27　雷达侦察机的基本组成

1. 天线接收系统

其作用是截获雷达信号和进行信号的变换。

截获信号必须同时满足四个条件：方向上、频率上、极化上对准和必要的接收灵敏度。为了保证最大的截获频率，侦察天线多采用圆极化、全向（或半全向）的天线。

接收系统（包括测向和测频）将截获信号的参数（包括频率、方向、幅度、到达时间、脉冲宽度等）变换为数字信号送至信号处理系统。

2. 信号处理系统

完成对信号的分选、分析和识别，同时将各雷达参数及处理结果送至显示器和记录器。

3. 显示器

用来显示目标及其信号参数。常用的有喇叭音响、灯光指示、屏幕图视、数码显示等形式。当有雷达信号进入侦察接收机时，喇叭首先发出响声予以告警，继而灯光指出信号的方向或频率所在的大致范围，然后经分析电路的精确测定，并由荧光屏幕或数码显示器给出准确的波形和数值。

4. 记录器

最普通的记录器是磁带记录器，在大型侦察机中，常采用照相记录、数字式打印机或计算机存储等记录方式，以供保存或供事后详细分析。

三、信息的录取

电子战系统将电子侦察设备侦察到的雷达参数信息送给指控系统，这些信息内容主要包括批号、波段、脉冲重复周期、脉宽、幅度、天线转速、威胁级别、平台类型和可信度等。指控系统将电子战系统送来的这些信息经加工综合处理，在显示器上予以显示（图 2.28）。

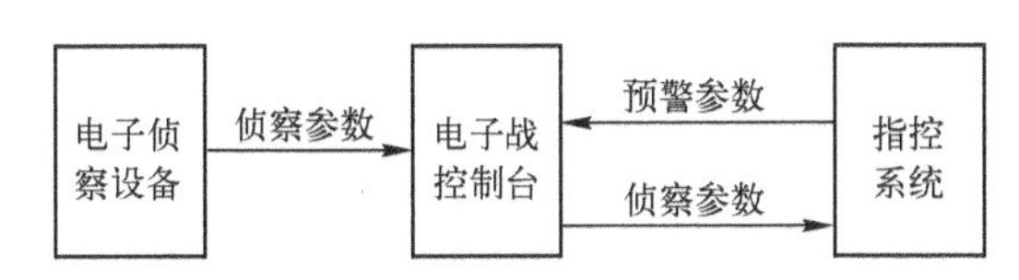

图 2.28　电子战与指控系统的连接

指控系统可向电子战系统发送目标的预警参数（这些参数由其他信息获取），供电子战系统在对方实施雷达静默时，预警定位，一旦对方雷达开机，可立即有目的地实施侦察和干扰。

一般电子战系统本身有控制台和计算机，因而，指控系统对电子战系统输入的信息处理也是计算机与计算机之间的数据交换。

四、雷达侦察机的分类

根据功能和用途不同，雷达侦察机可分为如下类型。

1. 陆用雷达侦察机

这种侦察机多配置在边境和海岸线上，用于国防警戒，要求侦察距离远、发现目标快、侦察领域宽、灵敏度高。

2. 机载雷达侦察机

这种侦察机完成特定的侦察任务和预警任务，要求自动化程度高、速度快、领域宽，具有较好的信息分析、处理、记录能力和飞机本身侦察报警能力。

3. 舰用雷达侦察机

它可分为以下两种类型。一是舰艇侦察告警设备，同时也是舰艇或潜艇本身干扰设备的引导设备，主要完成舰艇的战斗使命。因此，要求信息处理能力快，但频带不一定很宽，主要给其他系统提供数据。二是专门用于侦察船上的侦察设备。侦察船的活动范围很广，可根据情况进行远洋侦察，要求侦察频段宽、空域广，对信号的分析、处理、记录能力强。

4. 卫星用雷达侦察机

它一般是在飞临侦察区域的上空时，能快速截获各种雷达所辐射的信号进行测频、测向和自动记录。整个过程是由程序控制自动完成的，且具有体积小、重量轻、耗电少等严格要求。

5. 野战雷达侦察机

它主要用于野战防空、战场监视，其要求与陆用雷达侦察机相同。但结构上要轻便，可由少数人或一个人携带使用。

还有专门用于引导干扰机和精确测向等用的侦察机。

雷达侦察机最突出的优点是作用距离远，隐蔽性好，获取目标信息多，预警时间长。但它只能测向，不能测距，获取情报完全依赖敌方雷达的发射，一旦敌方采取静默手段时就束手无策了。同时，易被敌方发射的假信号所欺骗。

2.3.2 通信侦察原理

通信侦察是获得敌方通信情报，乃至军事情报的重要手段。它不仅能够为干扰压制敌方通信提供所需要的参数，而且可以为我方制定通信对抗作战计划，研制和发展通信对抗装备提供重要依据。所以，通信侦察是指挥信息系统目标获取中不可或缺的一个部分。

一、通信侦察概述

通信侦察是指探测、搜索、截获敌方无线电通信信号，对信号分析、识别、监视并获取其技术参数、工作特征和辐射源位置等情报的活动。它是实施通信对抗的前提和基础，也是电子对抗侦察的重要分支。

1. 通信侦察的主要任务

（1）侦察敌方无线电通信信号特征参数、工作特征。它包括侦察敌方无线电通信的工作频率、通信体制、调制方式、信号技术参数、工作特征（如联络时间、联络代号等）等内容。

（2）测向定位。即测定敌方通信信号的来波方位并确定敌方通信电台的地理位置。

（3）分析判断。通过对敌方通信信号特征参数、工作特征和电台位置参数的分析，查明敌方通信网的组成、指挥关系和通联规律，查明敌方无线电通信设备的类型、数量、部署和变化情况，从而可进一步判断敌指挥所位置、敌军战斗部署和行动企图等。

2. 通信对抗侦察的特点

通信侦察是依赖敌方辐射的无线电通信信号获取敌方情报资料的，而本身不需要辐射电磁信号。与其他侦察方式相比，具有以下特点。

（1）侦察距离远。侦察的距离与敌方电台的辐射功率、电波传播条件及我方侦察设备的灵敏度等因素有关。在短波、超短波战术通信采用地面波传播的条件下，侦察距离一般在几千米到几十千米。在短波采用天波传播的条件下，侦察距离可达几百千米到几千千米。对卫星通信而言，侦察距离可达上万千米。在远距离侦察时，侦察设备可以配置在战区之外，受战场态势变化的影响小。

（2）隐蔽性好。由于侦察设备不辐射电磁波，不易被敌方利用无线电侦察设备所发现。

（3）侦察范围广。从地域、空域上都可以在十分广阔的范围内实施侦察。从频域上，凡是无线电通信工作的频段范围，也是通信对抗侦察的频段范围。由于侦察范围广，获取的情报资料量也大。

（4）实时性好。主要表现在侦察设备可以长时间不间断地连续工作，只要敌方无线电发信机发射信号并且在我方侦察设备的作用范围（包括地域、空域、频域）之内，就能及时地被侦察，所以，这种侦察方式是实时的。另一方面，由于信号处理技术与计算机技术在通信对抗侦察设备中的广泛应用，对信号分析处理的实时性大大提高。

（5）受敌方无线电通信条件的制约大。敌方无线电通信条件包括敌方无线电通信设备的性能、电波传播条件、通信联络时间、应用场合等。如果我方侦察设备不具备侦察敌方信号所需要的条件，则无法侦察敌方的通信信号。

3. 通信侦察的分类方法

（1）按工作频段划分，可以分为长波侦察、中波侦察、短波侦察、超短波侦察、微波侦察等。

凡是军用无线电通信工作的频段，也是开展通信侦察的频段。在很长的时间内，通信侦察主要是在短波和超短波展开的，到目前为止，这两个频段仍然是通信侦察的主要频段。随着微波频段军用通信的日益增多，微波侦察在通信侦察中也日益占有重要的地位。

（2）按通信侦察设备是否移动及运载平台的不同，可以分为地面固定侦察站、地面移动侦察站、侦察卫星、侦察飞机、侦察船等。

在后三种运载平台上，除通信侦察设备外，一般还包括其他侦察设备，如雷达侦察设备、照相设备等。

（3）按作战任务和用途分，通常分为通信对抗情报侦察和通信对抗支援侦察。

通信对抗情报侦察属于战略侦察的范畴，主要是在平时和战前进行，又称为预先侦察。它是通过对敌无线电通信长期或定期地侦察监视，详细搜集和积累有关敌无线电通信的情报，建立和更新情报数据库，评估敌方无线电通信设备的现状和发展趋势，为制定通信对抗作战计划、研究通信对抗策略和研制发展通信对抗装备提供依据。简言之，通信对抗情报侦察主要是为“对策研究”服务的。在侦察手段上大多采用地面固定侦察站、侦察卫星、侦察飞机、侦察船来实施，也可采用投掷式侦察设备投掷在敌方地域内实施侦察。投掷式侦察设备对侦察的信号进行记录和存储，然后利用该设备中配备的发射机将记录和存储的信息作定时快速发射，再由地面侦察战火侦察飞机、侦察船等运载工具上的侦察设备进行接收；也可由地面侦察站或侦察卫星等向投掷式设备发送指令信号，投掷式设备收到该指令信号后再作快速发射，然后由地面侦察站或侦察卫星进行接收。

通信对抗支援侦察是通信干扰的支援措施，属于战术侦察的范畴。它是在战役战斗过程中，对敌方无线电通信信号进行实时搜索、截获，并实时完成对信号的测量、分析、识别和对信号辐射源的测向定位，判明通信辐射源的性质、类别及威胁程度，为实施通信干扰、通信欺骗提供有关的通信情报。通信对抗支援侦察是在战时进行的，又称为直接侦察，一般由通信对抗系统中的侦察设备实施支援侦察。

通信对抗情报侦察和支援侦察所采用的侦察设备并无本质的差别，甚至二者可以采用相同的侦察设备。但是，在客观上二者对侦察设备的性能要求不完全相同。例如，前者对信号分析测量的参数要尽量齐全，精度要高，但对信号分析处理的速度可以放宽，甚至可以先把信号记录下来留待事后进行分析处理；后者要求对敌方通信信号的截获概率要高，侦察设备的反应速度要快，对信号具有实时分析处理能力，而对信号参数的测量精度可适当放宽。

二、通信侦察的基本步骤

通信侦察的内容和步骤是随着侦察设备技术的水平不断提高而变化的。早期的通信侦察以耳朵听侦察联通特征为主。联通特征是指通信联络中所反映出来的一些特点，如信号频率、呼叫、勤务通信用语、联络时间、电报信号的报头、人工手键报的声音特点（反映报务员的发报手法特征）等。随着科学技术的迅速发展，现代战争中的军事通信大量采用快速通信技术、加密技术、反侦察抗干扰技术等各种先进通信技术。这样，传统的通信侦察方式已远远不能适应现代战争的要求。适应这种变化，现代通信侦察已转变为以侦察通信信号的技术特征为主。于是，通信侦察的内容和步骤也随之改变。

1. 搜索与截获通信信号

由于敌方的通信信号是未知的，或者通过侦察已知敌方某些信号频率而不知其通信联络的时间，因此需要通过搜索寻找，以发现敌台信号是否存在以及是否有新出现的通信信号。截获信号必须具备三个条件：一是频率对准，即侦察设备的工作频率与信号频率要一致；二是对准方位，即侦察天线的最大接收方向要对准信号的来波方向；三是信号电平不小于侦察设备的接收灵敏度。由于敌方信号的频率和来波方向是未知的，所以，在寻找信号时，需要进行频率搜索和方位搜索。

上述三个条件是对一般情况而言，实际侦察中，对不同的通信体制以及不同类型的信号要区别对待。对于短波和超短波常规电台信号的侦察，由于这两个频段的电台，一般都采用弱方向性或无方向性天性，侦察设备一般也采用弱方向性或无方向性天线，因此，一般只进行频率搜索，而不进行方位搜索。对于接力通信、卫星通信和对流层散射通信信号的侦察，由于这三种通信体制都采用强方向性天线，要求侦察设备不仅具备有频率搜索功能，也必须具有方位搜索功能。总之，截获不同类型的通信信号，需要满足的条件往往是不同的。

2. 测量通信信号的技术参数

通信信号有许多技术参数，有些是各种通信信号共有的参数，有些是不同通信信号特有的参数。

各种通信信号共有的技术参数主要包括：信号截频或者信号的中心频率；信号电平，通常用相对电平表示；信号的频带宽度，可根据信号的频谱结构测量信号的频带宽度；信号的调制方式，根据信号的波形和频谱结构一般可分析得到信号的调制方式；电波极化方式（必要时测量）。

不同的通信信号一般具有自身特有的技术参数，如调幅信号的调幅度、调频信号调制指数、数字信号的码元速率或码元宽度、移频键控信号的频移间隔、调频信号的调频速率等。

以上技术参数的测量对于通信信号的识别分类是十分重要的。除了测量技术参数外，还需记录信号的出现时间、频繁程度以及通信时间的长度等，这些也是很有意义的情报资料。

3. 测向定位

测向定位是指利用无线电测向设备测定信号来波的方位，并确定目标电台的地理位置。测向定位可以为判定电台属性、通信网组成，引导干扰和在特定条件下实施火力摧毁提供重要依据。

信号测向定位的种类较多，按显示方法不同，可分为听觉测向和视觉测向；按使用方法不同，可分为固定测向、半固定测向和移动式测向；按测向机的用途不同，又可分为空中测向、海上测向和地面测向；按使用波长不同，可分为长波测向、中波测向、短波测向和超短波测向等。

依靠一部测向机只能测定方向，不能确定位置，需要用两部或三部测向机在不同的位置上对敌台进行测向，再进行交叉定位。对测向的角度有一定的要求，相邻两个测向站到电台的夹角大于 30°、小于 150°，一般以 60°～120°为好，90°最佳，否则，会因图上交叉点的重叠部分过长而失去准确性，造成误差。具体的定位技术将在第 3 章中介绍。

4. 对信号特征进行分析、识别

信号特征是指信号的波形特点、频谱结构、技术参数以及电台的位置参数等。分析信号特征可以识别信号的调制方式，判断敌方的通信体制和通信装备的性能，判断敌方通信网的数量、地理分布以及各通信网的组成、属性及其应用性质等。

5. 控守监控

控守监控是指对已截获的敌电台信号进行严密监视，及时掌握其变化及活动规律。在实施支援侦察时，控守监视尤为重要，必要时可以及时转入引导干扰。

6. 引导干扰

实施支援侦察时，依据确定的干扰时机，正确选择干扰样式，引导干扰机对给定的目标电台实施干扰压制，并在干扰过程中观察信号变化情况。也可以对需要干扰的多部敌方通信电台，按威胁等级排序进行搜索监视，一旦发现目标信号出现，即时引导干扰机进行干扰。

在通信对抗侦察中，对获取的情报资料建立通信对抗情报数据库，并根据情报资料的变化及时更新数据库的内容。

三、通信侦察设备

通信侦察设备包括通信侦察接收设备和无线电通信测向设备两类。早期的侦察接收设备采用的是普通的通信接收机，随着通信对抗技术的发展进步和通信对抗侦察的需要，出现了专用的侦察接收设备，其技术水平也不断提高。现代侦察接收设备因使用目的和承担任务的不同，其组成也有所差异。但设备的基本组成大致相同，主要包括侦察接收天线、接收机、终端设备和控制装置。图 2.29 给出了典型通信侦察接收设备的组成示意图。

（1）天线与天线共用器。天线是侦察接收设备必不可少的组成部分，天线共用器视情况而定，当有多部侦察接收设备组成侦察站时，通常需要共用天线，必须配置天线共用器。

（2）接收机。接收机是侦察接收设备的核心，设备的性能很大程度上取决于接收机的性能。接收机用于对信号的选择、放大、变频、滤波、解调等处理，并为后面的终端设备提供所需要的各种信号。

（3）终端设备。图 2.29 中侦听记录设备、测量存储设备、显示器、信号处理器都归于终端设备之列，典型的现代侦察接收设备一般都包括上述终端设备。

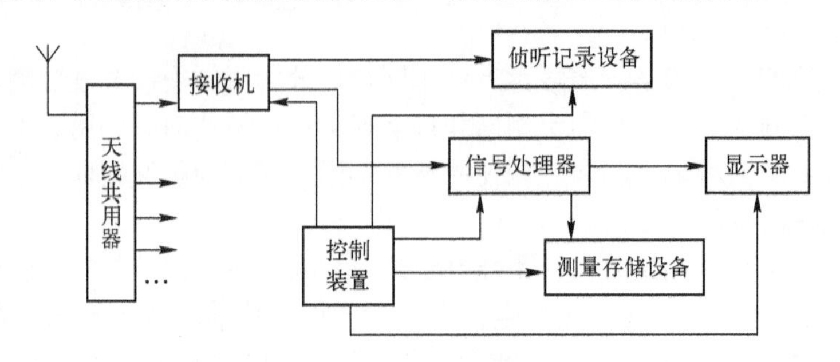

图 2.29　侦察接收设备的基本组成

由于人耳具有极高的分辨能力，所以各种侦察接收设备一般都配备有耳机和扬声器，用于侦听敌方通信信号。记录设备目前应用最多的是录音机，其次是视频录像记录设备。随着射频数字存储技术的成熟和应用，射频信号存储器也被用作侦察接收设备的记录设备。

信号处理器对来自接收机的信号进行分析、识别、分选等处理，然后提供给测量存储设备和显示器进行测量、存储和现实。在信号处理方面，数字信号处理技术得到广泛应用，大大提高了信号分析处理的速度。

（4）控制装置。早期的侦察接收设备是由人工操作控制的，由于速度慢，已不适应现代通信对抗侦察的要求，现代侦察设备基本是采用微处理机或微型计算机实现对设备的自动控制，这不仅提高了接收设备的自动化程度也扩大了设备的功能。

需要指出，习惯上，人们常常把侦察接收设备称为侦察接收机。

2.3.3　电子侦察测向原理

雷达侦察或通信侦察都是利用无线电波在均匀媒质中传播的匀速直线性，根据入射电波在测向天线系统中感应产生的电压幅度、相位或频率上的差别来判定被测目标的方向。之后，利用多个测向设备提供的方位数据，进行交汇计算来确定目标通信电台或雷达机的地理位置。

判定被测目标方向的过程也称为无线电测向过程。无线电测向设备主要由测向天线、信号处理和显示三部分组成，测向天线用于接收目标发射的电磁信号，产生感应电势，感应电势中包含来波的方位信息；信号处理部分对天线送来的感应电势进行选择、放大、变换和处理，从中提取方位信息；显示部分将信号处理部分送来的方位信息以模拟或数字形式显示或打印输出。无线电信号的来波方位信息可以从天线感应电势的幅度、相位以及到达时间等多种参数中获得，因此实现测向的方法很多，主要有以下几种。

1. 振幅法测向

利用天线系统方向图的最大值或最小值进行测向。通过转动天线，当天线输出达到一个极值时，由天线指向确定来波方向。也可利用特性完全相同的两副天线和接收系统，对接收到的信号幅度进行比较来判定来波方向。

2. 相位法测向

电波到达两个特性相同的天线元时，由于波程差使得它们的接收电势之间存在相位差，其大小与来波方向有关，利用两天线元感应电势的相位差可以确定来波方向。

3. 多普勒法测向

采用由均匀分布于圆周上的一组天线元组成的天线系统，沿圆周方向以一定的旋转速度依次将各天线元的感应电势送入接收机，这样可等效于一根天线沿圆周运动。接收机输出信号的相位由于多普勒效应而受到附加调制，经过鉴相，即可得到来波方位信息。

4. 单脉冲法测向

多用于对雷达等脉冲信号的测向，主要有幅度单脉冲法和相位单脉冲法：幅度单脉冲法采用方向图中轴偏开一定角度的两副单脉冲天线，从两副天线感应电势的幅度比值中获得来波方位信息；相位单脉冲法采用方向图中轴平行但离开一定距离的两副单脉冲天线，从两副天线感应电势的相位差中获得来波方位信息。

5. 时间差法测向

电波到达接收天线的时间差与波程差成正比，利用三个测向站测出信号到达各站之间的时间差，即可得知辐射源到三站距离之差，进而可计算出辐射源的位置。

习 题

1. 可见光感知技术定义是什么？它有哪些优、缺点？目前，可见光感知技术主要包括哪些技术？

2. 简述红外感知技术的基本原理。

3. 目前，多光谱感知技术主要有哪些？简述多光谱感知技术的基本原理。

4. 简述声波感知技术的基本原理。

5. 请说明雷达的组成和工作原理，并简述雷达一次处理的任务。

6. 给出虚警概率、检测概率、漏检概率的含义。

7. 如何保持恒虚警进行雷达目标检测？

8. 说明慢门限恒虚警处理的基本原理。

9. 分别说明双门限检测器、滑窗检测器、小滑窗检测器的工作原理。

10. 设雷达天线转速为 $T = 0.2\,\mathrm{min/r}$，脉冲重复频率 $f_r = 2000\mathrm{Hz}$，$\theta = 2^\circ$，求天线波束扫过点目标可能产生的最大回波个数。

11. 说明雷达目标距离、方位、高度、速度的测量原理。

12. 雷达主要战技指标有哪些？

13. 说明主动声纳探测目标的基本过程。

14. 说明主动声纳的基本组成与工作原理。

15．说明声纳目标距离、方位角、速度的测量方法。
16．请查阅资料说明声纳怎样利用多普勒现象测量目标速度。
17．说明可见光探测原理。
18．请阐述光机扫描热成像系统的工作原理。
19．概述雷达侦察的基本任务。
20．试说明雷达侦察和雷达目标探测的区别。
21．请阐述雷达侦察接收机的组成。
22．概述通信侦察的主要任务、特点、分类方法。
23．请阐述通信侦察的基本步骤。
24．请阐述典型通信侦察接收设备的组成。
25．无线电测向方法有哪些？

第 3 章　情报信息处理的目标识别技术

在战场环境中探测到目标后，要对其进行目标识别，从而判明目标类型和敌我属性。本章首先介绍目标识别的基本概念和识别技术分类，之后分别介绍目标属性识别技术和目标类型识别技术。目标属性识别技术包括属性识别的基本概念、属性识别系统的分类和雷达属性识别系统；目标类型识别技术包括雷达目标识别技术、声纳目标识别技术和雷达辐射源信号识别技术。

3.1　目标识别概述

目标识别（Target Recognition）也称为属性分类或身份估计，是指对目标敌我属性、类型、种类的判别，它与目标状态估计相结合，构成战场态势评定和威胁估计的基础，是战术决策的重要依据。目标识别过程是通过各种传感器感知到的目标外在特征信息（如目标的雷达回波、光学图像、红外图像、合成孔径/逆合成孔径雷达图像等）确定目标的敌我属性、区分目标的类型、辨别目标的真假及其功能等，这些信息对于作战指挥具有重要意义。

准确、及时的目标识别是战场上的重要元素之一，在现代战争中始终具有重要地位，又是一个世界性难题。作战平台的多样化以及传感器技术的发展，既为目标识别提供了强大的硬件支持，又对传统的目标识别方法提出了严峻的挑战。事实上，对目标准确的识别与判断是制约世界各国军队预警探测能力的一个瓶颈，如在海湾战争中，美军由于对目标识别错误而误伤英机；在科索沃战争中，美军对塞军伪装后的目标无法准确识别，而攻击了许多假目标。

3.1.1　目标识别的基本概念

1. 目标识别的涵义

识别技术是通过感知技术所感知到的物体外在特征信息（几何、物理、化学等），证实和判断其本质特性的技术。目标识别是指利用光学仪器、雷达、声纳、红外等设备对发现的目标进行属性分析判断，以区分目标的真伪，分清目标的敌、我、友、不明属性，查清目标的类型、型号、数量，判明其企图等。

在指挥信息系统中，目标识别通常需要基于各种探测传感器获取的战场环境、目标参数、目标特征，综合有关战场通报等信息，对所探测的目标进行综合判断，从而确定目标属性（如目标是敌、我还是友）、区分目标的类型（如飞机、舰艇、坦克还是导弹等）、辨别目标的真假及其功能，为估计目标威胁等级、辅助指挥员作战决策提供重要依据。

2. 目标识别的层次

国外将目标识别划分为多个不同层次，并用不同单词来表示。例如，对于某个地面目标的识别按分类层次的不同可划分为以下几类。

（1）敌我属性识别（Identification Friend-or-foe，IFF）：区分敌、我类。

（2）目标种类识别（Classification）：区分主战坦克类、自推进火炮类、卡车类等。

（3）目标类型识别（Identification）：区分 T72 类、M1 类、M109 类等。

（4）目标型号识别（Recognition）：区分 T72A 类、T72B 类、T72C 类等。

不过一般除了 IFF 外，对其他几个单词不作严格区分，统称为类型识别。

敌我属性识别，是指对目标敌、我（友）属性的判别。目前，主要有两种方法：一种是使用敌我识别器，识别方向被识别目标发出约定的询问信息，并根据被识别目标的应答信号是否符合预定密码来判断目标的属性；另一种是使用侦察雷达，当它探测到目标的雷达信息后，对其进行分析得到相应的雷达信号波形、重复频率等参数，与雷达数据库所存的有关数据进行比较，便可确定该目标的敌我属性。此外，在人工情况下，只能依赖上级通报或可利用的情报信息来确定。

目标类型识别，是指对目标类型（机型、舰型等）的判断，如驱逐舰/护卫舰、飞机/导弹、坦克/运兵车/卡车等。通常意义上的目标识别，大多是指目标类型识别。目前，在军事应用中识别目标类型主要依据观测员的人工判断，而这与观测员的经验密切相关，因此，近年来，自动目标识别（Automatic Target Recognition，ATR）技术已受到越来越广泛的重视，并已形成了雷达、声纳研究的一个重要方向，同时也是一个很难解决的问题。ATR 是指在作战指挥过程中，利用电磁信息、光学信息、声学信息等，通过模式识别技术，自动完成对目标的识别任务。

3. 目标识别的军事意义

1）目标识别技术在预警探测上的应用

目标识别技术可以应用于以下预警探测领域中，如预警探测雷达对空中目标或低空目标进行探测、对来袭目标群进行分类识别；星载雷达以及远程光学望远镜等观测设备对外空目标进行探测、分类和识别，达到早期预警目的；雷达系统对敌方反辐射导弹进行早期识别预警，提高己方生存能力等。

2）目标识别技术在精确制导上的应用

远程精确制导武器在导弹飞行过程中对目标进行识别，然后实施攻击，这已成为该领域的一个研究热点。其发展方向是利用目标成像识别技术，即采用高分辨率雷达获得目标的一维或二维图像，使目标识别变得简单而清晰。例如，美军研制的反导系统陆基相控阵雷达，采用宽带逆合成孔径（ISAR）技术实现对活动目标的雷达成像，然后对成像后的目标进行识别。

3）目标识别技术在战场侦察中的应用

目前，美国、英国、法国、俄罗斯等都研制了不同功能的战场侦察传感器系统，许多型号已经大量装备部队并应用于实战中，这些传感系统的主要功能是完成目标识别和目标定位、跟踪等。

4）目标识别技术在敌我识别上的应用

现代高技术战争中，正确识别敌我是避免战场误伤的重要因素。世界各国都在加紧研制新型敌我识别武器系统。目前采用的识别技术主要有协同识别技术、非协同识别技术以及两者相结合而成的综合敌我识别技术。

目标识别在民用领域也有重要的作用，如工业故障类型识别、文字识别、指纹识别、人脸识别、语音识别等。

3.1.2 目标识别技术分类

目标识别技术可以按识别方是否发射电磁波信号来划分，分为有源识别和无源识别两大类。有源识别技术是指通过发射电磁信号对目标进行探测识别，主要包括无线电应答识别技术、雷达成像目标识别技术等；无源识别技术是指通过监听目标平台上的导航雷达、火控雷达等各种电子装置发出的各种电磁辐射信号来进行识别。此外，目标识别技术也可按照识别方与被识别目标之间的关系来划分，分为协同式目标识别技术（Cooperative Target Recognition，CTR）、非协同式目标识别技术（Non-Cooperative Target Recognition，NCTR）和综合目标识别技术。

一、协同式目标识别技术

协同式目标识别技术需要识别方与被识别目标之间进行协同而完成自动识别，主要用于识别敌我属性。通常，被识别目标装有应答机或各种相应设备进行协同配合，完成敌我识别任务。由于协同式目标识别技术要求所有参战单元都配置相应的敌我识别器，因此系统庞大，且容易被敌人欺骗和利用。协同式目标识别技术主要包括雷达询问识别、毫米波识别、GPS 定位识别、激光识别、红外热成像识别、被动式识别等。

1. 雷达询问识别

雷达询问是用询问编码信号去调制雷达，通过雷达的发射信道发射询问信号，目标应答机用宽带接收机检测雷达发射的询问信号，进行译码判决处理后，通过应答机发回应答编码信号，完成目标识别。雷达询问识别主要用于空空目标识别和空地目标识别。

2. 毫米波识别

毫米波识别是在毫米波频段，选用大气损耗比较小的频段，称为“传输窗口”，采取扩频技术、时间同步技术、加密技术、选址询问技术、兼容技术等完成目标识别。

3. GPS 定位识别

GPS 定位识别是通过 GPS 接收机测出己方目标的位置信息，通过保密通信传输给指挥中心和其他有关识别网络，每个网内成员都可以接收到所有己方目标的位置信息并填入数字式地图中，完成对己方目标的识别。

4. 激光识别

激光识别是利用编码激光器照射装有激光接收机和发射机的坦克、装甲车等目标，激活激光接收机，由激光发射机发回编码激光脉冲，提供目标识别。

5. 被动式识别

被动式敌我识别装置在以往战争中发挥过重要作用，如灯光、布板、信号弹等。目前，采用新技术和新材料制成的被动式敌我识别装置，不断发展并配备部队使用。例如，反射式黑色标志带，这种标志带人眼能看到它，通过夜视眼镜或热像装置观察时，标志带呈黑色，与热的呈白色的车辆表面形成明显的反差。海湾战争期间，美军坦克、装甲车在其炮塔后部及车体两侧安装倒 V 字形的氧化镍标志带，进行敌我识别。又如红外信标灯，在装甲车上使用时，能产生200mW的非相干光，供空中飞机识别。

二、非协同式目标识别技术

非协同式目标识别技术不需要被识别目标协同，而是依靠各种传感器，如雷达、声纳、电子支援措施（ESM）、红外、光学传感器等获取目标信息，对目标的专有特性进行分析，从而做出正确的判别。由于非协同式目标识别技术不需要协同工作，可单独配套，故独立性强。不仅可识别友方，也可识别敌方或中立方，这是它突出的优点。图3.1列出了部分传感器信息及其相应的目标识别技术。

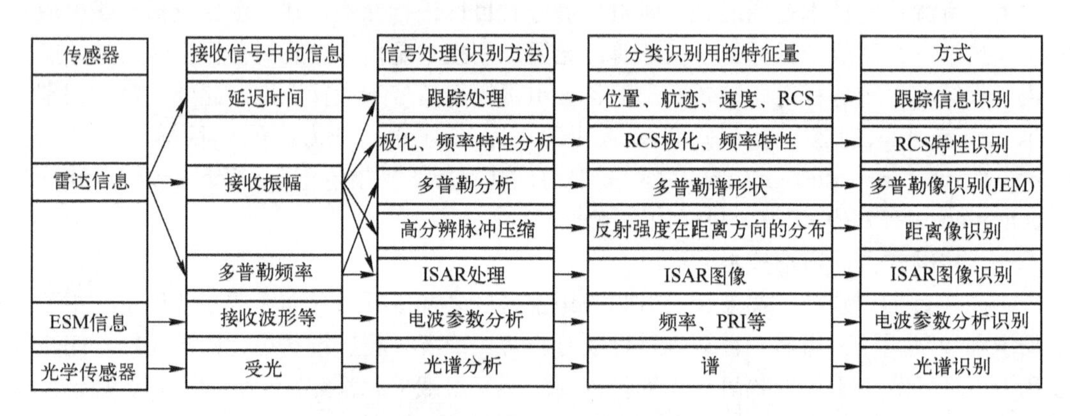

图3.1 传感器信息与目标识别技术

1. 雷达目标识别

雷达目标识别通过雷达探测或通过雷达对目标成像（合成孔径雷达成像、毫米波雷达成像）来了解目标的类型和形状，从而对目标进行识别和分类。

具体接收雷达回波信息（延迟时间/接收振幅/多普勒频率等），经过各种信号处理如跟踪处理、极化频率特性分析、多普勒分析、高分辨率脉冲压缩、逆合成孔径雷达（ISAR）处理等将信息转化为可用于分类识别的特征量：如目标的位置及运动参数、RCS极化频率特性、多普勒谱形状、反射强度在距离方向的分布、ISAR图像等。然后利用跟踪信息识别、RCS特性识别、多普勒像识别、距离像识别、ISAR图像识别等识别方法基于分类识别的特征量进行识别。

2. 雷达辐射源识别

各种作战平台通常都装备有不同的探测设备，这些探测设备只要不是无源的工作方式，就会向空中辐射电磁信号，而不同的探测设备具有不同的辐射特征，即具有不同的电子指纹特征。识别方利用侦察设备能隐蔽地搜索和截获这些空中辐射的电磁波信号，根据这些电磁波所谓的电子指纹特征，进行分选、分析和识别，从而起到识别目标的目的。条件允许时还可以利用无源定位技术对辐射源进行定位。因此，这是一种判断目标属性的较可靠的手段。

3. 光电/红外识别

它们主要是利用光学传感器和红外传感器的成像原理，获取目标的图像信息，进而进行图像识别，图像识别已有成熟的理论和方法。典型的例子是美军的“锁眼”光学成像侦察卫星，它既有光学传感器，又配备了红外传感器，观测的地面分辨率可以达到0.1m，观测的幅宽可以达到 40～50km，但是这种识别方式也有一定的缺陷，就是受天气影响，云、雨、雾等气象变化都会造成无法成像。

非协同式识别技术是目前世界各国都在加强研究而多数尚未进入实际应用的前沿技术，具有代表性且已进入实用的是模式识别技术。

三、综合目标识别技术

综合目标识别技术是把协同式目标识别和非协同式目标识别综合起来，利用敌我识别器及各种传感器数据，通过数据融合技术实现目标属性的最终判决。该系统是一个多传感器、多层面的综合识别系统。

不同传感器对被检测目标提供的识别结果，反映了该传感器对该目标的一种判断。为了最终下一个结论，必须对该目标的所有识别结果进行综合识别。综合识别也就是融合识别，可以在三个层次上进行，包括数据层、特征层、决策层，目前在决策层的融合较为成熟。

例如，在海上一体化作战中，单一手段往往难以对目标做出及时准确的判断，只有综合运用多种手段和多种信息进行联合目标判别，才有可能有效地判别目标，进而及时形成态势情报。

3.2 目标属性识别

3.2.1 属性识别概述

一、敌我识别的基本概念

目标属性识别（指敌/我属性识别）是自动目标识别技术的重要应用之一，也是古今中外战争中首先要解决的根本问题之一。在现代电子战和信息战中，准确、可靠、迅速地掌握目标的属性信息已成为交战双方开战的首要前提条件。由于敌我识别系统保密性要求极高，面临的战场环境十分恶劣，涉及的作战时空范围很广，因此，目前其平台装备的发展远远落后于其他武器装备系统，这极大地制约了各种现代武器作战平台效能的发挥，甚至会严重影响战争的进程和最终的效果。

在现代敌我识别研究领域中，经常使用敌我识别（IFF）、雷达敌我识别、目标识别、战场和战斗识别（CID）等不同术语，这些术语虽然都涉及到了敌我识别，但这些概念本身的内涵并不相同，有着不同的使用环境和应用特点。

广义上讲，敌我识别是一种泛称，它仅强调了现代军事斗争中的一种基本前提需求；雷达敌我识别则是特指对一次雷达所发现目标的敌我属性识别问题；目标识别的含义较为宽泛，它可以指对某类感兴趣目标的识别，也可以指对目标某一类特征的识别，与人们研究或认知的角度有关，并不一定仅仅是对目标的敌我识别问题；CID 将对目标的识别问题限定在了一个特定的背景和环境下，鉴于战场环境的复杂性，环境的大小完全取决于战争的具体形态，而用于 CID 的技术和装备则是多种多样的。当然，针对不同的研究角度，这些概念之间也可以相互借用。例如，虽然雷达敌我识别并不仅限于在战场使用，但在战场的局部环境中，也可以认为是一种战场识别手段。

综上所述，可以这样认为，敌我识别就是通过各种可以利用的技术途径和手段，结合通用或专用的平台装备，在作战所需的时空范围内，对敌我属性不明的目标进行判别和确认。因此，敌我识别从广义上来讲就是一种对目标某类信息的掌握和获取。

一个实际目标除可能具有敌我属性外，还存在着一个非敌、非我的情况即所谓的中立方（Neutrality），如自然物、中立国目标和受国际法保护的民用目标等。因而，在目标的“归属”问题上，严格讲应该划分为敌、我、中三类；敌我识别也应进一步拓展为敌、我、中三方识别（IFFN）。为方便讨论，本文以下对 IFFN 仍称敌我识别，也就是目标敌我属性信息的获取。

二、敌我识别的军事意义

在现代战争中，敌我识别问题至关重要。例如，在两次海湾战争及近年来世界范围内发生的数次小规模冲突中，出现了多起由于未采取敌我识别措施，或采取的敌我识别措施失效，而造成己方或友方的武器装备或人员被错误攻击的作战行为。在海湾战争期间共发生 28 起误伤事件，导致 35 人死亡、72 人受伤，其误伤比例达到 17%（此前整个 20 世纪的平均误伤率为 15%）。在伊拉克战争中也多次发生误伤事件，如美军 PAC-3“爱国者”防空导弹击落英军“狂风”GR4 战斗机，致使 2 名飞行员死亡；两辆英军“挑战者”主战坦克互相炮击，致使 2 死 2 伤；美军 F-16 战斗机发射 AGM-88 反辐射导弹击毁“爱国者”导弹雷达等。

这些战争中的误伤，其中一个重要原因就是敌我识别器没有可靠工作、性能落后或没有正确应用，还有就是大部分陆军作战武器缺乏相应的自动敌我识别器等有效、快速的敌我识别措施。例如，1991 年海湾战争中多国部队装备的 Mk12 敌我识别系统是基于 20 世纪 40 年代的简单脉冲技术制造的，美军从 1959 年起就已开始使用，显然，该系统已经不能适应现代立体战争的要求。伊拉克战争中英军“狂风”GR4 战斗机被美军“爱国者”导弹误击落一事，据称，当时“爱国者”导弹系统处于自动工作状态，这说明系统软件存在问题，而美国国防部则称要么系统瞄准识别设备存在问题，要么英军飞行员没有启动敌我识别信号。目前，国内外许多陆、海、空、天设备中都采用了敌我自动识别系统，以下列举几个例子。

1. *机载敌我识别系统*

机载敌我识别器能帮助飞行员确定彼机是敌是友，这在超视距的空战中尤为重要。机载敌我识别器进行敌我识别依靠“问”和“答”。战斗机上有应答机和询问机两种类型装备。它与装备在己方其他飞机、舰艇、坦克或雷达站的询问机、问答机组成目标敌我识别系统。应答机是一种被动式的敌我识别装置，在收到己方询问信号时，能回答一组编码信号，供问方识别。问答机除具有应答功能之外，还能主动向识别目标发出询问信号。它与机载火控雷达交联工作，当火控雷达收到己方飞机回波信号时，问答机也收到应答信号，并在雷达显示器目标回波附近显示出识别标志，根据有无识别标志即可判断目标的敌我属性。

2. *自动识别系统在陆地战场中的应用*

为适应未来数字化战场的作战需求，具有敌我识别能力的单兵系统已成为 21 世纪战场数字化系统的基本功能单元之一。陆地战场单兵敌我识别系统包括单兵间、单兵/战车间及单兵/武装直升机(近程攻击机)间的三种战场单兵敌我识别系统。

例如，美军开展的“徒步式单兵作战识别系统”既是美军数字化“陆地勇士”系统的敌我识别分系统，也可以独立使用。它包括武器分系统和头盔分系统两部分。武器分系统包括一个激光询问器（还可产生脉冲编码波形，用作多用途综合交战模拟系统）和一个射频接收机。头盔分系统包括四个激光探测器、一个射频发射机和平面阵列天线。其技术措施是依靠“多用途激光交战系统”发出识别询问编码，通过 L 波段无线电进行应答，并能与装甲兵的“战场战斗识别系统”实现互连。系统交互识别应答过程可在 1s 内自动完成，整套系统仅重 0.9kg，在晴天时有效作用距离为 1.1km，远远优于人员分辨目标的能力。

3. 自动识别系统在精确制导武器中的应用

通过计算表明，战斗部爆炸威力提高 1 倍，会使杀伤力提高 40%；目标识别和精确制导技术导致的命中率提高 1 倍，会使杀伤力提高 400%。因此，有关专家分析，在今后一个时期，目标识别和精确制导技术是各类武器装备效能提高的主要措施。目前，广泛应用于现代战争的精确制导武器一般都具有自动目标识别能力，如“战斧”巡航导弹前部装有目标自动识别系统，接近目标后，导引头打开，将目标与存储在识别系统中的目标数字图像对比，识别后即实施攻击。

三、雷达敌我识别系统的发展趋势

1939 年，第一部敌我识别系统（I 型）由英国研制成功，经过多次改进，发展了 II、III、V 等型号，并在第二次世界大战期间成为英、美等国的主要敌我识别装备，在战争中发挥了作用。基于英国 V 型敌我识别系统，美国研制了军民两用体制的 X 型雷达敌我识别系统，在 20 世纪 60 年代后，解决了“窜扰”（非同步应答）、“混扰”（密码重叠）等干扰问题，并通过采用计算机和单脉冲等新技术，提高了雷达敌我识别系统的保密性、自动化程度及目标方位分辨率等性能。70 年代中期，北约通过了新的 NIS 敌我识别系统的军事要求，但 80 年代后期才装备美国研制的 Mk12 型敌我识别系统。1985 年 5 月，美国空军开始研制 Mk15 型新一代敌我识别系统，该系统针对苏联和华约各国特定的强干扰环境而设计，应用了新型密码处理机和应答系统，采用扩展频谱、误码纠错和检测等先进技术，具有较强的抗干扰能力和可靠性，该系统于 1991 年开始小批量生产。海湾战争后，美军在其“21 世纪战场数字化系统”计划中，重点开展了陆军武器、空地武器之间的敌我识别技术开发工作，如“徒步式单兵作战识别系统”“陆地武士作战识别系统”“武装直升机对单兵识别系统”等，美军装甲部队的毫米波应答式“战场战斗识别系统”目前也正在逐步装备部队。

雷达敌我识别系统的发展趋势是：

1. 进一步提高现有敌我识别系统性能

目前的敌我识别系统由于采用了口令式密码技术，容易被破解泄密，固定的询问、应答频率容易遭到敌方的干扰和欺骗，其可靠性较差。因此，需要进一步提高现有敌我识别系统的抗破译、防欺骗、反干扰能力；提高在密集多目标背景下的识别能力和目标的分辨率。

2. 研制技术先进的综合识别系统

综合利用雷达、被动电子侦察装置、通信装置和敌我识别器等多种设备，研制技术先进的综合识别系统，从而提高各种设备的利用率，并达到更为正确和可靠的识别效果。

3. 提高敌我识别系统与 C^4I 系统的融合

C^4I 系统是现代战争中不可或缺的重要作战系统，如果将目标敌我识别系统融入该系统，无疑会减少误伤，还可进一步增强部队对战场态势的感知能力、反应能力。美军已初步确定了 21 世纪三军联合敌我识别构想，该构想可向三军武器系统（包括单个步兵）提供完善的敌我识别能力，其核心措施就是将敌我识别纳入 C^4I 系统中。

4. 利用多传感器信息融合技术，研制先进的敌我识别系统

基于该技术的敌我识别系统将兼有有源和无源两类技术优点，有效克服应答式识别技术的缺点。目前，美军针对敌我识别系统，已经制定了“多传感器目标识别系统（MUSTRS）”研制计划，其主要指标是：同时处理超过 1000 个目标，准确指出其中 5 种重大威胁类型，错误率必须低于 1%。

3.2.2 属性识别系统分类

可以采用基于不同技术体制的信息获取系统来完成对目标敌我属性的识别和确认工作，这些信息获取系统总的目的是一致的，即通过获取目标所提供的各种信息（包括目标反射、辐射的信息，建立与目标的信息交换信道等）来完成对其敌我属性的确认和识别。从信息获取的基本方式上，大致可以分为采用直接和间接方式的协同识别、非协同识别以及更高层次的综合识别等基本类型，如图 3.2 所示。

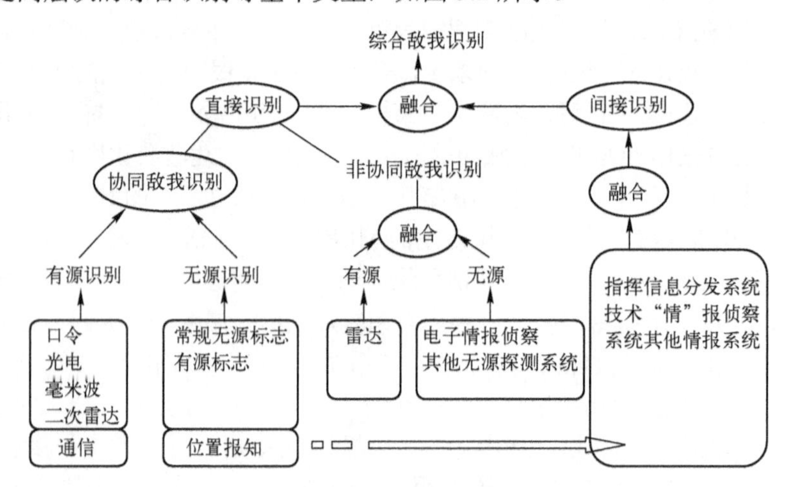

图 3.2　目标属性信息获取的主要技术与装备

一、协同式敌我识别系统

在众多现代敌我识别系统或相关技术手段中，协同识别是最直接和使用最为广泛的识别手段，它的运用可追溯到古代冷兵器时代，交战双方采用不同服饰、旗帜、口令和标志等约定来进行识别。这里的“协同”主要是指需要获取目标敌我属性信息的“主设备”（识别方）与协作完成配合工作的“从设备”（被识别目标）之间相互配合而完成识别的一种工作方式。

协同识别又可分为有源协同识别和无源协同识别。在有源协同识别中，识别方向被识别目标发出约定的（询问）信息，并通过目标的响应完成整个识别过程。目标方的响应必须满足系统在空间和时间、信息交换方式两方面的约定。无源协同识别则不然，识

别方并不向目标传递任何信息，被识别目标也不需要响应识别方的信息交换请求。待识别的目标仅仅以约定的方式，在一定的时间和空间范围内，连续或断续发出特定的信息。

显然，在协同识别系统中，被识别目标是构成识别系统本身的一个物理层次。为使协同识别系统能发挥其应有的功能，在其系统结构中人为地建立了识别方与被识别方之间的信息交换链路。识别系统是通过系统中识别层和被识别层之间的信息交换来达到最终的目的。图 3.3 给出了协同识别的系统示意图。

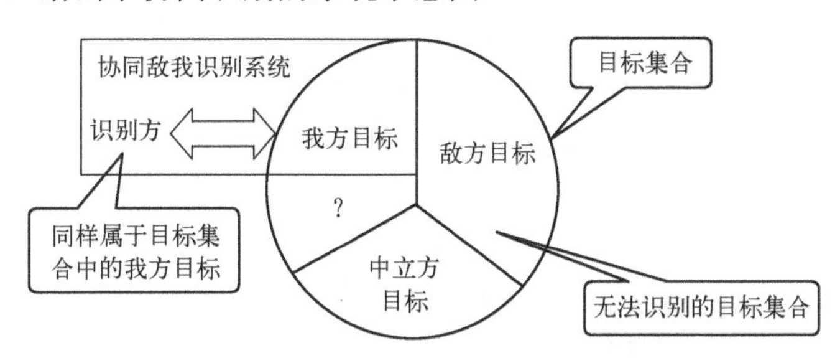

图 3.3　协同敌我识别原理示意图

由于协同识别系统与非系统中的目标（如敌方目标和中立方目标）之间无法建立有效的信息交换过程，因而，该类系统也就无法得到非系统内目标的敌我属性信息，显然，系统也就不能完成对全部目标集合进行敌我属性信息获取的预期目的。通常，这类系统只能给出目标我方属性和不明属性的基本信息。如果考虑到协同识别过程中存在由于客观环境影响的信息交换不理想，以及敌方对协同信息交换信道进行有意干扰和破坏等情况，在现实作战环境下，协同识别系统甚至对我方目标的识别也存在着其特有的使用约束条件。所以，保证协同识别系统功能得以充分实现的前提之一，就是系统中识别与被识别之间的信息交换链路和结构不能遭到破坏，即系统应具有健壮性和适应生存能力。例如，采用特定波长反射带的被动识别系统中（美军和北约在海湾战争后期和科索沃战争中普遍使用的一种识别方式），被识别目标通过在明显的位置涂上能对特定波长反射的物质，使识别方能够通过接收反射信号来做出判断。但在地理复杂的环境中，如果反射信号被遮挡，很容易造成系统无法完成识别功能。

由于协同目标敌我属性信息获取系统是通过已知的约定信道，并采用事先约定的方式进行信息交换，所以对目标敌我属性信息的获取速度较快，实时性强，且容易建立安全和保密的信息交换方式。

在协同敌我识别系统中，有两类技术体制需要进一步分析：一个是位置报知方式；另一个是通信系统。位置报知是通过对目标自身位置的定位技术，将定位信息以发布的形式传递到相关平台。虽然将它归入了无源识别的体制，但其系统结构与其他被动协同识别有着较大的区别。一般的无源识别体制中，识别方仅仅作为信息的接收方，被识别目标则是信息源，信息的传递仅是单向的。在位置报知系统体制中，被识别目标不是向识别方提供标志信息，而是在利用定位系统实时获取自身所处的位置信息后，利用信息发布手段对所处位置信息进行定向发布。识别方通过了解我方目标的位置信息并结合其他传感器来完成对目标敌我属性信息的确认。由于涉及了定位、信息发布和其他传感器系统，整个协同系统内部存在着多种方式的信息交换，敌我识别仅仅是信息交换的目的之一。从这个意义上讲，也可以认为位置报知的识别系统属于一种间接识别的系统体制。

同样，从协同的关系和基本原理上来看，通信系统在某种程度上也可以认为是一种采用有源方式的协同识别体制，与一般协同识别系统的区别在于其主要功能是完成其他信息的交换任务（即间接识别系统）。以下列举几种协同式敌我识别系统。

1. 利用敌我识别器进行识别

利用雷达敌我识别器可以对观察范围内的我方目标进行及时有效的询问识别，并获得目标的类型、舷（机）号。当雷达发现目标，需要判别其敌我属性时，就利用同雷达装在一起并由雷达同步触发的敌我识别询问机向目标发出编码的询问无线电信号，我方目标（飞机或军舰）上的应答机收到该信号后，经过译码，判断是我方的询问信号后，则立即发出编码的应答信号，询问机收到该应答信号后，经过译码，如属我方规定的应答码，即可判明该目标是我方的目标；对没有回答或非我方规定的应答码，则可判定是敌方或不明目标。这一敌我识别过程是在瞬间完成的，所以又称为二次雷达或雷达信息。敌我识别是二次雷达的一项具体应用。这项识别方法的软件工作量较小，主要根据目标批号、坐标，将识别后的属性、机型、数量装配在一起送入指挥所系统，其具体识别工作基本上是由二次雷达来完成的。

敌我识别器在战时基本可以满足作战的需要。但由于要求所有参战单元都配置相应的敌我识别器，因此系统庞大，对敌方目标、中立方目标以及我方没有装备识别器和识别器故障的作战平台不能进行识别。

2. 利用 AIS 进行识别

AIS 是一种 VHF 海上频段的船载广播式应答器，配备了 AIS 的船舶在一定范围内的海域（30nm 左右）可以和其他船舶分享船舶相关信息，它能发出船舶的各种信息，当超过了 AIS 的通信范围时，可以根据需要通过长距离的卫星通信传送 AIS 信息。其内容包括静态信息、动态信息、航次相关信息和安全短报文四个部分。其中，静态信息包括海上移动业务识别码（MMSI），IMO 号码（如有），呼号及船名，船长、船宽，船舶类型，GPS 定位仪天线在船上的位置；动态信息包括船位及其精度标示和完好性指标、世界协调时（UTC）、真航向（0.1° 为单位）、对地航速（0.1 节为单位）、航行状态、转向速率。利用接收到的船舶相关信息，可以准确地判定民用目标。将 AIS 接收信息与雷达探测信息进行融合处理，将明显提高对海上船舶目标的监视、跟踪与识别效能。但在战时必须充分考虑到敌方利用 AIS 进行欺骗的可能性。

3. 利用“北斗”卫星定位系统进行识别

利用“北斗”卫星定位系统进行舰位报知以及战术数据链等进行数据交换，也可以进行协同式目标判别。“北斗”一号系统服务区覆盖我国和周边地区，包括战略敏感区域，诸如台海、南沙等区域。系统在服务区内提供定位、通信及授时三项服务。用户与用户、用户与中心控制系统之间均可实现双向简短数字报文通信，并可通过信关站与互联网、移动通信系统互通。目前，我海军作战舰艇约有 1/3 安装了“北斗”一号卫星用户机，新型主战舰艇全部装备有“北斗”一号卫星用户机，随着时间推移，装载数量将进一步增大。利用“北斗”一号本身的定位与简短数字报文通信功能，结合其指挥型接收机的管理功能，可以实现对舰艇位置的准实时监控，利用卫星用户 ID 号，能够对我方装备有卫星用户机的目标进行唯一性识别。“北斗”系统定位精度较高，利用位置监控信息与雷达探测信息进行融合，可以提高目标判别效率。“北斗”二号卫星导航系统在克服“北斗”一号系统存在缺点的同时，仍然具备向下兼容的通信功能，对于无源定位方式，可以根据需要利用通信信道传送位置等信息，实现对舰艇的监控管理。

4. *利用飞行计划进行识别*

飞行计划通常有两种情况：一种是部队训练或转场飞行计划，训练飞行是在某机场附近的某空域内进行，转场飞行是预先规定航线，两者都是已知飞机的机型、架次、飞行高度和速度等，以及起止时间等；另一种是一般飞行计划，这种飞行计划规定从某场起飞，沿着空中固定航线（空中走廊）飞向目的地，何时起飞、何时到达中间站、何时到达目的地等，都是预先规定好的。

上述飞行计划的重要参数，如训练飞行空域投影剖面、空中走廊、飞行计划等都已存入计算机存储器中，可随时在显示控制器上显示，当雷达发现目标并将测得目标的坐标参数等送入计算机，然后，将它们与原先存入的飞行计划参数相比较，从位置、时间、机型、架次、飞行高度和速度等全面进行相关判别，若远不符，则暂时判为“不明”目标。然后，将此“不明”目标用其他方法和依据进行综合分析判断，确定其目标性质。

5. *利用无源侦察设备和雷达探测相结合，与敌我情报数据库的参数比较进行识别*

进行这项识别工作，要有源、无源侦察设备结合起来进行。发挥雷达测量目标坐标精度高和无源侦察设备测量目标装备参数多等优点。具体来说，就是利用雷达测得的精确目标坐标参数，指示无源侦察设备去测量目标雷达的参数（工作频率、脉冲重复频率、载波频率、脉冲宽度、天线转速）和目标通信设备的参数（工作频率、载波频率、工作方式、调制方式），然后将无源侦察设备测得的目标装备参数与数据库中预先存储的各种目标参数性能相比较，即可确定该目标的国籍、目标属性等。

总体来说，目标识别是复杂的，要有较多已掌握的侦察情报做依据，综合运用多种目标识别手段和方法才能较好地解决目标的识别问题。

二、非协同式敌我识别系统

非协同式目标识别的概念是近十几年才提出来的，与协同式敌我识别系统不同的是，其待识别的目标是作为系统的外部环境和作用对象来看待的。在通过主动或被动方式获取目标外在物理特征和辐射参数/信号后，其功能主要依靠系统内部结构所具有的信息处理能力来实现。例如，通过传感器获取目标电磁辐射参数后，对数据进行相关、分类和特征匹配以达到对目标属性的最终判别。

非协同式敌我识别系统体制成立的前提主要包括两个方面：一是能够实时充分地获取目标的各种外在物理特征和辐射特性参数（如目标的尺寸、类型、型号、运动特征和状态等）；二是在系统应用之前已充分掌握/提取各类目标辐射参数的特征（库），并且能够完成对数据的融合、匹配和相关，以获得目标的敌我属性信息，即所谓的“知识学习/积累”。由于非协同识别系统建立在对目标各类信息的获取基础上，如果能充分满足上述两个约束条件，这也就是真正意义上的对目标敌、我、中属性信息的获取系统。

需要注意的是，一个目标的敌我属性除与自身固有属性特征和运动状态密切相关外，还取决于战争和社会环境所赋予目标的附加特征。由于缺少对目标在使用过程中与环境进行信息交换细节的获取机制，非协同识别系统也同样存在着由系统体制本身所决定的局限性。例如，对于若干个同一型号的机动平台，它们除具有相同的外观尺寸和发动机以外，还可能载有相同的电子装备。根据这些特征，非协同识别系统所获得的目标属性信息因而也会基本相同。但在实际情况中，特别是在目前世界各国之间广泛的军事贸易背景下，该型号平台有可能被若干个国家或军事集团作为主战武器平台。虽然可以通过技术上的不断努力并从其他细微特征来加以区分和识别，但仅依靠非协同识别系统仍然无法彻底解决对所有目标的敌、我、中识别问题，其实时性、准确性还需多加考虑。

非协同式敌我识别系统示意图如图 3.4 所示。

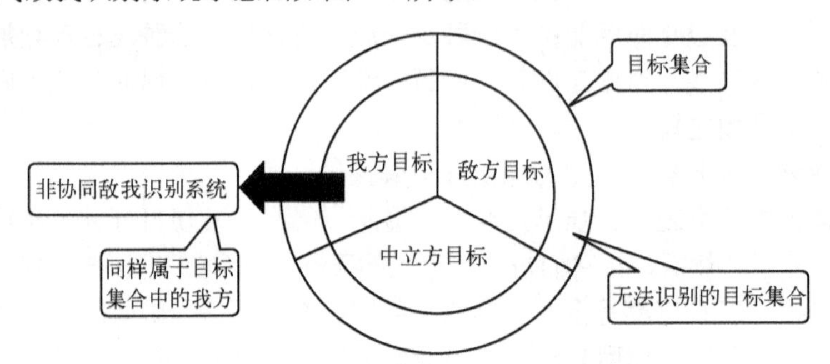

图 3.4　非协同式敌我识别系统示意图

在直接识别和间接识别这两种基本识别方式的基础上，可以通过更高层次的数据融合来产生综合识别信息。由于综合敌我识别体系架构在上述一系列基础识别技术之上，因此可以弥补上述若干识别体制的不足，并将它们的技术优势充分发挥出来，这是识别技术发展的理论最高层次，但鉴于其技术的复杂性和实现的高难度，即使在西方发达国家目前甚至将来一段时期内也还很难真正投入应用。但不可否认的是，综合敌我识别是解决目前敌我识别所面临的诸多问题的最终形式。

非协同式敌我识别系统不需要接受对方的应答信号，而是利用目标平台的固有特性对友军和非友军平台进行可靠识别。与应答式目标识别技术相比，具有较可靠的识别效果，并提高了识别 RCS 值较小的目标或隐身目标的能力。此方案没有与目标间的通信过程，而是利用各种不同功能的传感器收集目标的各方面信息，将这些信息汇总到数据处理中心，通过信息融合来得到识别结果。其特点是：识别范围广，识别结果可在各识别器间共享，但系统结构复杂，识别速度低，易受干扰和不确定因素影响。在现代战争中，非协同式敌我识别还不能作为独立的识别系统使用，但可以作为很好的辅助手段为战场指挥和决策提供大量信息。

3.2.3　雷达属性识别系统

雷达敌我识别器是协同识别技术的典型代表，其技术基础是二次雷达。雷达敌我识别系统是指对雷达发现的目标（如飞机、舰艇、坦克、导弹等）进行敌我属性判断和识别的电子设备，它强调了雷达在该系统中的重要作用。雷达敌我识别包括雷达询问识别和人工辅助识别两种。

一、雷达询问识别

图 3.5 为雷达询问识别的原理框图。雷达询问识别由询问机和应答机两部分构成（根

据实际需要，询问机和应答机可分开或合在一起配置），两者之间通过数据保密询问和应答通信来实现识别。其特点是:过程简单、识别速度快、准确性高，而且系统体积小，易于装备和更换。

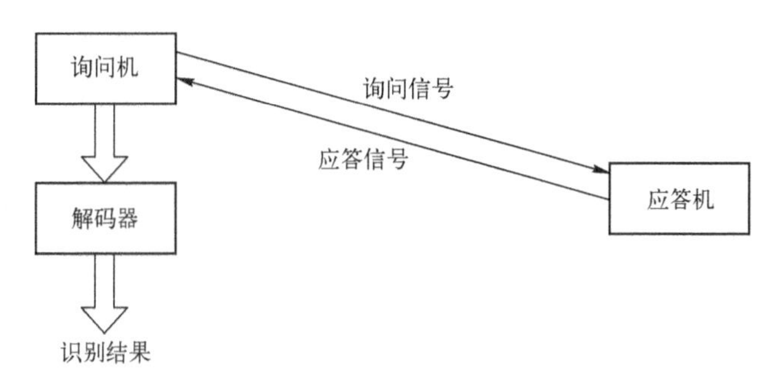

图 3.5　雷达询问识别原理框图

下面以指控系统中的雷达询问识别系统为例，说明雷达询问识别系统的工作原理。它是在指控系统一雷达一敌我识别器的基础上，由指控系统中的计算机启动敌我识别器，自动判别目标的敌我属性，并用属性中断方式将目标的敌我属性信息提供给计算机。其基本原理如下。

当我方雷达发现目标后，即用特定的询问编码信号调制雷达，通过雷达的发射信道发射询问信号给对方；对方如属己方目标，其应答机用宽带接收机接收并检测雷达发射的询问信号，进行解码，通过应答器自动发回密码应答信号。我方接收到对方发来的应答信号后，输出一个识别标志给雷达显示器或数据总线，与该目标回波同时显示，从而确认为己方或友方目标，如图 3.6 中 A 处所示。如属敌方目标或非协同目标（指没有装备本系统应答机的目标），则解不出密码，雷达显示器上只有目标回波而没有识别标志，如图 3.6 中 B 处所示。询问机除能判定目标的敌我属性外，还能分辨己方目标的编号、呼救信号和高度等有关信息。

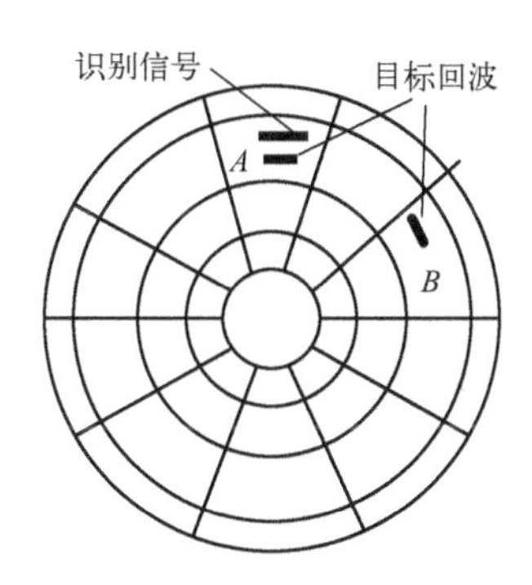

图 3.6　雷达显示器上目标回波和识别信号示意图

图 3.7 为指控系统中自动识别的逻辑框图。其工作过程是：指控系统中的计算机自动查询已建立的目标档案，对于未经识别的目标，将其参数取出形成相应的识别波门，控制敌我识别器识别相应的目标属性。当敌我识别器天线指向目标即进入方位波门时，产生触发信号控制敌我识别器的询问天线按计算机确定的询问脉冲数量依次发射询问脉冲。当触发脉冲停止时，硬件产生相应的自动识别中断请求信号。目标的应答信号经接

收天线并由距离门控制送入应答个数计数器计数。因此，距离门和方位门保证了对某一距离和方位上的目标进行识别。当计算机接收到自动识别中断请求信号后，自动响应中断并调用识别处理程序，读取应答个数。根据计数器所计的应答脉冲个数多少来判别目标的敌我属性，并赋予对应的目标。

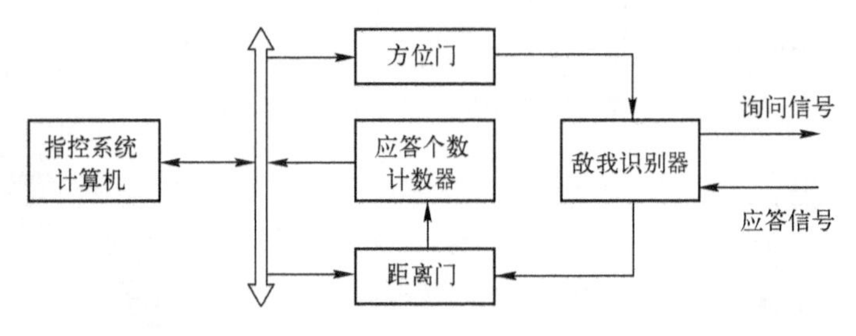

图 3.7　自动识别逻辑框图

雷达询问识别系统是一种高度保密的军事电子装备，在现代战争中起着举足轻重的作用，因此是敌方首先攻击的目标之一。影响该系统安全可靠工作的主要威胁如下。

（1）电子干扰。敌方在战争爆发时利用平时收集的我方 IFF 系统的情报信息，针对其信号特征施放强大的电磁干扰，使我方的 IFF 无法从干扰中分辨有用信息，从而失去识别敌我属性的能力。

（2）欺骗干扰。二次雷达 IFF 系统的询问和应答密码均在不保密的空间信道上传送，敌方可以利用高智能侦察设备截获并建立数据库，仿真询问和应答密码以实施欺骗性干扰，发出连续询问密码以阻塞我方应答机工作或诱使我方应答机成为信标机而利用反辐射导弹进行攻击。

（3）攻击密码。当敌方得到 IFF 设备，对其进行密码分析，侦破正在使用的密钥，实施欺骗性询问和应答，从根本上摧毁 IFF 系统。

（4）系统内部干扰。系统内部存在诸如“窜扰”“混扰”以及“旁瓣干扰”等干扰。

二、人工辅助识别

人工辅助识别是指操作员密切注视显示器，当天线转动到要询问的目标时，按下询问按钮，启动识别器发射询问脉冲，根据有无识别应答信号，判断此目标的敌我属性，然后用人–机对话方式，将目标敌我属性送入指控系统中的计算机。

人工辅助识别过程如图 3.8 所示，由显示器部位的操作人员选定需要识别的目标回波，通过手动操作询问天线对准目标，控制敌我识别器向该目标发出询问信号。敌我识别器收到该目标的应答信号后，将应答信号转发给显示器予以视频显示。操作人员根据目标回波后面应答信号的有无或显示的形状特征，与预先约定的标志特征相比较，人工判定目标的敌我属性，并通过人工打码将其输入指控系统。人工辅助识别可以在雷达主显示器部位、指控系统综合显示器部位或录取显示器部位进行，其中指控系统显示器部位一般具有自动最高优先询问级。

对上述两种识别方式进行比较，显然，人工辅助识别方式不利于系统自动化，影响系统的反应时间，操作使用也很繁琐。更主要的是人工识别时识别时间不易控制，识别器发射时间一般较长，电磁泄漏增加，不利于保密。据估算，自动询问时识别器的发射时间仅为人工询问的 1/10。

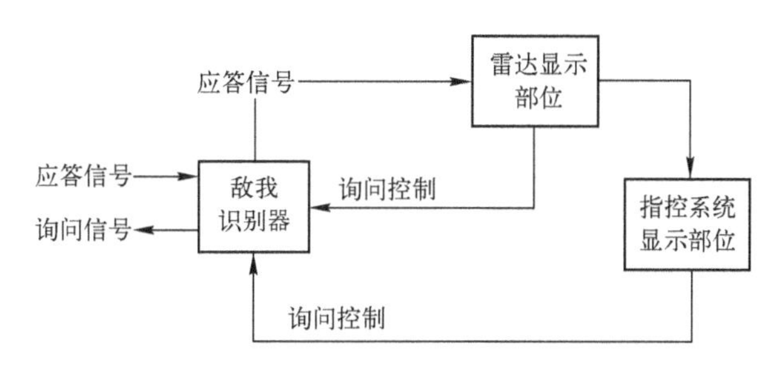

图 3.8　人工辅助识别框图

敌我识别器的使用原则是：对稳定跟踪后的新目标要进行识别；要周期性复查目标的敌我属性；当两个目标航迹交叉时，要重新识别；指挥员对目标属性有怀疑或为慎重起见，要重新识别目标。

除雷达识别外，在协同式敌我识别系统中，还可以采用无线电、毫米波、激光等多种通信手段。最初的协同式系统使用高频无线电信号进行问答通信，随着对识别通信的快速性、抗干扰性和保密性等要求的提高，现在已使用了无线电、毫米波、激光等多种通信手段。它们有各自不同的特点，根据实际需求应用在不同的场合。现代战争中，空军和海军使用的敌我识别系统必须满足超视距作战的要求，识别距离远，范围广，因此主要使用无线电信号工作。陆军具有作战武器密集性高、识别距离相对较近的特点，这时更适合使用毫米波和激光等波长更短的信号进行识别。

3.3　目标类型识别

3.3.1　雷达目标识别

由于战术环境的不断演变和作战对象自身的不断完善，现代雷达正受到日益增长的挑战和严重威胁，对雷达提出的要求也因此越来越高。以往，雷达仅仅用于探测目标的存在并测定其距离、方位及运动参数。但是对现代雷达而言，要求雷达在提取信息的过程中完成以下任务：探测目标（目标检测）；抗电子干扰；测定目标参数（目标跟踪）；分辨多个目标；判定目标属性、类型（目标识别）。因此，现代雷达的一个十分重要的发展方向是完成目标识别，目标识别系统已成为现代多功能雷达的重要组成部分。

用雷达进行目标识别和分类，具有很大的军用和民用价值。首先是军事应用方面：在反弹道导弹防御系统中，对再入大气层的洲际导弹真假弹头的识别及与各种诱饵的区分；导弹与卫星的识别；弹头与运载火箭的分辨均可利用雷达目标识别技术。在战术防御系统中，区分空中目标的类型、架次和用途；从干扰物中分辨飞行器目标；对敌方反辐射导弹进行早期预警，提高己方雷达系统的生存能力；对舰船目标识别，实现海情监控系统及反舰导弹武器系统的自动化及智能化也有重要的意义。对于战场侦察来说，雷达识别也是一种重要的辅助手段。雷达识别还可协助工兵探雷。

一、人工辅助识别

所谓人工识别，是指操作人员根据雷达上的目标信息，以及其他所能获取到的有关目标的信息，依据经验来完成目标的识别。因此，人工识别的正确与否，与操作人员的素质密切相关。

以海上目标为例，海上目标大致可以分为六大类。

（1）大型目标，指的是5000t以上的舰船。

（2）中型目标，指的是1000～5000t的舰船。

（3）中小型目标，指的是500～1000t的舰船。

（4）小型目标，指的是500t以下的舰船。

（5）海上小目标，指的是浮标、水鼓、漂雷、竹木筏、小舢板、橡皮艇以及潜望镜等很小的目标。

（6）掠海目标，包括掠海低空飞行的飞机以及掠海飞行的导弹等。

针对这些海上目标，操作人员主要依据以下目标特性及其运动参数进行人工识别。

1. 发现目标的距离

通常，对于现已装备的雷达来讲，雷达性能及天线的高度是相对不变的，这样，发现目标的距离就只与目标大小、目标姿态以及气象条件有关。因此，在一定的气象条件下，根据发现目标的距离即可进行目标识别。例如，在正常气象条件下，对于某海上目标来讲，若雷达发现的距离越远，则说明目标越大。

2. 回波特征

雷达显示器上的回波特征是识别目标的最基本依据。所谓回波特征，是指回波的强弱（即幅度或亮度）、回波的大小（即宽度）、回波的变化（即跳动或闪烁）以及波内组织（波纹）、回波边缘等。

回波强弱与目标的距离、大小、材料等有关，在一定距离条件下，若回波强，说明目标大，同理，在一定距离和目标大小的条件下，金属船比木质船的回波强。

回波大小与目标的距离、大小、姿态有关，在一定距离和姿态下，回波越大，说明目标越大。

回波变化与目标姿态及其反射中心的变化程度有关。一般来讲，目标越大、越重，则回波就越稳定；目标越小、越轻，如小舢板，则回波的变化就越快。当然，这一点还与海情有关。

在A/R型显示器上，回波内的组织是指回波轮廓内的条条丝纹。这种丝纹的多少及其清晰程度，与目标的性质有关，如驱逐舰、护卫舰的回波有丝纹，而大、中型商船的回波就没有丝纹。

3. 目标运动要素

目标运动要素与目标的性质有关，据此也可判别出目标的大致类型。例如，通常掠海目标比海面目标运动速度快，军舰比民用船运动速度快，小艇速度高于大中型舰艇。掠海导弹的马赫数为 0.8 以上，大大高于直升机航速。有高度的目标可判为空中目标，无高度而航速又小于某一门限的目标可判为水面目标。

4. 海区情况

海区情况对判别目标有重要的参考作用。海区情况包括固定目标的分布及其回波特点，航道、训练区、渔区、锚地、浅滩、礁石、港口等分布情况，潮汐与气象回波的特点，各种船只的活动规律等。例如，在某一航道的某一位置上，在某时间内发现并识别客轮是相当容易的。

5. 敌我战术特点

敌我战术特点包括常用的编队队形、航速、兵力配置、攻击样式、活动时间以及重要航线等。当然，战术是可变的，但其变化也是有规律的。因此，根据具体的时间、地域、政治、外交以及实际斗争的形势，根据以往的经验，以综合的原则来完成对目标类型的判别。

6. 上级通报

上级通报包括各种外部信息，一般能给出目标的类型、位置、航向、航速、数量和时间等数据，它是目标识别的重要情报来源，对目标识别有着非常重要的参考价值。

上述六项依据既不是独立的，也不是绝对的。因此，在进行海上目标识别时，操作人员要把握两个基本观点，即相对的观点和综合的观点。目前，目标类型的识别大多仍依靠人工进行，其识别效果很大程度上依赖于操作人员的训练水平和识别经验。显然，这种识别所需的反应时间较长，在复杂条件下识别率也不高。因此，雷达目标自动识别技术成为未来目标识别的发展趋势。

二、雷达目标自动识别技术

雷达目标自动识别技术属于自动目标识别（ATR）技术中的一种，特指利用雷达获取目标信息（如雷达目标回波、雷达目标的各种成像信息等），从中提取特征信息（如目标的形体、姿态、表面材料等物理、化学特性），利用模式识别原理自动完成对目标类型、真假等的识别。

雷达目标识别取决于多方面因素，如目标背景的严重污染、目标信息转换过程中特征信息的随机交叠、目标信息本身的动态时变等都是影响识别系统识别效果的主要因素。具体包括以下几方面。

（1）与雷达传感器本身有关的因素。如系统体制和系统参数，诸如分辨率、极化方式、频率、波束宽度、带宽、数据率等。

（2）与目标有关的因素。如目标运动状态、散射特性、目标数目、感兴趣目标与其他目标的相似及差异程度等。

（3）与环境有关的因素。如大气传播效应、地海背景杂波回波干扰等。

（4）与目标识别技术有关的因素。如采用不同的模式识别方法可能得到不同的识别效果。

（5）与交战对方有关的因素。在战场环境中，目标识别系统用户面对的是高智能的对手，他们会采取干扰措施影响我方的识别，这将大大影响我方的目标识别效果。

总之，目标类型识别所涉及的面很宽，且技术复杂。目标识别过程本质上是消除信息的不确定性，并最终获得目标所属类别的过程。雷达目标识别系统的组成框图如图 3.9 所示，主要包括以下几个部分。

1. 传感器测量

实现从目标空间到测量空间的变换。雷达目标识别是在目标空间中进行识别，目标空间包含目标本身以及所有表征目标的物理参数（如形状、体积、质量、表面材料的电磁参数与粗糙度、目标姿态以及运动学参数等）。如果用雷达能够直接得到这些参数，那么，各种目标之间的辨认与识别就变得十分容易。但是实际上雷达测量得到的是回波参数（低分辨率雷达）、高分辨率图像（如合成孔径雷达图像、逆合成孔径雷达图像）等，这属于测量空间。

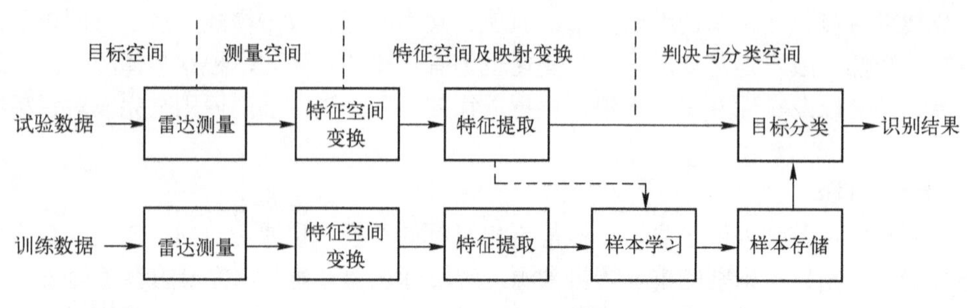

图 3.9 雷达目标识别系统的组成框图

2. 特征空间变换及特征提取

直接利用测量空间的信息进行目标识别其信息量过大、识别效果不佳，因此往往需要从测量空间转换到特征空间，并从中提取特征向量，在特征空间中进行目标识别分类。

所选取的特征应满足以下三点要求。

（1）使目标识别性能最佳，即使得目标识别系统做出正确判别的概率很高。

（2）实现降维处理，即能够减少要处理的信息量，从而降低对信号处理器的要求（常用信息处理时间和处理存储量表示），易于满足雷达目标识别系统的实时性要求。

（3）保证目标识别系统的恒定性或不变性。恒定性是指当应用环境发生变化时，提取的目标特征应该保持恒定不变。实际中，识别系统的应用环境不可能始终保持不变，如目标运动状态及所处背景即是随时变动的，尽管如此，目标特征提取时还是应采取措施以保证目标或环境发生变化时，不会改变识别的基本性能（正确识别概率）。

3. 训练学习

在对试验数据完成目标分类之前，首先采用多种手段获得已知目标的训练数据，如目标的靶场动态测量、外场静态测量、微波暗室缩比模型和风洞模型测量等。这些训练数据经特征提取与特征空间变换，存入样本空间以备分类判决用。

图中虚线部分的断开或启动，决定了识别系统是否具备自学习功能。当断开虚线模块时，分类器参数及各类目标的特征信号样本是一次性确定的，它在识别系统执行操作的过程中就不能再改变了，因而，系统不具备学习的功能；当启动虚线部分模块时，系统可以在执行操作的过程中，通过对输入目标特征的处理，改变分类器参数及样本空间目标的类域范围，优化识别分类效能，称为具备学习功能。

4. 分类判决

即对特征提取中所获取的信息做适当处理，完成特征信号与目标参数间的相互关联和判决。目标的分类判决阶段包括两个过程，首先需要区分出感兴趣目标和异类目标（或诱饵），然后将感兴趣目标划分为不同类别。分类过程是将试验数据的特征与样本空间中存储的样本特征进行对比判决。

三、雷达目标识别的几种方法

几十年来，国内外大量学者致力于雷达目标自动识别这一领域的研究与开发，相继提出许多技术方法，这些有效的技术方法主要基于特定雷达体制、具体应用环境以及特殊的特征提取方法。由于雷达跟踪探测目标能够得到位置信息、多普勒信息（多普勒雷达、脉冲多普勒雷达)、距离像信息(高分辨率雷达)、二维图像信息(合成孔径雷达/逆合成孔径雷达)、极化信息(极化雷达)等,利用这些信息进行识别,可以归纳为以下几种方法。

1. 利用跟踪信息进行目标识别

通过跟踪目标能够得到目标的运动性能特征,如目标的运动轨迹和最高速度、加速性能、雷达目标有效截面(Radar Cross Section,RCS)等。不同目标表现出的运动性能特征不同,雷达跟踪捕获到这些特征数据后,与数据库数据对比进行目标识别。

这是早期采用的方法,典型的例子有卫星/弹道导弹识别。卫星和弹道导弹基本上都是沿椭圆轨道运行,地心是椭圆的一个焦点。在极坐标系统中,该椭圆轨道可用 $\rho=\alpha(1-e\times e)/(1+e\cos\theta)$ 来描述,其中 α 为椭圆长轴、e 为偏心率、ρ 为矢径、θ 为幅角。目标位于近地点时,矢径最短,为 $\rho_{\min}=\alpha(1-e)$,通过雷达跟踪、数据平滑后,可以给目标定轨。显然,如有 $\rho_{\min}<r_0$(地球半径),则可将卫星排除。又如,在弹道导弹的再入阶段,如果弹头的形状与诱饵的不同,则所承受的大气阻力不同,再入轨道就会有差异,这就是所谓大气过滤效应,据此也可对目标性质做出一定的判别。

2. 低分辨率雷达目标识别技术

基于低分辨率雷达信号的目标识别,主要依靠极化信息、回波波形、多普勒等信息对目标进行粗略的识别,如对快速/慢速、大目标/小目标、空中/水面/地面目标进行简单分类,而不能进行目标具体型号的识别。

如利用极化信息进行目标识别时,目标可视为将入射极化与反射极化匹配的极化变换器。在回波信息(如幅度、延迟、频率)的电场极化中,含有跟目标极化特征有关的附加信息。遗憾的是,大多数现有雷达接收机均为极化过滤器,因此失去了回波中的极化信息。为了利用极化信息,可通过控制雷达的发射极化和接收极化获得目标回波的全部极化信息,与数据库数据对照完成目标识别。

该技术实现起来比较容易,目前,这种技术在国内外已被工程化,并在具体型号的雷达上得到了实现。

3. 高分辨率雷达目标识别技术

如果雷达能够得到目标的一维、二维或三维电磁散射图像,那么,就可以设计出简单的分类器来完成目标识别。高分辨率雷达及其相关技术的出现和发展,使得上述设想成为可能。当雷达发射并接收窄脉冲或宽带信号,其径向距离分辨力远小于目标尺寸时,就可以在雷达的径向距离上测量出目标上的若干个强散射中心随距离的分布,称为目标距离像。由于高分辨率雷达发射信号的脉冲空间体积通常要比常规雷达的小得多,在雷达分辨单元内,各目标之间、目标上各散射体之间的信号引起的响应,相互干涉和合成的机会较少,各分辨单元内的回波信号中目标信息的含量比较单纯,故可供识别目标的特征明显。

近年来,基于高分辨率雷达的目标成像识别方法有了长足的进步,并有综合采用多种识别方法的趋势。例如,美军“前沿地域防空系统”(FAADS)中的雷达,可增强显示目标类别、距离、方位角及俯仰角等数字信息,具有综合的敌我识别能力,借助定位报告系统(PLRS),实施空中交通管制(ATC),并向各作战分队显示出有关区域的空情图,使武器系统能在最大射程内拦截目标,亦可避免误伤己方的飞机。又如,德国的西门子-普莱赛公司研制的“指挥者”（Commander）系列远程三坐标雷达，目标探测距离分辨率为 0.5m，通过数据处理将接收到的战机目标专有信号特征或图形，与信息库中已知的己方飞机数据或图形相比较，即可实现目标识别。

基于高分辨率雷达体制的目标识别技术根据利用的信号形式不同大致可分为三大类。

1）利用目标一维距离像进行识别

利用一般的高分辨率雷达可以获得目标的一维距离像（HRRP），基于 HRRP 的目标识别技术较低分辨率雷达目标识别技术要复杂得多，难度也大得多，因为它要对目标的类型进行细化区分，如区分不同型号的飞机或装甲车，实际上，这才是实际意义上的目标识别问题，也是目标识别技术所要达到的最终目的。这种技术在雷达领域中应用比较广泛，既可以应用于成像雷达，也可以应用于一般高分辨率雷达，且常规的低分辨率雷达也可以通过步进频率信号形式来获得目标的 HRRP 用于目标识别。因此，基于 HRRP 的目标识别技术受到越来越广泛的关注。但是识别精度和实时性问题是这种技术工程化的制约因素，虽然已经提出了许多识别率很高的方法，但是从实时性上考虑，离工程化实现还有一定距离。目前，各国在这个领域正处于从理论研究到工程实现的过渡阶段。

2）利用二维雷达像进行识别

利用各种成像雷达如合成孔径雷达（SAR）和逆合成孔径雷达（ISAR），可以获得目标的二维图像，在此基础上进行目标识别，相对于一维 HRRP 的目标识别技术，从实现上来说要困难得多，这并不是识别算法本身的问题，而是在数据的录取和成像的质量方面相关的硬件和软件在工程上实现起来比较困难，此外，成像雷达系统复杂，不易大量装备。所以，对二维雷达像的识别的研究起步较晚，现在还处在理论研究阶段，但是随着科技飞速发展，DSP 芯片的处理速度迅速提高，SAR 成像实时处理器已经研制出来，已使对雷达二维像的目标识别成为可能。

3）利用三维雷达像进行识别

对于目标的三维像的识别，尽管包含的信息比一维像和二维像要多，但是实际中得到好的三维像非常困难，目前，具体从事目标三维像识别研究的很少，不过这也是今后的一个研究方向。

对雷达目标识别的研究，在国内外已经形成热点，但由于问题本身的复杂性，以及多干扰信号，特别是多噪声干扰源存在的复杂电磁环境，雷达目标识别问题至今还没有满意的答案。到目前为止，还没有研制出一套全部自动化又可适用于任何情况的雷达目标识别系统，因此真正实际应用到军事指挥与决策上，尚待进一步研究。

四、雷达目标识别技术应用举例

下面列举雷达目标识别技术在几个军事领域中的应用。

1．雷达舰船目标识别

雷达舰船目标识别是利用雷达对舰船目标进行识别。以基于非相干雷达视频回波的目标识别方法为例，由于常用的非相干雷达信号的分辨能力难以反映目标的结构组成，因此在这类雷达上基于雷达视频回波实现舰船目标的自动识别，其关键问题是不确定性信息的有效处理。在舰船雷达目标识别问题中，不确定性体现在以下几点。

（1）舰船目标的雷达视频回波本身是动态瞬变的，它随时间、距离、方位、目标速度等因素变化而变化。

（2）雷达的低分辨率使得不同类别的舰船目标在雷达视频回波上所体现出来的差异非常微小，不同目标类其回波特征的相似或交叠现象严重。要找到恰当的特征量来区别开各类目标是很困难的。

（3）舰船雷达目标回波的形状以及波动规律往往是在目标视频回波的起伏积累过程中才体现出来。同时，雷达目标的回波特性又和雷达传感器的状态及不分明的海情状态有直接的关系。因此，在有限时间段上难以获取舰船目标回波特性的完整和准确的描述。

综上所述，舰船目标识别是一个难度很大、强不确定性条件下的动态模式识别问题。

2. 反辐射导弹（ARM）识别

对抗反辐射导弹的方法有很多，其中采取 ARM 告警措施是一个重要的抗 ARM 的方法，是采取其他诸如启动诱骗、关机等抗 ARM 措施的前提。告警装置的一项重要任务是从大量回波中识别出来袭的 ARM。识别技术包括两方面的内容：首先要从复杂的电磁回波信号中提取出能反映 ARM 本质的量；其次是使用有效的智能识别方法把 ARM 识别出来。

识别 ARM 可以采用低分辨率和高分辨率雷达以及一些新体制雷达。例如，就低分辨率相参雷达来说，ARM 识别技术主要是依靠 ARM 的飞行及电磁散射特点，从中提取下列一些特征量。

（1）速度及加速度特征量。整个导弹飞行可分为两个阶段：其一为加速阶段，一般可达 40m/s，而径向作战的飞机速度低于此值；其二为减速阶段，在此期间 ARM 主要依靠自身惯性作减速运动，直到落地。

（2）回波波形特征量。当 ARM 从飞机分离后，随时间变化的波形将明显由一个大的回波分离成一大一小反映飞机与 ARM 特征的两个回波。

（3）距离特征量。由于 ARM 是命中式攻击，其前进方向是直奔雷达，且距离比飞机越来越近。

（4）幅度特征量。ARM 与飞机由于其大小及外形不一样，加之飞行过程中的特点也不尽相同，因此其幅度特征肯定不一样。

（5）极化特征量。由于目标对不同极化信号有不同响应，同时，又因在同一极化下的电磁波照射不同目标时响应也不相同，ARM 弹体外形光滑，相对于飞机来说体形简单得多，因此表征目标极化信息的散射矩阵也不尽相同。

（6）S/N 变化量。由于 ARM 随时间的增长离雷达站越来越近，因此雷达接收回波会越来越强，S/N 越来越大，这一特征有利于告警识别 ARM。

3.3.2 声纳目标识别

声纳目标识别是区分声纳检测到的目标信号是由哪种类型的目标产生的，例如，是核潜艇还是常规动力潜艇，是航空母舰还是驱逐舰或商船。传统的声纳目标识别方法，主要依靠有经验的声纳员进行人工分类与识别。随着声纳的发展和复杂化，待处理的数据和信息越来越多，单靠个人的经验和能力变得很有限，因此，提出了声纳目标自动识别的要求。

自 20 世纪 70 年代以后，由于计算机、大规模集成电路及大容量存储器的利用，声纳目标自动识别的研究已不限于对个别目标特征量的测量、处理和分析，而是进入实时处理和智能化技术应用阶段。以先进的潜艇声纳目标识别系统为例，其探测设备包括主动声纳（AOS）、被动全景声纳（PPS）、侦察声纳（IPS）、舷侧声纳（FAS）、被动定位声纳（PRS）和拖曳阵声纳（TAS），还有自噪声分析仪（ONA）。这些探测设备能够提供目标回波与回声信息、目标航迹分析、目标辐射噪声信息、低频线谱分析（LOFAR）、调制包迹谱分析（DEMON）和瞬态噪声分析等。将有关信息和数据存入存储装置内保存或进一步分析，利用人工分类与识别或计算机辅助分类与识别来实现声纳目标识别。人工分类与识别是根据个人的知识和经验，利用音频的听测推理以及视频的比较来实现；计算机辅助分类与识别，是利用识别算法与目标信息数据库，进行比较和选择。最后，可以综合计算机和人工分类识别结果作出最后的判断。

声纳识别水中目标，目前都是利用目标反射回声的特征量和辐射噪声的特征量来进行分类与识别，可分为回声识别（或主动识别）和噪声识别（或被动识别）两种方式。以下分别介绍这两种识别方式。

一、主动识别（回声识别）

主动识别是根据主动声纳探测到的目标反射回声特征量进行识别，主要的识别方法有以下几种。

1. 回声音频特征识别

回声音频特征主要指回声响度和回声音色。回声音色是识别目标的主要依据，它主要由回声的频谱结构决定。由于各类目标对不同频率声波的吸收系数不同，使声纳发射脉冲的各次谐波被吸收的量不同，因而，它们的反射脉冲就成为具有不同谐波结构（频谱）的回声，有着特征各异的音色。例如，木质船的吸收系数较钢质船大，对高次谐波吸收多，所以回声中高频谐波分量少，音色较低沉，不清脆；钢质船的回声中既有低频谐波，又有较多的高频谐波，所以音色就比较丰实清脆。尾流的回声不清脆，较潜艇低沉；暗礁的回声低沉，且回声长；鱼群的回声清楚，但低沉不脆，易消失。依据回声音频特征进行识别是常用的传统人工分类与识别方法。

2. 回波特征识别

舰船目标在水下的近场和远场反射特征不同，而且由于船体每个部位的结构和形状不同，每个部位的声反射特征也不相同。如果把舰船按其结构和形状分成几个部位，对每个部位的声反射信号进行测量与分析，然后提取其回波特征量作为对目标分类与识别的判据，就能对舰船目标进行分类与识别。

3. 目标形态函数分析识别

由于舰船目标反向散射声压与频率的关系构成的目标形态函数均含有目标大小、形状和材料构成的信息，因此用已知舰船目标的反向散射回波形态函数与未知舰船目标的反向散射回波形态函数进行比较，可以对舰船目标进行分类与识别。

4. 舰船航迹信息分析识别

舰船航行时，沿舰船轴线的尾流将产生一个葫芦状的包迹，该包迹远离舰船运动。尾流的速度方向与舰船的航行速度方向相反，其值随声源（螺旋桨）距离的变化而变化。当尾流的速度减小到零时，航迹便消失。分析反射回波的频率与时间的关系，舰尾方向的反射回波将显示出来自尾流的向上多普勒效应，紧接着的反射回波将显示出来自舰船目标的向下多普勒效应。若是舰首方向的反射回波将显示出向上的多普勒效应。这样，可以从双迹显示器上的每个航迹信息来判别是潜艇舰首反射的回波还是舰尾反射的回波，并且可识别出是否为潜艇目标。

二、被动识别（识别）

声纳员凭耳朵听测舰艇螺旋桨转动发出的噪声，对目标进行分类与识别，这就是早期的噪声识别。后来科技工作者利用测量分析舰船噪声谱的统计特征来提取目标的特征量，找出规律性的结论，从而识别目标的类型。该方法是通过对分类判别函数（如相关函数、功率谱密度函数等）、包迹谱、低频线谱的分析来实现舰船目标的分类与识别。美国在20世纪80年代初就开始着手研究图形识别和舰船目标的自动识别系统，录取了多种型号舰艇的特征数据，建立了舰船目标特征数据库，开发研制了目标识别专家系统样机，在对101个目标图像进行识别的试验中，正确识别率达到85%。

1. 噪声音频特征识别

噪声音频听测分类是传统的人工分类与识别方法，至今仍在应用。潜艇、鱼雷在水下航行时，必然辐射噪声，而暗礁和沉船则无噪声。当声纳用回声方式发现目标后，为了判定目标的性质，可用噪声方式听测目标辐射噪声。

目标噪声由目标的机械振动和航行时螺旋桨的转动节拍声组成。不同的舰船，由于其主机类型和振动频率不同，所产生的噪声强度和频谱结构也不同。例如，常规潜艇水下电机航行时，机械振动声小，噪声清晰、平滑、节拍明显；核动力潜艇航行时，有一种特殊的“霍吱”“霍吱”声音，节拍清晰、缓慢、有力；自导鱼雷的螺旋桨转速高，噪声频谱的高频段比较强、无明显的水流噪声和螺旋桨转动节拍声；各种商船的螺旋桨叶片大、转速慢，节拍清楚有力；渔船航行时，螺旋桨转速高，噪声听起来急促轻快。它们的辐射噪声各有自己的特征。

在利用噪声判别目标时，首先应区分目标的主机类型，当舰船吨位相当，转速接近但主机类型不同时，主要根据噪声的音色来判别。例如，电机航行的潜艇噪声比柴油机、透平机航行的舰船噪声清晰、平滑；透平机的噪声又比柴油机清脆有力；柴油机的噪声总是显得低沉和单调。对主机类型相同而舰船吨位相差悬殊的目标，除了听测目标的音色外，主要根据噪声的节拍来判别。吨位大的舰船噪声，听起来低沉、缓慢；吨位小的舰船噪声，听起来急促轻快。

2. 线谱分类识别

通过对大量舰艇的实测与分析表明，舰船辐射噪声具有稳定的线谱特征。在1000Hz以下的频率范围内都有线谱存在，而且在200Hz以内的频段上出现最多。一般水面舰艇的线谱不明显；潜艇在通气管以下航行的线谱较明显，随着下潜深度增加，线谱越来越明显，而且潜艇低速航行时要比高速航行时的线谱明显；不同航速下不同类型舰艇的线谱特征各不相同。因此，利用线谱对舰船目标进行识别是行之有效的。利用低频线谱特征进行分类识别更为有效。螺旋桨的旋转噪声在频谱中虽然只是一条线谱，但能提供主机转速和潜艇航速等重要的识别信息。

由于各类舰船的螺旋桨数、桨叶数和主机的工作状态等因素不完全相同，往往从一条线谱成分就可以判断出舰型、桨的转速、航速、主机的工作状态和航行状态等。因此，对各型舰船进行测量分析之后，就可建立起利用低频线谱识别舰船目标的依据。

3. 包迹谱分类识别

通过对舰船目标噪声特性的测量和分析研究，发现各类舰船低频噪声的振幅都受到低频随机波的调制，而调制波的频率通常在1～100Hz范围内。对舰船噪声信号进行检波和低通滤波后，可以获得包迹信号。不同类型舰船的包迹谱都存在一定的差异，能提供螺旋桨的类型和目标的深度等信息。经过分析处理后将这些特征量提取出来，就可以对舰船目标进行分类识别。

3.3.3 雷达辐射源信号识别

电子支援措施（ESM）是对对方雷达发射的电磁能量进行监测、搜索、监听、分析、测向、位置评定、识别等。其中ESM识别（也称为雷达辐射源信号识别）是雷达侦察设备的基本功能，它是由雷达侦察接收机以被动方式接收目标雷达辐射出的电磁信号，并对接收到的基本电波参数进行分析，从中分选出对方雷达的各种参数及相对方位，并根据待识别雷达辐射源的射频特征、射频参数、重频特征、重频参数、脉宽特征、脉宽参数等信息进行推理，推导出待识别雷达辐射源的工作体制和用途，即实现雷达辐射源型号识别。

此外，一般来说，雷达装载于某种作战平台如舰艇、飞机上，不同类型的平台装备有不同功能的雷达装置。利用ESM对目标平台装备的雷达的辐射特性（载频、脉宽、重频、脉幅等）及其方位进行被动测量，加上有关雷达参数与雷达类型之间关系的知识可推断出目标平台的雷达装备情况，再利用有关雷达装备与平台类型之间关系的知识又可推断出目标平台类型。这样不仅可以通过ESM识别判断对方雷达参数、类型，而且可以进一步判断对方雷达所装载的平台，实现目标识别。

根据目标雷达的主要参数值，从《世界舰船雷达性能手册》分别查找该参数与各类型舰船的隶属关系。例如，ESM测得目标雷达辐射特性与AN/SPS-55型对海搜索及导航雷达相符，而装备该型号雷达的平台有美国的提康德罗加级巡洋舰，基德级、斯普鲁恩斯级驱逐舰，佩里级护卫舰，大锡马隆级油船，埃默里兰德级潜艇供应舰，澳大利亚阿德莱德级护卫舰，沙特阿拉伯巴德尔级导弹艇，西班牙亚斯图里亚斯王子级航空母舰，圣玛丽亚级护卫舰，阿拉伯联合酋长国佩里级护卫舰，台湾成功级护卫舰，则可推断目标是上述某型舰的一种，大大缩小了目标判别的范围。

无论在战时的威胁告警，还是在和平时期的电子侦察中，ESM识别都起着很大的作用，也是实施雷达干扰的基础和前提。现代电子战系统面临的信号环境日趋密集和复杂，雷达工作日益灵活，功能日益增强，空间中所存在的各种雷达信号呈现出更加交错、密集的现象。面临这样的电子战信号环境，电子战系统只有快速、准确地对其完成分选和识别，才能迅速地确定威胁等级高的目标并有效攻击它，为取得战争胜利打下基础。

一、数据库比较查询识别法

在现有的电子对抗装备中，完成雷达辐射源信号识别的方法普遍采用数据库比较查询识别法。即预先在威胁数据库中把已知的雷达辐射源的技术参数保存起来，如载频RF、重频PRF、脉宽PW、天线扫描周期SP和特征信息等。当雷达侦察设备侦察到某个雷达辐射源信号时，在一定的容差下，将侦察到的目标参数与数据库中的参数进行查询比较，如识别参数都在某种雷达的范围内，则给出识别结果。识别结果包括型号、名称、功能、体制、平台、威胁等级等描述雷达基本情况的一些内容。采用的识别特征有以下几种。

1. 利用基本电波参数进行识别

从对方雷达辐射信号中能够得到的电波参数有频率、带宽、调制、脉冲宽度、脉冲重复间隔（Pulse Repetition Interval，PRI）、极化、功率、雷达天线参数（扫描间隔、波束宽度）等。将探测到的这些参数与电波参数数据库中的识别表进行比较，进行一致性判定，决定识别候选目标。

2. 利用脉冲波形特征进行识别

脉冲波形特征有两种：对电波发射源进行调制后的波形，如线性调频脉冲和相位调制脉冲；脉冲上下沿表现硬件固有特征，非人为对电波发射源进行调制的波形，据此达到个体识别的目的。

3. 利用距离分辨率高的目标信息进行识别

通过对 ECM 发出的宽带干扰波的反射波进行接收分析，可获取距离分辨率高的目标信息，据此进行识别。

以下给出一个实现雷达辐射源型号识别的算法流程。

（1）取出探测到的待识别雷达辐射源的平台类型（包括陆、海、空、天、未知等）、频段、射频特征、射频参数、重频特征、重频参数以及脉宽特征和脉宽参数等。

（2）打开识别库，定位到识别库中第一个记录。

（3）比较待识别雷达辐射源的平台类型与识别库当前记录中的平台类型是否一致。若不一致，转（7）；否则，转（4）继续执行。

（4）将待识别雷达辐射源与识别库中当前记录分别进行频段、射频参数、重频参数、脉宽参数匹配，并给出相应于不同参数的匹配置信度 $cf_{频段}$ 、 $cf_{射频}$ 、 $cf_{重频}$ 、 $cf_{脉宽}$ 。

匹配置信度的计算方法如下：匹配置信度=匹配程度 α ×该参数最高置信度。如假设待识别雷达辐射源的射频参数与识别库中当前记录的射频参数匹配程度为 0.95，则本次匹配过程中射频参数置信度的值为 $cf_{射频} = 0.95 \times 0.5 = 0.475$ 。

待识别雷达辐射源各参数的最高置信度：

频段的最高置信度=0.1；

射频参数的最高置信度=0.5；

重频参数的最高置信度=0.4；

脉宽参数的最高置信度=0.4。

匹配程度 α ：由于不同参数的表达方式不同，需采用不同的匹配方法进行匹配置信度计算，分别说明如下。

由于一个雷达辐射源可能位于几个频段，故在将待识别雷达辐射源与识别库中当前记录的频段进行匹配时，匹配置信度可按下式进行计算，即

$$cf_{频段} = \frac{待识别雷达辐射源的频段与识别库当前记录中频段相匹配的个数}{识别库当前记录中频段个数}$$

对射频、重频及脉宽参数采用正态分布的匹配方法进行匹配程度的计算，以射频为

例(重频及脉宽参数匹配程信计算方法与此类似)，计算公式为

$$cf_{射频}=\max\{e^{-[\frac{待识别雷达辐射源射频参数[i]-识别库当前记录的射频中心值[j]}{识别库当前记录的射频容差[j]}]}\}$$

（5）计算匹配的总置信度 $cf=1-\Pi(1-cf_{频段})(1-cf_{射频})(1-cf_{重频})(1-cf_{脉宽})$。

（6）将本次匹配结果按匹配总置信度 cf 从大到小的顺序插入到识别结果链中（可只保留少量结果）。

（7）若已经达到识别库的末尾，则识别结果链中的第一个识别结果为输出结论，其余为参考结论；否则，从识别库中取出下一条记录作为当前记录，转(3)继续执行。

这种数据库查询比较识别方法的优点是：识别速度快、实现简单，当威胁数据库中存在被识别辐射源的技术参数时，该方法识别准确、可靠。

但其识别效率取决于数据库容量和质量，对先验知识的依赖性强，缺少推理，灵活性差，尤其是对于参数不全、参数畸变的雷达辐射源识别精度较差。也就是说，这种方法对于先验知识的要求很高，即对情报部门的要求很高，要使实际应用的数据库识别发挥作用，完全取决于所装载的数据库。对于许多新的威胁，平时无法侦收到其技术参数，故威胁数据库中也无法保存其参数，此时，该方法无法识别；或者当侦收到的参数不完备时，也无法识别，故经常会出现拒绝识别的情况。另外，容差的设置也比较困难：容差太大，虽然漏识别率下降，但识别的误差增大，识别结果的模糊度增大；容差太小，虽然识别精度提高了，但拒识别率增大，也就使识别系统的工作效能降低。

二、经典推理法

经典推理技术是利用观测过程的先验知识进行识别推理。经典推理技术主要有二元假设检验方法，它是在给定先验知识的两种假设 H_0 和 H_1 中做出接受哪一个的判断。这就需要从样本出发，制定一个规则，一旦样本的量测值确定后，就可以利用这一规则做出判定。

考虑只有两个假设 H_0、H_1 的二元假设检验问题，数据集 y 可能是标量或多维向量，不管是哪种情况，将数据空间划分为两个区域：R_0、R_1 分别称为接受区（接受 H_0）和拒绝区（拒绝 H_0，接受 H_1），即如果数据点 y 位于 R_0 区则认为假设 H_0 成立而做出决策 D_0，反之，若数据点 y 位于 R_1 区则认为假设 H_1 成立而做出决策 D_1。这两个区必须包括 y 空间的所有的点，即无论在何种情况下都要做出一个决策，也就是说，区域 R_0、R_1 必须二分整个数据空间。

首先要解决的问题是如何最优地处理数据以得到决策，如前所述，如果假设 H_0 成立，而做出的决策是 D_1，则会产生第一类错误，错误概率为 $P_f=P(D_1|H_0)$；若假设 H_1 成立，而做出的决策是 D_0，则会产生第二类错误，错误概率为 $P_m=P(D_0|H_1)$。由于无论如何都会给出决策 D_0 或 D_1，因此有 $P_d=P(D_1|H_1)=1-P(D_0|H_1)=1-P_m$。

假设 $p_0(y)$、$p_1(y)$ 分别为 y 关于 H_0 和 H_1 的条件概率密度，则 $P(D_1/H_0)=\int_{R_1}p_0(y)\mathrm{d}y$，$P(D_1/H_1)=\int_{R_1}p_1(y)\mathrm{d}y$。例如，它们都满足高斯分布，且均值 $m_0=0$，$m_1=1$，图 3.10 表示了二元假设检验的条件概率密度函数，图中斜线部分①和②表示了第一类错误概率 $P(D_1|H_0)$ 和第二类错误概率 $P(D_0|H_1)$。表 3.1 所列为假设检验规则的错误概率。

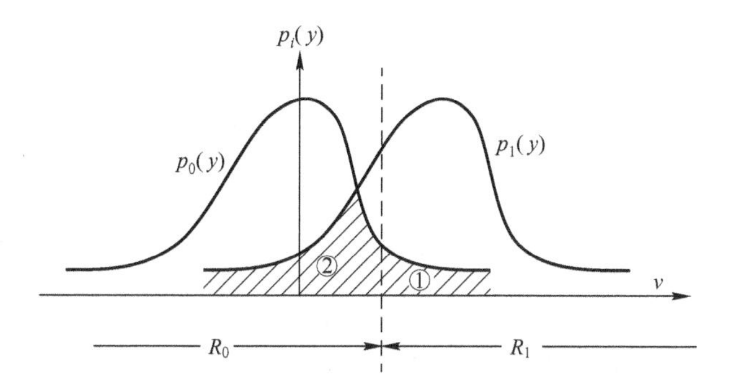

图 3.10 二元假设检验的条件概率密度函数及两类错误概率

表 3.1 假设检验规则的错误概率

	决策为 H_0	决策为 H_1
H_0 为真，H_1 为假	判断正确（$1-\alpha$）	α
H_0 为假，H_1 为真	β	判断正确（$1-\beta$）

例 3.1 假设两个不同型号的雷达（1 型记为 E_1，2 型记为 E_2）具有不同的脉冲重复周期 PRI，其概率密度函数 $f(\mathrm{PRI}/H_0)$ 和 $f(\mathrm{PRI}/H_1)$ 如图 3.11（a）所示，出现重叠区域。设雷达侦察传感器获得的雷达脉冲重复周期为 $\mathrm{PRI}_{\mathrm{obs}}$，利用经典推理技术识别其属于哪种型号的雷达。

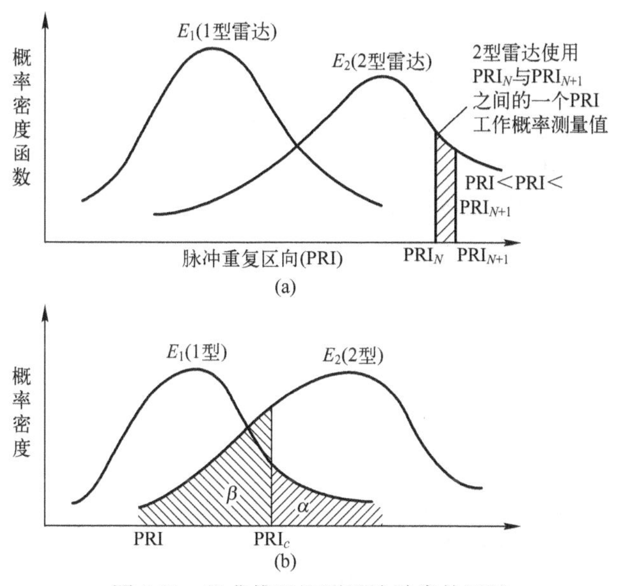

图 3.11 经典推理识别雷达种类的例子

（a）PRI 密度函数；（b）1 型和 2 型的误差。

解： 设两种假设分别为

H_0：目标为 1 型雷达；

H_1：目标为 2 型雷达。

2 型雷达脉冲重复周期 PRI 为 $\mathrm{PRI}_N \leqslant \mathrm{PRI} \leqslant \mathrm{PRI}_{N+1}$ 的概率由图 3.11（a）中阴影区域

给出，表示为

$$P(Z/H_1)=\int_{(z1,z2)} f(Z/H_1)\mathrm{d}z$$

其中

$$Z=\mathrm{PRI}，\ Z_1=\mathrm{PRI}_N，\ Z_2=\mathrm{PRI}_{N+1}$$

经典推理方法对于给定阈值PRI_c，识别规则是：若$\mathrm{PRI}_{\mathrm{obs}}>\mathrm{PRI}_c$，则识别为$H_1$（目标为2型雷达）；否则，识别为$H_0$。其中$\mathrm{PRI}_c$值由分析员选择，也可以通过研究所有问题的众多因素选取。

显然，由于PRI存在重叠区（由于传感的跳变），因此基于PRI_c的判定会导致错误的识别。由图3.11（b）可以看出，1型雷达的观测PRI>PRI_c的概率为α；同样，2型雷达的观测PRI<PRI_c的概率为β。这是两类错误概率，其中

$$\alpha=\int_{(\mathrm{PRI}_c,\infty)} f(Z/H_0)\mathrm{d}z，\ \beta=\int_{(-\infty,\mathrm{PRI}_c)} f(Z/H_1)\mathrm{d}z$$

经典推理技术的优点是能提供判定错误概率的一个度量值。但一次仅能估计两个假设（H_0和H_1）；如果需要把这个方法推广到多变量统计情况（现实态势很可能需要），则需要先验知识并计算多维概率密度函数，这对实际应用是个严重的缺陷。

习　题

1．目标识别技术可以划分为哪几类？
2．什么是模式识别技术？模式识别技术大体分为哪几类？
3．简述模式识别的基本过程。
4．简述模板匹配法模式识别的原理。
5．简述最小距离法模式识别的原理。
6．简述几何分类器的基本原理。
7．什么是敌我属性识别？
8．简述雷达询问识别的基本原理。
9．操作人员对海上目标进行人工识别的主要依据有哪些？
10．说明雷达目标自动识别系统组成及基本原理。
11．雷达目标识别技术主要有哪些？
12．简述激光敌我识别系统原理。
13．声纳目标主动识别的基本方法有哪些？简述其原理。
14．声纳目标被动识别原理的基本方法有哪些？简述其原理。
15．简述雷达辐射源识别原理。
16．雷达辐射源识别的数据库比较查询法原理是什么？
17．经典推理法中的二元假设法基本原理是什么？

第 4 章　情报信息处理的目标定位技术

在现代联合作战条件下，双方作战力量在陆、海、空、天、电一体化的广阔空间行动，机动速度快，变化频繁。通过目标定位技术准确及时掌握敌我双方部队及武器装备的时空信息，对于实施科学、及时、正确的指挥至关重要。第 2 章已介绍了雷达、主动声纳获取目标距离、方位等位置参数的主动定位原理，本章主要介绍电子侦察和水声等无源定位方法，包括测向交叉定位、测时差定位、测向测时差定位技术，以及坐标转换技术。

4.1　目标定位技术概述

目标定位技术是测量目标位置参数、时间参数、运动参数等时空信息的技术，用于对目标进行精确定位。如何在复杂的电磁环境中，既能完成对敌方目标的探测、定位和跟踪，又能少被敌方发现和遭受攻击，是在现代战争条件下备受世界各国重视和正在探索的课题之一。对目标的准确定位，在军用和民用系统中都具有十分重要的意义，在军用系统中，它有助于精确打击武器的使用，为最终摧毁敌方提供有力的保障；在民用系统中，可以为目标提供可靠的服务，起到安全保障作用。目标定位技术可以分为三类。

1. 主动定位（也称为有源定位）

对目标的定位，有源探测技术以其主动、先发制人的优点而被普遍采用，这种方式是使用雷达、激光、声纳等有源设备，实现主动目标定位。它可以实时、主动、全天候地探测和获取信息，而且具有很高的精度。但由于它是靠发射大功率信号来实现目标定位的，因而很容易被对方截获信号而暴露自己，从而遭到对方电子干扰的软杀伤和反辐射导弹（ARM）等硬杀伤武器的攻击，使定位精度受到很大的影响，甚至威胁到自身的安全和生存。尤其在现代高技术条件下的战争中，面临的四大威胁：低空和超低空突防、综合性电子干扰、目标电磁隐身和反辐射导弹给有源雷达定位带来了一系列新的障碍，因此主动定位系统的使用受到很大限制。

2. 被动定位（也称为辐射源无源定位）

这种方式是指利用雷达侦察设备、电子通信侦察设备或远程声纳，被动接收目标辐射的雷达电磁波、通信信号或声波来对目标进行定位的一种方法。

辐射源无源定位可以克服有源定位的上述缺点，它不发射自己的信号，通过对目标上辐射源信号的截获、测量获得目标的位置和航迹，它具有作用距离远，隐蔽性好等优点，因而，具有极强的生存能力和反隐身能力，和传统的雷达相比，具有低耗费、低维修、对环境友好等特点。无源定位技术很适合现代战争条件下的目标定位要求，因而，受到广泛的关注，近年来，世界各国都加紧了对被动定位技术的研究和开发，其应用也越来越广泛，涉及航海、航空、航天、宇航和电子战等领域。

3. 利用第三方辐射源信号进行目标定位

它通过已知参数和位置的第三方辐射源信号，以及经过目标反射信号的相关接收处理来实现目标的定位。第三方辐射源信号可以是日常的广播和电视等民用设施信号，是非协同信号，这种定位系统可对空中飞行目标如飞机、导弹等进行定位和跟踪，因无需自己发射信号、工作频率低且采用了分布式多基地体制，因而，具有极强的生存能力和反隐身能力，它集中体现了反隐身技术的种种可能性。这种系统是一种雷达与电子战的一体化装备，是能有效对付隐身飞机超低空飞机及巡航导弹的“杀手锏”。

4.2 电子侦察定位技术

4.2.1 电子侦察定位技术概述

在未来高科技局部战争中，对敌方辐射源进行快速准确的定位，是电子战的核心问题之一。在电子支援系统中，无源定位是通过测量雷达、通信等发射机（辐射源）的电磁波参数或测量目标的可见光和红外参数来确定辐射源及其携带平台或目标的位置。由于电子支援系统本身不发射电磁波，完全是被动工作的，所以具有隐蔽性好的优点，对于提高系统在电子战环境下的生存能力具有重要的作用。在越来越强调军事电子系统隐蔽攻击和硬杀伤能力的趋势下，无源定位技术在电子支援系统中占据着越来越重要的地位。

电子侦察定位技术是以敌方无线电设备为目标，通过接收目标辐射的电磁波信号，计算目标的方位，并通过多点测向确定目标位置的技术。从接收站的数量来分，电子侦察定位技术可分为多站定位和单站定位。多站定位具有全方位、快速的优点，特别是随着现代通信、探测和干扰技术的发展，信号的复杂程度越来越高，原来可用作信号分选的稳定辐射源信号参数几乎都可能成为伪随机变化的参数，而辐射源的位置却具有良好的稳定性。多站测向交叉定位就是充分利用了这一稳定的信息，因而，具有广泛的适用性，在辐射源侦察定位中具有重要意义。

按照系统所采用的定位方法或体制分，电子侦察定位可分为测向交叉法（AOA）、时差定位法（TDOA）及测向测时差定位法（AOA-TDOA）三种基本定位体制。

1. 测向交叉定位法

测向交叉定位法是无源定位中应用最多的一种，又称为三角定位法，它是通过高精度的测向设备在两个或两个以上的观测站对辐射源进行测向，利用测向线的交会来实现定位，然后根据各观测站测得的测向角信息以及观测站之间的距离，经过几何三角运算确定辐射源的位置。

最早的无源定位方法采用的就是多站测向交叉定位。不过由于无源侦察设备测向准确度一般偏低，远低于雷达测向定位精度，所以长期未能推广应用。

2. 时差定位法

时差定位法也称为距离差测量法，它是通过处理三站或更多个观测站采集到的信号到达时间测量数据进行定位。时差测量误差会影响辐射源定位的精度。对脉冲信号而言，时差测量的误差主要受测量信道带宽的影响，带宽越宽，误差越小，所以高精度的时差测量系统最好采用窄脉冲。

3. 测向/测时差混合定位法

测向/测时差混合定位法是将多站无源测向定位和测时差定位相结合的一种定位方法，既可保证时差定位的高精度，又可利用方位角信息消除定位的模糊性。

由于测量误差、噪声、干扰的存在，上述三种历史上常用的基本无源定位技术定位误差一般较大。20 世纪 70 年代以来，随着军事电子技术日新月异的飞快发展，电子战在现代战争中作用和地位的不断提高，雷达与电子战间对抗 / 反对抗斗争尖锐激烈，反辐射导弹日益广泛应用，隐身技术开始出现，给雷达探测定位带来一系列新的障碍，从而更显示出无源侦察定位的优越性。这进一步激发了一轮新的无源侦察定位技术研究高潮，促使这门技术无论在理论上或工程实践上均日趋成熟。除了已有的测向定位、测时差定位、测向测时差定位技术之外，又发展了以大量观测数据为基础的、借助于最优化统计估值或数字信息处理技术的无源精确定位技术，以及新的有源 / 无源协同定位技术，使得无源侦察定位技术更趋完善、更加准确、更富吸引力。

电子侦察定位具有如下特点。

（1）无源。在无源定位过程中直接定位的一方不向被定位的目标发射电磁信号，因此无源定位系统的使用不易被对方感知，不存在被干扰的问题，安全性好。但要求目标发射信号，或者反射信号，否则，无源定位系统是不能定位的。

（2）多站协同工作。由于单个侦察站在接收电磁信号时无法计量信号来自多远，只能给出在什么时间接收到什么方位进入的信号，因此一般需要多站提供信息，协同定位。协同表现为定位站需要在空间移动、多次测量，或者在多站间要有信息通信。对于后一点，如果使用的是无线通信，系统就要发射无线电信号，这将破坏系统的无源性，因此无源定位系统内部的通信原则上应做得尽量隐蔽，工作最好是突发的，对于固定站工作，最好使用有线通信。

（3）计算复杂。无源定位的第三个特点是系统要经过复杂的计算才能获得目标的位置。首先，定位系统并不知道目标会发射什么样的信号，因此，在一定意义上，它开始工作时如同一个一般的电子对抗侦察设备，先要做信号截获和信号分选。之后，它才意识到在面对的地域内有信号出现了才有可能对它们定位。由于不同的站都将接收到多个目标信号，因此下一步是要把信号配对，只有在各站对同一目标的信号被正确配对后，才有可能做出正确的定位计算。

很显然，整个处理过程需要一定的时间。这就要求系统的计算水平很高，否则，对运动目标的定位就会出现较大偏差。如果定位系统的工作原理要求使用准确的统一时间，那么，系统还有一个时统问题，这也是系统内一个较复杂的技术问题。

（4）性能与布局。它的性能与侦察定位站的布局有关。很容易想象，当人们用两只眼睛看面前的物体时，有一种立体感，但这种立体感随着所看到的物体离眼睛越来越远时变得越来越差。这是因为两眼看出去的两个画像的差别在目标物体的距离很远时变得很小。如果从目标反过来看侦察站，当几个侦察站几乎在相同位置上，它们的效果很差。对于某一个地域如果我们用四个侦察站作为无源定位，四个站围住这块地域与它们在地域同一侧的效果会不一样，在同一侧分布集中和分布很散效果也大不相同。因此，使用无源定位系统时，应分析定位性能与定位站布局之间的关系，合理调整布局以提高定位性能。

4.2.2 测向交叉定位法

无源测向定位是应用最早、最多的一种无源定位技术，由此又派生出多种定位方法，如同时利用飞行器高度信息和方位信息的“方位 / 仰角定位法”、只利用方位信息的“交叉定位法”等。交叉定位技术中又有利用多个定位站实现的多站交叉定位，也有利用单个机动测向站在多个观测点依次对目标测向实现的交叉定位。例如，地对空测向定位就常常使用多站测向交叉定位，这些传感器常常是固定的，目标则是运动的。空对地测向定位则多采用单站多点测向定位，这时传感器是运动的，目标则常是固定的。

一、不考虑误差情况的测向交叉定位

多站测向交叉定位又称三角定位，它利用高精度测向设备在两个或两个以上的观测点对辐射源进行测向，然后，由各个观测点的测向数据及各测向站间距离通过简单的三角运算处理，确定辐射源空间坐标位置。

两站测向交叉定位属于二维空间定位问题。此时，两测向站同空间目标一起三点共面，相对位置关系如图 4.1 所示，只需平面三角处理便可求解。三站以上测向交叉定位变为立体定位问题，相对复杂得多。但二维交叉定位是基础，解决了二维定位问题，三维定位问题也就容易了。所以这里只介绍两站测向交叉定位方法。

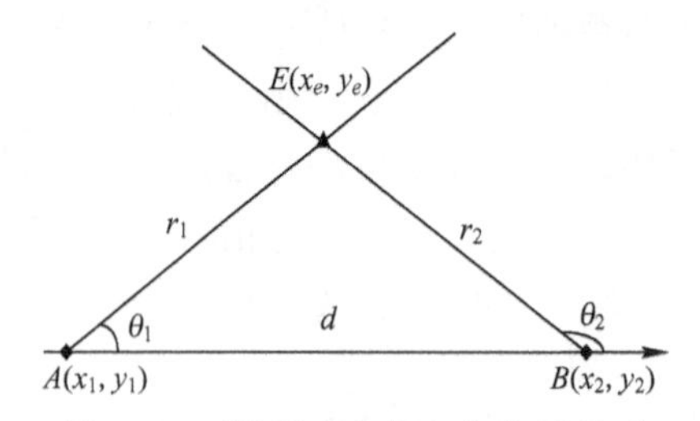

图 4.1　两站测向定位几何位置关系

为简化分析，取 x 轴的正方向为第一测向站 A 到第二测向站 B 的方向，与方位基线（AB）平行。A 站坐标 (x_1, y_1)，B 站坐标 (x_2, y_2)，辐射源位于 E 点，坐标 (x_e, y_e)。若两观测站测得的辐射源方位角分别为 θ_1、θ_2，则由正弦定理可确定观测站至辐射源间的距离为

$$r_1 = \frac{d\sin\theta_2}{\sin(\theta_2 - \theta_1)} \tag{4-1}$$

式中：d 为 A、B 两测向站间的距离。

在图 4.1 的直角坐标系中，令

$$\tan\theta_1 = \frac{y_e - y_1}{x_e - x_1} = k_1 \tag{4-2}$$

$$\tan\theta_2 = \frac{y_e - y_2}{x_e - x_2} = k_2 \tag{4-3}$$

可得联立方程组

$$\begin{cases} y_e-(x_e-x_1)k_1=y_1 \\ y_e-(x_e-x_2)k_2=y_2 \end{cases} \tag{4-4}$$

求解即得

$$x_e=\frac{y_1-y_2-k_1x_1+k_2x_2}{k_2-k_1}=\frac{y_1-y_2-\tan\theta_1x_1+\tan\theta_2x_2}{\tan\theta_2-\tan\theta_1} \tag{4-5}$$

$$\begin{aligned} y_e&=\frac{k_2y_1-k_1y_2-k_1k_2x_1+k_1k_2x_2}{k_2-k_1} \\ &=\frac{\tan\theta_2y_1-\tan\theta_1y_2-\tan\theta_1\tan\theta_2x_1+\tan\theta_1\tan\theta_2x_2}{\tan\theta_2-\tan\theta_1} \end{aligned} \tag{4-6}$$

由此可见，只要给定了两测向站的位置$A(x_1,y_1)$、$B(x_2,y_2)$，无源侦察设备又测定了θ_1、θ_2，就可很容易地确定辐射源E的坐标位置(x_e,y_e)或观测站至辐射源间的距离r_1、r_2。

二、考虑有误差情况的测向交叉定位

从原理上说，无源交叉定位既简单又容易实现，但其定位误差很大，主要是因为其测向站测向误差很大，其中包含系统误差、随机误差两个部分，前者一般容易消除，麻烦出在随机误差上。

由于电波传输介质不均匀，也由于侦察设备内部噪声影响，被测辐射源方位值θ_1、θ_2必然存在误差$\Delta\theta_1$、$\Delta\theta_2$，它直接影响无源测向交差定位精度。这种误差既可用几何近似方法分析，也可用概率论方法分析。

假设误差$\Delta\theta_1$、$\Delta\theta_2$满足互不相关的零均值高斯随机分布，方差分别为$\sigma_{\theta1}^2$、$\sigma_{\theta2}^2$，由式（4-1）、式（4-2）可求得直角坐标系下目标的x轴和y轴定位误差是零均值的，可表示为

$$\begin{bmatrix} \mathrm{d}x \\ \mathrm{d}y \end{bmatrix}=\begin{bmatrix} \dfrac{\partial x_e}{\partial\theta_1} & \dfrac{\partial x_e}{\partial\theta_2} \\ \dfrac{\partial y_e}{\partial\theta_1} & \dfrac{\partial y_e}{\partial\theta_2} \end{bmatrix}\begin{bmatrix} \mathrm{d}\theta_1 \\ \mathrm{d}\theta_2 \end{bmatrix}=A\begin{bmatrix} \mathrm{d}\theta_1 \\ \mathrm{d}\theta_2 \end{bmatrix} \tag{4-7}$$

其中

$$A=\frac{d}{\sin^2(\theta_2-\theta_1)}\begin{bmatrix} \sin\theta_2\cos\theta_2 & -\sin\theta_1\cos\theta_1 \\ \sin^2\theta_2 & -\sin^2\theta_1 \end{bmatrix} \tag{4-8}$$

由式（4-7）可求得直角坐标系下的定位误差$\mathrm{d}x$、$\mathrm{d}y$的协方差r_{xx}、r_{yy}以及互协方差r_{xy}，用矩阵形式可表示为

$$\begin{bmatrix} r_{xx} & r_{xy} \\ r_{xy} & r_{yy} \end{bmatrix}=E\left\{\begin{bmatrix} \mathrm{d}x \\ \mathrm{d}y \end{bmatrix}\begin{bmatrix} \mathrm{d}x & \mathrm{d}y \end{bmatrix}\right\}=A\begin{bmatrix} \sigma_{\theta1}^2 & 0 \\ 0 & \sigma_{\theta2}^2 \end{bmatrix}A' \tag{4-9}$$

$$r_{xx}=\frac{R^2}{\sin^2(\theta_2-\theta_1)}\left[\frac{\cos^2\theta_2}{\sin^2\theta_1}\sigma_{\theta1}^2+\frac{\cos^2\theta_1}{\sin^2\theta_2}\sigma_{\theta2}^2\right] \tag{4-10}$$

$$r_{yy} = \frac{R^2}{\sin^2(\theta_2 - \theta_1)}\left[\frac{\sin^2\theta_2}{\sin^2\theta_1}\sigma_{\theta 1}^2 + \frac{\sin^2\theta_1}{\sin^2\theta_2}\sigma_{\theta 2}^2\right] \tag{4-11}$$

式中：R 是目标到两测向站连线的距离，即

$$R = \frac{d\sin\theta_2\sin\theta_1}{\sin(\theta_2 - \theta_1)} \tag{4-12}$$

引入定位精度的几何稀释（Geometrical Dilution of Precision，GDOP），即

$$\text{GDOP} = \sqrt{r_{xx} + r_{yy}} \tag{4-13}$$

圆概率误差（Circular Error Probable，CEP），即

$$\text{CEP} = 0.75 \cdot \text{GDOP} \tag{4-14}$$

从而能够简单分析目标定位点并分析误差大小。

例 4.1 设有两个传感器，位置分别为（−15，0）与（15，0）（单位：km），两个传感器方位测量误差的标准差均为 0.1，$\theta_1 = 40°, \theta_2 = 120°$，求目标定位点并分析误差。

解：

$$k_1 = \tan\theta_1 = 0.839\text{，}\quad k_2 = \tan\theta_2 = -1.732$$

$$x_e = \frac{y_1 - y_2 - k_1x_1 + k_2x_2}{k_2 - k_1} = -9.79\text{，}\quad y_e = \frac{k_2y_1 - k_1y_2 - k_1k_2x_1 + k_1k_2x_2}{k_2 - k_1} = 16.958$$

$$R = \frac{d\sin\theta_2\sin\theta_1}{\sin(\theta_2 - \theta_1)} = 16.958$$

$$r_{xx} = \frac{R^2}{\sin^2(\theta_2 - \theta_1)}\left[\frac{\cos^2\theta_2}{\sin^2\theta_1}\sigma_{\theta 1}^2 + \frac{\cos^2\theta_1}{\sin^2\theta_2}\sigma_{\theta 2}^2\right] = 0.1253$$

$$r_{yy} = \frac{R^2}{\sin^2(\theta_2 - \theta_1)}\left[\frac{\sin^2\theta_2}{\sin^2\theta_1}\sigma_{\theta 1}^2 + \frac{\sin^2\theta_1}{\sin^2\theta_2}\sigma_{\theta 2}^2\right] = 0.2137$$

$$\text{GDOP} = \sqrt{r_{xx} + r_{yy}} = 0.5823\text{km}$$

$$\text{CEP} = 0.75 \cdot \text{GDOP} = 0.4367\text{km}$$

测向站测向误差对交叉定位的定位精度影响很大。在目前技术状况下，只有利用先进的干涉仪测向或无源精密测向技术组成无源交叉定位系统，才算是基本可行的。

另外，在地平面或海平面上借助无源测向交叉定位虽然简便易行，但在三维立体空间，多站测向交叉定位一般只能确定辐射源所在的一条直线，而不能精确定点。这是另一种定位模糊问题。为了准确确定辐射源空间位置，还需采取其他必要的附加措施。

4.2.3 测时差定位法

测时差定位技术也称为“反罗兰”技术，是“罗兰”导航技术的逆运用。由同一辐射源信号到两个侦察站的等时差轨迹为一组双曲线（面）；同时利用三个以上侦察站获得至少两组双曲线（面），它们的交点就确定出辐射源的位置。这种技术既可以空对地运用，也可以地对空运用。

一、二维平面测时差定位原理

如图 4.2 所示，设在地面上设置两个固定侦察站 A、B，E 点处有一辐射源，在某时刻 t_0 发射一个脉冲信号，到达侦察站 A、B 的时间分别为 t_a、t_b，由此获得同一信号的到达时间差 $\Delta t = t_a - t_b$，其间路程差 $\Delta r = r_1 - r_2 = c\Delta t$。

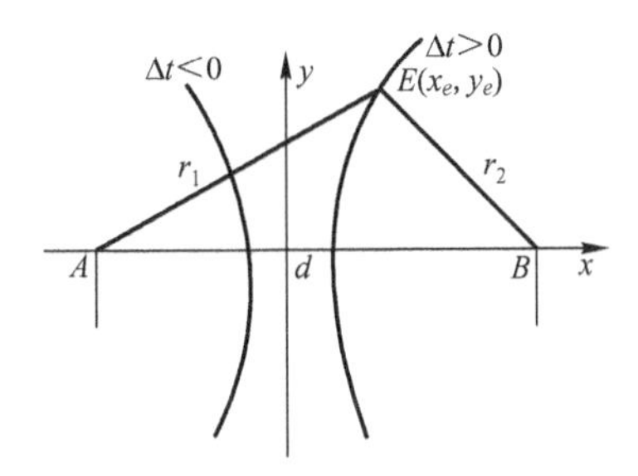

图 4.2 两站测时差确定双曲线（面）

为简便计算，建立以定位基线 AB 方向为 x 轴方向，以 AB 中点为原点的直角坐标系。设辐射源 E 的坐标为 (x_e, y_e)，则有

$$r_1 = [(x_e + \frac{d}{2})^2 + y_e^2]^{1/2} \tag{4-15}$$

$$r_2 = [(x_e - \frac{d}{2})^2 + y_e^2]^{1/2} \tag{4-16}$$

整理可得

$$\frac{x_e^2}{\Delta r^2/4} - \frac{y_e^2}{(d^2 - \Delta r^2)/4} = 1 \tag{4-17}$$

这是一个典型的双曲线方程，其实半轴为 $a = \pm\Delta r/2$，虚半轴为 $b = \pm\left[(\frac{d}{2})^2 - a^2\right]^{1/2}$，

焦点 A、B 在 x 轴上，由此转化为

$$\frac{x_e^2}{a^2} - \frac{y_e^2}{b^2} = 1 \tag{4-18}$$

式（4-18）确定了到达时差为Δt 的辐射源位置的轨迹。也就是说，只要某辐射源的信号到达 A、B 两站的时间差为Δt，该辐射源就必然位于式（4-18）所确定的双曲线上。而且，到达时差Δt 的正、负号还可进一步确定辐射源 E 所在的双曲线分支，即如果$\Delta t>0$，则辐射源位于右侧曲线上，如果$\Delta t<0$，则辐射源位于左侧曲线上。

将两侦察站推广至三个侦察站 A、B、C，设某辐射源的同一脉冲信号到达 A、B、C 的时间分别为 t_a、t_b、t_c，可获得两个时间差，即

$$\Delta t_1 = t_b - t_a, \quad \Delta t_2 = t_c - t_a \tag{4-19}$$

则既可由到达时间差 Δt_1 确定以 A、B 为焦点的一组双曲线，即

$$\frac{x_e^2}{a_1^2} - \frac{y_e^2}{b_1^2} = 1 \tag{4-20}$$

又可由到达时间差Δt_2确定以A、C为焦点的另一组双曲线，即

$$\frac{x_e^2}{a_2^2}-\frac{y_e^2}{b_2^2}=1 \tag{4-21}$$

还可利用Δt_1、Δt_2的正负号具体确定辐射源所在的双曲线分支，此两分支的交点则确定了辐射源E所在空间位置$E(x_e,y_e)$，即求解联立方程

$$\begin{cases}\dfrac{x_e^2}{a_1^2}-\dfrac{y_e^2}{b_1^2}=1\\[2mm]\dfrac{x_e^2}{a_2^2}-\dfrac{y_e^2}{b_2^2}=1\end{cases} \tag{4-22}$$

的解。以上是二维平面问题的处理方法。一般来说，在三维空间，三个无源侦察站A、B、C同辐射源E不会正好在同一平面上，此时，问题要复杂得多。

二、三维空间测时差定位原理

这里以空对地侦察定位为例，假设侦察站A、B、C居高临下，辐射源E位于地球表面，如图4.3所示。

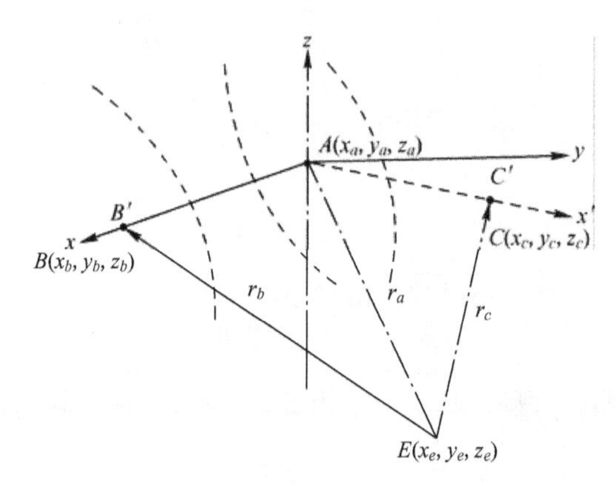

图4.3　三站测时差定位空间关系

建立空间坐标系xyz，坐标原点设置于A站，z轴通过地球中心，xy平面通过原点A站与z轴垂直。这时，B站、C站也可能不是正好在坐标平面xAy上，但与无源侦察站对辐射源间距离r_a、r_b、r_c相比，B站、C站至坐标平面xAy间的偏差很小，可以暂且忽略不计。这样，可以选择使坐标系x轴正好穿过无源侦察站B，建立起坐标系xyz，得到一组双叶双曲面方程为

$$\frac{(x_e-d_1/2)^2}{(\Delta r_1/2)^2}-\frac{y_e^2+z_e^2}{b_1^2}=1 \tag{4-23}$$

式中：d_1为侦测瞬间A、B两站间的距离；$\Delta r_1=r_a-r_b$为侦测瞬间A、B两站相对于辐射源的距离差。

类似地，可以在过A垂直于z轴的坐标平面上作通过C站的另一坐标轴Ox'，建立坐标系$x'y'z'$，获得另一双叶双曲面方程为

$$\frac{(x_e' - d_2/2)^2}{(\Delta r_2/2)^2} - \frac{y_e'^2 + z_e'^2}{b_2^2} = 1 \tag{4-24}$$

式中：d_2为侦测瞬间A、C两站间距离；$\Delta r_2 = r_a - r_c$为侦测瞬间A、C两站相对辐射源的距离差。两组双叶双曲面的虚半轴长度分别为

$$b_1 = [(\frac{d_1}{2})^2 - (\frac{\Delta r_1}{2})^2]^{1/2}，\ b_2 = [(\frac{d_2}{2})^2 - (\frac{\Delta r_2}{2})^2]^{1/2} \tag{4-25}$$

注意：两种表示形式所处的坐标系不相同，为了求解方程，必须先变换为同一坐标系。xyz坐标系同$x'y'z'$坐标系间只存在一个坐标系旋转问题，且$z_c = z_c'$。设坐标轴Ox与Ox'间的夹角为β，即三个侦察站A、B、C间构成一个角度β，则从xyz坐标系看，有

$$x_c' = x_c \cos\beta + y_c \sin\beta \tag{4-26}$$

$$y_c' = -x_c \sin\beta + y_c \cos\beta \tag{4-27}$$

这样，借助上面这套方程，再加上地球曲面方程，即

$$z_b = -h - R + (R^2 - x_b^2 - y_b^2)^{1/2} = z_b' \tag{4-28}$$

联立求解，即可给出辐射源E的空间坐标位置。式中：R为把地球暂看作球体时的地球曲率半径；h为观测站A相对地面的垂直高度。

但是，这里还需注意，所求出的解答同时有多个，其中只有一个代表了辐射源的真实位置，其余则为虚假解。一般情况下，在信号到达时的观测瞬间，侦察站A、B相对于辐射源E的距离差$\Delta r_1 = r_a - r_b$可以确定一组双叶双曲面，侦察站A、C相对于辐射源E的距离差$\Delta r_1 = r_a - r_c$也可确定一组双叶双曲面。在不考虑Δr_1、Δr_2正负号的情况下，前一组双叶双曲面的每一分支均可能同后一组双叶双曲面的每一分支相交，结果最多可形成四条交线。这四条交线再与地球表面相交，总共可能有八个交点，它们都是上述联立方程组的解。不过，借助Δr_1的正负号，可以判断辐射源E在第一组双叶双曲面中的轨迹分支；借助Δr_2的正、负号，可以判断辐射源E在第二组双叶双曲面中的轨迹分支。结果，经过联立求解后，只给出两组解答，其中一组代表了辐射源的真实空间位置，另一组则为虚假解。

以上介绍的是三维空间无源测时差辐射源定位的基本原理。原则上，这种原理既可以空对地运用，也可以地对空运用。不过在地对空运用时，我们有条件按特定规律布设无源侦察站，使问题大大简化。如图4.4所示，假设A、B、C三个侦察站等间距直线阵布局，间距为L。β为A、B、C同辐射源E所在平面内的辐射源方位角。r_a、r_b、r_c分别为侦察站A、B、C相对于辐射源E的距离。

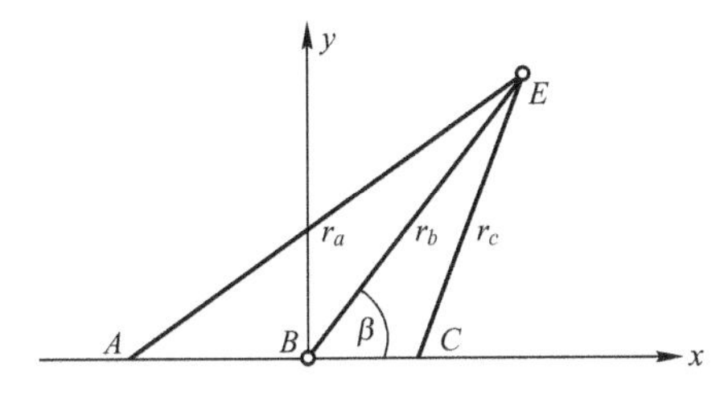

图4.4　等间距直线阵时差定位关系

利用余弦定理

$$r_a^2 = L^2 + r_b^2 - 2Lr_b\cos(\pi - \beta) = L^2 + r_b^2 + 2Lr_b\cos\beta \tag{4-29}$$

$$r_c^2 = L^2 + r_b^2 - 2Lr_b\cos\beta \tag{4-30}$$

可得出辐射源信号到达 A、B 两站的时间差为

$$\Delta t_1 = \frac{1}{c}(r_a - r_b) = \frac{1}{c}\{[L^2 + r_b^2 + 2Lr_b\cos\beta]^{1/2} - r_b\} \tag{4-31}$$

辐射源信号到达 B、C 两站的时间差为

$$\Delta t_2 = \frac{1}{c}(r_b - r_c) = \frac{1}{c}\left\{r_b - [L^2 + r_b^2 - 2Lr_b\cos\beta]^{1/2}\right\} \tag{4-32}$$

当 $L \ll r_b$ 时，利用二项式展开关系，略去高阶项，得

$$\begin{aligned} c(\Delta t_1 + \Delta t_2) &= [L^2 + r_b^2 + 2Lr_b\cos\beta]^{1/2} - [L^2 + r_b^2 - 2Lr_b\cos\beta]^{1/2} \\ &\approx r_b\left[\sqrt{1 + 2\frac{L}{r_b}\cos\beta} - \sqrt{1 - 2\frac{L}{r_b}\cos\beta}\right] \\ &\approx r_b\left(1 + \frac{L}{r_b}\cos\beta - 1 + \frac{L}{r_b}\cos\beta\right) \\ &\approx 2L\cos\beta \end{aligned} \tag{4-33}$$

所以，有

$$\beta \approx \arccos\left[\frac{c(\Delta t_1 + \Delta t_2)}{2L}\right] \tag{4-34}$$

进而得

$$r_b = \frac{L^2 - c^2\Delta t_1^2}{c(\Delta t_2 - \Delta t_1)} \tag{4-35}$$

可见，由侦察站之间的距离及辐射源信号到达侦察站的时间差即可确定辐射源的位置。需要指出的是，图 4.4 所示的背景状况比较特殊，但在某些特定场合，如海面舰艇作战活动中，确实是可以应用的。

无源测时差定位系统的定位精度受多方面因素影响，主要有以下几方面。

（1）测时精度对系统定位精度的影响。由于时差定位系统将定位问题的关键技术转化为信号到达各站时间差的测量，所以测时精度成为系统定位精度最主要、最直接的依据。不过在电子技术高度发达的今天，时间测量可以做到相当准确，所以定位精度高是时差定位法的主要特点和优点之一。

（2）侦察站位置误差对系统定位精度的影响。前面的分析表明，侦察站坐标位置被设定为已知参数，直接进入信息处理，其位置误差会引起时差的测量出现误差，也影响最后的无源定位误差。以陆地为基础的侦察站位置定位相当准确，海面或空中机载侦察站定位问题则难度较大，借助于现代高技术定位系统可望减小这种影响。

（3）对时信号校准对系统定位精度的影响。从原理上说，辐射源信号到达各侦察站的时间差，指的是辐射源在某一时刻发射的信号到达各个侦察站所需的时间之差。由于

各侦察站相隔一定距离，是分散部署的，因此信号校准即对时信号核查成为确保正确观测、准确定位最关键的问题，否则，信息处理结论就会是错误的。

（4）消除虚假解对系统定位精度的影响。时差定位法借助于双曲叶面交点确定辐射源空间位置。由于双曲叶面的对称性、多面性，可以想象无论采用哪种测站布阵方式都存在镜像点，存在虚假解，即使直线布阵、等边三角布阵仍然如此，因此消除虚假解已成为无源测时差定位的棘手问题之一。

4.2.4 测向测时差定位法

测时差定位法精度较高，但其先决条件如下。

（1）必须正确地对同一辐射源脉冲信号测定到达时差。

（2）必须准确地为各个侦察站提供统一的时间基准。

这给工程实践带来不少麻烦。测向测时差技术则可以在一定程度上克服这些困难。

以二维平面问题为例，测向测时差定位系统由主站 A 和从站 B 联合组成（图 4.5）。主站设置定位侦察设备，既测定直达信号脉冲到达时间，又测定信号入射线相对定位基线 d 的入射角 θ，还测定转发信号到达时间。从站 B 只起转发作用，利用全向天线接收辐射源信号，径直转送给主站 A。

直达信号到达 A 站和转发信号到达 A 站的时间差为 $\Delta t = t_a - t_b$，由此可确定等时差辐射源位置轨迹及其双曲线分支，它与入射线 AE 的交点就确定了辐射源 E 的空间位置图。

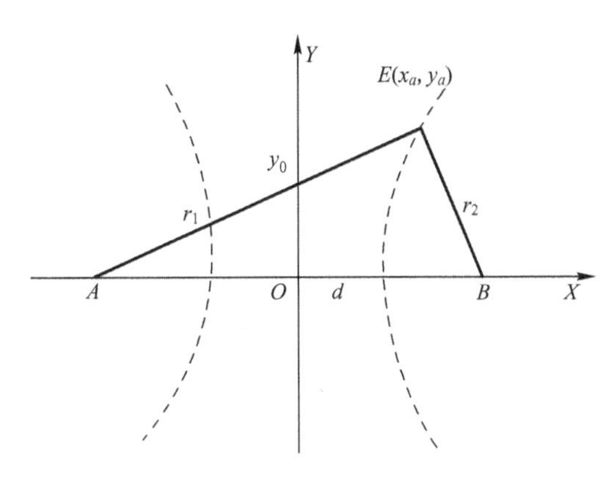

图 4.5 测向测时差定位原理

由于测向测时差定位系统中直达信号和转发信号到达时间均由主站测定，既避免了统一时基要求，又容易借助现代信息手段准确判断信号相关性，防止错误。

在二维平面中，辐射源位置由定位双曲线和直达信号入射线交点确定，实质上即求解方程组

$$\begin{cases} \dfrac{x_e^2}{a^2} - \dfrac{y_e^2}{b^2} = 1 \\ y_e = x_e \tan\theta + y_0 \end{cases} \tag{4-36}$$

其中

$$
\begin{aligned}
&a^2 = \Delta r^2 / 4 \\
&b^2 = \frac{d^2 - \Delta r^2}{4} \\
&\Delta r = c\Delta t + d = r_1 - r_2 \\
&y_0 = \frac{d}{2}\tan\theta
\end{aligned} \tag{4-37}
$$

式中：Δt 为直达信号到达 A 站和转发信号到达 A 站的时间差值；d 为主站、从站的间距；θ 为直达信号入射角。由式（4-37）可求得 x_e 的两个解为

$$
\begin{aligned}
x_{e1} &= \frac{a^2 d\tan^2\theta + \sqrt{a^2 b^2 (d^2\tan^2\theta + 4b^2 - 4a^2\tan^2\theta)}}{2(b^2 - a^2\tan^2\theta)} \\
x_{e2} &= \frac{a^2 d\tan^2\theta - \sqrt{a^2 b^2 (d^2\tan^2\theta + 4b^2 - 4a^2\tan^2\theta)}}{2(b^2 - a^2\tan^2\theta)}
\end{aligned} \tag{4-38}
$$

全部用已知参数和测量参数表达，得空间的两个解为

$$
\begin{aligned}
x_{e1} &= \frac{(d + c\Delta t)}{2}\cdot\frac{(d + c\Delta t)d\tan^2\theta + c\Delta t(2d + c\Delta t)\sec\theta}{d^2 - (d + c\Delta t)^2\sec^2\theta} \\
x_{e2} &= \frac{(d + c\Delta t)}{2}\cdot\frac{(d + c\Delta t)d\tan^2\theta - c\Delta t(2d + c\Delta t)\sec\theta}{d^2 - (d + c\Delta t)^2\sec^2\theta}
\end{aligned} \tag{4-39}
$$

令 $A = d + c\Delta t$，$B = 2d + c\Delta t = d + A$，得

$$
\begin{aligned}
x_{e1} &= \frac{A}{2}\cdot\frac{Ad\tan^2\theta + c\Delta t(d + A)\sec\theta}{d^2 - A^2\sec^2\theta} \\
x_{e2} &= \frac{A}{2}\cdot\frac{Ad\tan^2\theta - c\Delta t(d + A)\sec\theta}{d^2 - A^2\sec^2\theta}
\end{aligned} \tag{4-40}
$$

$$
\begin{aligned}
y_{e1} &= \frac{\tan\theta}{2}\left[A\cdot\frac{Ad\tan^2\theta + c\Delta t(d + A)\sec\theta}{d^2 - A^2\sec^2\theta} + d\right] \\
y_{e2} &= \frac{\tan\theta}{2}\left[A\cdot\frac{Ad\tan^2\theta - c\Delta t(d + A)\sec\theta}{d^2 - A^2\sec^2\theta} + d\right]
\end{aligned} \tag{4-41}
$$

两个空间点 (x_{e1}, y_{e1})、(x_{e2}, y_{e2}) 中一个代表辐射源真实位置，另一个则是虚假解。借助 $\Delta r = c\Delta t + d$ 的正、负号，可以准确判定辐射源空间位置：如果 $\Delta r > 0$，则辐射源真实位置必然位于等时差双曲线右半支，此时，$x_e > 0$；如果 $\Delta r < 0$，则辐射源真实位置必然位于等时差双曲线左半支，此时，$x_e < 0$。

可以看出，这里用直角坐标系确定辐射源位置的处理过程比较复杂，还有另一种相对简单些的测向测时差定位系统辐射源位置的确定方法，即直接由到达主站的辐射源信号入射线长度 r_1 和入射角 θ 确定辐射源空间位置。

在二维平面中，辐射信号入射角很容易确定，只需分析直达信号入射线长度 r_1。由直达信号到达时间 t_1 和转发信号到达时间 t_2 之差：$\Delta t = t_2 - t_1$，得 $c\Delta t = r_2 + d - r_1$。由三角函数关系，联立求解，即可得到

$$r_1 = \frac{c\Delta t(2d - c\Delta t)}{2[c\Delta t - d(1-\cos\theta)]} \tag{4-42}$$

式中：c 为电波传播速度；d 为定位基线长度。

在三维空间中情况相对要复杂一些，不过在三维空间中，A、B 两站的测向数据可以确定一条线。从原理上说，测向平面 AED 与测向平面 BED 相交，其交线 ED 再与双叶双曲面分支相交，可确定辐射源空间位置（图 4.6）。

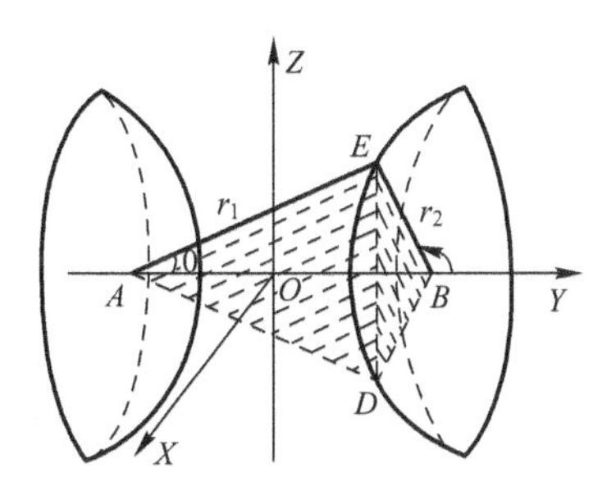

图 4.6　三维测向测时差定位系统

4.3　水声定位技术

4.3.1　水声定位技术概述

水下目标定位技术是水声技术中很重要的部分，水声定位技术属于定位技术中的一种，目前，在水下进行定位和导航最常见的方法就是声学方法。声学定位技术是利用水声设备对已知目标在一个特定的时间和空间中进行定位的技术，即确定目标（如船只）的方位和距离。

常用的水声设备是声纳，有主动声纳和被动声纳之分。考虑到目标的性质，水声定位系统可分为主动定位系统和被动定位系统。通常，对于合作目标，可以采用主动定位系统；对于非合作目标，则被动定位系统是主动定位系统的有效补充。主动定位系统是利用主动声纳发射一定功率的信号作用于目标，再由返回声波来实现对目标的定位。它的定位精度虽然可以达到较高要求，但由于水介质对声波具有很强的衰减作用，因而，作用距离不远，而且易被探测和干扰，所以容易暴露目标，从军事用途上说，存在明显的局限性。

被动定位系统是利用被动声纳基阵来探测目标辐射噪声，以此来估计出目标的距离、位置。被动声纳不向目标发射声波，定位系统不易被对方感知，具有很好的隐蔽性，且作用距离远，因此具有战略、战术上的优势，受到广泛重视。以下着重介绍被动声纳定位系统及其定位原理。单个侦察站在接收到水声信号时无法计量信号来自多远，因此被动声纳定位需要多站提供信号，协同定位，通过复杂的计算获取目标的位置。由于侦察站不在同一位置，可能接收多个目标的信号，只有各站对同一目标的信号正确配对后，才能做出正确的定位计算。

与电子侦察定位类似，被动声纳定位通常有三种方法：测向定位方法、测时差定位方法以及基于概率的定位方法。

1. 测向定位方法

测向定位法是通过对目标辐射噪声到达方向的测量，利用多个阵元的测向结果，估计出目标位置。它是以阵元间的连线方向为方向基准，计算噪声信号到达两个阵元的时间差，再根据阵元接收的时间差，求出信号入射的方位角，最终解算出目标的位置。这种测向法要求精确测量各个阵元间的时延，有较高的技术要求。

2. 测时差定位方法

目标发出的声波信号到达不同侦察站所需的时间与目标相对于侦察站的位置有关，测时差定位法就是通过测量同一信号到达各个侦察站的时间差来确定目标位置。由于不知道目标信号发出的时间，不可能测出信号到达各个侦察站所需要的绝对时间，因而，只能针对同一个信号，比较它到达不同侦察站的时间差以获取定位计算中所需的时间差。时差的测量精度是导致目标定位误差的重要因素。

3. 基于概率的定位方法

由于在定位过程中，被动声纳所提供的关于目标位置的测量信息存在误差，而每个被动声纳的量测值构成一个测量子集。多个声纳的测量形成多个子集，对应给出目标可能落在某个位置上的多个概率密度。假定每次测量是独立的，则目标落在某个位置上的概率就应该是与具体测量相对应的多个概率的乘积。这样就可得到整个空间内的一个概率分布函数，它在整个空间内的总积分应该为 1。该概率密度函数很可能只有一个峰值，这个峰值对应的空间坐标位置即为与整个测量组相对应的定位结果。

如果用低于最高概率密度的定值去切割总的概率密度函数，将得到一些等概率的边界，对边界内的概率密度积分，可以得到目标可能落入这个边界内的总概率。具体给出某一个总概率值，总可以得到对应的一个边界，这个边界所围成的一块区域将是目标可能存在的一个区域，而且目标在这个区域的概率也可以求出。这样的定位过程既可得到定位点坐标，又可得到定位的误差分布，所以称为基于概率的定位。

上述几种被动声纳定位技术的基本原理可参照前面的电子侦察定位原理。按照接收基阵或应答器阵的基线长度，传统的水声定位系统可分为长基线（Long Base Line，LBL）、短基线（Short Base Line，SBL）和超短基线（Ultra Short Base Line，SSBL）三种，还可以按照水听器的个数分为双基地水声定位系统和多基地水声定位系统。以下介绍这几种定位系统。

4.3.2 长基线定位系统

通常，长基线在海底布放三个以上的应答器（信标机），以一定的几何图形组成海底基阵，如图 4.7 所示。基线长度按所要求的工作区域及应答作用距离确定，一般为 100～6000m。被测目标一般位于应答器基阵之内。设海中应答器之间的相对位置已确定，则可通过测量目标到达每个应答器的斜距来确定目标相对于海底基阵的位置。

要对目标进行精确定位，必须对海底基阵各应答器进行精确的校准和精确的定位，在实际工作中方法有很多。现在常用的有差分 GPS 定位方法，在环境条件允许的情况下使用光学方法来确定每个应答器的位置。工作方式有声学应答式、电触发式两种。

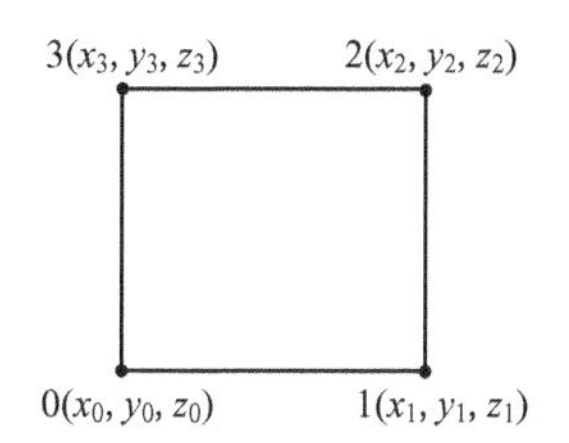

图 4.7　长基线水声定位系统阵形图

长基线定位系统的优点是定位精度与水深无关，在较大的范围上可以达到较高的相对定位精度，定位数据更新率高；缺点是系统构成复杂，基线阵布设需要消耗高昂的费用，并且需要做大量的校正工作，耗费大量的时间。再者，虽然长基线定位系统的定位精度是独立于水深的，但是却与工作频率密切相关，若要获得更高的定位精度，目前典型的做法是发展高频或超高频的长基线定位系统，但是由于高频信号在水中衰减很快，因此作用范围很有限，一般很难超过 1000m。

例 4.2　1989 年，利用长基线定位系统首次为渤海 BZ-34 油田铺设石油管线和电缆的 BH-109 船进行导航定位，获得成功。

渤海 BZ-34 油田有两座生产平台 4EP 和 2EP，一个单点系泊平台 SPM。铺管作业就是在这三个平台之间进行的。因此，选择 4EP 和 SPM 两平台所在直线方向为一个坐标轴，建立局部坐标系。首先用高精度测距和测向仪器精确测定三个平台之间的距离和方位。依据局部坐标系布防水下应答器阵。在布放应答器的同时，在附近两个平台上用两架经纬仪测量布放船布放点的方位，用前方交会的方法计算布放位置。

图 4.8 为坐标系的平面图。在海底共布放六个应答器信标，作用面积达 100km^2。系统连续工作三个多月未出故障，设备稳定可靠，测距精度小于 1m，定位实测结果，最大综合偏差不大于 5m。

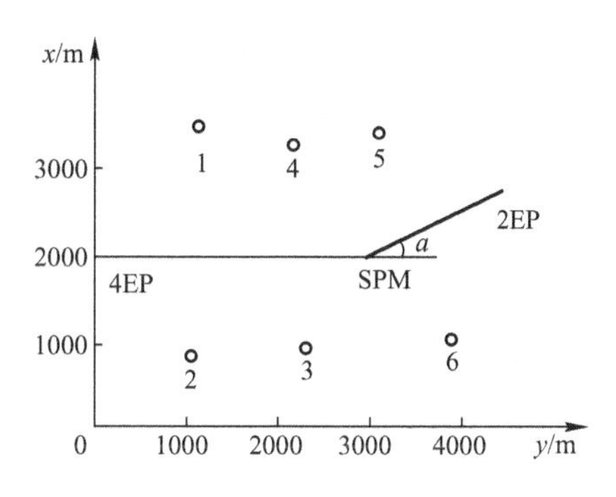

图 4.8　水下应答器坐标阵

长基线定位系统的精度与许多因素有关，主要由应答器基阵坐标的位置和距离测量误差决定。对于特定的应答器基阵，可以认为长基线系统精度由距离测量误差和校准误差决定。测量误差主要有声速误差影响，它与环境条件有关。一般而言，声速随深度变换，同时，由于声折射产生声线弯曲，距离和声线路径有差别，所以要获得较高精度必须对声速进行必要的修正。通常最为直接的方法就是利用声速剖面仪测出声速剖面，由计算机进行修正。在对声速剖面及环境了解的情况下，有时通过调整换能器的位置也有较好的效果。

4.3.3 短基线定位系统

在众多水声定位系统中，短基线系统（基线长度20～50m）具有操作更简单、更快，比长基线系统费用更低和比超短基线系统更灵敏等优点。短基线系统是通过测定一个水下参考声源（信标、应答器或响应器）和接收基阵的相对位置进行工作的。其中接收基阵最少由三个水听器组成，以 5～10m 的平面点阵安装在船底。这种系统不仅对海底钻井或铺设管道适用，而且对利用确定船只与固定参考点测量移动水下载体和浮动水面建筑之间的位置也有用。

然而，很多调查已经发现在水声定位测量中，引起短基线系统工作误差和不精确的主要因素是：确定水声信号到达时间的误差，声速的不准确和由于船体纵、横摇产生的随机误差。利用水声进行位置测量的不准确性，主要是由于水听器的位置不准确、回声时间误差和海水中声速偏差引起的。这些因素中都有随机因素偏差成分的存在。很多领域的研究已经发现，在利用水下声纳定位的过程中，声速是不准确的。由于声速随着温度、盐度、深度不同而不同，声线通过改变声速的媒介将弯曲，因此，水下声速很难确定，即使确定也是很复杂的。

短基线定位系统与长基线定位系统所不同的是，定位基点是布置在船底的，三个以上的基点在船底构成基线阵，通过测量声波在应答器与基点（接收器）之间的传播时间来确定斜距，通过测相技术来确定方位，进而推算出应答器的坐标。因为基线阵是布置在船底的，所以短基线定位系统需要配有垂直参考单元（Vertical Reference Unit）、罗经（Gyro）、参考坐标系统（一般用 DGPS 或 GPS）。短基线定位系统的优点是系统组成简单，便于操作，不需要组建水下基线阵，测距精度高；缺点是需要在船底布置三个以上的发射接收器，要求具有良好的几何图形，这就对船只提出了更高的要求，在深水区为了达到更好的定位精度，需要加大船底基线的长度，整个系统需要做大量的校准工作，绝对定位精度主要依赖于 VRU、Gyro、DGPS 等外围传感器。

短基线水声跟踪系统采用四水听器定位原理。将四个水听器 C 、x 、y 、z 分别置于一个立方体的顶点上，如图 4.9 所示。在进行跟踪时，计算机房和被跟踪目标上各有一同步钟，目标上的同步钟控制一个脉冲声源，定时发出声脉冲，通过机房的专用设备测量声脉冲由目标到水听器的传播时间。

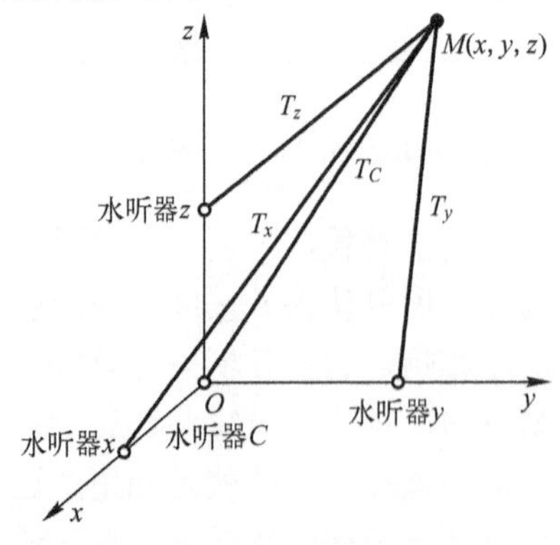

图 4.9　水声跟踪系统的定位原理

在声速为常数时，用简单的几何关系即可导出目标M在基阵坐标系中的坐标(x,y,z)和传播时间T。T_x、T_y、T_z之间有下述关系，即

$$x=\frac{d}{2}+\frac{C^2({T_C}^2-{T_x}^2)}{2d},\quad y=\frac{d}{2}+\frac{C^2({T_C}^2-{T_y}^2)}{2d},\quad z=\frac{d}{2}+\frac{C^2({T_C}^2-{T_z}^2)}{2d} \tag{4-43}$$

式中：d为水听器所在立方体的棱长；C为声速，基阵坐标系的原点取在水听器C所在定点处。

传统短基线系统模型是将三个水听器对称地安装在船底，一个信标放在海底（图 4.10）。

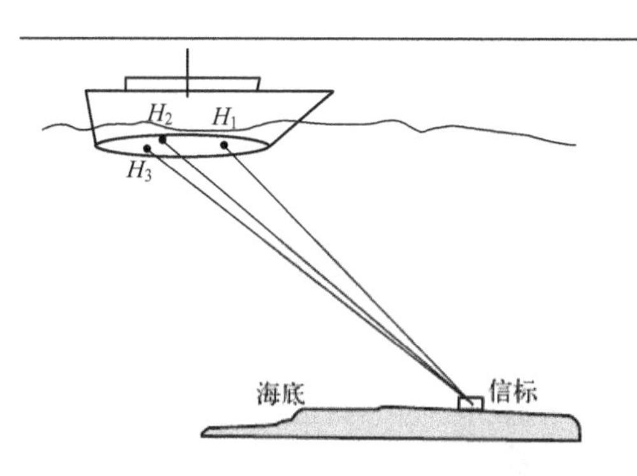

图 4.10　短基线定位系统模型示意图

一般而言，用传统的短基线系统模型可以计算出如图 4.10 所示的信标位置$B_C=(x_C,y_C,z_C)$。水声信号的到达时间T_i由信标到水听器之间的测量得到。在方位测量方法中，斜距R_i等于时间乘以水下平均声速，开始声速V_m可以假设任何值，因此斜距可以由$R_i=V_m\times T_i$给出。

4.3.4　超短基线定位系统

超短基线定位系统（基线长度<10cm）与短基线定位系统一样，定位基线是布置在船底的，只是它的基线长度更短些，基点是集中做在一个阵列上的，同样是通过测时、测相技术来确定应答器的空间位置。工作方式有三种：声学应答式、电触发式、pinger模式（应答器与接收器通过同步钟方式控制进行工作）。整个系统的构成简单，操作方便，不需要组建水下基线阵，测距精度高；系统的主要缺点同样是需要做大量的校准工作，绝对定位精度主要依赖于外围传感器 VRU、Gyro、DGPS 等。

超短基线定位系统是由三个水听器基元组成等腰直角三角形（或四个组成方阵，每三个基元组成接收基阵）。基线长度一般情况下取$d<\frac{\lambda}{2}$。这样小的间隔排除了传统的脉冲包络检测和相对到达时间测量，但它能使声波入射角与到达各水听器元件之间的相位差建立关系。超短基线定位系统确定水下目标位置是通过测量信号的到达方位和距离来定位的，而测向任务是通过测量信号到达接收基阵基元之间的相位差来实现的，它是超短基线定位系统的关键。一般来说，至少需要三个接收基元构成平面接收阵才能作为超短基线阵进行目标三维定位。其定位原理几何图如图 4.11 所示，取“北东地”直角坐标

系(x,y,z)。

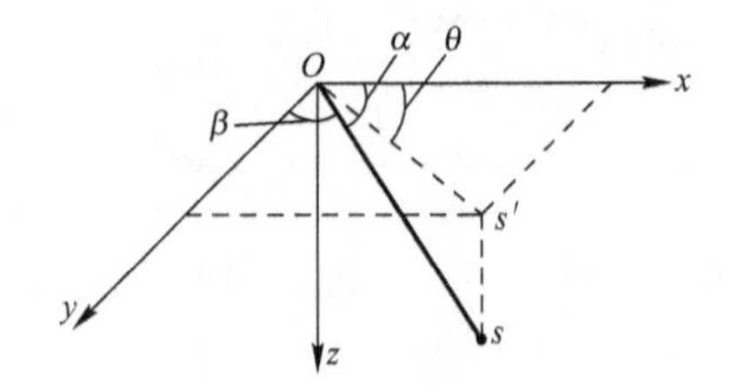

图 4.11　定位原理几何图

设目标位于S处，其坐标为(x,y,z)。两个正交的直线阵分别置于x轴和y轴上，阵的中心为坐标原点。

目标径矢为$\overline{OS}$，它的方向余弦为

$$\cos\alpha = \frac{x}{R}，\quad \cos\beta = \frac{y}{R} \tag{4-44}$$

目标斜距为

$$R = \sqrt{x^2 + y^2 + z^2} \tag{4-45}$$

式中：α为径矢$\overline{OS}$与x轴的夹角；β为径矢$\overline{OS}$与y轴的夹角；R为目标斜距；S'为S在xOy平面上的投影，它与x轴的夹角θ为目标水平方位角为

$$\theta = \arctan\frac{y}{x} = \arctan\frac{\cos\beta}{\cos\alpha} \tag{4-46}$$

$$\begin{cases} r = \sqrt{x^2 + y^2} \\ z = \sqrt{R^2 - r^2} \end{cases} \tag{4-47}$$

式中：r为目标水平斜距；z为目标深度。

式（4-44）～式（4-47）为定位计算的基本公式，可由这些公式计算目标的位置参数。基阵的尺寸很小，在平面波近似下，有

$$\tau_x = \frac{L\cos\alpha}{c}，\quad \tau_y = \frac{L\cos\beta}{c} \tag{4-48}$$

式中：c为水中声速；L为阵元间距；τ_x为x轴两阵元接收信号时延差；τ_y为y轴两阵元接收信号时延差。

将式（4-48）代入式（4-44），得到

$$x = \frac{c\tau_x R}{L}，\quad y = \frac{c\tau_y R}{L} \tag{4-49}$$

式中：$R = c\cdot\Delta t/2$，Δt为从发送信号到接收到信号的时间差。

由此可知，通过测量得到τ_x、τ_y、c和Δt，即可由上述式子得到目标的位置。

4.4　目标定位中的坐标转换

在目标定位处理中常常要用到各种坐标转换过程。例如，从多个信息获取设备获取到的目标定位信息，由于其位置不同、传输数据格式不一致等原因，当这些信息汇总到

信息处理中心时，往往需要把它们统一到同一个坐标系下，使其相互间建立关联，能够进行比较判断。

在指控系统中，坐标转换也称为空间对准。随着远程精确打击武器的射程不断增加，坐标转换已不再是简单的直角坐标系下的坐标转换，而是直角坐标系与极坐标系，大地坐标系与大地极坐标系之间的转换问题。大地坐标系与大地极坐标系之间的转换又俗称大地主题解算。例如，在远程目标指示系统中，大地主题解算是最基本的运算，其运算的速度、运算结果的精度将直接关系到目标指示的精度。

4.4.1 目标定位中常见的坐标系

一、地球椭球的相关概念

地球椭球是对地球形体的几何概括，是地球的数学模型，如图 4.12 所示。

1. 地球椭球的几何定义

O 是椭球中心，NS 为旋转轴，a 为长半轴，b 为短半轴。

子午圈：包含旋转轴的平面与椭球面相截所得的椭圆。

纬圈：垂直于旋转轴的平面与椭球面相截所得的圆，也叫平行圈。

赤道：通过椭球中心的平行圈。

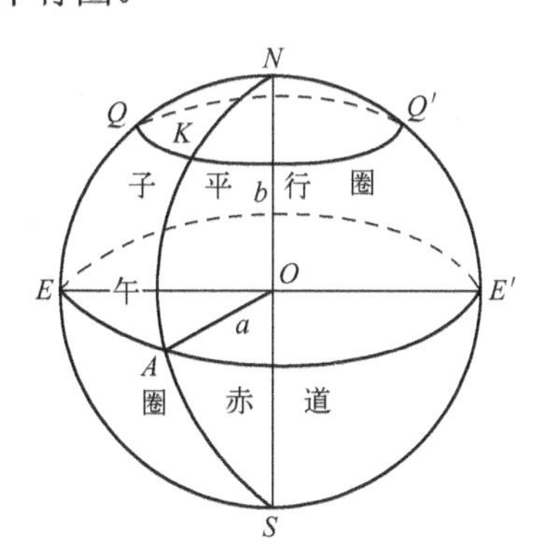

图 4.12　地球椭球

2. 地球椭球的基本几何参数

（1）椭圆的长半轴 a。

（2）椭圆的短半轴 b。

（3）椭圆的扁率 $\alpha = \dfrac{a-b}{a}$。

（4）椭圆的第一偏心率 $e = \dfrac{\sqrt{a^2-b^2}}{a}$。

（5）椭圆的第二偏心率 $e' = \dfrac{\sqrt{a^2-b^2}}{b}$。

其中，a、b 称为长度元素；扁率 α 反映了椭球体的扁平程度。偏心率 e 和 e'是子午椭圆的焦点离开中心的距离与椭圆半径之比，它们也反映椭球体的扁平程度，偏心率越大，椭球越扁。

两个常用的辅助函数，W为第一基本纬度函数，V为第二基本纬度函数，即

$$W=\sqrt{1-e^2\sin^2 B}\text{，}\quad V=\sqrt{1+e'^2\cos^2 B}$$

在传统的大地测量中，地球椭球的几何参数，是根据天文、大地和重力测量资料推算出来的。在表 4.1 中列出了国际大地测量地球物理学联合会（International Union of Geodesy and Geophysics，IUGG）大会历次推荐的椭球。

表 4.1　地球椭球

椭球名称	年	a/m	α
IUGG-1967	1967	6378160	1∶298.247
IUGG-1975	1975	6378140	1∶298.257
IUGG-1979	1979	6378137	1∶298.257
IUGG-1983	1983	6378136	1∶298.247

这些椭球由于所用资料的数量和质量不同，分布地区不同，计算方法不同，它们的精度是各有差异的。我国 1980 年国家大地坐标系采用的就是 IUGG-1975 椭球。

3. 参考椭球

选定了某一地球椭球后，只是确定了椭球的形状和大小，要能把地面观测元素归算到椭球面上，仅仅知道它的形状和大小是不够的，还必须确定它同大地体的相关位置以及坐标轴的方向，即确定椭球的定位和定向。具有一定的参数、定位和定向，并用来代表某一地区大地水准面的地球椭球，称为参考椭球。参考椭球面是大地测量计算的基准面，同时又是研究地球形状和地图投影的参考面，一定的参考椭球确定了一定的大地坐标系。

二、大地坐标系

在大地坐标系中，地面上某一点 P 的位置用(L,B,H)来表示，其中 L 为大地经度、B 为大地纬度、H 为大地高度。

如图 4.13 所示，过地面点P的子午面 NPS 与起始子午面 NGS 所构成的二面角 L，称为 P 点的大地经度。由起始子午面起算，向东为正，称为东经（0°～180°）；向西为负，称为西经（0°～180°）。

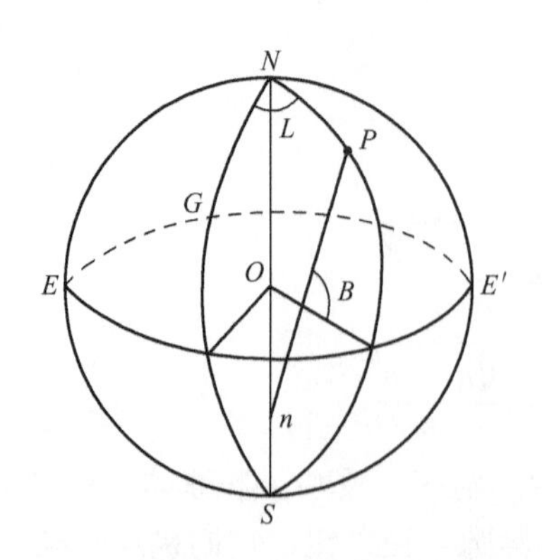

图 4.13　大地坐标系

过 P 点的椭球法线 P_n 与赤道面的夹角 B，称为 P 点的大地纬度。由赤道面起算，向北为正，称为北纬（0°～90°）；向南为负，称为南纬（0°～90°）。

从地面点 P 沿椭球法线到椭球面的距离称为大地高。

三、空间直角坐标系

如图 4.14 所示，地球空间直角坐标系的坐标原点位于地球质心（地心坐标系）或参考椭球中心（参心坐标系），Z 轴指向地球北极，X 轴指向起始子午面与地球赤道的交线，Y 轴垂直于 XOZ 平面，构成右手坐标系 $O-XYZ$。在该坐标系中，P 点的位置用 (X,Y,Z) 表示。

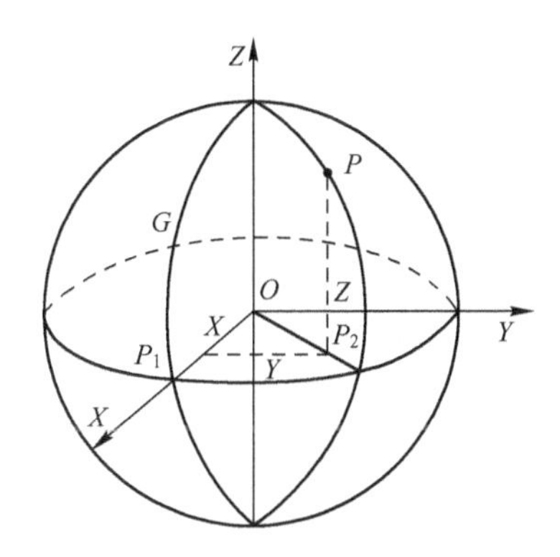

图 4.14　空间直角坐标系

四、子午面直角坐标系

如图 4.15 所示，设 P 点的大地经度为 L，在过 P 点的子午面上，以子午圈椭圆中心为原点，建立 (x,y) 平面直角坐标系。在该坐标系中，P 点的位置用 (x,y) 表示。

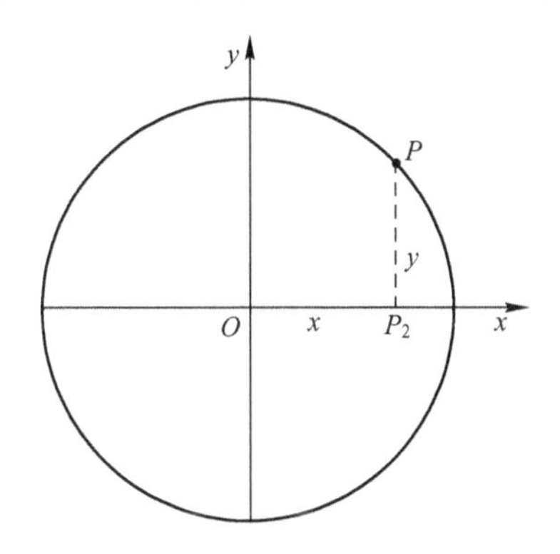

图 4.15　子午面直角坐标系

五、大地极坐标系

这是建立在椭球面上的一种极坐标系。如图 4.16 所示，以椭球面上某一已知点 P_1 为极点，以 P_1 点的子午线 P_1N 为极轴，以连接 P_1 和所求点 P 的大地线长 S 为极径，以大地线在 P_1 点的大地方位角 A 为极角，则椭球面上点 P 的位置用 (S,A) 表示。

大地方位角从子午线北方向起，顺时针方向量取，范围为 0°～360°。

大地极坐标系是表示椭球面上两点间相对水平位置的坐标系，在远程武器发射中是常用的。

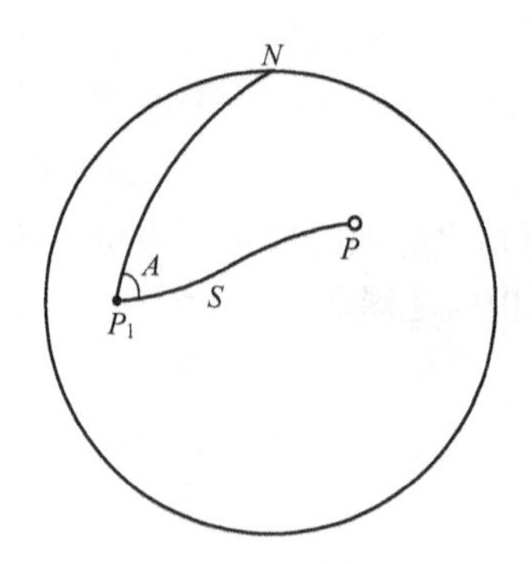

图 4.16　大地极坐标系

4.4.2　坐标系之间的相互转换关系

椭球面上的点位可在各种坐标系中表示，由于所用坐标系不同，表现出来的坐标值也不同。

一、子午面直角坐标系同大地坐标系的关系

如图 4.17 所示，设 P 点的子午面直角坐标为 (x,y)，过 P 点作法线 P_n，它与 x 轴的夹角为 B，过 P 点作子午圈的切线 TP，它与 x 轴的夹角为（$90°+B$）。子午面直角坐标 x、y 同大地纬度 B 之间的关系式为

$$x=\frac{a\cos B}{\sqrt{1-e^2\sin^2 B}}=\frac{a\cos B}{W} \tag{4-50}$$

$$y=\frac{a(1-e^2)\sin B}{\sqrt{1-e^2\sin^2 B}}=\frac{a}{W}(1-e^2)\sin B=\frac{b\sin B}{V} \tag{4-51}$$

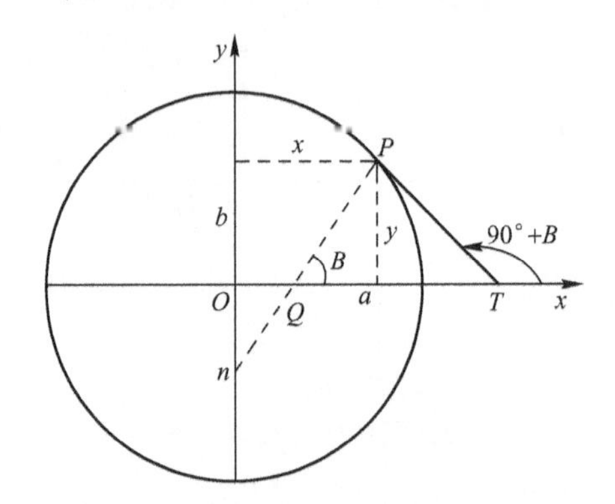

图 4.17　子午面直角坐标系同大地坐标系的关系

二、空间直角坐标系同子午面直角坐标系的关系

由图 4.18 可见，空间直角坐标系中的 P_2P 相当于子午平面直角坐标系中的 y，前者的 OP_2 相当于后者的 x，并且二者的经度 L 相同。假设 P 点的空间直角坐标位置为 (X,Y,Z)，子午平面直角坐标位置为 (x,y)，则存在以下转换关系，即

$$\begin{cases} X = x\cos L \\ Y = x\sin L \\ Z = y \end{cases} \tag{4-52}$$

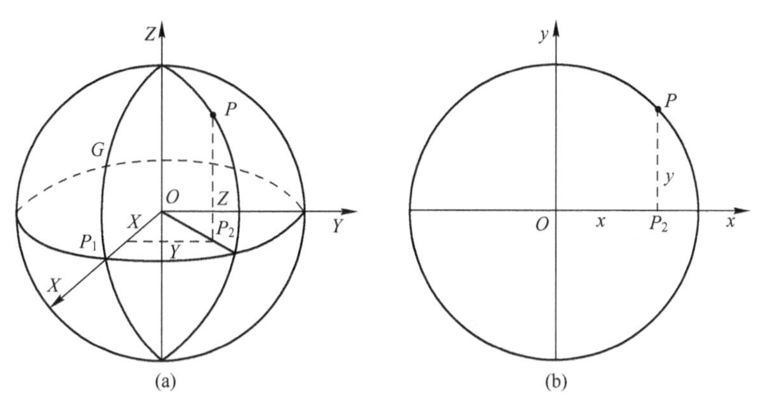

图 4.18　空间直角坐标系与子午面直角坐标系的关系

（a）空间直角坐标系；（b）子午面直角坐标系。

三、空间直角坐标系同大地坐标系的关系

由图 4.19 可见，设地面上某点 P 在大地坐标系中的坐标为 (L,B,H)，该点在地球空间直角坐标系中的坐标为 (X,Y,Z)，则利用如下两组公式可以进行坐标转换，即

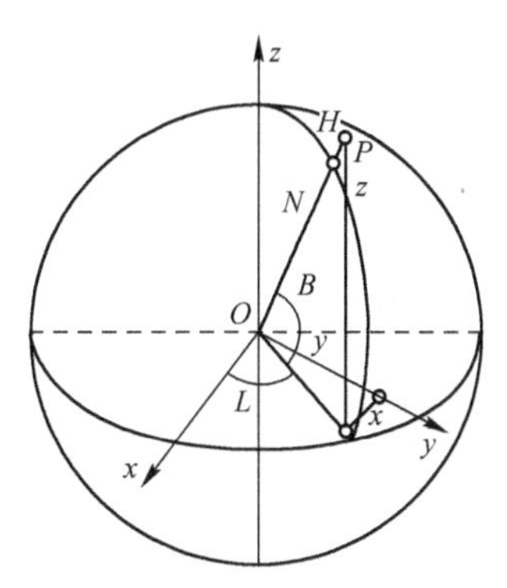

图 4.19　空间直角坐标系与大地坐标系的关系

$$\begin{cases} x = \left(N + H\right)\cos B\cos L \\ y = \left(N + H\right)\cos B\sin L \\ z = \left[N\left(1 - e^2\right) + H\right]\sin B \end{cases} \tag{4-53}$$

$$\begin{cases} L = \arctan\dfrac{y}{x} \\ B = \arctan\dfrac{z + Ne^2\sin B}{\sqrt{x^2 + y^2}} \\ H = \dfrac{z}{\sin B} - N\left(1 - e^2\right) \end{cases} \tag{4-54}$$

式中：e 为子午椭圆第一偏心率，可由长短半径按式 $e^2=\left(a^2-b^2\right)/a^2$ 算得；N 为法线长度，可由式 $N=a/\sqrt{1-e^2\sin^2 B}$ 算得。

四、大地坐标系同大地极坐标系的关系

从大地原点出发，逐点计算点在椭球面上的大地坐标；或者根据两点的大地坐标，计算它们之间的大地线长和大地方位角，这类计算称大地主题解算，包括大地主题正解和大地主题反解。

如图 4.20 所示，已知 P_1 点大地坐标为 (L_1,B_1)，P_1 点至 P_2 点的大地线长 S 和大地方位角 A_1，计算 P_2 点的大地坐标 (L_2,B_2) 和大地线在 P_2 点的大地反方位角 A_2，称大地主题正解；已知 P_1 和 P_2 两点的大地坐标 (L_1,B_1) 和 (L_2,B_2)，反算 P_1 P_2 的大地线长 S 和大地正反方位角 A_1、A_2，称为大地主题反解。由大地极坐标定义可知，(S,A_1)、(S,A_2) 分别是 P_1、P_2 点的大地极坐标，因此大地主题解算就是大地坐标与大地极坐标的相互换算问题。

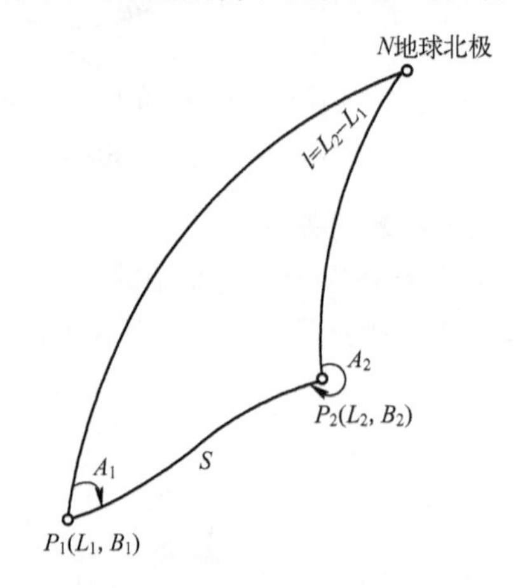

图 4.20　大地坐标系与大地极坐标系的关系

椭球面上大地坐标的解算，比平面上坐标的解算要复杂得多，大地主题解算的算法有 70 多种，如 Gauss 法、Helmert 法、Bessel 法和 Bowring 法等。研究表明，Bowring 公式在 300km 内的计算误差仅为 0.1m，1500km 内的计算误差也只有 10m，且 Bowring 公式计算简便、速度快。下面给出在大地坐标系与大地极坐标系之间进行转换的 Bowring 公式。

1. 正解公式

设某探测源 R 的经度为 λ_r、纬度为 φ_r，该探测源探测到目标 T 的方位为 α_{rt}、距离为 s_{rt}，计算目标 T 的地理坐标——经度和纬度 (λ_t,φ_t)，即

$$\lambda_t=\lambda_r+\frac{1}{A}\arctan\frac{A\times\tan\sigma\times\sin\alpha_{rt}}{B\times\cos\varphi_r-\tan\sigma\times\sin\varphi_r\times\cos\alpha_{rt}} \tag{4-55}$$

$$\varphi_t=\varphi_r+2D\times[B-(3/2)e'^2\times D\times\sin(2\varphi_r+(4/3)B\times D)] \tag{4-56}$$

其中

$$A=(1+e'^2\cos^4\varphi_r)^{1/2},B=(1+e'^2\cos^2\varphi_r)^{1/2} \tag{4-57}$$

$$D=\arcsin\{\sin\sigma[\cos\alpha_{rt}-(1/A)\sin(\varphi_r)\times\sin\alpha_{rt}\times\tan\omega]\}/2 \tag{4-58}$$

$$\sigma = s_{rt} \times B^2 /(aC) \tag{4-59}$$

而

$$a = 6378245\text{m}, b = 6356863\text{m}, e'^2 = (a^2 - b^2)/b^2 \tag{4-60}$$

$$C = (1 + e'^2)^{1/2}, \omega = A \times (\lambda_t - \lambda_r)/2 \tag{4-61}$$

2. 反解公式

设某舰艇 M 的经度为 λ_m，纬度为 φ_m；目标 T 的经度为 λ_t，纬度为 φ_t；求目标到舰艇 M 的大地距离 s_{mt} 和方位 α_{mt}。令

$$\omega = A \times (\lambda_t - \lambda_m)/2 \tag{4-62}$$

$$\Delta\varphi = \varphi_t - \varphi_m \tag{4-63}$$

$$D = \frac{\Delta\varphi}{2B}[1 + \frac{3e'^2}{4B^2} \times \Delta\varphi \times \sin(2\varphi_m + \frac{2}{3}\Delta\varphi)] \tag{4-64}$$

$$E = \sin D \times \cos\omega \tag{4-65}$$

$$F = \frac{1}{A} \times \sin\omega \times (B \times \cos\varphi_m \times \cos D - \sin\varphi_m \times \sin D) \tag{4-66}$$

$$\sin^2(\sigma/2) = E^2 + F^2 \tag{4-67}$$

$$\tan\alpha = F/E \quad (\alpha\text{的象限由}E\text{、}F\text{符号判断}) \tag{4-68}$$

$$\tan H = \frac{1}{A} \times \tan\omega \times (\sin\varphi_m + B \times \cos\varphi_m \times \tan D) \tag{4-69}$$

则

$$s_{mt} = a \times C \times \sigma / B^2, \quad \alpha_{mt} = \alpha - H \tag{4-70}$$

4.4.3 工程上使用的坐标转换

为了便于使用，在工程应用中常常根据实际问题，采用一些简化的坐标转换公式。本节以舰载雷达目标信息处理为例，说明其中用到的坐标转换过程。如图 4.21 所示，设舰载雷达位于(L_r, B_r)（大地坐标：经度，纬度），雷达探测到的目标位置参数是(r,θ)（极坐标：距离 r，方位θ），雷达目标信息处理在直角坐标系下进行，坐标原点所在位置为大地坐标系中的(L_0, B_0)，y 轴沿正北方向。

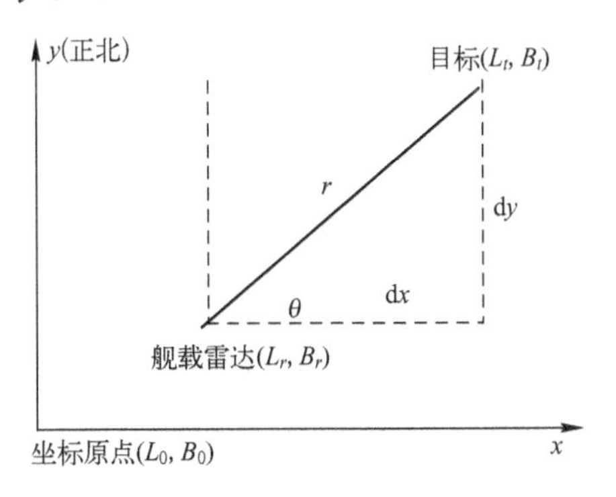

图 4.21　坐标转换关系示意图

1. 极坐标与大地坐标之间的转换

设舰载雷达位于(L_r, B_r)。

（1）极坐标转换为大地坐标。舰载雷达探测到的目标位置参数是(r,θ)，以下确定目标点所在位置的大地坐标(L_t, B_t)。

由图 4.21 可知

$$\mathrm{d}x = r\sin\theta, \quad \mathrm{d}y = r\cos\theta \tag{4-71}$$

目标纬度为

$$B_t = B_r + \mathrm{d}y \times 0.29131 \times 0.0001 \tag{4-72}$$

目标经度为

$$L_t = L_r + \mathrm{d}x/(28111.43 - 349.6 \cdot B_h) \tag{4-73}$$

其中

$$B_h = \frac{B_r + B_t}{2} \tag{4-74}$$

注意：这里以及下面所有L、B的单位为 rad，r的单位为链。

（2）大地坐标转换为极坐标。某个目标的位置参数是大地坐标(L_t, B_t)，以下确定该目标相对于该舰的极坐标(r,θ)，即

$$\begin{aligned}\mathrm{d}y &= (B_t - B_r)/(0.29131 \times 0.0001) \\ &= (B_t - B_r) \times 34327.69\end{aligned} \tag{4-75}$$

$$\mathrm{d}x = (L_t - L_r) \times (28111.43 - 349.6 \cdot B_h) \tag{4-76}$$

目标距离为

$$r = \sqrt{\mathrm{d}x^2 + \mathrm{d}y^2} \tag{4-77}$$

目标方位为

$$\theta = \arctan(\frac{\mathrm{d}x}{\mathrm{d}y}) \quad (\theta\text{在}[0°,360°)\text{之间})$$

其中

$$B_h = \frac{B_r + B_t}{2} \tag{4-78}$$

2. 大地坐标与直角坐标之间的转换

设坐标原点位于大地坐标(L_0, B_0)。

（1）大地坐标转换为直角坐标。某个目标的位置参数是大地坐标(L_t, B_t)，以下确定目标相对于坐标原点的直角坐标(x, y)，即

$$y = (B_t - B_0) \times 34327.69 \tag{4-79}$$

$$x = (L_t - L_0) \times (28111.43 - 349.6 \cdot B_h) \tag{4-80}$$

其中

$$B_h = \frac{B_t + B_0}{2} \tag{4-81}$$

（2）直角坐标转换为大地坐标。某个目标相对于坐标原点的直角坐标为(x,y)，以下确定目标的大地坐标(L_t,B_t)，即

$$B_t = B_0 + y \times 0.29131 \times 0.0001 \tag{4-82}$$

$$L_t = L_0 + x/(28111.43 - 349.6 \cdot B_h) \tag{4-83}$$

其中

$$B_h = \frac{B_t + B_0}{2} \tag{4-84}$$

3. 直角坐标与极坐标之间的转换

设坐标原点位于大地坐标(L_0,B_0)，舰载雷达位于(L_r,B_r)。

（1）极坐标转换为直角坐标。舰载雷达探测到的某个目标的位置参数为(r,θ)，以下确定目标在直角坐标系中的位置参数(x,y)。

目标相对于舰载雷达的直角坐标$(\mathrm{d}x,\mathrm{d}y)$为

$$\mathrm{d}x = r\sin\theta,\quad \mathrm{d}y = r\cos\theta \tag{4-85}$$

舰载雷达相对于坐标原点的直角坐标(x_r,y_r)为

$$y_r = (B_r - B_0) \times 34327.69 \tag{4-86}$$

$$x_r = (L_r - L_0) \times (28111.43 - 349.6 \cdot B_h) \tag{4-87}$$

其中

$$B_h = \frac{B_r + B_0}{2} \tag{4-88}$$

目标在直角坐标系中的位置(x,y)为

$$x = \mathrm{d}x + x_r,\quad y = \mathrm{d}y + y_r \tag{4-89}$$

（2）直角坐标转换为极坐标。某个目标在直角坐标系中的位置参数(x,y)，以下确定该目标相对于舰载雷达的极坐标参数(r,θ)。

舰载雷达相对于坐标原点的直角坐标(x_r,y_r)为

$$y_r = (B_r - B_0) \times 34327.69 \tag{4-90}$$

$$x_r = (L_r - L_0) \times (28111.43 - 349.6 \cdot B_h) \tag{4-91}$$

其中

$$B_h = \frac{B_r + B_0}{2} \tag{4-92}$$

目标相对于舰载雷达的直角坐标$(\mathrm{d}x,\mathrm{d}y)$为

$$\mathrm{d}x = x - x_r,\quad \mathrm{d}y = y - y_r \tag{4-93}$$

目标相对于舰载雷达的极坐标参数(r,θ)为

$$r = \sqrt{\mathrm{d}x^2 + \mathrm{d}y^2} \tag{4-94}$$

$$\theta = \arctan\left(\frac{\mathrm{d}x}{\mathrm{d}y}\right) \quad (\theta\text{在}[0°,360°)\text{之间}) \tag{4-95}$$

4.4.4 数据链信息的坐标转换

战术数据链是舰艇与舰艇之间或舰艇与飞机之间传输战术数据的专用通信线路，可使编队中各舰艇指控系统内的计算机组成一个战术数据处理网络。指控系统与数据链之间的信息交换和传递实际上是计算机与处理机之间的数据交换，因而，对数据链信息的处理较为简单。由于数据链网络内传送的目标数据都是以统一的网络参考点为基准的，因此需要进行坐标变换计算，将目标数据转换成以本舰为坐标原点的目标数据。这里，以海上目标为例介绍其有关坐标转换问题，其关系如图 4.22 所示。

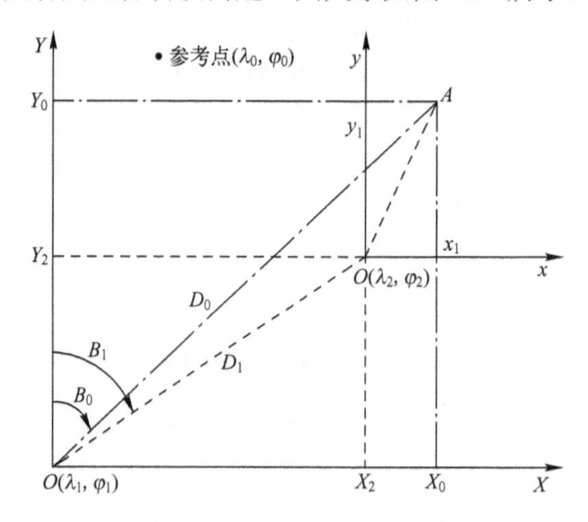

图 4.22 求解目标坐标示意图

一、已知条件

λ_1、φ_1——本舰经纬度。

λ_0、φ_0——参考点经纬度。

二、传输舰传输的数据

传输舰与参考点的经纬度差为

$$\begin{aligned} D_\lambda &= \lambda_2 - \lambda_0 \\ D_\varphi &= \varphi_2 - \varphi_0 \end{aligned} \tag{4-96}$$

式中：x_1、y_1 为以传输舰为坐标原点，发现目标 A 的坐标；$\dot{x}_1$、$\dot{y}_1$ 为以传输舰为坐标原点，目标在 x、y 轴上的速度分量。

三、坐标转换过程

根据上述数据，坐标转换的过程如下。

（1）计算传输舰经纬度，即

$$\begin{aligned} \lambda_2 &= D_\lambda + \lambda_0 \\ \varphi_2 &= D_\varphi + \varphi_0 \end{aligned} \tag{4-97}$$

（2）计算本舰与传输舰经纬度差，即

$$\begin{aligned} D_{\lambda 1} &= \lambda_1 - \lambda_2 \\ D_{\varphi 1} &= \varphi_1 - \varphi_2 \end{aligned} \tag{4-98}$$

（3）计算本舰与传输舰的东西距，即

$$D_{ep} = D_{\lambda 1}\cos\varphi_n \tag{4-99}$$

式中：φ_n 为中分纬度。在平均纬度不太高和航程不太大时，中分纬度 φ_n 可用平均纬度 φ_m 代替，而 φ_m 为 $\varphi_m = \dfrac{\varphi_1+\varphi_2}{2}$。

（4）求传输舰相对于本舰的方位和距离。

传输舰相对于本舰的方位 B_1 为

$$\tan B_1 = \frac{D_{ep}}{D_{\varphi 1}} = \frac{D_{\lambda 1}}{D_{\varphi 1}}\cos\varphi_n \approx \frac{D_{\lambda 1}}{D_{\varphi 1}}\cos\varphi_m \tag{4-100}$$

则

$$B_1 = \arctan(\frac{D_{\lambda 1}}{D_{\varphi 1}}\cos\varphi_m) \tag{4-101}$$

式中：$D_{\lambda 1}$、$D_{\varphi 1}$ 的单位为分。

本舰与传输舰的距离 D_1：

方位 B_1 接近南北时，$D_1 = D_{\varphi 1}\sec B_1$。

方位 B_1 接近东西时，$D_1 = D_{ep}\csc B_1 = D_{\lambda 1}\cos\phi_n \csc B_1 \approx D_{\lambda 1}\cos\phi_m \csc B_1$。

如方位 B_1 不在上述范围内时，则用任一公式计算距离 D_1，单位为 n mile。

（5）求目标 A 相对于本舰的坐标。

将传输舰的距离 D_1 和方位 B_1 转换成直角坐标 X_2、Y_2，即

$$\begin{aligned} X_2 &= D_1 \sin B_1 \\ Y_2 &= D_1 \cos B_1 \end{aligned} \tag{4-102}$$

目标 A 的坐标为

$$\begin{aligned} X_0 &= X_2 + x_1 \\ Y_0 &= Y_2 + y_1 \end{aligned} \tag{4-103}$$

则

$$\begin{aligned} D_0 &= \sqrt{X_0^2 + Y_0^2} \\ B_0 &= \arctan\frac{X_0}{Y_0} \end{aligned} \tag{4-104}$$

（6）求目标航向、航速。

根据目标 A 的速度分量 $\dot{x}_1$、$\dot{y}_1$，求得目标航速 v_m 和航向 C_m 为

$$v_m = \sqrt{\dot{x}_1^{\ 2} + \dot{y}_1^{\ 2}} \tag{4-105}$$

$$C_m = \arctan\frac{\dot{x}_1}{\dot{y}_1} \tag{4-106}$$

根据目标航向 C_m 和本舰航向 C_w，可求出目标舷角 Q_m。

习　题

1．什么是目标定位技术？常用的定位方法有哪些？

2．无源定位的特点是什么？

3．常用的无源定位方法有哪些？

4．试推导无误差情况下两站测向交叉定位公式。

5．设有两个传感器，位置分别为（−10，0）与（10，0）（单位：km），两个传感器方位测量误差的标准差均为 0.1rad，$\theta_1 = 40°, \theta_2 = 120°$，利用多站测向交叉定位方法求目标定位点，假设采用定位精度的几何稀释 GDOP 来计算误差，GDOP 定义为 $\mathrm{GDOP} = \sqrt{r_{xx} + r_{yy}}$，其中 r_{xx}、r_{yy} 分别为目标定位点在 x、y 轴方向上的方差，试用 GDOP 计算目标定位误差，要求给出相关推导过程。

6．试简要说明无源测时差定位的基本原理。

7．无源测时差定位系统的定位精度主要受哪些方面因素影响？

8．试简要说明无源测时差定位系统在工程实践上的先决条件。

9．试简要说明测向测时差定位系统的基本原理。

10．已知地球椭球的长半轴为 a，短半轴为 b，请给出地球椭球的扁率、第一偏心率、第二偏心率的计算公式，并简单说明其含义。

11．请画图说明大地坐标系表示方法及定义。

12．请画图说明大地极坐标系表示方法及定义。

第 5 章　情报信息处理的目标跟踪技术

目标跟踪过程是根据传感器获取的目标点迹，计算出目标的运动航向、航速，进而推算目标未来位置的过程。在目标跟踪理论中，根据跟踪目标所使用的传感器数目不同，目标跟踪可以分为单传感器跟踪（Single-Sensor Tracking，SST）和多传感器跟踪（Multiple-Sensor Tracking，MST）两类。在单传感器跟踪中，根据所跟踪目标的数目不同，目标跟踪又可分为单传感器单目标跟踪（One-To-One，OTO）和单传感器多目标跟踪（One-To-Multiple，OTM）。同样，多传感器跟踪也可分为多传感器单目标跟踪（Multiple-to-One，MTO）和多传感器多目标跟踪（Multiple-to-Multiple，MTM）。相对来说，单传感器单目标跟踪不需要复杂的数据关联和数据融合，其理论和技术较为简单，而单传感器多目标跟踪、多传感器单目标跟踪及多传感器多目标跟踪由于涉及多目标之间的数据关联或多传感器之间的数据融合，因此技术比较复杂，实现难度也较大。本章以单传感器多目标跟踪问题为研究对象，介绍目标跟踪的基本原理，航迹相关、目标运动模型、航迹滤波与外推的基本原理。

5.1　目标跟踪的基本概念与原理

5.1.1　基本概念

通过第 2 章的目标检测、第 3 章的目标识别和第 4 章的目标定位过程，探测到目标的存在并确定目标所在位置后，实现了信息处理过程的一级加工，所得到的目标坐标数据是孤立的、离散的，称为目标点迹数据。

实际上，为了获取完整的战场态势，在发现目标以后，更需要了解运动目标的航迹、判明目标的运动规律。因此，需要利用目标运动的相关特性，把一级加工所得到的点迹数据做进一步处理，连成航迹，计算出目标的运动航向、航速，进而推算目标未来的位置，这是二级加工，也称为目标跟踪过程。以下主要介绍边扫描边跟踪（Track-while-scan）系统中单传感器多目标跟踪的有关概念。

在天线扫描过程中，每扫描一周所录取到的目标信息是在时间和空间上离散的一些孤立点迹，其参数包括距离、方位、经纬度、属性、类型等。

航迹是指目标的运动轨迹，它们是由录取到的多个点迹按一定的准则连接而成的。目标在运动过程中，每个天线周期录取到的点迹数据都在变化，把这些离散的孤立点迹连接起来即构成一条完整的目标航迹，通常包括航迹的时间参数、坐标参数、运动参数和属性参数等。

以雷达扫描为例，在搜索雷达环扫一周以后，提取器可以提取到若干个点迹，它们是根据接收信号的特性和给定的准则判断目标存在之后，给出的一组目标的坐标数据。由于环境噪声、探测器材噪声等的影响，在这些录取到的点迹中，还可能存在大量的虚假点迹。因此，可将提取到的点迹分为目标点迹和虚警点迹（也称为假目标点迹）。此外，还可将点迹分为相关点迹和自由点迹两大类，按一定准则确认的属于某一已知航迹的点迹称为相关点迹，否则，就是自由点迹。

如图 5.1 所示，a_1、a_2 分别是航迹 I 和航迹 II 的延续，因而是相关点迹；b_1、b_2 则不属于任何一条航迹，因此是自由点迹，它们可能是假目标点迹，也可能是新出现的目标点迹。

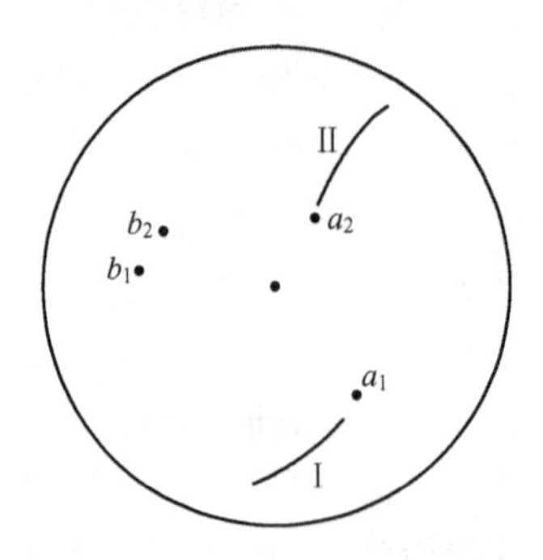

图 5.1　点迹的分类

可见，传感器录取到的点迹可以分成三类。

（1）已经被跟踪的目标的后继点迹——相关点迹。

（2）噪声干扰等引起的点迹——假点迹。

（3）首次被发现的目标的点迹——新点迹。

航迹处理的任务就是根据这些离散的、存在虚警的点迹来建立、保持航迹，具体要对新、相关、假三类目标点迹进行确认和分类，并进行不同的处理。

（1）如果确认是新点迹，则与历史孤立点迹建立航迹起始。

（2）如果确认是假点迹，则予以撤消。

（3）如果确认是相关点迹，则属于已经建立起来航迹的目标的后继点迹，进行航迹滤波外推跟踪。

5.1.2　目标跟踪过程

边扫描边跟踪系统指的是单一搜索传感器（如搜索雷达、主动搜索声纳）对多个目标进行边扫描边自动跟踪，即在扫描过程中对空中、水面和水下几十批甚至几百批目标进行跟踪。这种系统摆脱了过去用人工标图获取战场态势图的落后方法，大大缩短了系统的反应时间。在此系统中，跟踪目标批数的多少是衡量系统性能的重要指标之一。

采用边扫描边跟踪必须同时解决两个问题。其一，必须对目标未来位置进行预测，即进行航迹外推。考虑到目标数据录取总是伴随着随机误差，即存在测量噪声，因此必须对录取的点迹数据进行滤波处理，以实现最佳估计从而获得最佳预测位置。其二，必须进行航迹相关。由于目标数据录取误差的随机性和目标可能出现的机动，目标未来位置很难和预测位置一致，因此必须以预测点为中心确定相关区，在此相关区内出现的目标才被认为是同一目标。因此，航迹外推和航迹相关这两个密切结合的环节便构成了目标的自动跟踪。

目标跟踪过程可以定义为航迹相关与估计目标在当前时刻（滤波）和未来任一时刻（预测）状态的任务。简单来说，就是不断地测量一个目标的位置，进行平滑计算，连成航迹，并外推它未来（一般是一个扫描周期以后）可能出现的位置，计算目标运动速度和航向。

具体来说，多目标跟踪的目的是将探测器所接收到的量测数据分解为对应于不同信息源的不同观测集合或轨迹。一旦轨迹被形成和确认，则被跟踪的目标数目以及相应于每一条轨迹的目标运动参数如位置、速度、加速度以及目标分类特征等，均可相应地估计出来。

图 5.2 所示为多目标跟踪过程流程图，包括三大部分：一是跟踪起始；二是数据关联与跟踪维持；三是跟踪终结。

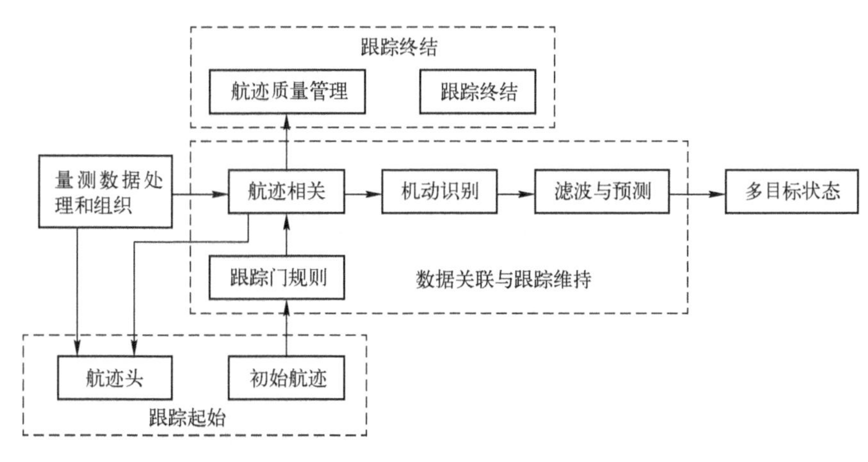

图 5.2 目标跟踪过程流程图

系统刚开机时，没有任何航迹被确定，测量数据全部被输入跟踪起始分系统，由跟踪起始分系统得出初步预测结果。主系统根据这些预测结果为各条航迹建立跟踪门，待下一个周期的观测数据进入系统后，首先与各跟踪门进行关联，对于关联上的目标航迹，进行机动识别以及滤波和预测，得到多目标的状态（目标位置及运动参数）。对于没有落入任一跟踪门的数据，判断其是新目标的量测值还是虚警，若是新的目标，则对其进行跟踪起始运算，建立新的目标档案。若某一目标航迹在一段连续时间内没有相关点迹，则说明该目标可能已离开探测区域，或被摧毁，需进行跟踪终结检验，并消除多余目标档案，以减轻不必要的计算负荷。下面对多目标跟踪算法的三个组成部分进行说明。

1. *跟踪起始*

启动跟踪的首要任务是确定跟踪门的形状和大小。跟踪门（也称为相关波门）是跟踪空间中的一块小空间，中心位于被跟踪目标的预测状态位置，其大小由接收正确观测点的概率来确定。跟踪门规则是将观测值分配给已建立航迹或新建立航迹的一种粗略判决方法，当观测点迹落入某目标的跟踪门内时，便被考虑用于更新被跟踪目标的状态；当观测点迹不落入任何已建立的航迹的跟踪门内时，则认为可能是新出现的目标或噪声，由此建立起新的假定航迹或摒弃虚警。

跟踪起始是一种建立新的目标记录的决策方法。在探测器刚开机以及在跟踪过程中有孤立点迹不落入任何跟踪门内时，都要进行跟踪起始运算。这部分要解决的具体问题是：从连续观测得到的点迹中确定目标的初始运动航迹。

2. *数据关联与跟踪维持*

数据关联与跟踪维持是多目标跟踪的核心部分，其中数据关联是多目标跟踪技术中最重要又最困难的方面，它是对新录取到的点迹与已有航迹进行相关处理，判断点迹与航迹的隶属关系，从而判断该点迹是自由点迹还是相关点迹，这种对点迹与已有航迹之间归属关系的判别，称为航迹相关。如果是自由点迹，则与历史自由点迹建立航迹起始。不能建立新航迹，则断定是干扰，予以撤消。

跟踪维持是滤波与预测过程，其目的是利用新的观测数据去修正目标已有的估计结果，并预测下一个周期目标的状态值。

3. *跟踪终结*

跟踪终结是跟踪起始的逆问题，它是清除多余目标记录的一种决策方法。当被跟踪目标离开跟踪区域或被摧毁时，其状态更新质量下降，为避免不必要的存储和计算，跟踪器必须作出相应的决策，以消除多余目标记录，完成跟踪终结功能。

典型的跟踪终结方法包括：N 个连续扫描周期丢失目标确定跟踪终结的方法，该法计算简单且相对效果较好，得到广泛的应用；概率决策分析方法，主要有序列概率检验法、跟踪门法、代价函数法和 Bayes 跟踪终结方法等。

航迹质量管理可用于跟踪终结，在航迹处理过程中，要建立一套完整的目标航迹档案（即主航迹表），并不断对其加以更新。主航迹表是一种动态数据库，用于存储有关目标的状态信息。例如目标航迹表、历史点迹表和本舰参数表等。在多目标密集环境下，特别是有较强干扰存在的情况下，航迹处理的主要困难是计算量大。为避免不必要的存储和计算，要在航迹处理过程中，不断删除航迹质量下降到某种程度的目标记录，实现跟踪终结，为此需要对所有目标进行航迹质量管理。航迹质量管理的基本内容就是评估航迹质量的优劣，判别新建立的、正常的、可疑的、应予以撤消的航迹，为主航迹表中的每一批目标提供航迹质量参数。

5.1.3 航迹的建立

以下以雷达系统为例，说明其目标跟踪的过程。早期的雷达终端是没有计算机的，航迹的建立和跟踪完全依靠人工完成，这就是人工判定目标的存在，逐次报出目标的位置并进行标图，然后把分散的点迹连成航迹。有了目标的航迹，就可以知道目标的运动情况，推算它的未来位置和可能的企图。

现代雷达系统要求同时掌握大量的目标航迹，精确地实施跟踪和引导计算，航迹的建立可以是半自动的，也可以是全自动的。

一、半自动方式

半自动方式建立目标航迹进行跟踪的方法是指目标的第 1 点（有的是第 1 点及第 2 点）是半自动录取的，后续点迹则是自动录取到的，建立航迹的准则与全自动方式基本相同。半自动建立航迹的基本步骤是：录取手通过显示器人工发现目标，转动模球将光标压住目标回波并同时按下录取键，计算机获取该点迹后以其为中心建立捕获波门，如在第 2 个周期内在该波门内出现了第 2 点，则以这两个点建立试验航迹，并以外推获得的预测点为中心建立跟踪波门来跟踪第 3 点。

半自动建立航迹及跟踪目标方法中一种常用的变种称为人工速率辅助跟踪。这种方法采用半自动录取方式录取多点建立目标航迹，在后续的跟踪中，系统在显示器上给出跟踪波门，操作手密切监视波门内自动录取点迹的情况。如正常录取到了点迹，则可继续实施原跟踪；若点迹落在跟踪波门之处，则仍需操作手通过半自动方式录取该点迹，使跟踪得以继续，这种方式自动化程度较低，但它的优点是：在强干扰情况下，可以避免全自动录取方式录取到大量假目标，从而造成系统过载；在目标频繁机动情况下，能够可靠跟踪目标。

二、全自动方式

自动方式是指建立航迹及后续的跟踪是在航迹处理机与提取器的相互配合下全自动完成的，整个过程毋需人工干预。这种方式多用于背景较清晰、干扰小、目标速度较快的情况，对于空中目标尤为适用。

在此方式下，目标的出现和航迹的建立都由机器来完成，只是在个别的情况下需要人工干预。例如，当杂波电平很高而动目标显示的性能不好，或者是有人为干扰时，使得某些区域内的假目标点迹的密度很大，这时，如果仍然用自动录取，将会产生大量的虚警，计算机内存的目标数据存储区可能会被大量的假目标数据所占用而处于饱和状态，这就要进行人工干预，禁止自动建立航迹，而改为人工录取。

在全自动录取的过程中，凡是与已建立的航迹不相关的新点迹，都要作为自由点迹存储起来。因为这些点迹有可能是新发现目标的第一个点迹，但究竟是不是，要进行检验。一般是在下一个扫描周期时，把新录取的点迹除了和已有航迹相关外，也要和存储的自由点迹进行比较，以确定是否能利用自由点迹中的某几个和新的一些点迹建立新的航迹。

无论是半自动方式还是全自动方式，要建立新航迹，都必须考察自由点迹。首先要确定自由点迹中哪些点迹可以作为航迹的第一点也即航迹头。通常，一次扫描后自由点迹的分布可能产生如图 5.3 所示的三种情况。

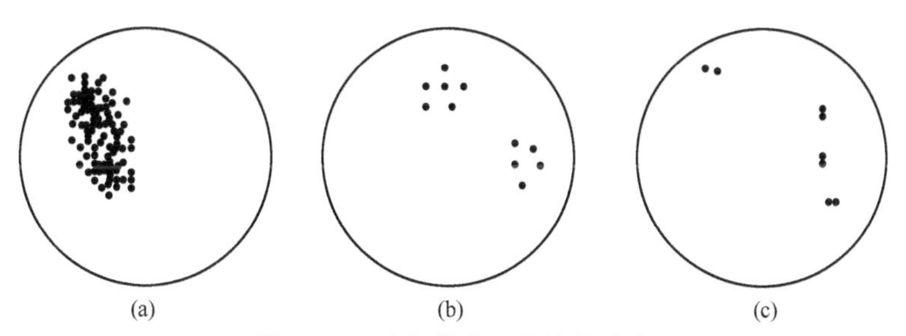

图 5.3　一次扫描自由点迹的分布

（a）点迹的光带或光区；（b）点迹团；（c）孤立点迹。

图 5.3（a）是存在大量虚警的情况，形成了点迹的光带或光区，多产生于动目标显示性能不良或有人为干扰的情况。此时，通常可采用半自动录取点迹的方式确定目标的航迹头甚至后续点迹，从而避免由于自动录取产生大量假目标点迹，造成计算机过载的

情况。

图 5.3（b）多产生于提取器目标分裂或空中目标集群飞行的情况，也就是说，数个自由点迹形成了一个分布密集的点迹团。通常可取该点迹团的中心（也叫凝聚点）作为航迹头。

图 5.3（c）中出现的是分布较稀疏的若干个点迹，称其为孤立点迹。在这种情况下，可以直观地认为每一个点迹都是航迹头，尽管这其中可能存在假目标点迹。根据自由点迹的分布情况，可以采用全自动或半自动方法来建立航迹及完成后续的跟踪。

以下举例说明自动建立目标航迹的一种方法，如图 5.4 所示。

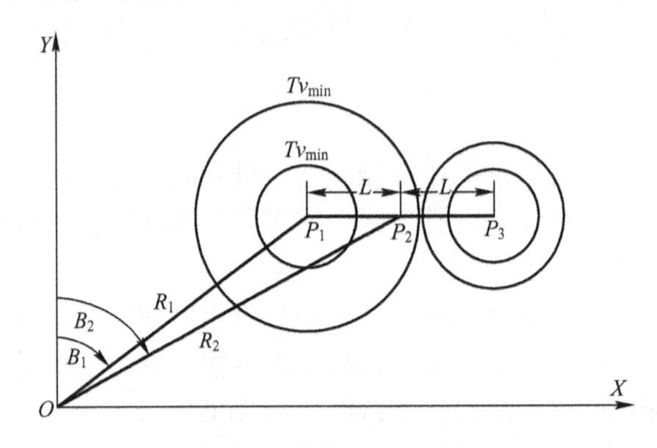

图 5.4　航迹的自动建立

图中 $P_1(R_1,B_1)$ 是一个已经确定的目标的第一个点迹，也即航迹头。以该点迹为中心做一个环形区域，这种区域称为“相关波门”，或“相关域”，或“搜索区域”。波门的内径和外径分别按照目标的最小和最大可能速度，以及雷达扫描周期来确定。这样，如在下一天线扫描周期，环内检测到目标点迹 P_2，则是速度合理的运动目标，它很可能是第一次录取的目标在第二个扫描周期新位置的点迹，所以可判断点迹 P_2 和 P_1 是相关的，它们能连成一条可能的航迹。由于检测到第二个点迹 P_2，则 P_1 和 P_2 的间隔距离 L 也可求出，目标运动的方向当然也可粗略地知道，是从 P_1 向 P_2 运动。

对于已建立的航迹 P_1P_2，称为试验航迹。因为单凭这两个点迹确定的航迹其可信度是比较低的。例如，受干扰的影响，P_1、P_2 两点可能都是虚警点迹，或者其中一个是假目标点迹，因此还需要进一步对试验航迹加以检验，以最终确定其是否为真实可靠的航迹，即确认航迹。确认的方法是在 P_1、P_2 的延长线上取一 L 长度，得到下一雷达天线周期内目标可能出现的位置 P_3 点，该点称为外推点或预测点。然后，再以 P_3 点为中心建立一个波门，当在下一天线周期内提取到一点迹，且其位于该波门内时，通常认为已建立了航迹，也即确认航迹，从而可以转入对目标的自动跟踪。

在建立航迹的过程中，由于受噪声干扰和目标特性的影响，点迹的出现表现为一定的发现概率和虚警概率，也就是说，会产生有目标而没检测到点迹，没目标却提取到点迹的情况；此外，当目标相距较近时，还有可能出现波门重叠的现象。针对这些复杂的情况，还需要确立一些具体的准则加以处理，以提高航迹建立过程中的可靠性。下面就此作一些简单的分析。

第 1 种情况：如果已检测到了两点 P_1、P_2（图 5.5（a）），且建立了试验航迹，但在第 3 周的跟踪波门内没有出现目标的第 3 个点迹 P_3，这时，对于已建立的试验航迹并不立即予以撤消，因为目标尚有被录取到的可能性，还需进一步验证目标是否真正存在或是由虚假点迹所引起的虚假航迹。验证的方法是再按目标原来的速度和方向推出第 4 点位置 P_4，以 P_4 为中心再建立波门，该波门应恢复为原来的捕获波门，如果能检测到第 4 个点迹 P_4，那么，这个航迹可延续下去，否则，认为原试验航迹是不真实的，并予以撤消。

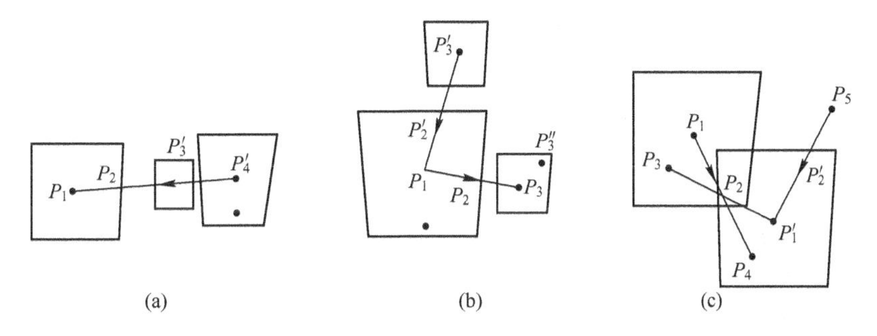

图 5.5　建立航迹的复杂情况

第 2 种情况：在第 2 周期时，在第 1 点 P_1 的捕获波门内录取到了两个新点迹 P_2 和 P_2'（图 5.5（b））。这时，处理的办法是建立两条试验航迹 P_1P_2 和 P_1P_2'，分别计算出它们的外推点 P_3 和 P_3'，并以它们为中心建立波门，在下一周期内分别在两个波门检测目标的新点迹，以进一步判断哪一条是真航迹或出现的新航迹。如果只在其中的一个波门录取到新点迹，则可确认只有一条真航迹。例如，在 P_3 波门内检测到了新点迹 P_3''，而在 P_3' 波门内没有检测到新点迹，则 P_1、P_2 和 P_3'' 便可唯一确定一条航迹。如果在两个波门内均提取到了新点迹，可分别建立两条航迹，当然，为可靠起见，一般应再录取点迹然后按前述方法进一步予以区分和确认。

第 3 种情况：在第 1 次录取时已得到两个自由点迹 P_1 和 P_1'，由于这两点相靠近，故其捕获波门有部分重叠，虽然在第 2 次录取时也分别检测到了两个点迹 P_2 和 P_2'，但 P_2 恰好落在两个波门的重叠区内（图 5.5（c））。处理这种情况的方法是：分别建立三条试验航迹 P_1P_2、$P_1'P_2$ 和 $P_1'P_2'$，并以外推所得的 P_4、P_3、P_5 3 点分别建立波门。这 3 条航迹中，P_1P_2 和 $P_1'P_2'$ 是交叉的，究竟 P_2 属于哪一条航迹，要看以后录取的情况再进一步进行相关处理后确定，具体的内容这里不再继续讨论。

5.2　航 迹 相 关

5.2.1　概述

如前所述，传感器录取到的点迹可以分成三类。

（1）已经被跟踪的目标的后继点迹——相关点迹。

（2）噪声干扰等引起的点迹——假点迹。

（3）首次被发现的目标的点迹——新点迹。

为了判断点迹属于哪一类，需要进行航迹相关处理。相关处理需要对目标位置进行连续的或按时间采样的离散测量，预测持续的传感器范围内目标的下一个位置，对每个新的传感器数据集合与已知目标航迹的预测位置反复进行关联，以确定传感器检测是当前的航迹或是新目标，或是虚警。

点迹与航迹相关也常叫点迹分类或数据关联，是指检测到的点迹与已有航迹相互配对的过程，从而确定出点迹与航迹的隶属关系。它是航迹处理的基本问题，也是核心问题和难点之一。如果有办法能将点迹按目标分类，多目标跟踪就简化成了单目标跟踪问题。一般来说，在多目标密集环境下，进行点迹的分类不是一件容易的事，但同时又是至关重要的工作环节。举一个简单的例子加以说明：设搜索雷达天线匀速转动，每一次扫描均提取到 10 个点迹，如果事先不对点迹加以分类，则经 10 次扫描后可能建立的航迹数为 10^{10}。这种“组合爆炸”可造成航迹处理的计算量过大、处理机过载，并严重降低系统处理信息的实时性和有效性。在有交叉目标、机动目标，探测设备测量误差大，系统噪声和环境干扰强烈时，点迹的分类就显得尤为重要，同时也更加复杂。因此，如何合理地对点迹进行分类，特别是合理地利用目标固有的运动规律进行分类，便成为解决此类问题的着眼点之一。

航迹相关是将来自一个或多个传感器的观测或点迹，Z_i，i=1,2,…,3 与 j 个已知或已经确认的事件归并到一起，使它们分别属于 j 个事件的集合，即保证每个事件集合所包含的观测以较大的概率或接近于 1 的概率均来自同一个实体。对没有归并到 j 个事件中的点迹，其中可能包括新的来自目标的点迹或由噪声或杂波产生的点迹，保留到下个时刻继续处理。实际上，关联是通过一个 m 维的判定处理来实现的，它对观测与预测的目标状态之间的空间或属性关系进行量化，以确定 m 个假设中哪一个能最佳地描述该观测。该判定可分为两类，即硬判定和软判定。硬判定是指将一个观测赋给唯一的一个集合；软判定则允许将一个观测赋给多个集合，但它们具有一个不确定值。软判定可导致多个假设，当通过附加数据使不确定性减小时，多假设可以合并为一个单一的假设或服从以后的硬判定。

为了说明航迹相关的过程，首先分析人工标图是怎样把点迹连成航迹的。雷达观测人员每隔一定时间把目标点迹标绘在雷达显示器的标绘板上或海图上，然后把足够接近的点连接起来，构成航迹。再隔相同时间标绘出一个新的点迹，然后将该点与足够接近的一条航迹连接起来，作为该航迹新延伸的一个点。如果新标的一点与已经标出的各条航迹相距均较远，则作为一个新出现的目标处理，或者可能是一个干扰信号。这里判别的关键是怎样才算“足够接近”。人工标图完全靠人的实践经验，即根据多年积累的关于目标航向航速、机动动作的规律以及天线扫描周期、所用距离量程、海图比例尺和已标出的该目标的航迹形状等方面的经验，进行综合思考，做出判断。

数据处理系统也是按这样的思路来判断的，下面举一个简单例子加以说明。假设目标只在坐标 x 方向上做匀速直线运动，当天线相继两次扫过目标时，录取到两个点迹的坐标 x_0（t_0 时刻的坐标值）、x_1（t_1 时刻的坐标值），由此可算出目标的预测点即下一个天线扫描时刻 t_2 时刻的坐标值 $x_{p2}=x_1+(x_1-x_0)=2x_1-x_0$ 。

如果目标做匀速运动，且雷达测量没有误差，那么，在 t_2 时刻测量得到的坐标值 x_2 应与 x_{p2} 相等。但是由于雷达测量存在误差，且误差常是随机的，目标又可能出现机动，而机动规律又往往不能预知，所以通常 x_2 和 x_{p2} 不可能恰好重合，存在一定的预测误差。

为此，可确定一个误差范围 Δx ，若 $|x_{p2}-x_2|\leqslant \Delta x/2$ ，则认为新的数据 x_2 与 x_0、x_1 同属一个目标，即新的测量点与旧的航迹是相关的。Δx 称为相关范围，或称为相关波门。

由此可见，由于雷达测量和目标机动等各种原因，造成目标的预测位置与实际位置并非一致，因此在航迹相关时，必须设置具有一定尺寸的相关波门。波门的形状有环形、扇形、方形等，对于空中目标，波门是一个立体区域，常见的有球形、楔形和椭球形的。下面以二维极坐标平面上的扇形波门为例加以说明，如图 5.6 所示。

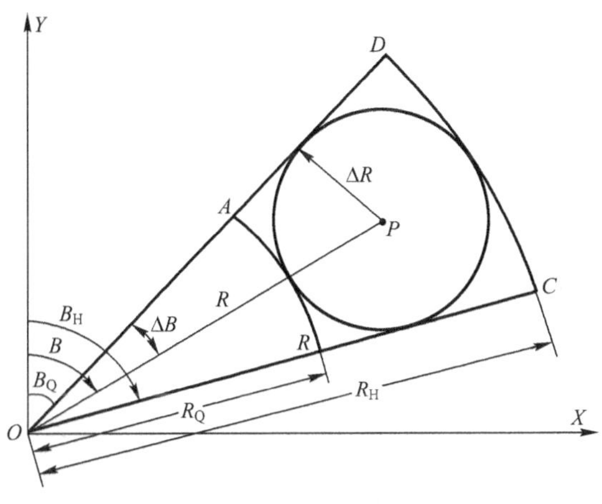

图 5.6　二维极坐标系中的扇形波门

在极坐标系中，取理想圆波门的外切扇区 *ABCD* 作为波门，则该波门由方位前沿 *BQ*、方位后沿 *BH*、距离前沿 *RQ* 和距离后沿 *RH* 唯一决定，图中 ΔR 为半波门的距离宽度，ΔB 为半波门的方位宽度，ΔB 可由下式概略得出，即

$$\Delta B=\frac{180°\Delta R}{\pi R} \tag{5-1}$$

相应地，有

$$\begin{aligned}&BQ=B-\Delta B,\ \ BH=B+\Delta B\\&RQ=R-\Delta R,\ \ RH=R+\Delta R\end{aligned} \tag{5-2}$$

显然，当录取到的点迹 (R_i,B_i) 和波门中心 (R,B) 满足式

$$|R-R_i|\leqslant \Delta R,\ \ |B-B_i|\leqslant \Delta B \tag{5-3}$$

时，该点迹是与航迹相关的。注意：波门中心 (R,B) 是航迹的预测点。

实际应用中，波门分为捕获波门、跟踪波门等。例如，在图中，当只有一个点迹 P_1 时，因不知目标航向，只能按照已有的知识估算它的最小和最大速度，所以只能采用环形波门来搜索第二个点迹，这个波门称为捕获波门；在可能航迹已经建立，目标外推点 P_3 已知情况下，围绕 P_3 的波门就不必再取那么大的环形了，可大大缩小，这个波门称为跟踪波门。这两种波门在概念上是有所区别的，但在本质上它们都是用于点迹的分类的，具体来说，就是实现点迹与点迹、点迹与航迹的相关，因此把它们统称为相关波门。

扇形波门的大小主要体现在 ΔR 的大小上。对于捕获波门 ΔR 主要由目标的最大可能速度和雷达天线扫描周期的大小决定，以保证在确定航迹头的下一天线周期里，不论目标以任何方向运动都能位于捕获波门内，以较大的概率捕获目标；跟踪波门的大小除了与上述两个因素有关外，还与雷达的测量误差、录取误差、目标机动、滤波与预测的误差及已建立航迹的质量有关。显然在一般情况下，捕获波门的尺寸要比跟踪波门大，前者用于点迹与点迹的相关，后者则用于点迹与航迹的相关。

5.2.2 相关波门

本节讨论波门的计算方法。在讨论之前，应考虑以下几点。

（1）在录取目标之初尚未建立跟踪时，初始录取波门应选取得足够大，以便录取的第三个点迹能落在该波门之内，从而能建立起航迹。但也不能太大，以免相邻目标的点迹同时进入该波门而出现目标混淆。

（2）在建立航迹之后，跟踪波门不能设置太大，以免发生航迹混淆；也不能太小，以免丢失目标。

（3）为了适应不同尺寸的目标，又为了适应目标的机动动作，还要适应跟踪误差在建立航迹过程中的变化，波门尺寸的大小应能自适应调整。

一、初始波门的计算

这里采用极坐标相关区，即

$$|R-R_p|<\Delta R/2,\quad |\theta-\theta_p|<\Delta\theta/2 \tag{5-4}$$

确定初始录取波门尺寸时，应考虑以下诸因素。

（1）雷达测量（包括自动录取）的误差。

（2）目标运动速度，反映为一个采样周期内的最大运动距离。

（3）目标长度。

由此可建立初始录取波门计算公式，即

$$\begin{cases}\dfrac{1}{2}\Delta R=V_{\max}T+\dfrac{1}{2}L_T+k\sqrt{2\sigma_{RM}^2}\\ \dfrac{1}{2}\Delta\theta=\dfrac{1}{R}(V_{\max}T+\dfrac{1}{2}L_T)+k\sqrt{2\sigma_{\theta M}^2}\end{cases} \tag{5-5}$$

式中：ΔR 为录取波门的距离宽度；$\Delta\theta$ 为录取波门的方位宽度；T 为采样周期；$V_{\max}$ 为目标最大可能速度；L_T 为目标长度；R 为航迹起始第一点距离；σ_{RM} 为雷达距离测量均方误差；$\sigma_{\theta M}$ 为雷达方位测量均方误差；k 为决定目标落入相关波门的概率（简称相关概率）的系数，合成误差应按高斯分布考虑：$k=1$时，相关概率为 0.683；$k=2$时，相关概率为 0.955；$k=3$时，相关概率为 0.977。

例 5.1 设空中目标最大速度$V_{\max}=600\text{m/s}$，测量误差：距离 45m，方位 0.35°。$k=2$，T=1s，R=1000m，忽略目标长度。给出初始空中目标距离波门和方位波门。

解：初始空中目标距离波门为

$$\begin{aligned}\frac{1}{2}\Delta R&=V_{\max}T+\frac{1}{2}L_T+k\sqrt{2\sigma_{RM}^2}\\&=600\cdot T+2\sqrt{2\times 45^2}\\&=600\cdot T+127\\&=727\text{m}\end{aligned}$$

方位波门为

$$\begin{aligned}\frac{1}{2}\Delta\theta &= \frac{1}{R}(V_{\max}T+\frac{1}{2}L_T)+k\sqrt{2\sigma_{\theta M}^2}\\ &=600\cdot T/R+2\sqrt{2\times(0.35\times3.14/180)^2}\\ &=600\cdot T/R+0.017\\ &=0.617\text{rad}\\ &=35.4^\circ\end{aligned}$$

二、跟踪波门的计算

计算跟踪过程中的相关波门（即跟踪波门）的尺寸，应考虑以下诸因素。

（1）雷达测量（包括自动录取）的误差。

（2）目标跟踪误差。

（3）目标机动变化量。

（4）目标长度。

由此可建立如下的计算跟踪波门的公式，即

$$\begin{cases}\frac{1}{2}\Delta R=\Delta R_m+\frac{1}{2}L_T+k\sqrt{\sigma_{Rp}^2+\sigma_{RM}^2}\\ \frac{1}{2}\Delta\theta=\Delta\theta_m+\frac{1}{2R}L_T+k\sqrt{\sigma_{\theta p}^2+\sigma_{\theta M}^2}\end{cases} \tag{5-6}$$

式中：ΔR 为跟踪波门的距离宽度；$\Delta\theta$ 为跟踪波门的方位宽度；L_T 为目标长度；R 为航迹起始第一点距离；σ_{Rp} 为距离跟踪预测均方误差；$\sigma_{\theta p}$ 为方位跟踪预测均方误差；σ_{RM} 为雷达距离测量均方误差；$\sigma_{\theta M}$ 为雷达方位测量均方误差；k 为决定相关概率的系数；ΔR_m 为在采样周期中目标机动的距离变化量；$\Delta\theta_m$ 为目标机动的方位变化量。

在自动跟踪的数据处理系统中，常采用 x-y 直角坐标系进行运算，在直角坐标系中按正态分布的随机误差转换为极坐标系时，变为瑞利分布，其方差为 $\sigma_R^2=0.43\sigma_x^2$，故距离跟踪预测均方误差为

$$\sigma_{Rp}=\sqrt{0.43\sigma_{\hat{x}_{n+1|n}}^2}=0.66\sigma_{\hat{x}_{n+1|n}} \tag{5-7}$$

式中：$\sigma_{\hat{x}_{n+1|n}}$ 为位置预测误差方差，在不同的滤波方式中可以求得。

跟踪波门公式中，考虑了目标机动对波门的影响，主要考虑的机动动作包括：不改变航速，只改变航向，做原速变向机动；不改变航向，只改变航速，做直线变速机动。

三、波门尺寸的自适应调整

从上面讨论的初始录取波门和跟踪波门的计算可看出，波门尺寸应随下列具体情况的变化而变化。

（1）手动初始录取转到自动初始录取，波门尺寸应有变化。

（2）初始建立跟踪的暂态过程中，波门尺寸应随采样序号 n 而变化。

（3）目标机动时要随机动方式而变化。

（4）目标尺寸不同，波门尺寸应不同。

（5）随着目标距离的变化，波门尺寸应相应变化。

（6）相关概率的要求不同，波门尺寸应不同。

雷达数据处理系统要求处理目标数在几十个甚至上百个以上，显然，要使这么多的波门数据随着上述所有因素的变化而自动调节，计算程序会十分繁杂，计算量很大，甚至使实时处理出现困难。

解决办法是：对某些次要因素，只找到它们对波门尺寸影响的上下限，作为波门变化的恒定分量，然后波门尺寸随主要因素自动调节。另一种方法是考虑了各种因素之后，抓住一个或几个重要因素，使波门尺寸随之变化，而且按所有因素影响的上下限选定大、中、小三种波门尺寸，在跟踪过程中进行自适应调整。

自适应调整过程（图 5.7）如下。

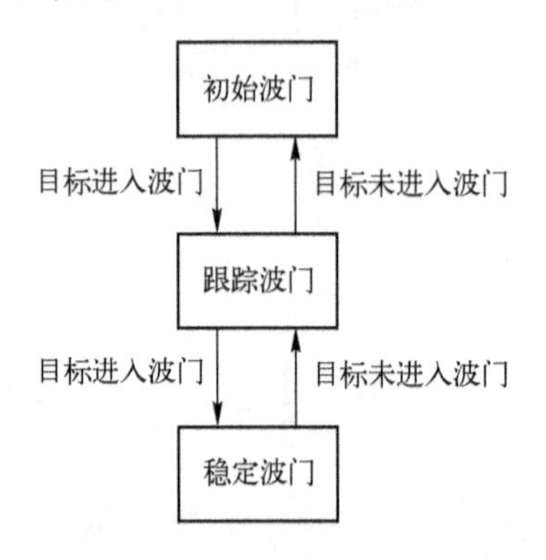

图 5.7　波门尺寸的自适应调整

（1）在初始录取目标时，利用最大波门；初始建立跟踪之后，利用中波门；进入稳定跟踪之后，利用小波门；如可选定：空中稳定相关波门为 2.2°，250m；海上稳定相关波门为 1.6°，160m。

（2）在跟踪过程中，如果目标发生机动或其他因素使目标未能落入最小波门时，则改用中波门；目标又进入跟踪之后，再转用小波门；如目标仍没有落入中波门，则改用大波门。

（3）如果利用最大波门连续几次均未能捕捉目标，则判定为目标丢失。

5.2.3　航迹相关算法

点迹与航迹相关的常用方法是边相关边滤波，以分类为滤波获得信息，以滤波获得的目标运动规律通过预测再帮助分类，如此重复进行。点迹和航迹的相关又可分为粗相关和细相关两个过程。

实现粗相关的基本工具是跟踪波门，通过跟踪波门可以筛选出属于某个航迹的下一个周期的候选点迹。粗相关的实现可用图 5.8 表示。图中 P_0P_i 是一条已建立的目标航迹，P_i 是第 i 个周期目标经滤波以后的位置。从 P_i 出发，根据目标的运动参数和雷达天线的扫描周期等参数，计算第 i+1 个雷达天线周期目标的可能位置，即外推点。以 P_{i+1}' 为中心建立跟踪波门，如果在第 i+1 个周期实时录取到点迹 P_a 并位于波门内，则认为 P_a 与航迹 P_0P_i 是粗相关的（即为它的一个相关点迹），而图中的 P_b 点迹因落在波门外故不属于 P_0P_i。如果 P_b 同时也不属于其他的任何航迹，则它是自由点迹。

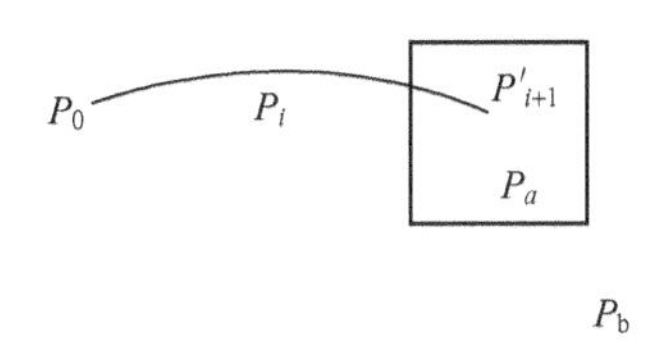

图 5.8　粗相关

对于上述情况，由于 P_a 是与 P_0P_i 唯一相关的，因此有理由认为 P_a 就是 P_0P_i 的延续，从而就完成了整个相关过程，显然，这是比较简单的。

在多目标环境下，通常会出现一些复杂的情况，如波门内不止一个点迹、波门内没有出现点迹、两个波门相交且点迹位于交集内等，因此必须进一步用细相关技术确定候选点迹与航迹的正确配对关系。典型的多目标数据关联方法有“最近邻”法。“最近邻”法的基本含义是，“唯一性”地选择落在相关跟踪门之内且与被跟踪目标预测位置最近的观测作为目标关联对象。所谓“最近”表示或者统计距离最小或者残差概率密度最大。

“最近邻”法的优点是：便于实现，计算量小，适合于信噪比高、目标密度小的情形。缺点是：它是一种局部最优的“贪心”算法，并不能在全局意义上保持最优。其抗干扰能力差，在目标密度较大时容易产生关联错误，如在航迹交叉及航迹间距较小时，离外推点较近的点迹未必一定是该航迹的点迹，从而会发生误跟或失跟现象。因此，在实际应用“最近邻”法进行细相关时，往往还需要附加一些准则。

（1）当某一航迹与一个点迹唯一相关即只有一个点迹时，则该点迹即为该航迹的相关点迹。

（2）当某一航迹同时和几个点迹相关，在这些点迹中的某几个又和其他航迹唯一相关时，这几个点迹应属于与其唯一相关的航迹，本航迹只考虑与剩下的其他点迹相关。

例如，在图 5.9 所示的情况中共有三条航迹。对于航迹 1 来说，有 P_1、P_2、P_3、P_4 4 个点迹都落在其跟踪波门内，因此它们都与航迹 1 相关。但与此同时，P_2 又是航迹 2 的唯一相关点，P_3 是航迹 3 的唯一相关点。根据上述准则，应将 P_2 和 P_3 分别判为航迹 2 和航迹 3 的新点迹，而航迹 1 只考虑与剩下的点迹 P_1 和 P_4 相关即可，至于 P_1 和 P_4 哪个才是航迹 1 的真正相关点，还要依据后面的准则进一步加以判断。

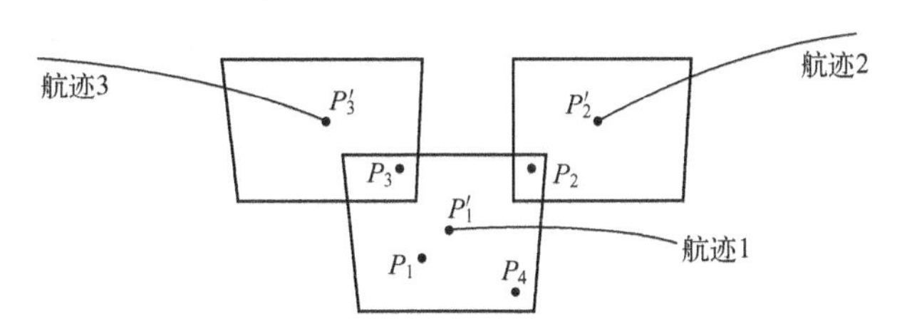

图 5.9　某一航迹同时和几个点迹相关

（3）某一航迹同时和几个点迹相关时，取距离最近的点作为这条航迹的新点迹。

（4）如果在波门内不出现新点迹，则取外推点作为新点迹，同时加大波门，以便再次录取判决。

在航迹相关过程中，出现录取不到点迹的情况有多种可能，如目标突然快速机动跑出波门之外；又如，目标回波产生衰落现象，回波脉冲少或密度小，没有满足检测器检测目标准则的要求，录取不到点迹。这些情况多产生于对空中目标的跟踪过程中。按照本条准则，加大下一次的相关波门是有可能重新录取到相关点迹，并继续实施跟踪的。有时也可能出现这样一种情况，即波门内没有录取到新点迹，而在波门的外缘附近却出现点迹，这个外缘的点迹有可能是目标突然机动所引起的，也有可能是由干扰产生的虚假点迹。对于这两种客观的可能，有的系统中采用暂时保留两种可能性的办法，即考虑到这个边缘点迹是目标机动引起的，从而将该点作为机动引起的相关点迹，并按此进行外推；考虑到边缘点迹可能是虚假点，而由于衰落未能录取到目标点迹的情况，从而又同时按原航迹加大波门继续外推，待继续检测到新点迹后再对这种保留加以取舍。

（5）如果几条航迹同时只和一个点迹相关，则该点迹属于与其距离最近的航迹。

按本条相关准则，则有的航迹没有相关点迹，这些航迹可按前述第 4 条办法处理。一般来说，对海面目标的相关处理比较简单，这是因为海面目标编队间隔大，在同一波门内出现多个海上目标的可能性较小，目标速度慢，回波较强而稳定。空中目标的航迹相关处理相对较为困难，原因是空中目标编队间隔小、速度快、回波小且起伏大，常常会导致对空中目标跟踪的不稳定、中止跟踪或丢失跟踪。因此，在考虑对空中目标的跟踪时，如何保证跟踪的稳定可靠是必须重视的大问题。

（6）空中目标交叉可能引起的相关错误及其处理办法。对空中目标的跟踪有时会出现目标交叉处理问题。空战中的敌我双方飞机完全有可能进入同一波门内，两条航迹分别与两个点迹同时相关，这种情况包括追击和两批飞机迎头交叉等，如果处理不好，就有可能造成航迹互换。如图 5.10 所示，假设 aa'为我方飞机的飞行航迹，bb'为敌方的飞行航迹，相互交叉在波门 BM 中。处理产生错误时，可能使我航迹变成 aob 或 aob'，而敌航迹变成 boa 或 boa'，目标批号和敌我属性同时互换，以致造成战术决策错误。

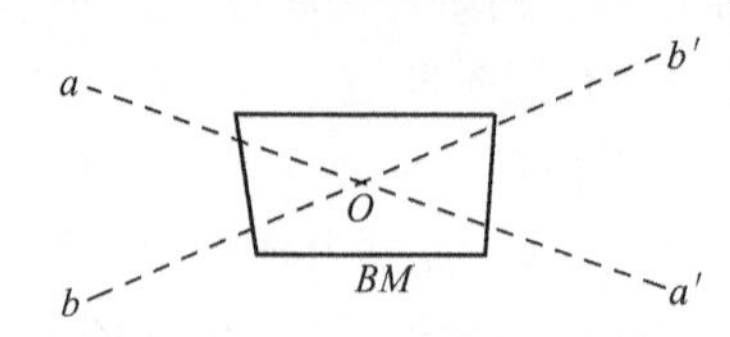

图 5.10　目标交叉造成航迹互换

对于交叉目标的航迹处理，有的系统采用记忆跟踪方法，当操作手发现目标交叉时，通过输入控制命令，将这两批交叉目标原来进行的检测、外推跟踪，改为记忆跟踪，即对这两批目标不进行实时的提取、相关和滤波处理，而是按目标原来的航向、航速进行外推跟踪。如图 5.10 的两个目标，分别按 aa' 和 bb' 方向记忆跟踪，从而避免在波门内检测可能造成的航迹处理错误。一旦两目标结束交叉，便重新恢复检测跟踪。在这个过程中，操作手应密切注意处理跟踪情况，防止出现目标转向时可能造成的错误。

5.3　目标运动模型

为了使得跟踪系统中的处理机（计算机）能够实现目标的跟踪，必须使用计算机能够理解的数学语言对目标的运动状态进行描述，即在分析目标运动状态内在规律的基础上，用数学的语言和符号来表达，解决实际跟踪问题。这样一个数学描述的过程即目标运动建模，所得到的结果即目标运动模型。目标运动模型是否合理是影响跟踪精度的一个重要因素。由于现代战场环境中目标密集且类型多样，目标机动能力大（包括速度、方向和高度的改变），往往难以通过一个或少数几个模型描述目标的真实运动状态，这就需要在跟踪过程中采用多个模型组合或切换的方式来实现，例如，反舰导弹的飞行过程可以大致分为巡航段、蛇形机动段、比例导引段及跃升俯冲段等，可分别建立对应的模型。

本节首先给出目标运动模型建立的基本方法，然后介绍几种经典的目标运动模型及其特点。

5.3.1 目标跟踪系统的状态方程和测量方程

航迹的滤波与外推属于动态随机系统状态估计问题，是现代控制理论在跟踪技术中的典型应用，现代控制理论的主要方法是时域中的状态空间法，它要求事先定义数学模型来描述与所估计的问题有关的物理现象，这种数学模型称为状态方程。动态随机系统的状态估计是利用已获得的量测信息（量测方程），根据选定的估计准则（例如最小二乘准则、最小均方误差准则等），按照一定的数学模型（状态方程）对系统进行状态估计。

一、状态向量

状态空间法主要特点是系统的特征用反映系统内部特性的状态向量来表示。状态向量是描述动态系统的数目最少的变量的集合。

在选择状态向量时，一般的原则是选择维数最少而又能全面反映目标动态特性的一组变量。对于机动目标跟踪问题，可以选择不同的状态变量来描述目标的动态特性，如在极坐标系中，可以把状态向量定义为 $\boldsymbol{D}$、$\boldsymbol{B}$、$\boldsymbol{\alpha}$、$\boldsymbol{D}'$、$\boldsymbol{B}'$、$\boldsymbol{\alpha}'$；在直角坐标系中可定义为 $\boldsymbol{X}$、$\boldsymbol{Y}$、$\boldsymbol{Z}$、$\boldsymbol{X}'$、$\boldsymbol{Y}'$、$\boldsymbol{Z}'$。显然，状态向量是与所确定的跟踪坐标系直接相关的。有关资料表明，跟踪一个目标花去的计算量大致与目标状态向量维数的 3 次方成正比。

二、状态方程

在确定了目标的状态向量后，利用状态方程来描述目标的运动规律，其状态方程可表示为一般形式，即

$$\dot{\boldsymbol{x}}(t)=\boldsymbol{A}(t)\boldsymbol{x}(t)+\boldsymbol{B}(t)\boldsymbol{w}(t) \tag{5-8}$$

式中：$\boldsymbol{x}(t)$ 为系统的 n 维状态向量；$\boldsymbol{A}(t)$ 为系统矩阵，表示系统内部各状态变量之间的关联情况；$\boldsymbol{B}(t)$ 为控制矩阵；$\boldsymbol{w}(t)$ 为 p 维随机动态噪声。

通常需要将式（5-8）表示成目标某一时刻的状态向量 $\boldsymbol{x}(k+1)$ 为前一时刻状态向量 $\boldsymbol{x}(k)$ 的函数的形式，也就是说，需要将连续形式的模型转化为离散时刻的目标机动模型，其实质是把矩阵微分方程转化为矩阵差分方程。通过离散化，可以将机动目标模型表示成如下的离散方程，即

$$\boldsymbol{x}(k+1)=\boldsymbol{\Phi}(k+1,k)\boldsymbol{x}(k)+\boldsymbol{G}(k)\boldsymbol{w}(k) \tag{5-9}$$

式中：$\boldsymbol{x}(t)$ 为目标在 k 时刻的状态向量，它是能全面反映机动目标动态特性的一组维数最少的变量，通常用目标在 k 时刻的位置、速度、加速度来表示；$\boldsymbol{\Phi}(k+1,k)$ 为状态转移矩阵；$\boldsymbol{G}(k)$ 为输入矩阵；$\boldsymbol{w}(k)$ 为状态噪声。

三、测量方程

由于提取器提取到的目标点迹除了系统误差外还存在着随机误差，亦即对目标的测量是在有测量噪声的环境下进行的；同时，通过测量形成的某一目标的点迹集合，是由目标运动规律所形成的在时间上离散的一个目标空间位置的序列。对于雷达来说，这个序列是以雷达天线周期为大小的等间隔序列。因此，这种测量的结果可以用下面的测量方程来表示，即

$$\boldsymbol{z}(k)=\boldsymbol{H}(k)\boldsymbol{x}(k)+\boldsymbol{v}(k) \tag{5-10}$$

式中：$\boldsymbol{x}(k)\in\boldsymbol{R}_{n\times1}$ 为目标在 k 时刻的状态向量；$\boldsymbol{z}(k)\in\boldsymbol{R}_{m\times1}$ 为测量向量，对于雷达通常包括目标的方位、仰角、距离或目标在空间直角坐标系中的每一个坐标分量；$\boldsymbol{v}(k)\in\boldsymbol{R}_{m\times1}$ 为测量误差，如目标的方位、仰角、距离等的测量误差，通常是指随机误差；$\boldsymbol{H}(k)\in\boldsymbol{R}_{m\times n}$ 为测量矩阵，说明了测量向量与状态向量的相互关系。

式（5-10）表明，测量的结果包含了目标的特性，同时又带有随机误差成分。滤波的目的就是要在测量噪声的环境下，通过测量结果估计目标当前的状态向量。

5.3.2 目标运动模型

状态估值是在两种不确定性情况下进行的，即量测不确定性和目标运动模型不确定性。量测不确定性存在的原因是系统噪声和随机误差；目标运动模型不确定性存在的原因是由于目标的非协作性。然而，航迹滤波器需要假定某种目标运动模型，一旦实际目标轨迹与假设运动模型不一致，就会产生很大的跟踪误差。因此，在滤波算法中，如何建立符合实际，又便于数学处理的目标运动模型是算法应用的关键。

在目标运动过程中，考虑到缺乏有关目标运动的精确数据，以及存在的许多不可预测因素，如大气、海流的扰动、驾驶员的主观操作等，在目标运动模型中需引入状态噪声的概念，以从统计意义上来描述这些不确定因素。例如，对于匀速直线运动的目标，可将随机扰动等看作具有随机特性的加速度，此时，加速度是服从零均值白色高斯分布的过程；驾驶员人为的动作使得目标可以进行转弯、闪避或其他特殊的攻击姿态等机动现象，此时，加速度变成非零均值时间相关的有色噪声过程。因此，在建立目标机动模型时，要考虑加速度的分布特性，要求加速度的分布函数尽可能地描述目标机动的实际情况。

目前，目标运动模型可分为全局统计模型和当前统计模型两类。全局统计模型包括Singer 模型、半马尔可夫模型、Noval 统计模型等。其共同特点是考虑了目标所有机动变化的可能性，适合于各种情况和各种类型目标的机动。这样的模型特点导致了在全局统计模型中，每一种具体战术情况下的每一种具体机动的发生概率势必减小，即对每一种具体战术情况而言，机动模型将不会有很高的精度。当前，统计模型则是在全局统计模型的基础上提出来的。这种模型认为，当目标正以某一加速度机动时，下一时刻的加速度取值是有限的，且只能在当前加速度的某个邻域内，它所关心的是每一种具体战术情况下的每一种具体的机动。下面介绍几种典型的目标运动模型。

一、微分多项式模型

任何一条运动轨迹都可用微分多项式加以逼近。在直角坐标系中，目标航迹可用 n 次多项式近似描述，即

$$\begin{cases} x(t) = a_0 + a_1 t + \cdots + a_n t^n \\ y(t) = b_0 + b_1 t + \cdots + b_n t^n \\ z(t) = c_0 + c_1 t + \cdots + c_n t^n \end{cases} \tag{5-11}$$

以 $x(t)$ 分量为例，又有

$$\begin{cases} \dfrac{\mathrm{d}^{j+1}x(t)}{\mathrm{d}t^{j+1}} \neq 0 \ (j < n) \\ \dfrac{\mathrm{d}^{j+1}x(t)}{\mathrm{d}t^{j+1}} = 0 \ (j \geqslant n) \end{cases} \tag{5-12}$$

通常，可以把系统的状态变量定义为

$$\begin{aligned} x_1(t) &= x(t) \\ x_2(t) &= \frac{\mathrm{d}x(t)}{\mathrm{d}t} \\ &\cdots \\ x_{n+1}(t) &= \frac{\mathrm{d}^n x(t)}{\mathrm{d}t^n} \end{aligned} \tag{5-13}$$

它们构成了 n+1 维状态向量 $\boldsymbol{X}(t)$，即

$$\begin{aligned} \boldsymbol{X}(t) &= [x_1(t) \quad x_2(t) \quad \cdots \quad x_{n+1}(t)]^{\mathrm{T}} \\ &= [x(t) \quad \dot{x}(t) \quad \cdots \quad x^{(n)}(t)]^{\mathrm{T}} \end{aligned} \tag{5-14}$$

这样就可以得到用微分形式表示的目标的状态方程，即

$$\dot{\boldsymbol{X}}(t) = \boldsymbol{A}(t)\boldsymbol{X}(t) \tag{5-15}$$

$$\boldsymbol{A}(t) = \begin{bmatrix} 0 & 1 & 0 & 0 & \cdots & 0 \\ 0 & 0 & 1 & 0 & \cdots & 0 \\ \vdots & \vdots & & & \ddots & \vdots \\ 0 & 0 & 0 & 0 & \cdots & 1 \\ 0 & 0 & 0 & 0 & \cdots & 0 \end{bmatrix}_{(n+1)\times(n+1)} \tag{5-16}$$

它表明了目标状态向量内部各分量之间的相互关系。

显然，微分多项式模型未考虑随机干扰的影响，这是不符合实际的。另外，尽管可用增大 n 值来精确描述目标运动，但状态向量维数的增大使得滤波计算量呈 n^3 增大，这对于一个实时跟踪系统是不可取的。

二、常速度模型（CV 模型）

1973 年，B.Friedland 提出了运动目标的 CV 模型，即常速度模型。假定目标做匀速运动，则一维匀速直线运动可用下述模型描述：$\ddot{x}(t) = 0$，即坐标 x 对时间 t 的二阶导数为 0。实际上，当目标进行匀速直线运动时，常常把目标的加速度看作具有随机特性的扰动输入（状态噪声），并假设其服从零均值高斯白噪声，即 $\ddot{x}(t) = \omega(t)$，其中

$$\begin{aligned} &E(\omega(t)) = 0 \\ &E(\omega(t)\omega(t+\tau)) = \sigma^2 \delta(\tau) \end{aligned} \tag{5-17}$$

由此得到连续时间系统的状态方程

$$\begin{bmatrix} \dot{x} \\ \ddot{x} \end{bmatrix} = \begin{bmatrix} 0 & 1 \\ 0 & 0 \end{bmatrix} \begin{bmatrix} x \\ \dot{x} \end{bmatrix} + \begin{bmatrix} 0 \\ 1 \end{bmatrix} \boldsymbol{\omega}(t) \tag{5-18}$$

设状态向量为 $\boldsymbol{X}(t) = [x(t), \dot{x}(t)]^{\mathrm{T}}$，则式（5-18）可写为

$$\dot{\boldsymbol{X}}(t) = \boldsymbol{A}_{\mathrm{CV}} \boldsymbol{X}(t) + \boldsymbol{B}_{\mathrm{CV}} \boldsymbol{\omega}(t) \tag{5-19}$$

其中

$$\boldsymbol{A}_{\mathrm{CV}} = \begin{bmatrix} 0 & 1 \\ 0 & 0 \end{bmatrix}, \quad \boldsymbol{B}_{\mathrm{CV}} = \begin{bmatrix} 0 \\ 1 \end{bmatrix}$$

由于跟踪传感器（如雷达）采用的是周期性的扫描，获取的数据是离散的数据，相应的目标运动模型也要用离散的差分方程来表示。

对连续时间系统的状态方程进行离散化，可得方程组的通解为

$$X(t) = \mathrm{e}^{A(t-t_0)} X(t_0) + \int_{t_0}^{t} \mathrm{e}^{A(t-\tau)} B_{\mathrm{CV}}(\tau) \omega(\tau) \mathrm{d}\tau \tag{5-20}$$

取 $t_0 = kT$，$t = (k+1)T$，T 为采样间隔，在时间间隔 $[kT, (k+1)T]$ 内认为 $a(t)$ 保持不变，则方程式可以写成

$$X((k+1)T) = \mathrm{e}^{AT} X(kT) + \int_{kT}^{(k+1)T} \mathrm{e}^{A((k+1)T-\tau)} B_{\mathrm{CV}}(\tau) \omega(\tau) \mathrm{d}\tau \tag{5-21}$$

为了书写方便，忽略 T，式（5-21）经过积分后得到 CV 模型的离散形式，即

$$\boldsymbol{X}(k+1) = \boldsymbol{\Phi}(k+1,k) \boldsymbol{X}(k) + \boldsymbol{\Gamma}(k+1,k) \boldsymbol{W}(k) \tag{5-22}$$

其中，状态转移矩阵为

$$\boldsymbol{\Phi}(k+1,k) = \begin{bmatrix} 1 & T \\ 0 & 1 \end{bmatrix} \tag{5-23}$$

系统噪声系数矩阵为

$$\boldsymbol{\Gamma}(k+1,k) = \begin{bmatrix} T^2/2 \\ T \end{bmatrix} \tag{5-24}$$

三、常加速度模型（CA 模型）

与 CV 模型类似，1973 年，R.L.T.Hampton 和 J.R.Cooke 提出了运动目标的 CA 模型，该模型用于描述作匀加速直线运动的目标，即 $\dddot{x}(t) = 0$。假定其加加速度作为随机噪声处理，即 $\dddot{x}(t) = \omega(t)$。其中

$$\begin{cases} E(\omega(t)) = 0 \\ E(\omega(t)\omega(t+\tau)) = \sigma^2 \delta(\tau) \end{cases} \tag{5-25}$$

取系统状态向量为 $\boldsymbol{X}(t) = [x(t), \dot{x}(t), \ddot{x}(t)]^{\mathrm{T}}$，分别为目标的位置、速度和加速度分量，则常加速度系统（CA 模型）的连续时间状态模型为

$$\dot{\boldsymbol{X}}(t)=\boldsymbol{A}_{\mathrm{CA}}\boldsymbol{X}(t)+\boldsymbol{B}_{\mathrm{CA}}\boldsymbol{\omega}(t) \tag{5-26}$$

其中

$$\boldsymbol{A}_{\mathrm{CA}}=\begin{bmatrix}0 & 1 & 0\\ 0 & 0 & 1\\ 0 & 0 & 0\end{bmatrix},\quad \boldsymbol{B}_{\mathrm{CA}}=\begin{bmatrix}0\\ 0\\ 1\end{bmatrix} \tag{5-27}$$

设采样周期为 T，则常加速度模型的离散时间状态方程为（离散化方法与 CV 模型类似）

$$\boldsymbol{X}(k+1)=\boldsymbol{\Phi}(k+1,k)\boldsymbol{X}(k)+\boldsymbol{\Gamma}(k+1,k)\boldsymbol{W}(k) \tag{5-28}$$

其中，状态转移矩阵为

$$\boldsymbol{\Phi}(k+1,k)=\begin{bmatrix}1 & T & T^2/2\\ 0 & 1 & T\\ 0 & 0 & 1\end{bmatrix} \tag{5-29}$$

系统噪声系数矩阵为

$$\boldsymbol{\Gamma}(k+1,k)=\begin{bmatrix}T^3/6\\ T^2/2\\ T\end{bmatrix} \tag{5-30}$$

四、相关噪声模型（singer 模型）

CA 模型和 CV 模型是目标运动模型中最基本的两种模型，也是目标跟踪中采用最多的模型，是导出其他模型的基础。

在 CA 模型和 CV 模型中，均考虑了随机干扰的影响。在 CV 模型中，$\omega(t)$ 相当于目标的随机的加速度 $a(t)$，CA 模型中则表现为随机的加加速度 $a'(t)$。然而，由于目标的机动是不能预先知道的，如何描述 $\omega(t)$ 便成了一个复杂的问题；此外，$\omega(t)$ 被假设成是一个零均值的高斯白噪声过程，这是一种理想化的描述，实际上目标机动的加速度往往表现为非白噪声过程，由此产生了以下模型。

singer 模型是 R.A.Singer 在 1970 年提出来的。该模型的特点是认为机动模型是相关噪声模型，而不是通常假定的白噪声模型。

在 CV 模型中，如果将 $\omega(t)$ 看作是 $a(t)$，并表示为 $a(t)=U(t)+C(t)$，其中 $U(t)$ 为引起确定性机动的作用函数，它由目标的程序指令或人所控制，如飞机、舰艇的战术机动等；$C(t)$ 为引起随机性机动的作用函数。在 CV 模型中将 $a(t)$ 看作是零均值的高斯白噪声过程，这通常与目标实际的机动情况不一致。更为实际的情况是，$a(t)$ 为一个相关噪声，也就是说，是一种有色噪声而不是白噪声。

在 singer 模型中，设 $a(t)$ 为目标的加速度，它是零均值指数相关的随机过程，即

$$\gamma(\tau)=E\left[a(t)a(t+\tau)\right]=\sigma_a^2\mathrm{e}^{-\alpha|\tau|} \tag{5-31}$$

式中：α 为机动时间常数的倒数（1/s），即机动频率，表示机动的快速程度，通常的经验取值范围如下：

转弯机动：$\alpha=1/60$；

逃避机动：$\alpha=1/20$；

大气扰动：$\alpha=1$。

σ_a^2 是目标加速度的方差，可以根据机动目标的概率密度函数来计算，通常假定机动加速度的概率函数近似服从均匀分布，它的分布设定如下：若最大可能的机动加速度是 $\pm a_{\max}$，其出现概率设定为 $P_{\max}$，不出现加速度的概率为 P_0，加速度出现在 $\pm a_{\max}$ 范围内的概率是均匀分布的。由此可以求出机动加速度的方差为

$$\sigma_a^2=\int_{-\infty}^{\infty} a^2 p(a)\mathrm{d}a=\frac{a_{\max}^2}{3}\left[1+4P_{\max}-P_0\right] \tag{5-32}$$

在统计得出 $P_{\max}$ 和 P_0 值以及最大可能加速度 $\pm a_{\max}$ 条件下，由式（5-32）可以计算出 σ_a^2。

由于通常的滤波器要求状态噪声为白噪声，可以用白噪声 $\omega(t)$ 来产生有色噪声 $a(t)$。即通过白噪声化，连续模型可以表示成一阶马尔可夫过程，机动加速度 $a(t)$ 可用输入为白噪声的一阶时间相关模型来表示，即

$$\dot{a}(t)=-\alpha a(t)+w(t) \tag{5-33}$$

设 $\boldsymbol{X}=(x \quad \dot{x} \quad \ddot{x})^{\mathrm{T}}$，其中 $\ddot{x}=a(t)$，由此得到连续时间系统的状态方程为

$$\dot{\boldsymbol{X}}(t)=\boldsymbol{A}(t)\boldsymbol{X}(t)+\boldsymbol{B}(t)\boldsymbol{W}(t) \tag{5-34}$$

其中

$$\boldsymbol{A}=\begin{bmatrix}0 & 1 & 0\\ 0 & 0 & 1\\ 0 & 0 & -\alpha\end{bmatrix},\quad \boldsymbol{B}=\begin{bmatrix}0 & 0 & 1\end{bmatrix}^{\mathrm{T}} \tag{5-35}$$

即机动目标的一阶时间相关模型即 Singer 模型为

$$\begin{bmatrix}\dot{x}(t)\\ \ddot{x}(t)\\ \dddot{x}(t)\end{bmatrix}=\begin{bmatrix}0 & 1 & 0\\ 0 & 0 & 1\\ 0 & 0 & -\alpha\end{bmatrix}\begin{bmatrix}x(t)\\ \dot{x}(t)\\ \ddot{x}(t)\end{bmatrix}+\begin{bmatrix}0\\ 0\\ 1\end{bmatrix}\boldsymbol{w}(t) \tag{5-36}$$

进一步可得到离散时间系统的状态方程为

$$\begin{bmatrix}X(\mathrm{k}+1)\\ \dot{X}(k+1)\\ \ddot{X}(k+1)\end{bmatrix}=\boldsymbol{\Phi}(k+1,k)\begin{bmatrix}X(k)\\ \dot{X}(k)\\ \ddot{X}(k)\end{bmatrix}+\boldsymbol{F}(k)\boldsymbol{W}(k) \tag{5-37}$$

其中

$$\boldsymbol{\Phi}(k+1,k)=\begin{bmatrix}1 & T & \frac{1}{a^2}[-1+aT+\mathrm{e}^{-aT}]\\ 0 & 1 & \frac{1}{a}[1-\mathrm{e}^{-aT}]\\ 0 & 0 & \mathrm{e}^{-aT}\end{bmatrix} \tag{5-38}$$

$$
\boldsymbol{F}(k)=\begin{bmatrix} \frac{1}{a^2}[\frac{1}{a}(1-\mathrm{e}^{-aT})+\frac{1}{2}aT^2-T] \\ \frac{1}{a}[T-\frac{1}{a}(1-\mathrm{e}^{-aT})] \\ \frac{1}{a}[1-\mathrm{e}^{-aT}] \end{bmatrix} \tag{5-39}
$$

Singer 模型是一个较为成功且常被使用的模型，它的成功之处就是用有色噪声而不是白噪声描述了目标机动加速度，使模型更符合实际。此外，从模型中可以发现，当$\alpha=0$时，$a(t)$为一常数，即目标作等加速运动；当$\alpha\to\infty$时，$a(t)=0$，目标作等速直线运动。因此，该模型适用于在等速和等加速范围内机动的目标。

五、其他典型的目标运动模型

其他典型的目标运动模型还有转向模型、半马尔可夫模型、机动目标“当前”模型等等，在此不作赘述，读者可自行查阅其具体表达式。

5.4 航迹滤波与外推算法

航迹的滤波与外推是航迹处理的主要计算环节，是实现对目标自动跟踪的关键之一，滤波的目的是利用含有测量噪声的测量数据来估计当前和未来时刻目标的状态向量，包括目标的位置、速度和加速度等参数。外推也叫预测，它是根据已有的航迹数据预测下一周期目标可能出现位置的一套算法。以预测位置为中心计算相关波门，可实现对目标的相关处理，并最终实现自动跟踪。

以离散时间系统为例，设已知j和j以前时刻的量测值，$\boldsymbol{X}(k|j)$为对k时刻状态$\boldsymbol{X}(k)$作出的某种估计。

（1）当$k=j$时，称为滤波问题，称$\boldsymbol{X}(k|j)$为$\boldsymbol{X}(k)$的最优滤波估计量。

（2）当$k>j$时，称为预测问题，称$\boldsymbol{X}(k|j)$为$\boldsymbol{X}(k)$的最优预测估计量。

（3）当$k<j$时，称为平滑问题，称$\boldsymbol{X}(k|j)$为$\boldsymbol{X}(k)$的最优平滑估计量。

基本的滤波与预测方法较多，如线性自回归滤波、两点外推、维纳滤波、最小二乘滤波、$\alpha-\beta$与$\alpha-\beta-\gamma$滤波和卡尔曼滤波等，由这些基本方法还可以派生出许多其他的方法，下面介绍其中一些方法。

5.4.1 两点外推滤波

两点外推也叫线性外推，是一种最简单的滤波和外推方法。它的基本思想是：将当前提取到的点迹作为目标当前坐标，利用当前及前一时刻目标的两个点迹数据，确定目标的速度并按此外推下一点，以建立相关波门进行相关处理。

两点外推的滤波方程为

$$
\begin{cases} \hat{x}(k|k)=s(k) \\ \hat{\dot{x}}(k|k)=\left[s(k)-s(k-1)\right]/T \\ \hat{\boldsymbol{X}}(k+1|k)=\boldsymbol{\Phi}\hat{\boldsymbol{X}}(k|k) \end{cases} \tag{5-40}
$$

以上三个式子分别为位置滤波、速度滤波和外推公式，其中：

$s(k)$——k 时刻位置的测量值；

$\hat{x}(k|k)$——k 时刻的位置滤波值；

$\hat{\dot{x}}(k|k)$——k 时刻速度滤波值；

$\hat{\boldsymbol{X}}(k+1|k)$——$k$ 时刻外推至 k+1 时刻状态向量的外推值。

下面以匀速直线运动为例进行阐述：假定目标作匀速直线运动，已知第一点坐标 (x_1, y_1) 和第二点坐标 (x_2, y_2)，要求外推第三点，如图 5.11 所示。

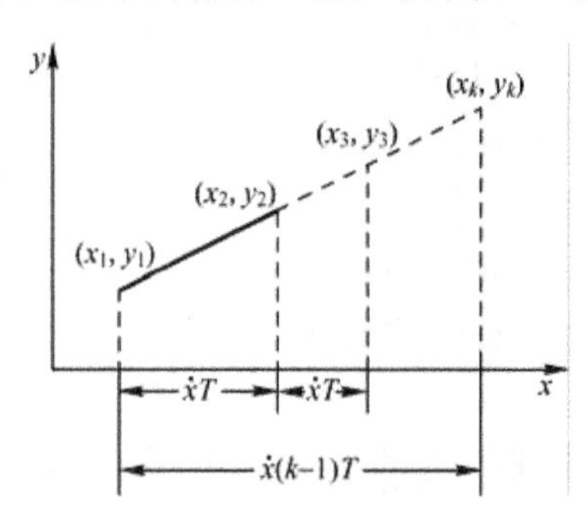

图 5.11　等速直线运动的两点外推

目标运动方程可写为

$$x_k = x_1 + \dot{x}(k-1)T \tag{5-41}$$

令 k=2，即 $x_k = x_2$，则

$$\dot{x} = \frac{x_2 - x_1}{T} \tag{5-42}$$

以上两式结合后可得到一般的外推公式为

$$x_k = x_1 + (k-1)(x_2 - x_1) \tag{5-43}$$

令 k=3，可得外推第三点的外推公式为

$$x_3 = 2x_2 - x_1 \tag{5-44}$$

以上两式就是由第 1、2 点数据求出任一点和第 3 点的外推公式。因为都是只根据两点数据向前外推另一点的数据，故称为“两点外推”。

当 x_1、x_2 在测量中存在误差，且各自的均方根误差分别为 σ_{x1}、σ_{x2}，由式 $x_3 = 2x_2 - x_1$ 求 x_3 对 x_1、x_2 的偏导，可得因 σ_{x1}、σ_{x2} 导致外推 x_3 的误差分别为 $\sigma_{x3|x1} = -\sigma_{x1}, \sigma_{x3|x2} = 2\sigma_{x2}$，外推总误差的均方值为 $\sigma_{x3}^2 = \sigma_{x1}^2 + 4\sigma_{x2}^2$。如 $\sigma_{x1} = \sigma_{x2} = \sigma_x$，则 $\sigma_{x3}^2 = 5\sigma_x^2$。可见，一步外推所带来的外推均方误差将增加为原误差的 5 倍。

两点外推中坐标滤波只与当前点迹有关，速度滤波及外推则仅由 k−1 及 k 时刻提取的点迹坐标决定，与 k−1 以前的点迹毫无关系。因此，这种方法实际上没有记忆作用，其精度只与当前及前一时刻点迹数据的精度有关，并且对机动和非机动目标均能产生同样好或同样坏的估计效果。这是一种精度最低的滤波方法，但这种方法对状态噪声和测量噪声的统计特性毫无要求，计算极为简单。

5.4.2 最小二乘滤波

最小二乘滤波（也称为最小二乘估计）也是航迹处理的常用方法，它是由高斯（Gauss）提出的一种经典估计方法，简单实用，在各个领域都得到了广泛的应用。最小二乘估计是指为了估计未知量 $\boldsymbol{X}$，对它进行 n 次测量。如果所求之估计值 $\hat{\boldsymbol{X}}$ 与各测量值之间的误差平方和达到极小，则称 $\hat{\boldsymbol{X}}$ 为未知量 $\boldsymbol{X}$ 的最小二乘估计，最小二乘滤波的基本原理如下。

设目标坐标的真实值为 $x(t)$，在 t_1，t_2，…，t_n 时刻，我们得到目标坐标的观测值为 z_1，z_2，…，z_n。由于观测数据中存在随机误差，因此不能把这些观测值直接当作目标坐标，更不能直接用这些观测值来确定目标坐标的变化规律。

为了从观测值中提取有用信号，首先我们对目标的运动规律做出假设。为了反映目标各式各样的运动，最一般的假设是目标坐标 $x(t)$ 随时间按某一多项式变化，即 $x(t)=a_0+a_1t+a_2t^2+\cdots+a_mt^m$，此式为多项式目标模型。数学中的近似定理告诉我们，多项式可以在一个有限的区间内，以任何所需精度来近似一个连续函数。上式代表一条光滑曲线，式中 a_0，a_1，…，a_m 为待定系数，为了确定它们的数值，先列出观测值 z_i 与 $x(t_i)$ 之差，即残差

$$\varepsilon_i=\sum_{j=0}^{m}a_jt_i^j-z_i \quad (i=1,2,\cdots,n;n\geqslant m+1) \tag{5-45}$$

残差的平方和为

$$\sum_{i=1}^{n}\varepsilon_i^2=\sum_{i=1}^{n}(\sum_{j=0}^{m}a_jt_i^j-z_i)^2=Q \tag{5-46}$$

对 a_k 求偏导，并令其为零，则

$$\frac{\partial Q}{\partial a_k}=2\sum_{i=1}^{n}(\sum_{j=0}^{m}a_jt_i^j-z_i)t_i^k=0 \tag{5-47}$$

令 $k=0,1,2,\cdots,m$，便得 m+1 个方程式，可求得 a_0，a_1，…，a_m 等 $m+1$ 个未知数。当 $n\geqslant m+1$ 时有唯一解。求出 a_0，a_1，…，a_m 后即可确定所估计的 $x(t)$ 表达式。

可见，最小二乘法的基本思想是使残差的平方和最小，下面分别介绍累加格式的最小二乘滤波和递推格式的加权最小二乘滤波。

一、累加格式的最小二乘滤波

下面以匀速直线运动为例进行阐述。设目标进行匀速直线运动，将一维坐标上对该目标的测量结果记为 $x_i=a_0+a_1iT+v_i$，式中：v_i 为第 i 次测量的误差；T 为雷达天线周期。若进行了 k 次测量并获得测量值 $z_1,z_2,\cdots,z_k$，则各个时刻的残差为

$$\varepsilon_i=(a_0+a_1iT)-z_i \qquad (i=1,2,\cdots,k) \tag{5-48}$$

残差的平方和为

$$Q=\sum_{i=1}^{k}(a_0+a_1iT-z_i)^2 \tag{5-49}$$

对 a_0 和 a_1 求偏导数并令其等于零，则

$$
\begin{cases}
\dfrac{\partial Q}{\partial a_0} = 2\sum_{i=1}^{k}(a_0 + a_1 iT - z_i) = 0 \\
\dfrac{\partial Q}{\partial a_1} = 2\sum_{i=1}^{k}(a_0 + a_1 iT - z_i)iT = 0
\end{cases}
\tag{5-50}
$$

移项，得

$$
\begin{cases}
\sum_{i=1}^{k}(a_0 + a_1 iT) = \sum_{i=1}^{k} z_i \\
\sum_{i=1}^{k}(a_0 iT + a_1 i^2 T^2) = \sum_{i=1}^{k} iz_i T
\end{cases}
\tag{5-51}
$$

令

$$
\begin{cases}
k = S_0 \\
\sum_{i=1}^{k} i = 1 + 2 + 3 + \cdots + k = \dfrac{k(k+1)}{2} = S_1 \\
\sum_{i=1}^{k} i^2 = 1^2 + 2^2 + 3^2 + \cdots = \dfrac{k(k+1)(2k+1)}{6} = S_2
\end{cases}
\tag{5-52}
$$

代入式（5-51），得

$$
\begin{cases}
a_0 S_0 + a_1 S_1 T = \sum_{i=1}^{k} z_i \\
a_0 S_1 T + a_1 S_2 T^2 = \sum_{i=1}^{n} iz_i T
\end{cases}
\tag{5-53}
$$

求解此联立方程，得累加格式的最小二乘滤波公式为

$$
\begin{cases}
a_0 = \dfrac{2(2k+1)}{k(k-1)}\sum_{i=1}^{k} z_i - \dfrac{6}{k(k-1)}\sum_{i=1}^{k} iz_i \\
a_1 = -\dfrac{6}{k(k-1)T}\sum_{i=1}^{k} z_i + \dfrac{12}{k(k^2-1)T}\sum_{i=1}^{k} iz_i \\
\hat{x}(l|k) = a_0 + a_1 lT
\end{cases}
\tag{5-54}
$$

式中：$\hat{x}(l|k)$ 可以是位置的滤波值、外推值或平滑值。

显然，其 l 步预测值为

$$
\begin{bmatrix} \hat{x}(k+l|k) \\ \hat{x}(k+l|k) \end{bmatrix} = \begin{bmatrix} -\dfrac{2(k-1)+6l}{k(k-1)}\sum_{i=1}^{k} z_i + \dfrac{6(k+2l-1)}{k(k-1)}\sum_{i=1}^{k} iz_i \\ -\dfrac{6}{k(k-1)T}\sum_{i=1}^{k} z_i + \dfrac{12}{k(k^2-1)T}\sum_{i=1}^{k} iz_i \end{bmatrix}
\tag{5-55}
$$

以上公式要根据测量数据的累加值（$\sum_{i=1}^{k} z_i$，$\sum_{i=1}^{k} iz_i$）来计算，因而，称为累加格式

最小二乘法。以上公式只有在各次测量误差都相同时才是合理的。事实上，由于每次测量精度不尽相同，因而，合理的办法是进行加权处理。

累加格式的最小二乘滤波特别是非加权最小二乘，它们对状态噪声及观测噪声的验前统计知识要求甚少，甚至根本不作要求，因此具有广泛的应用价值。不过，这种估计方法精度较低；同时，在计算过程中需要存储每一次的观测数据，随着 k 的增大，对计算装置的存储量要求提高，计算的实时性逐渐变差。为了避免这一缺点，产生了递推格式的最小二乘法。

二、递推格式的加权最小二乘滤波

为理解递推滤波的概念，首先介绍一个简单的线性递推滤波器：设有一常值标量 $\boldsymbol{X}$，我们根据 k 次测量所得的测量值 $z_i(i=1,2,\cdots,k)$ 来估计这一未知标量。根据最小乘法原理，先建立评价函数，即 k 次误差的平方和为

$$\varepsilon(x)=\sum_{i=1}^{k}(z_i-x)^2 \tag{5-56}$$

能使 $\varepsilon(x)$ 取极小值的估计值 $\hat{\boldsymbol{X}}$ 就是未知量 $\boldsymbol{X}$ 的最小二乘估计，经计算

$$\hat{X}_k=\frac{1}{k}\sum_{i=1}^{k}Z_i \tag{5-57}$$

即常值标量的最小二乘估计是测量值的算术平均。当得到一个新的测量值 Z_{k+1} 时，应得到新的估计值为

$$\hat{X}_{k+1}=\frac{1}{k+1}\sum_{i=1}^{k+1}Z_i \tag{5-58}$$

式（5-57）和式（5-58）都是累加格式的最小二乘滤波。通过数学变换，即可变成递推格式的最小滤波。其中，$\hat{X}_k=\frac{1}{k}\sum_{i=1}^{k}Z_i$ 可转化为用先前估计值 $\hat{X}_k$ 和新测量值 Z_{k+1} 表示的形式，即

$$\hat{X}_{k+1}=\frac{k}{k+1}(\frac{1}{k}\sum_{i=1}^{k}Z_i)+\frac{1}{k+1}Z_{k+1}=\frac{k}{k+1}\hat{X}_k+\frac{1}{k+1}Z_{k+1} \tag{5-59}$$

式（5-59）表明，新的最小二乘估计，等于前一时刻估值与测量值的线性组合。采用该式计算 $\hat{X}_k$ 不需要存储过去的值，只需用一个新测量值和前一时刻的估计值进行线性组合，因为所有以前的信息都包含在前次估值中。该式还可以改写成另一种递推形式，即

$$\hat{X}_{k+1}=\hat{X}_k+\frac{1}{k+1}(Z_{k+1}-\hat{X}_k) \tag{5-60}$$

以后遇到的递推滤波器都有类似的格式，即滤波值 = 预测值+校正值。式（5-60）右端括弧项表示新的测量值 Z_{k+1} 与根据以前各次测量值而定的估值 $\hat{X}_k$ 之差，亦称为残差或误差；这里面包含了新的信息，所以也称为新息。$1/k+1$ 是一个加权系数，也称为增益，它的大小表示我们对新息的重视程度。这里的加权是按最小二乘的原则确定的。当 k 增大时，加权变小，即新的测量值对新的估值影响变小，这是合乎情理的。

在式（5-60）中，包含了残差或新息，因为我们测量的只有目标坐标，所以这项是每个估计量的唯一外来新息。它表示实际测量值与预测值之差，也是对预测的检验。因此，将残差乘以适当的增益系数来校正预测值，从而得到新的滤波值，充分利用了当时的信息输入。

递推格式的加权最小二乘滤波公式为

$$\begin{cases} \hat{\boldsymbol{X}}(k|k)=\hat{\boldsymbol{X}}(k|k-1)+\boldsymbol{K}(k)[\boldsymbol{S}(k)-\boldsymbol{H}(k)\hat{\boldsymbol{X}}(k|k-1)] \\ \hat{\boldsymbol{X}}(k|k-1)=\boldsymbol{\Phi}(k,k-1)\hat{\boldsymbol{X}}(k-1) \\ \boldsymbol{K}(k)=\boldsymbol{P}(k|k-1)\boldsymbol{H}^{\mathrm{T}}(k)\boldsymbol{R}^{-1}(k) \\ \mathbf{P}(k|k)=\mathbf{P}(k|k-1)-\boldsymbol{P}(k|k-1)\boldsymbol{H}^{\mathrm{T}}(k)[\boldsymbol{H}(k)\boldsymbol{P}(k|k-1)\boldsymbol{H}^{\mathrm{T}}(k)+\boldsymbol{R}(k)]^{-1}\boldsymbol{H}(k)\boldsymbol{P}(k|k-1) \\ \boldsymbol{P}(k|k-1)=\boldsymbol{\Phi}(k,k-1)\boldsymbol{P}(k-1|k-1)\boldsymbol{\Phi}^{\mathrm{T}}(k,k-1) \end{cases}$$

（5-61）

式中：$\boldsymbol{K}(k)$、$\boldsymbol{P}(k|k)$ 和 $\boldsymbol{P}(k|k-1)$ 分别为滤波增益矩阵、滤波误差的协方差阵和预测误差的协方差阵。递推格式的加权最小二乘滤波仅要求知道有关雷达测量误差的统计知识，不需要记忆大量的测量数据（其实 k 以前的测量信息已包含于 $\hat{\boldsymbol{X}}(k|k-1)$ 中），从而减少了滤波计算量，便于计算机实现，并具有较好的实时性。

5.4.3 α–β 滤波

$\alpha-\beta$ 滤波适用于作匀速直线运动的目标。由于它是一种简单且易于工程实现的滤波方法，已被广泛地应用于航迹处理中。

一、目标运动方程

设相应的目标运动方程为前述的常速度模型，即运动方程为

$$\begin{bmatrix} x(k+1) \\ \dot{x}(k+1) \end{bmatrix}=\begin{bmatrix} 1 & T \\ 0 & 1 \end{bmatrix}\begin{bmatrix} x(k) \\ \dot{x}(k) \end{bmatrix}+\begin{bmatrix} T^2/2 \\ T \end{bmatrix}\boldsymbol{w}(k) \tag{5-62}$$

式中：$x(k)$、$\dot{x}(k)$ 为分别为目标 k 时刻的位置和速度；T 为雷达天线周期；$\boldsymbol{w}(k)$ 为零均值的高斯白噪声序列，且互不相关，其方差为 σ^2。

不考虑误差时，该运动方程在一个坐标上可以写为

$$x_n = x_i + (n-i)\dot{x}T \tag{5-63}$$

式中：x_i 为 t_i 时刻目标的坐标；$\dot{x}$ 为 t_i 时刻目标的速度，为常数；T 为采样周期，通常为雷达天线旋转周期；x_n 为 t_n 时刻目标的坐标。

必须说明，$\alpha-\beta$ 滤波虽然是以目标作匀速直线运动为前提，但是在采样周期内，如果目标速度变化足够小，以致目标作曲线运动时，在几个采样周期内，可以把目标曲线非匀速运动以匀速直线运动来近似，此时，$\alpha-\beta$ 滤波仍然是行之有效的。

二、α–β 滤波公式

$\alpha-\beta$ 滤波公式为

$$\begin{cases} \hat{\boldsymbol{X}}(k|k)=\hat{\boldsymbol{X}}(k|k-1)+\boldsymbol{K}[\boldsymbol{S}(k)-\boldsymbol{H}\boldsymbol{X}(k|k-1)] \\ \hat{\boldsymbol{X}}(k|k-1)=\boldsymbol{\Phi}\boldsymbol{X}(k-1|k-1) \\ \boldsymbol{K}=[\alpha,\beta/T]^{\mathrm{T}} \end{cases} \tag{5-64}$$

式中：$\boldsymbol{K}$ 为滤波增益阵。$\boldsymbol{X}(k|k)$ 也可写成以下方程组的形式，即

$$\begin{cases}\hat{x}(k|k)=\hat{x}(k|k-1)+\alpha[s(k)-\hat{x}(k|k-1)]\\ \hat{\dot{x}}(k|k)=\hat{\dot{x}}(k|k-1)+\beta[s(k)-\hat{x}(k|k-1)]/T\end{cases} \tag{5-65}$$

式中：α 为位置滤波系数；β 为速度滤波系数；$\hat{x}(k|k)$ 为本次滤波估值；$\hat{x}(k|k-1)$ 为上一次的预测估值；$s(k)$ 为本次测量值；$\hat{\dot{x}}(k|k)$ 为本次速度估值；$\hat{\dot{x}}(k|k-1)$ 为上次速度估值。

有了滤波估值，可写出如下预测方程，即

$$\begin{cases}\hat{x}(k+1|k)=\hat{x}(k|k)+\hat{\dot{x}}(k|k)T\\ \hat{\dot{x}}(k+1|k)=\hat{\dot{x}}(k|k)\end{cases} \tag{5-66}$$

由此可见，$\alpha-\beta$ 滤波是一种实时递推算法，它首先由本次测量值 $s(k)$ 和本次预测值 $\hat{x}(k|k-1)$、$\hat{\dot{x}}(k|k-1)$ 推导出本次滤波值，然后由本次滤波值再推导出下次的预测值。递推算法不但节省了储存单元，也提高了计算的实时性，从而使其具有极大的魅力。

三、α、β 参数的选择

在 $\alpha-\beta$ 滤波中，α、β 又称平滑系数，或称滤波增益，分别为坐标和速度的衰减系数。$\alpha-\beta$ 滤波器的性能取决于 α、β 参数的选择。选择 α、β 参数应考虑的因素包括系统的稳定性、暂态特性、暂态与稳态误差、对目标机动的适应性等。

针对不同的因素有相应的最优 α、β 参数组，但它们不能同时兼顾各方面的要求。在工程中实用的方法是各种自适应跳变型 α、β 参数选择法，它是针对上述不同情况，将适应各种情况的最优 α、β 参数组按当时的情况进行自动调整。

从滤波方程式可以看出，当取 $\alpha=\beta=1$ 时，意味着以本次测量值作为本次滤波值，前次预测值未起作用，这显然适用于刚刚起始建立跟踪的时刻，或目标跟踪丢失重新捕获后再次建立跟踪的时刻，还适用于目标快速大幅度机动的时刻；当取 $\alpha=\beta=0$ 时，意味着以前次预测值作为本次滤波值，本次测量值未起作用，这显然适用于目标跟踪丢失，无测量值输入的时刻，或测量值存在随机干扰的时刻。

α、β 取较大值时适用于：

（1）起始建立跟踪或目标跟踪丢失重新建立跟踪的时期；

（2）目标作快速大幅度机动时期。

α、β 取较小值时适用于：

（1）目标进入稳态跟踪时期；

（2）目标无机动或机动速率很小的时期；

（3）目标跟踪丢失，惯性外推时期，应取 $\alpha=\beta=0$。

如何实现 α、β 参数的自适应调整，最简单的方法是在暂态过程中按采样序号 n 作自适应调整，目标机动时，按目标机动量进行调整。下面给出一个具体例子进行说明。

首先确定 α 值的自适应跳变选择方法。

（1）起始建立跟踪或目标跟踪丢失重新建立跟踪时，按采样序号 n 作自适应调整。

① $n=2$，取 $\alpha=1$。

② $2<n\leqslant 5$，取 $\alpha=0.71$。

③ $5 < n \leqslant 10$，取 $\alpha = 0.44$。

④ $10 < n \leqslant 30$，取 $\alpha = 0.22$。

⑤ $30 < n \leqslant 60$，取 $\alpha = 0.10$。

虽然进入稳态时，α 值应该更小，并趋于 0，但为了能随时适应目标的机动，不致因种种随机因素丢失目标，在 $n > 60$ 以后，α 值不能选得太小，应不低于 0.1。

（2）当目标发生机动时，按目标在采样周期中的机动量，分等级做自适应跳变调整。

每个采样周期中目标运动的机动量可由本次测量值与前次预测值之差来衡量，即 $\Delta x = s(k) - \hat{x}(k|k-1)$。

① 当 $\Delta x \leqslant 2\sigma$ 时，可视为目标无机动，不作调整。

② 当 $2\sigma < \Delta x \leqslant 4\sigma$ 时，取 $\alpha = 0.44$，作一级调整。

③ 当 $4\sigma < \Delta x \leqslant 6\sigma$ 时，取 $\alpha = 0.71$，作二级调整。

④ 当 $\Delta x > 6\sigma$ 时，取 $\alpha = 1$，作三级调整。

当 α 值选定后，β 可按下式求解，即

$$\beta = 4 - 2\alpha - \sqrt{\alpha^2 - 16\alpha + 16} \tag{5-67}$$

由此可构成最优的 α、β 参数组。显然，α、β 参数选定的组数越多，目标跟踪性能越好，但外推运算越复杂。

$\alpha - \beta$ 滤波是航迹滤波与外推的常用方法，它简单且易于工程实现，具有较好的实时性和较高的滤波精度。其最大的特点是滤波增益 α、β 可以离线计算。与卡尔曼滤波相比，$\alpha - \beta$ 滤波的每次滤波循环大约可以节约计算量 70%。

5.4.4 卡尔曼滤波

卡尔曼滤波方法是一种以无偏最小方差为最优准则，并采用递推算法的线性滤波方法。它的应用较为广泛，目前已广泛应用于各种跟踪测量系统、导航系统、宇宙航行以及工业控制系统中。卡尔曼滤波技术在对机动目标的跟踪中其优点尤为突出。在雷达技术领域中引入卡尔曼滤波技术是用来实现雷达对单个或多个目标的跟踪，处理多部雷达提供的目标数据、雷达信号检测等任务。由于卡尔曼滤波对计算工具的要求较高，其应用曾受到一定的限制。不过，随着计算机技术的飞速发展，卡尔曼滤波已在实际应用中更受人们的青睐。

一、设计思想

卡尔曼滤波器的设计思想有下列特点。

（1）最优估计准则——无偏最小方差估计。

如图 5.12 所示，图中实线表示目标的实际航迹，虚线表示目标航迹的估计值。图 5.12（a）估计航迹较长时间偏于实际航迹的一侧，称为有偏；图 5.12（b）估计航迹虽未较长时间偏于实际航迹的一侧，但在两侧摆动剧烈，此种摆动以“方差”表示，意即此种估计虽然是无偏的，但方差很大；图 5.12（c）中所示的是无偏和方差最小，称为无偏最小方差估计。卡尔曼滤波就是采用这种最优估计准则。这种准则可表示为

无偏：$E[\boldsymbol{x}(k) - \hat{\boldsymbol{x}}(k)] = 0$

最小方差：$E[(\boldsymbol{x}(k) - \hat{\boldsymbol{x}}(k))(\boldsymbol{x}(k) - \hat{\boldsymbol{x}}(k))^{\mathrm{T}}] \to \min$

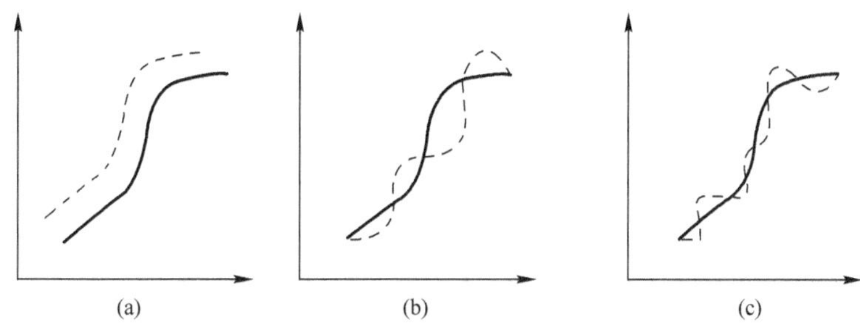

图 5.12 目标跟踪中的航迹估计类型

（a）有偏估计；（b）无偏，较大方差估计；（c）无偏，最小方差估计。

（2）线性递推滤波。卡尔曼滤波采用线性递推滤波，即当第 $k+1$ 个采样测量值 z_{k+1} 获得后，把它和前一个采样的估值 $\hat{x}_k$ 作某种线性组合，得出第 k+1 个采样的滤波估值 $\hat{x}_{k+1}$，即

$$\hat{x}_{k+1} = D_k \hat{x}_k + K_{k+1} z_{k+1} + E_k u_k \tag{5-68}$$

式中：$\hat{x}_k$ 为 t_k 时刻状态向量的估值；z_{k+1} 为 t_{k+1} 时刻接收到的测量向量；u_k 为已知的 t_k 时刻输入量。

（3）实现方法。寻找实现上列最优准则的一套递推算法的关键是找到实现无偏最小方差准则的权系数矩阵。

二、卡尔曼滤波的基本方程

1. 根据实际问题，确定系统状态方程和观测方程

前面在介绍随机线性系统的数学描述中，我们提到，在分析研究线性系统的状态性质时，对于确定性的输入可暂不考虑，这里假设确定性输入暂不考虑，则相应的离散目标状态方程和测量方程分别简化为

状态方程：
$$\boldsymbol{x}_{k+1} = \boldsymbol{\Phi}_k \boldsymbol{x}_k + \boldsymbol{\Gamma}_k \boldsymbol{W}_k \tag{5-69}$$

测量方程：
$$\boldsymbol{z}_k = \boldsymbol{H}_k \boldsymbol{x}_k + \boldsymbol{V}_k \tag{5-70}$$

式中：动态噪声 $\boldsymbol{W}_k$ 和量测噪声 $\boldsymbol{V}_k$ 是互不相关的零均值白噪声序列。

2. 验前统计量

在确定了系统的状态方程和测量方程后，还需根据所描述的问题，确定初始状态，如假设初始状态的统计特性为

$$E[\boldsymbol{W}_k] = 0\,,\quad \mathrm{Cov}(\boldsymbol{W}_k, \boldsymbol{W}_j) = E\left[\boldsymbol{W}_k \quad \boldsymbol{W}_j^{\mathrm{T}}\right] = Q(k) = Q_k \delta_{kj}$$

$$E[\boldsymbol{V}_k] = 0\,,\quad \mathrm{Cov}(\boldsymbol{V}_k, \boldsymbol{V}_j) = E\left[\boldsymbol{V}_k \quad \boldsymbol{V}_j^{\mathrm{T}}\right] = R(k) = R_k \delta_{kj}$$

且

$$\mathrm{Cov}(\boldsymbol{W}_k, \boldsymbol{V}_j) = E[\boldsymbol{W}_k \quad \boldsymbol{V}_j^{\mathrm{T}}] = 0$$

$$E[\boldsymbol{x}_0] = \boldsymbol{\mu}_0\,,\quad \mathrm{Var}[\boldsymbol{x}_0] = E\{[\boldsymbol{x}_0 - \mu_0][\boldsymbol{x}_0 - \mu_0]^{\mathrm{T}}\} = P_0$$

且 $\boldsymbol{x}_0$ 与 $\{\boldsymbol{W}_k\}$ 和 $\{\boldsymbol{V}_k\}$ 都不相关，即

$$\mathrm{Cov}(\boldsymbol{x}_0,\boldsymbol{W}_k)=0\text{，}\quad \mathrm{Cov}(\boldsymbol{x}_0,\boldsymbol{V}_k)=0$$

为帮助读者对上述各计算量的时间递推关系一目了然，表 5.1 列出了离散卡尔曼滤波递推公式，其中加粗部分的五个方程是卡尔曼滤波的基本方程。

表 5.1　离散卡尔曼滤波递推公式

状态方程	$\boldsymbol{x}_{k+1}=\boldsymbol{\Phi}_k\boldsymbol{x}_k+\boldsymbol{\Gamma}_k\boldsymbol{W}_k$
测量方程	$\boldsymbol{z}_k=\boldsymbol{H}_k\boldsymbol{x}_k+\boldsymbol{V}_k\ (k\geqslant 1)$
验前统计量	$E[\boldsymbol{W}_k]=0$，$\mathrm{Cov}(\boldsymbol{W}_k,\boldsymbol{W}_j)=Q_k\delta_{kj}$ $E[\boldsymbol{V}_k]=0$，$\mathrm{Cov}(\boldsymbol{V}_k,\boldsymbol{V}_j)=R_k\delta_{kj}$ $\mathrm{Cov}(\boldsymbol{W}_k,\boldsymbol{V}_j)=0$
状态预测估计 **方差预测**	$\hat{\boldsymbol{x}}_{k\mid k-1}=\boldsymbol{\Phi}_{k,k-1}\hat{\boldsymbol{x}}_{k-1}$ $\boldsymbol{P}_{k\mid k-1}=\boldsymbol{\Phi}_{k\mid k-1}\boldsymbol{P}_{k-1}\boldsymbol{\Phi}_{k\mid k-1}^{\mathrm{T}}+\boldsymbol{\Gamma}_{k-1}\boldsymbol{Q}_{k-1}\boldsymbol{\Gamma}_{k-1}^{\mathrm{T}}$
状态估计	$\hat{\boldsymbol{x}}_k=\hat{\boldsymbol{x}}_{k\mid k-1}+\boldsymbol{K}_k(\boldsymbol{z}_k-\boldsymbol{H}_k\hat{\boldsymbol{x}}_{k\mid k-1})$
方差迭代	$\boldsymbol{P}_k=\boldsymbol{P}_{k\mid k-1}-\boldsymbol{P}_{k\mid k-1}\boldsymbol{H}_k^{\mathrm{T}}[\boldsymbol{H}_k\boldsymbol{P}_{k\mid k-1}\boldsymbol{H}_k^{\mathrm{T}}+\boldsymbol{P}_k]^{-1}\boldsymbol{H}_k\boldsymbol{P}_{k\mid k-1}=[\boldsymbol{I}-\boldsymbol{K}_k\boldsymbol{H}_k]\boldsymbol{P}_{k\mid k-1}$
滤波增益	$\boldsymbol{K}_k=\boldsymbol{P}_{k\mid k-1}\boldsymbol{H}_k^{\mathrm{T}}[\boldsymbol{H}_k\boldsymbol{P}_{k\mid k-1}\boldsymbol{H}_k^{\mathrm{T}}+\boldsymbol{R}_k]^{-1}$
初始条件	$\hat{\boldsymbol{x}}_0=E[\boldsymbol{x}_0]=\boldsymbol{\mu}_0$，$\mathrm{Var}[\boldsymbol{x}_0]=\boldsymbol{P}_0$

三、递推运算步骤

1. 最优增益矩阵的递推运算步骤

（1）给定状态向量起始条件协方差 $P(0)$。

（2）求出预测估值协方差 $P(1|0)$。

（3）求出最优增益矩阵 $\boldsymbol{K}_1$。

（4）求出滤波估值协方差 $P(1)$。

（5）求出预测估值协方差 $P(2|1)$。

（6）求出最优增益矩阵 $\boldsymbol{K}_2$。

（7）求出滤波估值协方差 $P(2)$。

……

重复以上过程，求出各个最优增益矩阵 $\boldsymbol{K}_{k+1}$ 和滤波估值协方差 $P(k+1)$。

2. 滤波与预测估值递推运算步骤

（1）给定起始无偏估值 $\hat{x}_0$。

（2）求出一级预测估值 $\hat{x}_{1|0}$。

（3）从测量得到 z_1，并进而求得残差 $\hat{x}_{1|0}$ $\tilde{z}_1$。

（4）求出滤波估值 $\hat{x}_1$。

依此由求得的滤波估值 $\hat{x}_k$ 及输入的 u_k 求得一级预测估值 $\hat{x}_{k+1|k}$；再由求得的 $\hat{x}_{k+1|k}$、K_{k+1} 以及新获得的测量值 z_{k+1}，求得滤波估值 $\hat{x}_{k+1}$。

例 5.2　设系统的状态方程为

$$\begin{bmatrix} x_1(k+1) \\ x_2(k+1) \end{bmatrix}=\begin{bmatrix} 1 & 1 \\ 0 & -1 \end{bmatrix}\begin{bmatrix} x_1(k) \\ x_2(k) \end{bmatrix}$$

测量方程为

$$z(k)=\begin{bmatrix}0 & 1\end{bmatrix}\begin{bmatrix}x_1(k)\\x_2(k)\end{bmatrix}+\boldsymbol{v}(k)$$

设 $\boldsymbol{v}(k)$ 是均值为零的白噪声序列，$E\boldsymbol{v}(k)=0$，$E\boldsymbol{v}(k)\boldsymbol{v}(j)=0.1\delta_{kj}$，设观测值 $z(0)=100$、$z(1)=97.9$、$z(2)=94.4$、$z(3)=92.7$，给定初值 $E\begin{bmatrix}x_1(0)\\x_2(0)\end{bmatrix}=\begin{bmatrix}95\\1\end{bmatrix}$，$\boldsymbol{P}(0)=\begin{bmatrix}10 & 0\\0 & 1\end{bmatrix}$，利用卡尔曼滤波的方法估计 $X(k\,|\,k-1)$ 和 $X(k\,|\,k),k=1,2,3$。

解：因为 $\boldsymbol{\Phi}=\begin{bmatrix}1 & 1\\0 & -1\end{bmatrix},\boldsymbol{H}=[0\quad 1],R=0.1$

$$z(0)=100,\ z(1)=97.9,\ z(2)=94.4,\ z(3)=92.7$$

$$\boldsymbol{X}(0/0)=\begin{bmatrix}95\\1\end{bmatrix},\boldsymbol{P}(0/0)=\begin{bmatrix}10 & 0\\0 & 1\end{bmatrix}$$

所以有
$$\boldsymbol{X}(1|0)=\boldsymbol{\Phi}\cdot X(0|0)=\begin{bmatrix}1 & 1\\0 & -1\end{bmatrix}\cdot\begin{bmatrix}95\\1\end{bmatrix}=\begin{bmatrix}96\\-1\end{bmatrix}$$

$$\boldsymbol{P}(1|0)=\boldsymbol{\Phi}\cdot\boldsymbol{P}(0|0)\cdot\boldsymbol{\Phi}^{\mathrm{T}}=\begin{bmatrix}1 & 1\\0 & -1\end{bmatrix}\cdot\begin{bmatrix}10 & 0\\0 & 1\end{bmatrix}\cdot\begin{bmatrix}1 & 0\\1 & -1\end{bmatrix}=\begin{bmatrix}11 & -1\\-1 & 1\end{bmatrix}$$

$$\boldsymbol{K}(1)=\boldsymbol{P}(1|0)\cdot\boldsymbol{H}^{\mathrm{T}}\cdot[\boldsymbol{H}\cdot\boldsymbol{P}(1|0)\cdot\boldsymbol{H}^{\mathrm{T}}+\boldsymbol{R}]^{-1}=\begin{bmatrix}-\dfrac{1}{11}\\\dfrac{1}{11}\end{bmatrix}$$

$$\boldsymbol{X}(1|1)=\boldsymbol{X}(1|0)+\boldsymbol{K}(1)\cdot\left[z(1)-\boldsymbol{H}\cdot\boldsymbol{X}(1|0)\right]=\begin{bmatrix}87.01\\7.99\end{bmatrix}$$

其余，依此类推。

四、卡尔曼滤波的优越性与局限性

1. 优越性

（1）卡尔曼滤波采用状态向量法，目标状态估值向量可以是任意多维。前面讨论的 α–β 滤波以目标等速直线运动为前提，估值向量仅限于二维，即 $\hat{\boldsymbol{x}}=\begin{bmatrix}\hat{x} & \hat{\dot{x}}\end{bmatrix}^{\mathrm{T}}$；卡尔曼滤波对目标运动状态向量的适应范围可以是任意多维的。

（2）在目标运动状态向量为二维的条件下，卡尔曼滤波与 α–β 滤波等效，或者可以说，α–β 滤波是卡尔曼滤波的特例，但卡尔曼滤波对目标运动的扰动适应性强。

（3）与两点外推法和 α–β 滤波法相比，卡尔曼滤波有更高的跟踪精度和对目标机动的适应能力。

（4）卡尔曼滤波采用递推算法，存储量和运算量都很小。

（5）卡尔曼滤波在输出滤波估值和预测估值的同时，还能给出滤波估值的误差协方差，可随时掌握估值精度。

2. 局限性

（1）运动模型问题。卡尔曼滤波要求目标运动状态模型是已知的，所以卡尔曼滤波的第一步就是对目标实际运动规律归纳出数学模型，这是关键的一步。模型越精确，滤波和预测的精度就越高。但实际上，模型总是近似的，这种近似的结果不仅造成精度上的损失，而且会使估值误差趋于无穷，即造成滤波器的发散。

解决由于模型近似造成的精度损失或发散问题，可以采用敏感模型对滤波器进行校正，即采用系统识别或自适应滤波技术。系统识别就是根据测量值实时对模型作出估计，并对估计所得之模型进行滤波。识别可采用简单的递推最小二乘法、相关法或最大似然法等。自适应滤波就是通过测量值自动地调整滤波器的增益或补偿估计误差。因而，自适应滤波包含检测和校正两部分，检测是指通过实际测量检查系统模型与实际系统是否一致。校正是指对模型进行修正、调整增益、补偿误差等措施。

（2）实时能力问题。卡尔曼滤波的递推运算比 α–β 滤波算法要复杂，速度缓慢。为实现实时处理，有三种可能的途径：改进计算技术、减少状态维数、采用近似增益。具体方法很多，但容易带来精度损失，这时的估计就降为次最优估计。

（3）数值发散问题。造成发散的原因除了上述运动模型不准确外，还有两种原因：对输入的目标扰动噪声的统计性质了解不确切或取值不合适值；计算机有限字长的影响，在递推运算中的量化，舍入误差使协方差失去正定性，甚至失去对称性，造成计算值与理论值之间越来越大的偏离等。

习　题

1．根据跟踪目标的数量以及所使用的传感器数目的不同，目标跟踪可以分为哪几种类型？

2．传感器录取到的点迹可以分为哪三种类型？

3．什么是目标的航迹？

4. 请解释什么是边扫描边跟踪系统？为什么说航迹外推和航迹相关是边扫描边跟踪系统中两个关键环节？

5. 什么是目标跟踪过程？请图示说明多目标跟踪流程，并对多目标跟踪算法的三个组成部分进行说明。

6．解释航迹建立与相关、滤波和外推、航迹质量管理的作用。

7．说明全邻法和最近邻法进行数据关联的基本原理。

8．简述捕获波门和跟踪波门之间的区别和联系。

9．在确定初始录取波门尺寸，应考虑哪些因素？

10．波门自适应调整应注意哪些具体情况变化？

11．在计算跟踪过程中的相关波门（即跟踪波门）的尺寸时，应考虑哪些相关因素？

12．什么是状态向量？对于机动目标跟踪问题，可以选择哪些状态变量来描述目标的动态特性？

13．请简述机动目标跟踪过程中状态方程的基本概念。

14．请简述机动目标跟踪过程中测量方程的基本概念。

15．在 Singer 模型中，设 $a(t)$为目标的加速度，它是零均值指数相关的随机过程，即

$$\gamma(\tau)=E\left[a(t)a(t+\tau)\right]=\sigma_a^2\mathrm{e}^{-\alpha|\tau|}$$

式中：α 为机动时间常数的倒数（1/s），即机动频率；σ_a^2 为目标加速度的方差，可以根据机动目标的概率密度函数来计算。它的分布设定如下：若最大可能的机动加速度是$\pm a_{\max}$，其出现概率设定为 $P_{\max}$，不出现加速度的概率为 P_0，加速度出现在$\pm a_{\max}$ 范围内的概率是均匀分布的（图 5.13），请给出 Singer 模型中机动加速度方差的推导过程和计算结果。

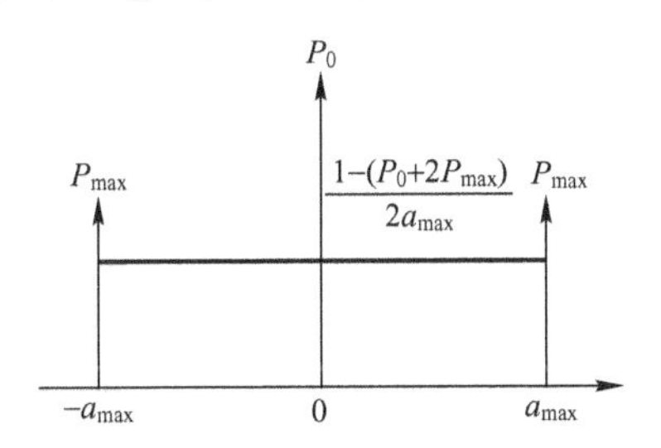

图 5.13　机动目标的概率密度函数

16．基本的滤波与预测方法有哪些？

17．说明 α–β 滤波中 α、β 参数的选择方法。

18．说明最小二乘滤波和卡尔曼滤波思想。

19．最小二乘滤波基本思想是使残差的平方和最小，因而也称为最小平方估计，假设目标作匀速直线运动，将一维坐标上对该目标的测量结果记为

$$x_i=a_0+a_1iT+v_i$$

式中：v_i为第 i 次测量的误差（假设每次测量误差相同）；T 为雷达天线周期，若进行了 k 次测量并获得 k 个测量值 $Z_1, Z_2, \cdots, Z_k$，请给出匀速直线运动模型下最小二乘滤波 L 步累加格式公式的推导过程。

20．给出最小方差估计、极大似然估计、最小二乘估计和卡尔曼滤波估计的估计准则。

下篇　多源情报信息综合处理技术

第 6 章　情报信息综合处理系统结构

战场情报信息综合处理系统的模型设计是信息综合处理的关键问题，它直接决定了融合算法的结构、性能以及系统的规模。模型的设计取决于实际的需求、可行性（如计算机和通信的负载能力、环境的条件、可靠性等）以及性能价格比等。本章介绍战场情报信息综合处理系统的功能模型、结构模型和处理流程。功能模型主要描述战场情报信息综合处理系统包括哪些与实际应用有关的主要功能；结构模型则描述在进行情报信息的综合检测、状态估计和属性融合时采取的具体融合结构；处理流程则描述系统中各功能之间的相互作用、信息处理的流程，分为情报环、JDL 模型、Boyd 控制环、扩展 OODA 模型、瀑布模型、Dasarathy 模型、混合模型等。

6.1　情报信息综合处理系统模型

6.1.1　情报综合处理系统功能模型

战场情报信息综合处理系统的功能模型用于描述信息综合处理系统包括哪些主要功能，这些功能与实际军事应用有关，下面以“战场态势监测”系统的功能模型为例加以说明。

假定该系统要完成的任务包括发现敌人武器装备、敌人兵力组成、作战编成、行动企图等任务。根据所完成的任务，将信息综合处理的功能模型分为五级：第一个层次为检测判决融合（发现敌人）；第二个层次为空间（位置）融合（判断敌人在哪）；第三个层次为属性信息融合（发现敌人武器装备）；第四个层次为态势评估（分析敌兵力组成与部署）；第五个层次为威胁估计（推断敌行动意图）。图 6.1 给出了战场态势监测系统的功能框图。

图中左侧是传感器的监视/跟踪环境及数据的采集源。辅助信息包括人工情报、先验信息和环境参数。融合功能主要包括第 1 级处理、预滤波、采集管理、第 2 级处理、第 3 级处理、第 4 级处理、第 5 级处理、数据库管理、支持数据库、人–机接口和性能评估。

第 1 级处理是信号处理级的信息融合，也是一个分布检测问题，它根据所选择的检测准则形成最优化门限，然后融合各传感器或局部节点的决策产生最终的检测输出。

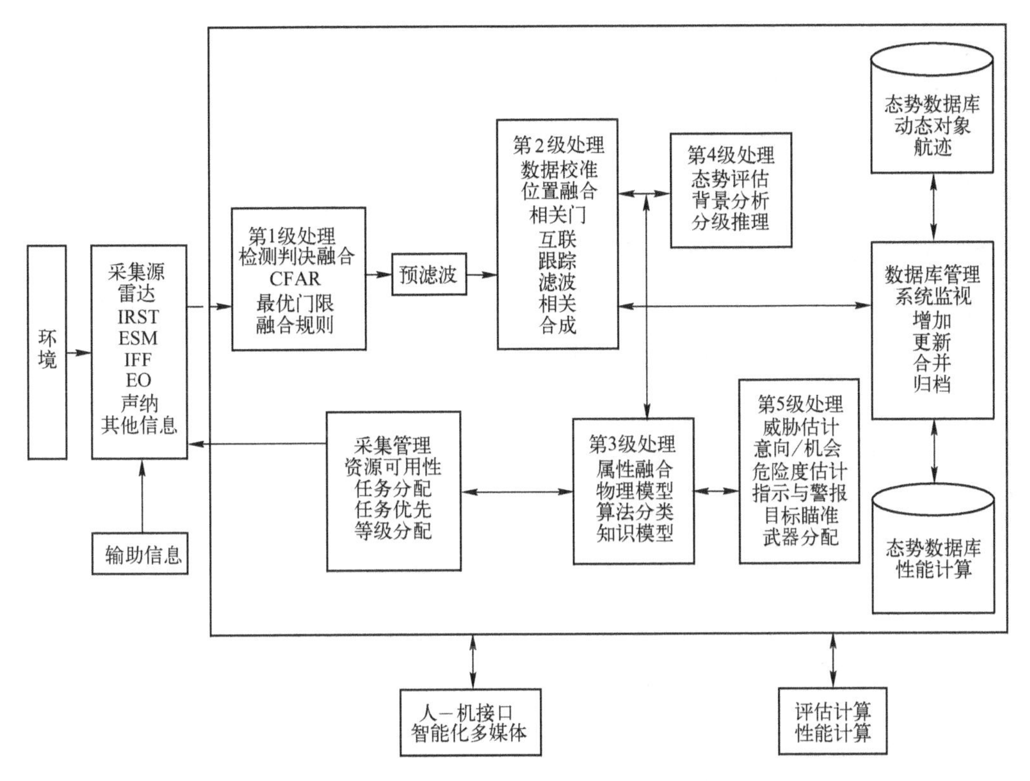

图 6.1 战场情报信息综合处理系统的功能模型

预滤波根据观测时间、报告位置、传感器类型、信息的属性和特征来分选和归并数据，这样可控制进入第 2 级处理的信息量，以避免造成融合系统过载。

数据采集管理用于控制融合的数据收集，包括传感器的选择、分配及传感器工作状态的优选和监视等。传感器任务分配要求预测动态目标的未来位置，计算传感器的指向角，规划观测和最佳资源利用。

第 2 级处理是为了获得目标的位置和速度，它通过综合来自多传感器的位置信息建立目标的航迹和数据库，主要包括数据校准、互联、跟踪、滤波、预测、航迹–航迹相关及航迹合成等。

第 3 级处理是属性信息融合，它是指对来自多个传感器的属性数据进行组合，以得到对目标身份的联合估计，用于属性融合的数据包括雷达横截面积、脉冲宽度、重复频率、红外谱或光谱等。

第 4 级处理包括态势的提取与评估，前者是指由不完整的数据集合建立一般化的态势表示，从而对前几级处理产生的兵力分布情况有一个合理的解释；后者是通过对复杂战场环境的正确分析和表达，导出敌我双方兵力和分布推断，绘出意图、告警、行动计划与结果。

第 5 级是威胁程度处理。即从我军有效地打击敌人的能力出发来评估敌方的杀伤力的危险性，同时还要估计我方的薄弱环节，并对敌方的意图给出提示和告警。

辅助功能包括数据库管理、人–机接口和评估计算，这些功能也是融合系统的重要部分。

从处理对象的层次上看，第 1 级属于低级融合，它是经典信息检测论的直接发展，是近几年才开始研究的领域，目前绝大多数多源信息融合系统都不存在这一级，仍然保持集中检测，而不是分布式检测，但是分布式检测是未来的发展方向。第 2 级和第 3 级属于中间层次，是最重要的两级，它们是进行态势评估和威胁估计的前提和基础。实际上，融合本身主要发生在前 3 个级别上，而态势评估和威胁估计只是在某种意义上与信息融合具有相似的含义。第 4 级和第 5 级则是决策级融合，即高级融合，它们包括对全局态势发展和某些局部形势的估计，是现代作战系统指挥和辅助决策过程中的核心内容。

6.1.2 情报综合处理系统结构模型

一、情报信息综合处理系统结构

典型的信息综合处理系统结构包括集中式结构、分层式结构和分布式结构，如图 6.2 所示。

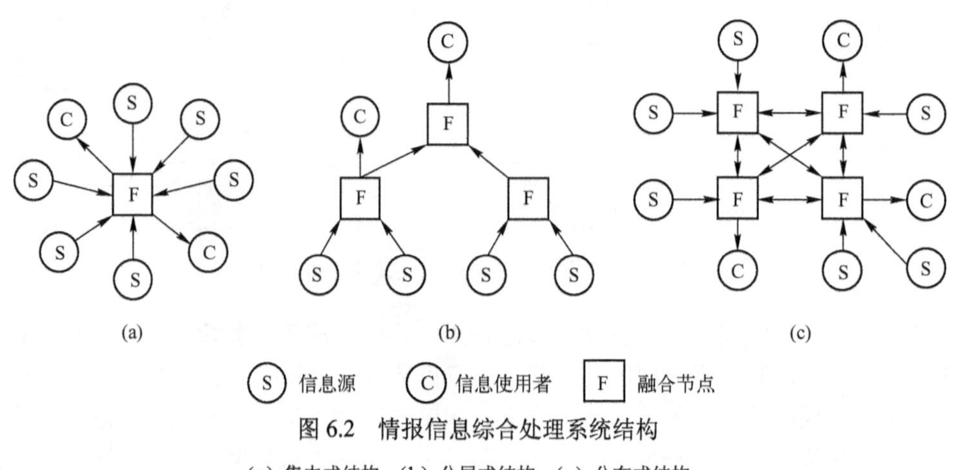

图 6.2 情报信息综合处理系统结构

（a）集中式结构；（b）分层式结构；（c）分布式结构。

1. 集中式结构

每个信息源获得的观测信息都被不加分析地传送给上级信息融合中心。信息融合中心借助一定的准则和算法对全部初始数据执行联合、筛选、相关与合成处理，一次性地提供信息融合的输出结果。

集中式结构具有以下特点。

（1）结构简单。所有信息集中在一个节点进行信息综合，系统结构简单。

（2）融合精度高。由于所有信息集中在一个节点进行融合，信息全面，因此，如果能够合理运用所有信息，则综合结果精度高。

（3）融合节点计算复杂。由于所有信息集中在一个节点进行融合，该融合节点的计算量大，计算复杂，信息处理时间长，影响系统响应能力。

（4）通信负担大。传输数据量大，因此对传输网络的要求苛刻，不适合大规模的信息融合。

（5）可靠性和容错性差。在实际作战中，一旦融合中心遭到破坏，则整个系统的融合能力全部丧失。

综上所述，在当前战场环境日趋复杂、数据容量日益增大的情况下，集中式结构越来越无法适应作战需要。

2. 分层式结构

信息从低层到高层逐层进行融合处理，在多个层次上具有多个融合节点，高层节点接收低层节点的融合结果并与本层节点信息进行综合。就指挥信息系统而言，该结构与多级作战指挥体制相适应，满足了信息使用节点（指挥所）层次式分布特征的需求；但是该结构缺乏同层次节点之间的信息交互，而且高层节点与非邻近下层节点必须通过中间层节点进行交互，加重了中间节点的通信与处理负担，且层次多，不能适应未来指挥信息系统扁平式结构的要求。

3. 分布式结构

按照作战区域等设置多个融合节点，各信息源的信息在各个不同的节点进行局部融合，各个局部融合节点之间均可以共享信息融合结果。

分布式信息融合结构的特点如下。

（1）通信负担低。需传送的数据量少，通信负担轻，对传输网络的要求可以降低。

（2）融合速度快。进行融合的信息量小，因此信息融合处理时间可以缩短，响应速度可以提高。

（3）资源共享性好。对于分布式系统，其资源和功能往往分布在系统的各个融合节点上，整体结构的完成依赖于各个融合节点。

（4）良好的开放性。分布式系统结构灵活，各部分相对独立，便于根据自身情况进行调整。

（5）并行性。分布式系统中各融合节点即各平台同步运行，具有并行性。

（6）可靠性和容错性。分布式系统结构稳定，单点故障只影响局部，不会因为某个融合节点的失效而影响整个系统正常工作。

（7）透明性。各个融合节点的标准相同，每个融合节点的表现与单系统一模一样，大大提高了整个系统的效率。

上述三种情报综合处理系统结构的比较如表 6.1 所列。在当前战场环境日趋复杂、数据容量日益增大的情况下，分布式体系结构弥补了集中式和层次式体系结构的不足，能够满足未来作战指挥系统在信息流动上的扁平式结构的要求，将得到越来越广泛的重视。

表 6.1　三种情报综合体系结构比较

特点	分布式结构	集中式结构	分层式结构
融合精度	较低	高	较高
结构复杂性	高	低	低
系统抗毁性	好	差	差
通信负担	低	高	介于二者之间
可靠性和容错性	好	差	差
融合速度	快	慢	慢
信息安全保密性	弱	强	介于二者之间

二、网络化战场情报信息综合处理系统结构

在传统的以“平台为中心”的舰艇编队协同作战中，往往采用集中式融合体系结构，各舰艇通过舰载传感器和数据链接收到敌方目标信息后，都将它们发送给编队指挥舰，在指挥中心完成信息的处理，并将其分发给各个攻击平台。攻击平台根据接收的目标指示信息，由作战系统完成协同攻击。一方面，所有平台都需要通过数据链与指挥平台间进行数据通信，这是很难完成的通信负担；另一方面，在未来复杂的电磁环境下，中心节点一旦遭到干扰和损毁，将使整个系统的功能丧失；再者，所有探测平台的信息都集中到指挥平台上进行滤波、融合处理，指挥舰作为中心节点很容易受到自身计算瓶颈的限制。

分布式体系结构将是未来网络化军事作战中的主要结构，可能由多个结构构成系统之系统（System of System)，每个基本的网络构建块如图 6.3 所示。将其连接到更大的行动结构中时，可供采纳的网络模式有很多种，如图 6.4 和图 6.5 所示。

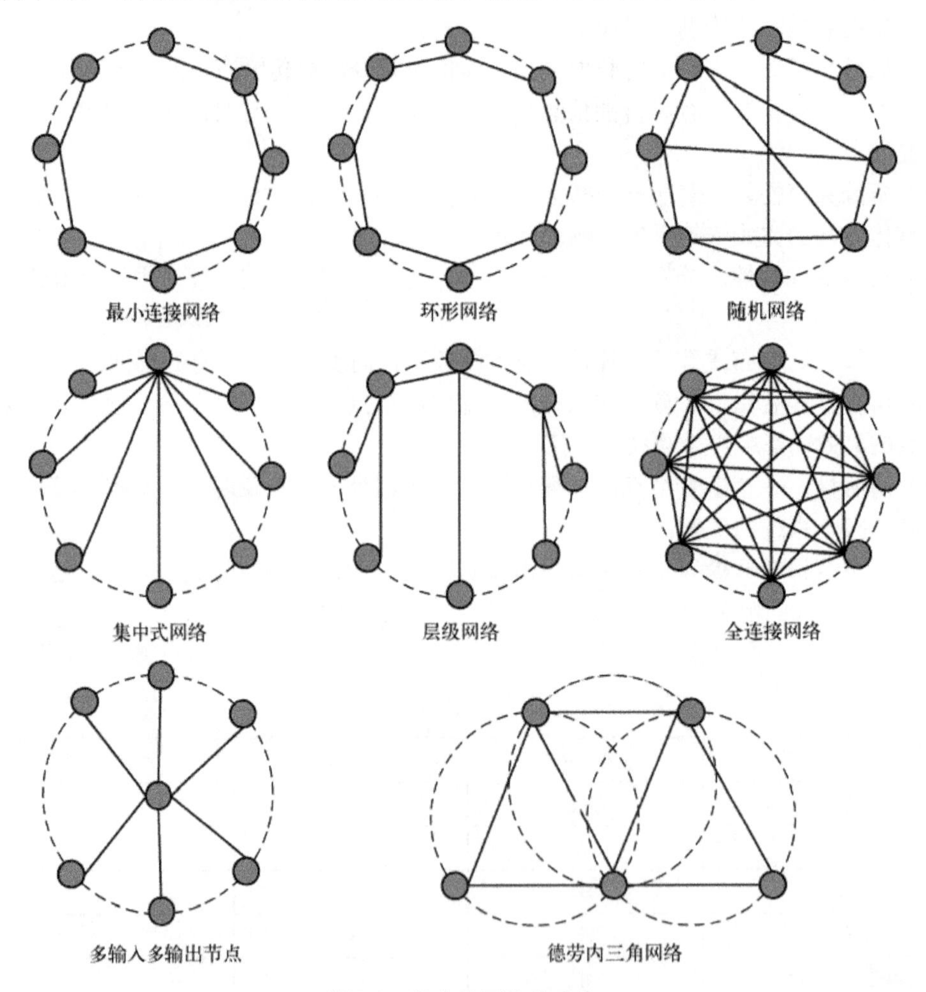

图 6.3 基本的网络构建块

1. 层级网络

如图 6.4 所示，一般需要固定的节点和链路，而且其结构性或动态灵活性受限。数

据路径往往是预先指定的，如果传输网络的某部分被去掉或者关键节点遭受攻击或破坏，那么这类数据流很容易遭到破坏。因此，层级网络最适于稳定的环境和可预测的环境，而且通常不适于前线作战、后勤链以及保障型军事基础设施的需求。

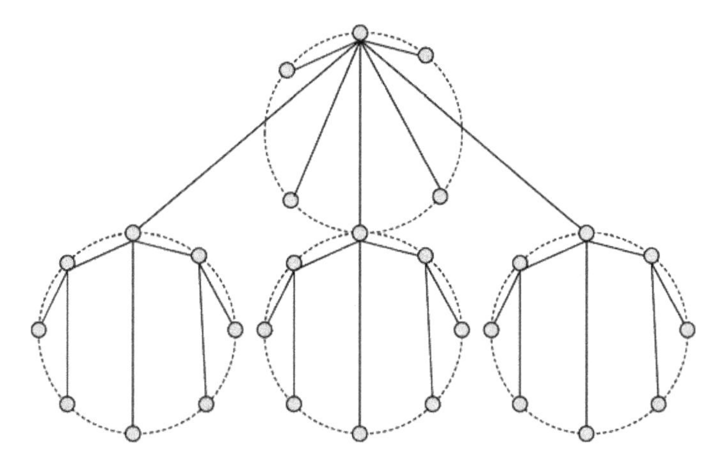

图 6.4　层级网络

层级网络往往使用按照系统族方法布置的集群节点构建块来组织通信，每个构建块均是一个受到中央数据处理或指挥控制节点控制的集群。中央的协调功能指挥并协调下一层系统组的活动，然后再将所有构建块整合到更大的网络中去。因为每个节点通常只会按照预先设定的方式与一个或两个节点通信，所以其带宽需求一般较低，而且能够避免多个存取传送协议带来的更高的带宽需求。

此外，层级网络的处理需求也不高，这是因为可以构建层级网络来适应标准化输入和输出，这些输入输出本身的可变性通常有限，特别是当网络的规模和复杂性增长时，节点越来越远离网络中心。层级网络还可用于某些较为动态的环境中，在这类环境中，部署的单位（通常来自于不同的部队或联军伙伴）以信息孤岛方式产生自己的情报图像，然后将这些图像沿着层级向上报告，用于信息整合和再发布。但是这类结构导致信息孤岛网络，每个孤岛产生单独的作战空间"图像"。只有每个孤岛的成员才能够访问和整合本地网络生成的信息，因此真正的挑战变成了如何与其他用户共享网络信息。

在时敏目标捕获（TST）任务中，必须快速收集数据并制定策略，而采用层级结构来集中收集所有传感器数据然后分发到特定的平台，这会因为引入额外的步骤（收集、处理并分发目标数据）和额外的失效节点（分配错误）而延长了时间，造成不利影响。

2. 全连接网络

如图 6.5 所示，在全连接网络中所有的网络节点（通常在系统级别）向一个共同的网络中发送和接收信息，可以通过其他网络节点访问该网络。在这类环境中，根据每个节点执行的功能的不同，即使节点之间的连接是固定不变的，它们所需的带宽也将会有显著的不同。例如，一个充当指挥控制过程的节点要求与之相连的节点链路具有较高的带宽，而一个只是发送数据的电子战（EW）传感器只需要相对较小的带宽。所有的节点均以平等的身份参与到网络，不存在层级。理论上，所有节点都能够提供和存取相同程度的信息，尽管实际上每个节点的功能将决定节点传出和传入哪些信息。在真正集成的网络中，该模式没有任何限制，这是因为能够调整节点和传感器的分布来适应不断演变的数据收集和处理的需求。

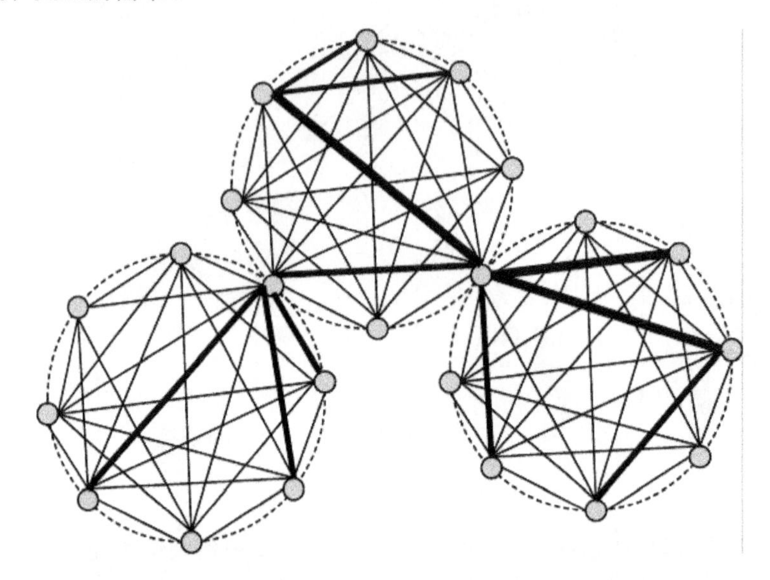

图 6.5 全连接固定节点网络（图中显示了网络中带宽使用的不同情况）

理论上，假设在技术、安全性以及可协同性层面上具备完全的互操作性，那么，每一个节点将通过全连接网络链接到其他所有节点，从而提供最高级别的直接交互。这种配置要求每个节点之间具有专用的可用带宽以确保能够发送数据，而且为了让网络有效运转，每个节点都需要接收、处理和发送大量的数据和信息。但是非常明显的是，这种配置在动态的网络环境中不具有可行性，因为在不同平台和参与方中都已经存在许多不同类型的连接。

对于包含 n 个节点的全连接网络，每个加入的节点都会产生 $n-1$ 个链路。对该网络的支持花费不菲，而且很快会将所有可用带宽耗尽，而且意味着每个节点可能要进行的交互数量会很快变得无法承受。因此，在这种交互模式的极端情况下，即每个节点均与其他节点在任何时间使用各种媒介进行交互，这对于大规模军事组织而言是不现实的。

一种更为切实可行的做法是，让所有节点之间直接链接并不意味着存在永久性直连，也不意味着所有节点之间都进行通信。这意味着，如果需要，任何节点可以根据需要与任何其他节点交换信息。

德劳内三角形网络是一种使用在多组节点之间的三角型模式来访问网络中所有节点的连接类型。德劳内三角形拓扑常用于超播寻址，可以采用分布式方式来构建这种拓扑，这样就可以轻易构建具有冗余路径的健壮网络。人们已经建立起包含 10000 个连接节点的这类网络。

随着网络连接性的不断改进，未来的网络将构成混合式结构的混合体，能够自适应作战需求并考虑到所处环境的各种约束条件（如电力、带宽和延迟）。这种灵活性能够形成复杂的、自适应结构的交互模式。

6.1.3 情报综合处理系统处理流程

战场情报综合处理系统的处理流程主要描述系统中各功能之间的相互作用、信息处理的流程。30 多年来，人们提出了多种信息融合处理模型，其共同点或中心思想是在信息融合过程中进行多级处理。在 20 世纪 80 年代，比较典型的模型主要有 UK 情报环、JDL 模型、Boyd 控制环（OODA 环）、扩展 OODA 模型。20 世纪 90 年代又提出了瀑布模型、Dasarathy 模型、混合模型等。由于数据融合模型与应用密切关联，所以至今为止都不存在通用的数据融合模型。下面对上述典型模型的流程图和优缺点进行分析与比较。

一、UK 情报环

情报处理包括信息处理和信息融合。目前已有许多情报原则，包括：中心控制（避免情报被复制）；实时性（确保情报实时应用）；系统地开发（保证系统输出被适当应用）；保证情报源和处理方式的客观性；信息可达性；情报需求改变时，能够做出响应；保护信息源不受破坏；对处理过程和情报收集策略不断回顾，随时加以修正。这些也是该模型的优点，而缺点是应用范围有限。

UK 情报环把信息处理作为一个环状结构来描述，如图 6.6 所示。它包括以下四个阶段。

（1）采集。它包括传感器和人工信息源等的初始情报数据。

（2）整理。关联并集合相关的情报报告，在此阶段会进行一些数据合并和压缩处理，并将得到的结果进行简单的打包，以便在融合的下一阶段使用。

（3）评估。在该阶段融合并分析情报数据，同时分析者还直接给情报采集分派任务。

（4）分发。在此阶段把融合情报发送给用户（通常是军事指挥官），以便决策行动，包括下一步的采集工作。

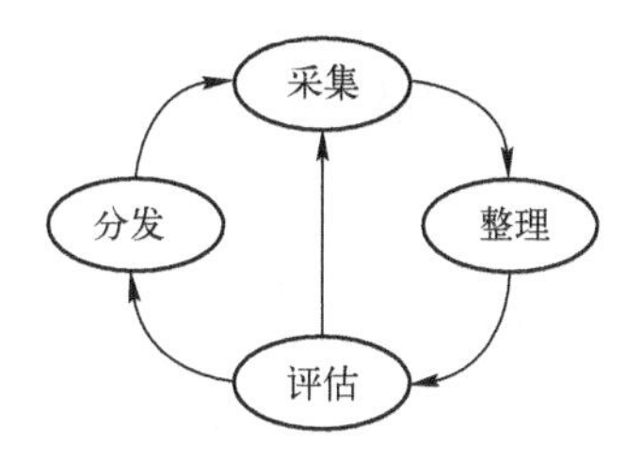

图 6.6　UK 情报环

二、JDL 模型

1984 年，美国国防部成立的数据融合实验室联合领导机构（JDL），提出了 JDL 模型，经过逐步改进和推广使用，该模型已成为美国国防信息融合系统的一种实际标准。如图 6.7 所示，JDL 模型将数据融合分为 5 级。

第 0 级——信号级融合：基于像素/信号级数据关联和特征，对可观测信号或目标状态进行估计和预测。

第 1 级——目标估计：基于对观测数据所作的推理，进行实体状态的估计和预测，如目标检测、定位和识别。

第 2 级——态势估计：基于对实体间的关系所作的推理，进行实体状态的估计和预测。根据第 1 级处理提供的信息构建态势图。

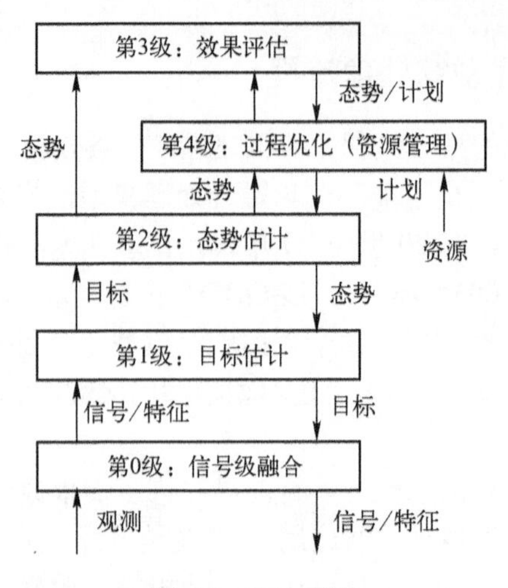

图 6.7　JDL 模型

第 3 级——效果评估：对参与者预先计划、估计或预测的行为对态势造成的影响进行估计和预测（例如，假设某人有一个行动计划，评估其对所估计/预测的威胁行动的易感性和易受攻击性)。根据可能采取的行动来解释第 2 级处理结果，并分析采取各种行动的优缺点。

第 4 级——过程优化（资源管理的一个要素）：自适应数据采集和处理以支持使命任务。过程优化实际上是一个反复过程，它在整个融合过程中监控系统性能，控制增加潜在的信息源，最优部署传感器，最优采集信息。其他的辅助支持系统包括数据管理系统（存储和检索预处理数据）和人机界面等。

JDL 模型能够有效区别“目标估计”“态势估计”“效果评估”和“过程优化”等各种数据融合处理，但因 JDL 模型的名称和定义关注的是军事方面的战术应用，因此尽管 JDL 模型在数据融合系统中很常用，但在非军事领域中并不适用。

三、Boyd 控制环

Boyd 控制环也称为 OODA 环，即观察（Observe）、判断（Orient）、决策（Decide）、行动（Act），如图 6.8 所示，它原本是应用于军事作战指挥的，现已大量应用于信息融合。从图 6.8 中可以看出，Boyd 控制回路使得问题的反馈迭代特性显得十分明显。它包括四个处理阶段。

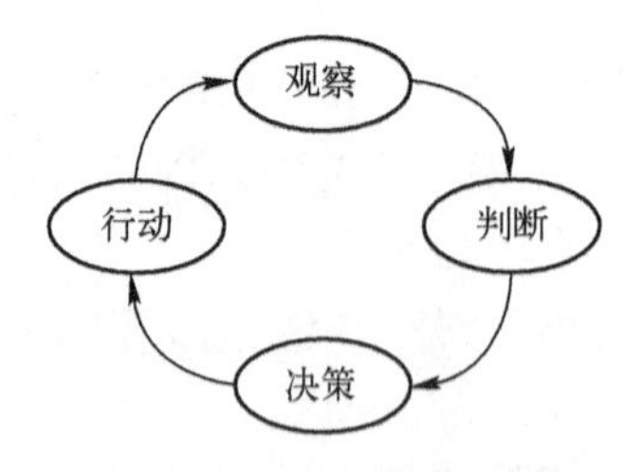

图 6.8　Boyd 控制环

（1）观察。获取目标信息，相当于 JDL 的第 0 级、第 1 级和情报环的采集阶段。

（2）判断。态势分析，相当于 JDL 的第 2 级和第 3 级，以及情报环的采集和整理阶段。

（3）决策。制定决策计划，相当于 JDL 的第 4 级过程优化和情报环的分发行为，还有诸如后勤管理和计划编制等。

（4）行动。执行计划，和上述模型不同的是，只有该环节在应用中考虑了决策效能问题。

OODA 环的优点是它使各个阶段构成了一个闭环，表明了数据融合的循环性。从图 6.8 中可以看出，随着融合阶段不断递进，传递到下一级融合阶段的数据量不断减少。但是 OODA 模型的不足之处在于，决策和执行阶段对 OODA 环的其他阶段的影响能力欠缺，并且各个阶段也是顺序执行的。

四、扩展 OODA 模型

扩展 OODA 模型是加拿大的洛克希德·马丁公司开发的一种信息融合系统结构，如图 6.9 所示，该种结构已经在加拿大哈利法克斯导弹护卫舰上使用。该模型综合了上述各种模型的优点，同时又给并发和可能相互影响的信息融合过程提供了一种机理。用于决策的数据融合系统被分解为一组有意义的高层功能集合（例如，图 6.9 中给出的由 N 个功能单元构成的集合），这些功能按照构成 OODA 模型的观察、判断、决策和行动四个阶段进行检测评估。每个功能还可以依照 OODA 的各个阶段进一步分解和评估。图中标出的节点表示各个功能都与那几个 OODA 阶段相关。例如，功能 A 和 N 在每个阶段都有分解和评估，而功能 B 和 C 只与 OODA 的部分或单个阶段有关。

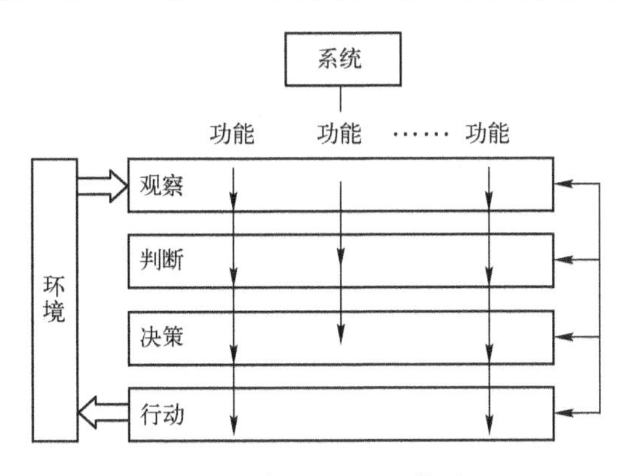

图 6.9　扩展 OODA 模型

该模型具有较好的特性，即环境只在观测阶段给各个功能提供信息输入，而各个功能都依照执行阶段的功能行事。此外，观测、定向和决策阶段的功能仅直接按顺序影响其各自下一阶段的功能，而执行阶段不仅影响环境，而且直接影响 OODA 模型中其他各个阶段的功能。

6.2　情报信息综合目标检测系统结构

为实现战场情报信息综合处理任务，首先需建立综合处理功能模型，在此基础上建立其系统结构模型，分析其信息处理流程。战场情报信息综合处理一般而言首先由各探测源系统进行目标的综合检测，以便发现目标，之后将所有探测源发现的目标信息，进行综合目标识别和状态估计，从而探明目标属性类型，确定目标位置及运动参数等。以下分别给出情报信息综合目标检测、属性识别、状态估计系统结构。

6.2.1 目标检测系统结构

根据 6.1.2 节所述，战场情报信息综合处理系统结构有三种：集中式结构、分层式结构和分布式结构。与此对应，多信息源目标检测的结构模型也有集中式检测结构、分层式检测结构和分布式检测结构三种。

一、集中式检测结构

集中式检测结构如图 6.10 所示。在集中式检测结构中，N 个局部信息源 S_1、S_2、…、S_N 直接将所有未经处理的原始观测数据 Y_1、Y_2、…、Y_N 传送到检测中心（节点 F），然后在检测中心进行信息综合处理得到全局检测结果 U_0。这种结构是将所有信息源对整个全局观测空间进行观测所得的观测数据全部用来进行全局判定，从而得到检测结果。这种方法需要传输大量的原始检测信息，通信开销大，并且检测中心需要处理大量的原始观测，从而大大增加了处理器的复杂程度，因此通常适用于小型组网系统。

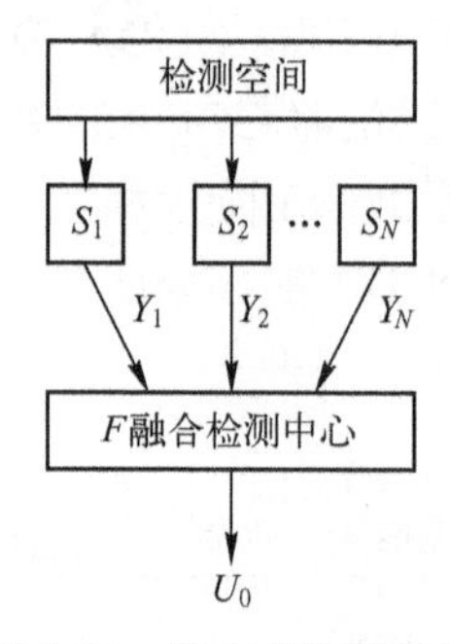

图 6.10 集中式检测结构

二、分层式检测结构

分层式检测结构如图 6.11 所示。在分层式检测结构中，N 个局部信息源 S_1、S_2、…、S_N 在收到未经处理的原始数据 Y_1、Y_2、…、Y_N 之后，将其传送到各级检测中心（节点 F_1、F_2 等）进行信息综合处理得到各级检测结果 U_1、U_2、…、U_N，各级检测结果再上传至上一级检测中心 F，进一步进行综合得到全局检测结果 U_0。

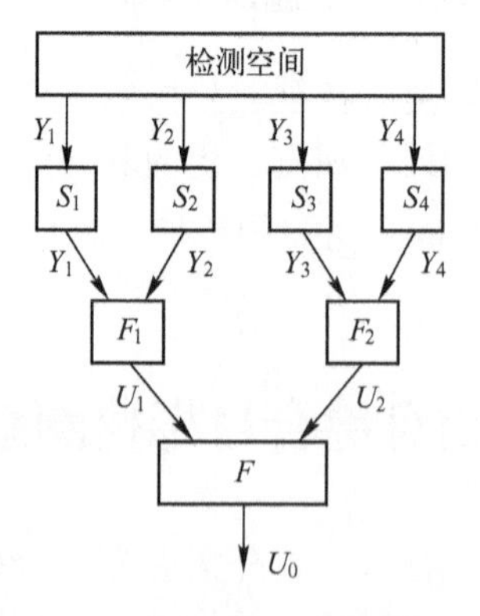

图 6.11 分层式检测结构

这种方法由于在融合节点没有接收到所有的信息源观测信息，因此性能有所降低，此外，该结构属于烟囱式结构，如果信息综合处理层次较多，影响信息处理的实时性。但是，由于该结构不需传输大量的原始检测信息，只需将检测结果传输至检测中心，因此通信开销远小于集中式检测结构，是目前主要的检测结构。

三、分布式检测结构

分布式检测结构如图 6.12 所示。在分布式检测结构中，N 个局部信息源 S_1、S_2、…、S_N 在收到未经处理的原始数据 Y_1、Y_2、…、Y_N 之后，进行目标检测处理得到各级检测结果 U_1、U_2、…、U_N，这些处理节点之间通过通信链路连接互相传输检测结果，每个节点利用自身获得的信息，以及来自于其他信息源的信息进行决策，但是网络中不存在控制整个网络的“中心”节点，任何节点都不知道全局的网络拓扑结构。

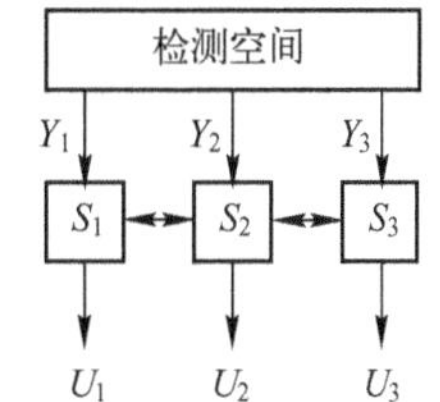

图 6.12　分布式检测结构

例如，在战场监视系统应用中，可用一个节点来获取侦察照片的信息，用另一个节点来获取部队运动的地面情况，再用一个节点监控通信传输过程。一个节点的信息被传送到另一个节点，用来估计敌军的位置以及运动情况。这个节点的信息再传回到侦察照相节点，利用估计的部队位置信息来帮助理解卫星照片上的模糊特征。

这种分布式系统具有如下很多优点。

（1）可靠性好。一些节点或是链路的丢失不会影响该系统其他部分的功能。在集中式系统中，公共的通信管理器或是中心控制器的故障可能给整个系统造成灾难性的后果。

（2）灵活性好。该系统中的节点可以方便增减，而且仅仅只需做出局部的改变就可以了。例如，增加一个节点就是简单地建立一条或几条链路连接到网络中的一个或几个节点上。在集中式结构中，增加一个新节点可能改变整个网络的拓扑结构，也就是说，需要对整个网络的控制和通信结构做出大量的改变。

（3）分布式检测结构适合于军事应用的扁平化处理，但在实际应用中，其处理模型、算法还存在一定的问题，若能解决好这些问题，那么，分布式检测结构将成为未来战场情报信息综合处理的主要结构。

6.2.2　目标检测系统实例

雷达组网系统是一种典型的战场目标信息综合处理系统，应用两部或两部以上空间位置互相分离而覆盖范围互相重叠的雷达的观测或判断来实施目标的搜索、跟踪和识别。根据电磁波散射理论，空间目标的 RCS 不仅与目标的外形结构和材料特性等有关，还与雷达工作频率、信号极化方式，以及目标相对雷达的空间位置和姿态等有关。雷达组网系统正是基于这个原理，通过利用信息的冗余性和互补性来克服单部雷达的不足。信息的冗余性是指使用多部雷达在相同的条件下探测同一目标。由于与雷达相联系的不确定性趋于不相关，这种冗余性就减少了测量的不确定性。信息的互补性是与雷达的不同物理特性和工作状态密切相关的，是提供探测目标“全信息”的关键所在，它包括空域的、时域的、频域的以及其他变换域的互补特性，例如，由于空间位置的互补性使雷达从不同的观测视角获取目标的信息，这有助于减少目标起伏、闪烁和地形遮蔽等对雷达探测能力带来的负面影响。因此，雷达组网系统扩大了雷达目标的空间和时间覆盖范围，增强了反隐身能力，提高了系统的抗干扰能力，增强了系统的可靠性和生存能力。

图 6.13 所示为雷达组网系统信息综合处理示意图。每部雷达完成观测数据获取，并将可能的目标报告先经过局部处理然后送往信息融合中心，或是直接将目标报告送往融合中心。融合中心根据需要完成目标检测、定位跟踪乃至属性分类等功能，也可以将结果用于更高层次的处理。

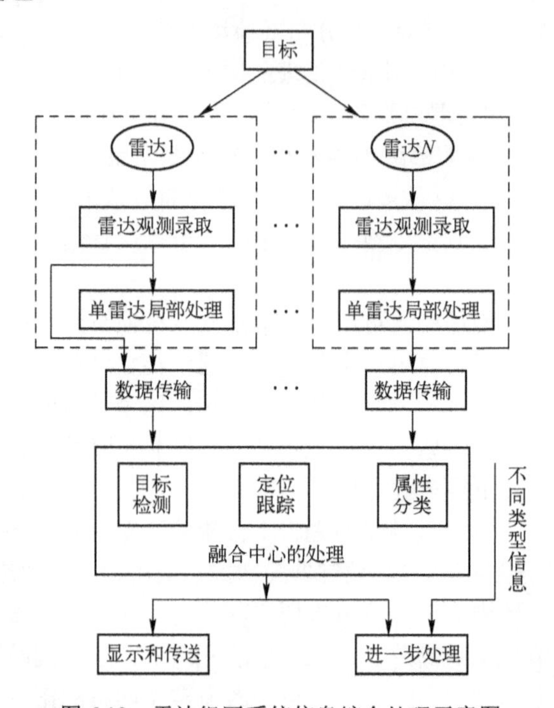

图 6.13　雷达组网系统信息综合处理示意图

雷达组网检测系统的结构模型如图 6.14 所示。这里将检测器分解为预测器和判决器，这样使检测问题与经典的决策理论相一致。

1. 模型 I：观测融合

每部雷达 i 给融合检测器提供观测空间中的观测向量 $\boldsymbol{s}_i$，然后预测器输出后验检测概率为 $p_D = P(H=1 \mid s_1, s_2, \cdots, s_n)$，最后在预测基础上给出最终判决 $d_0=D(p_D)$。

模型 I 是单站雷达系统的简单扩展，每部雷达的作用就是采集观测数据，融合中心负责观测数据的处理和对所获信息的解释。这种结构具有以下特点。

（1）系统性能明显优于单站雷达系统，较好地利用了信息的冗余性和互补性。

（2）融合处理算法与单站雷达系统的处理算法类似，相对比较简单。

（3）信息合成只需一次处理，全局最优。

但是，观测融合也存在着很大的局限性。

（1）融合中心承担了过多的计算量。

（2）整个系统的运转都依赖于融合检测器，它的失效将导致灾难性的后果，实际应用中它必须有备份，这增加了系统的代价。

（3）通信量大，容易造成瓶颈，对信道要求很高。

（4）对于应用的改变、雷达技术的变化以及融合系统的扩展，观测融合模型缺乏灵活性。

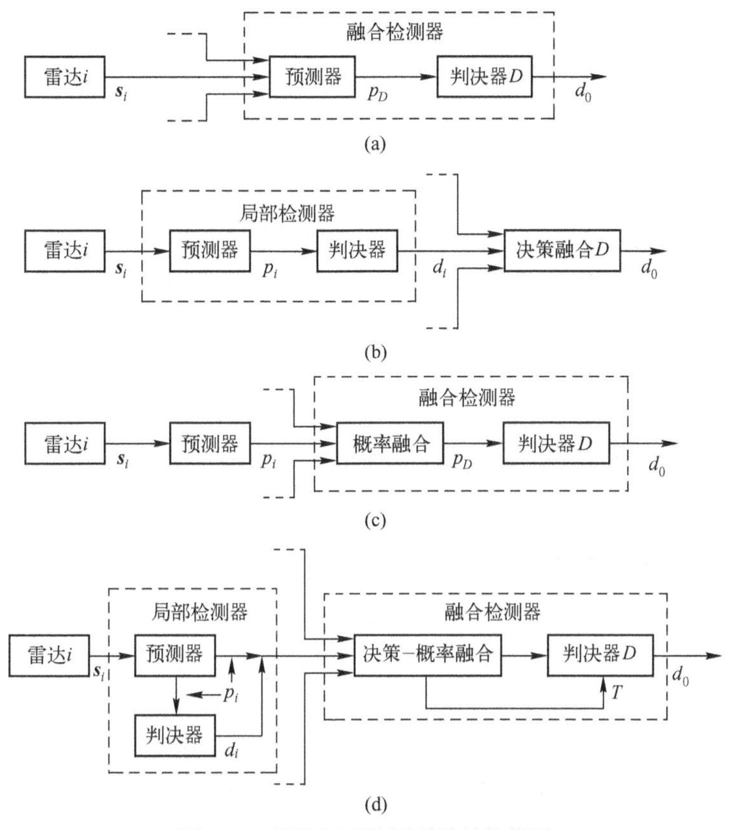

图 6.14　雷达组网检测系统结构模型

（a）模型Ⅰ；（b）模型Ⅱ；（c）模型Ⅲ；（d）模型Ⅳ。

2. 模型Ⅱ：决策融合

每部雷达 i 连接自己的预测器，使得观测向量 $\boldsymbol{s}_i$ 映射成检测概率 $p_i = P(H=1 \mid s_i)$，然后局部检测器中的判决器对此进行判决 $d_i = D_i(p_i)$。最后，将二值决策向量 $(d_1, d_2, \cdots, d_n)$ 送至融合中心并按融合规则作出最终判决 $d_0=D(d_1, d_2, \cdots, d_n)$。

3. 模型Ⅲ：概率融合

每部雷达 i 连接自己的预测器，使得观测向量 $\boldsymbol{s}_i$ 映射成检测概率 $p_i= P(H=1 \mid s_i)$。然后将检测向量 $(p_1, p_2, \cdots, p_n)$ 送至融合中心并按融合规则输出后验检测概率 $p_D = P(H=1 \mid p_1, p_2, \cdots, p_n)$。最后，检测判决器给出判决结果 $d_0=D(p_D)$。

4. 模型Ⅳ：决策-概率融合

每部雷达 i 连接自己的预测器，使得观测向量 $\boldsymbol{s}_i$ 映射成检测概率 $p_i= P(H=1 \mid s_i)$，然后局部检测器中的判决器对此进行判决 $d_i= D_i(p_i)$。接着，将二值决策向量 $(d_1, d_2, \cdots, d_n)$ 和概率向量 $(p_1, p_2, \cdots, p_n)$ 送至融合中心并按融合规则输出组合 $T(d_1, d_2, \cdots, d_n; p_1, p_2, \cdots, p_n)$ 和判决门限 $t(p_1, p_2, \cdots, p_n)$。最后，融合检测判决器给出判决结果 $d_0=D(T, t)$。

局部最优模型Ⅱ、Ⅲ、Ⅳ合理分配了系统的计算能力，降低了对通信信道容量的要求，局部处理屏蔽单站雷达的作用更便于雷达技术的灵活运用。它们之间性能的差异主要在于各自权衡折中的出发点不同：从信息复杂性来看，所传送的数据或是观测向量 $\boldsymbol{s}_i$

或是实数 p_i，或是二进制数 d_i，或是实数 p_i 加上二进制数 d_i，这对于通信信道容量要求的差异是非常明显的。因此，雷达组网检测系统通信结构及其控制的复杂程度从高到低依次为模型Ⅰ、模型Ⅳ、模型Ⅲ与模型Ⅱ。在许多应用场合，系统的灵活性显得格外重要，对于雷达组网检测系统中任何雷达的替代、增加或减少操作而言，为了确保重构系统的最优性能，模型Ⅲ只要求在融合中心重新估计概率融合规则，而模型Ⅰ和模型Ⅳ要求系统的融合判决规则和局部检测器的判决规则都要重新估计。如果从军队装备的现状出发，要建立一个融合中心以便将几部独立的单站雷达扩充为一个网络系统，那么，为了充分合理地利用雷达现有能力，提高再投资的性价比，模型Ⅱ和模型Ⅳ就明显比模型Ⅲ更为可取，尤其是模型Ⅱ的融合中心最为简单。

6.3 情报信息综合目标状态估计系统结构

6.3.1 目标状态估计系统结构

从多信息源系统的信息流通形式和综合处理层次上看，情报信息综合目标状态估计系统结构模型主要有四种，即集中式、分布式、混合式和多级式。

一、集中式融合结构

集中式结构将传感器录取的检测报告传递到融合中心，在那里进行数据对准、点迹相关、数据互联、航迹滤波、预测与综合跟踪。这种结构的最大优点是信息损失最小，但数据互联比较困难，并且要求系统必须具备大容量的能力，计算负担重，系统的生存能力也较差。集中式融合的结构模型如图 6.15 所示。

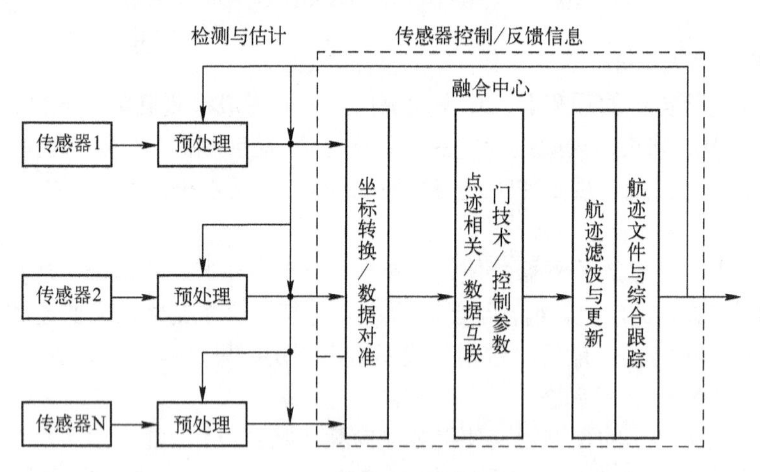

图 6.15 集中式融合的结构模型

二、分布式融合结构

分布式融合结构的特点是：每个传感器的检测报告在进入融合中心之前，先由它自己的数据处理器产生局部多目标跟踪航迹，然后把处理后的信息送至融合中心，中心根据各节点的航迹数据完成航迹-航迹相关和航迹合成，形成全局估计。这类系统应用很普遍，特别是在现代作战系统中，它不仅具有局部独立跟踪能力，而且还有全局监视和评估特性。分布式融合结构模型如图 6.16 所示。

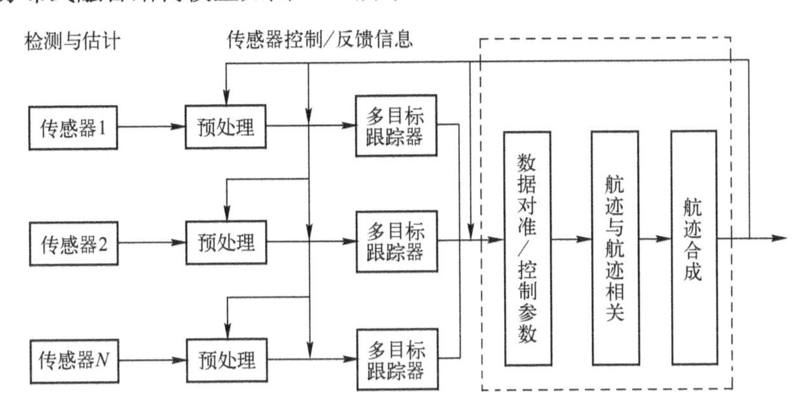

图 6.16 分布式融合的结构模型

三、混合式融合结构

混合式融合同时传输探测报告和经过局部节点处理过的航迹信息，它保留了上述两类系统的优点，但在通信和计算上要付出昂贵的代价。对于安装在同一平台上的不同类型传感器，如雷达、IRST（红外搜索与跟踪）、IFF（敌我识别器）、EO（光电传感器）、ESM（电子支援措施）组成的传感器群用混合式结构更合适，如机载多源信息融合系统。混合式融合结构模型如图 6.17 所示。

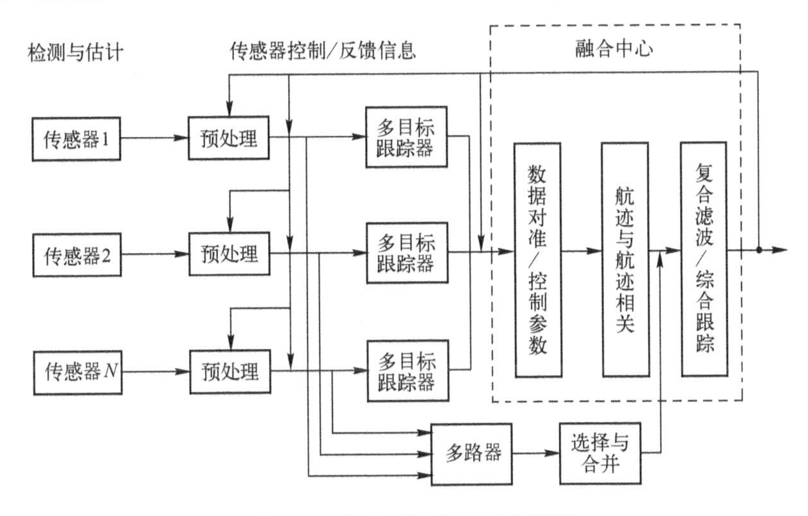

图 6.17 混合式融合的结构模型

四、多级式融合结构

在多级式结构中，各局部节点可以同时或分别是集中式、分布式或混合式的融合中心。它们将接收和处理来自多个传感器的数据或来自多个跟踪器的航迹，而系统的融合节点要再次对各局部融合节点传送来的航迹数据进行相关和合成，也就是说，目标的检测报告要经过两级以上的位置融合处理，因而把它称做多级式系统。多级式融合结构模型如图 6.18 所示。

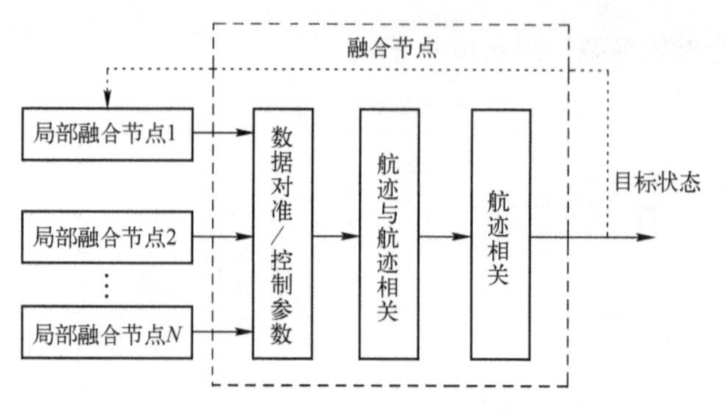

图 6.18　多级式融合结构模型

6.3.2　分布式航迹融合系统结构

集中式融合系统是直接将每个传感器的点迹/观测传送至融合节点，即融合中心，在融合中心进行观测融合，然后用线性卡尔曼滤波器等进行状态估计，得到估计误差最小的全局估计结果。这种结构的主要缺点是：需要传送大量的点迹/观测，通信量大；由于点迹/观测的种类很多，如红外、电视、雷达等非同质传感器的数据，在同一时间对它们进行处理是比较复杂的；在融合中心不能得到可靠的点迹/观测时，缺乏鲁棒性。因此，其他几种融合系统具有更广泛的应用。

分布式融合系统的信息源是各个传感器给出的航迹，每个传感器的跟踪器所给出的航迹称为局部航迹或传感器航迹。航迹融合系统将各个局部航迹/传感器航迹融合后形成的航迹称为系统航迹或全局航迹。将局部航迹与系统航迹融合后形成的航迹仍然称为系统航迹。

图 6.19 是一个典型的分布式融合系统。图中有 n 个独立工作的传感器，每个传感器不仅有自己的能够给出目标的点迹的信号处理系统，而且有自己的数据处理系统（或称为局部目标跟踪器）。首先，各个传感器将各自的观测/点迹送往自身的跟踪器形成局部航迹（或称为传感器航迹），然后将各个跟踪器所产生的局部航迹周期性地送往融合中心进行航迹融合，以形成系统航迹（或称为全局航迹）。系统航迹是该系统的输出。

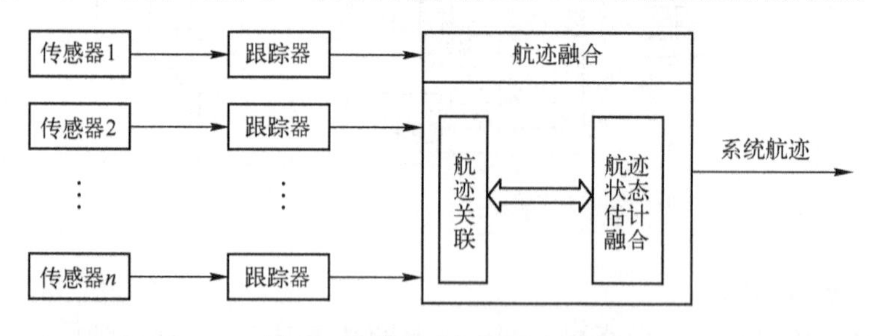

图 6.19　分布式航迹融合系统

航迹融合实际上就是传感器的状态估计融合，它包括局部传感器与局部传感器状态估计的融合（即局部航迹与局部航迹融合）和局部传感器与全局传感器状态估计的融合（局部航迹与系统航迹融合）。由于公共过程噪声的原因，在状态估计融合系统中，来自不同传感器的航迹估计误差未必是独立的，这样，航迹与航迹关联和融合问题就复杂化了。

局部航迹与局部航迹融合的信息流程如图 6.20 所示。图中，最上一行和最下一行的圆圈表示两个局部传感器的跟踪外推节点，中间一行的圆圈表示融合中心的融合节点，由左到右表示时间前进的方向。不同传感器的局部航迹在公共时间点上在融合节点处进行关联、融合形成系统航迹。由图可以看出，这种融合结构在航迹融合的过程中并没有利用前一时刻的系统航迹的状态估计。这种结构不涉及相关估计误差的问题，因为它基本上是一个无存储运算，关联和航迹估计误差并不由一个时刻传送到下一个时刻。这种方法运算简单，不考虑信息去相关的问题，但由于没有利用系统航迹融合结果的先验信息，其性能可能不如局部航迹与系统航迹的融合。

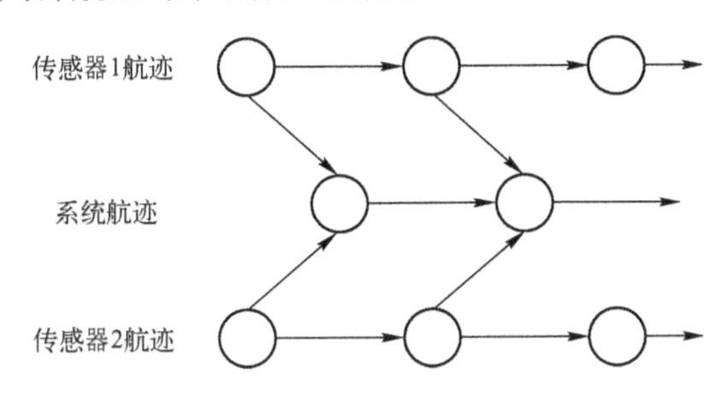

图 6.20　局部航迹与局部航迹的航迹融合

局部航迹与系统航迹融合的信息流程如图 6.21 所示。不管什么时候，只要融合中心节点收到一组局部航迹，融合算法就把前一时刻的系统航迹的状态外推到接受局部航迹的这一时刻，并与新收到的局部航迹进行关联和融合，得到当前的系统航迹的状态估计，形成系统航迹。当收到另一组局部航迹时，便重复以上过程。然而，在对局部航迹与系统航迹进行融合时．必须面对相关估计误差的问题。由图 6.21 可以看出，A 点处的局部航迹与 B 点处的系统航迹存在相关误差，因为它们都与 C 点的信息有关。实际上，在系统航迹中的任何误差，由于涉及过去的关联或融合处理误差，都会影响未来的融合性能。这时，必须采用去相关算法将相关误差消除。

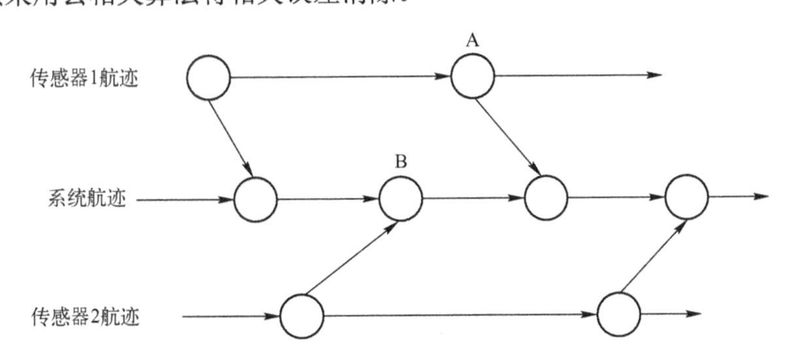

图 6.21　局部航迹与系统航迹的航迹融合

由此可以看出，航迹融合是以传感器航迹为基础的。只有各个传感器的跟踪器对目标形成稳定的跟踪之后，才能够把它们的状态送给融合中心，以便对各个传感器送来的航迹进行航迹融合。通常，航迹融合分以下两步。

（1）航迹关联。航迹关联在航迹融合中有两层意思：一层意思是把各个传感器送来的目标状态按照一定的准则，将同一批目标的状态归并到一起，形成一个统一的航迹，即系统航迹或全局航迹；另一层意思是把各个传感器送来的局部航迹与数据库中已有的系统航迹进行配对，以保证配对以后的目标状态与系统航迹中的状态源于同一批目标。

（2）航迹融合。融合中心把来自不同局部航迹的状态，或把局部航迹的状态与系统航迹状态关联之后，把已配对的局部状态分配给对应的系统航迹，形成新的系统航迹，并计算新的系统航迹的状态估计和协方差，实现系统航迹的更新。

6.4 情报信息综合目标识别系统结构

目标综合识别是对基于不同信息源得到的目标属性数据所形成的一个组合的目标身份说明。现代战争要求指挥员能在瞬息万变的战场迅速做出战术决策，而只有在准确识别目标的基础上才能做到快速决策和有效打击。因此，综合目标识别技术在现代战争中将始终具有重要地位。在信息化战争中，作战环境十分复杂，作战双方都在采取相应的伪装、隐蔽、欺骗和干扰等手段和技术进行识别和反识别斗争。因此，仅仅依靠一种或少数几种识别手段很难准确地进行目标识别，必须尽可能利用多个和多类传感器所收集到的多种目标属性信息，综合出准确的目标属性，进行目标综合识别。

在利用多信息源信息进行目标识别时，其信息融合结构主要有决策级、特征级和数据级融合三类。

一、决策级属性融合

图 6.22 给出了决策级属性融合结构。在这种结构中，每个传感器为了获得一个独立的属性判决要完成一个变换，然后顺序融合来自每个传感器的属性判决。图中 I/D 代表属性判决结果。

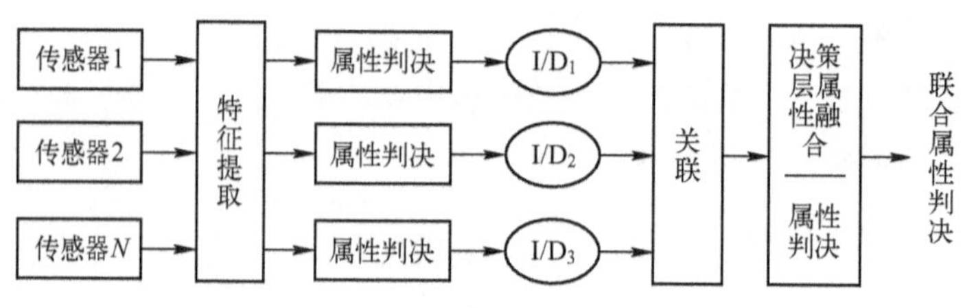

图 6.22　决策级属性融合结构

二、特征级属性融合

图 6.23 表示了特征级属性融合的结构。在这种结构中，每个传感器观测一个目标，并且为了产生来自每个传感器的特征向量要完成特征提取，然后融合这些特征向量，并基于联合特征向量做出属性判决。另外，为了把特征向量划分成有意义的群组必须运用关联过程，对此，位置信息也许是有用的。

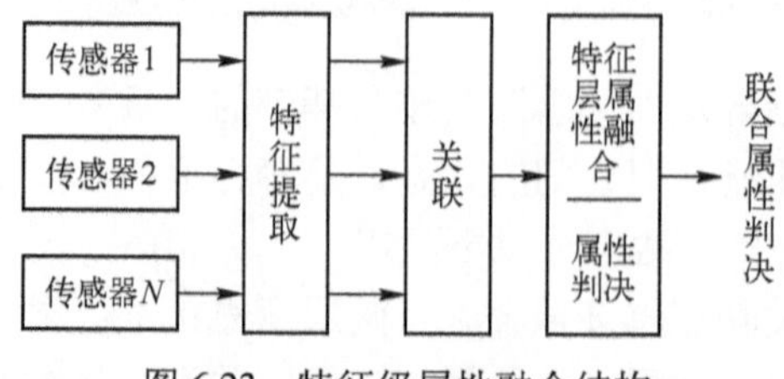

图 6.23　特征级属性融合结构

三、数据级属性融合

图 6.24 表示了数据级属性融合的结构。在这种结构中，直接融合来自同类传感器的数据，然后是特征提取和来自融合数据的属性判决。为了完成这种数据级融合，传感器必须是相同的（如几个红外传感器）或者是同类的（如一个 IR 和一个视觉图像传感器）。为了保证被融合的数据对应于相同的目标或客体，关联要基于原始数据完成。

与状态融合结构类似，通过融合靠近信息源的信息可获得较高的精度，即数据级融合可能比特征级精度高，而决策级融合可能最差。但数据级融合仅对产生同类观测的传感器是适用的。当然，使用这三种结构也可以组成其他混合结构。另外，就融合的结构而论，位置与属性融合是紧密相关的，并且常常是并行同步处理的。

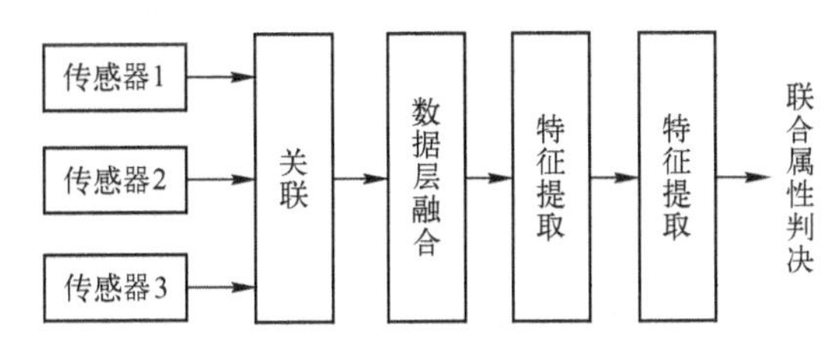

图 6.24　数据级属性融合结构

习　题

1. 试分析图 6.1 给出的战场态势监测系统中各部分的功能。
2. 战场情报信息综合处理系统包括哪几种典型的体系结构？各有什么优缺点？
3. 多信息源目标检测结构模型包括哪几种？各有什么优缺点？
4. 状态估计融合的结构模型包括哪几种？各有什么优缺点？
5. 目标识别综合处理系统结构模型包括哪几种？各有什么优缺点？

第 7 章　情报信息时空配准技术

本章介绍情报信息综合预处理技术，包括时间配准技术和空间配准技术。时间配准技术包括内插外推法、最小二乘法、插值法、曲线拟合法和基于滤波的实时时间配准法。空间配准技术包括单平台多信息源空间配准和多平台多信息源空间配准技术，其中单平台多信息源空间配准技术包括均值方差配准法、卡尔曼滤波配准法和最小二乘配准法，多平台多信息源空间配准技术包括均值方差配准法、基于球坐标系的配准法和极大似然配准法。

7.1　概　　述

在对所收集到的雷达、声纳、红外、敌我识别器、电子情报、通信情报、技侦情报等各类情报信息进行信息综合处理之前，需要进行时空配准处理。一方面，由于上述信息可能来自不同类型的信息源及不同类型的作战平台，具有不同的采样间隔、不同的数据格式，所对应的坐标系也不尽相同；另一方面，这些信息可能含有某些错误和噪声。因此，必须首先对这些信息进行时间配准、格式规范、坐标对准，并且确定这些观测和目标之间的对应关系，这就是时间和空间配准；此外，还需进行错误信息过滤、误差修正等预处理。信息预处理是情报信息综合处理的基础，对系统的综合处理结果起着至关重要的作用。以下主要介绍典型的时间和空间配准技术。

7.1.1　时间配准概述

对于情报信息综合处理系统的各个信息源而言，它们对目标的探测是独立进行的，向情报信息综合处理系统传输数据的时间是相互独立的，所需传输时间也各不相同，因此各信息源的量测数据往往存在时间差，在进行信息综合处理前需要对其进行时间上的同步，时间配准的任务就是将各信息源对同一目标不同步的量测信息统一到同一基准时刻下，以获得目标的正确运动状态。

一般时间配准是通过应用内插、外推、数据拟合等方法对各信息源的量测数据进行处理，使得各信息源在不同时刻下的量测数据统一到同一时刻下。在信息综合处理系统中时间统一分为三种：第一种是信息源的平常工作时间，即标准的北京时间；第二种是战时的综合处理系统时间，以指挥中心的时间为准，其他信息源都必须同步到该标准时间下；第三种是信息综合处理系统处理时要把一个处理周期内各信息源在不同时刻量测的航迹统一到同一时刻。需要融合处理的各信息源数据的同一时刻性是信息源综合处理系统能够准确估计出目标状态与系统偏差的前提。

在将多个信息源的量测数据进行时间配准时，需要选取一个适当的配准时间基点。

内插外推法通过将高采样频率信息源的量测数据向低采样频率信息源的量测数据进行配准，最后的融合数据输出频率即为配准频率。这样，会使得配准频率与低采样频率信息源的采样频率相同。因此，当各信息源间的采样频率相差太大时，会导致高采样频率信息源的量测数据的丢失，从而影响整个系统的性能。所以，在进行时间配准前，应首先对配准频率进行合理的选择。配准频率的最大值应不大于信息综合处理系统中信息源的最高采样频率，而其最小值可以小于相应的最低采样频率。在信息综合处理系统的实时性满足要求的情况下，一般可采用如下两种方法选择配准频率。

方法一：将所有信息源采样频率 $f_i(i=1,2,\cdots,n)$ 的平均值作为配准频率 f_t ，即

$$f_t=\frac{1}{n}\sum_{i=1}^{n}f_i \tag{7-1}$$

方法二：将所有信息源采样频率 $f_i(i=1,2,\cdots,n)$ 的加权平均值作为配准频率 f_t ，即

$$f_t=\frac{1}{n}\sum_{i=1}^{n}a_i f_i \tag{7-2}$$

式中：$a_i=\dfrac{p_i}{\sum\limits_{i=1}^{n}p_i}(i=1,2,\cdots,n)$ 为频率选择权值，由各信息源的采样精度 $p_i(i=1,2,\cdots,n)$ 确定。采用上述两种方法来计算配准频率，可以显著减小由于少部分采样频率较大或较小的信息源的量测数据对配准精度的影响。与方法一相比，方法二在配准时考虑了各信息源的采样精度，这样可以提高采样精度高的信息源的量测数据在配准中的作用。

7.1.2 空间配准概述

在信息综合处理系统中，采用信息融合技术来综合处理各信息源的量测数据，可以有效增大数据覆盖面、降低虚警率、提高目标识别及跟踪能力、增强系统可靠性及鲁棒性。这就需要信息综合处理系统把来自多个信息源的量测数据转换到相同的时空参考坐标系下进行处理。但是由于系统中各信息源的偏差，直接转换会引入较大误差从而影响融合输出结果的准确性，当误差增大到一定程度时，融合输出将产生虚假航迹，导致融合系统的失灵。所以消除各信息源的系统偏差是信息综合处理系统进行信息综合处理的前提。

信息综合处理系统配准误差的主要来源如下。

（1）各传感器的校准误差，即自身偏差，在信息源设计、制造过程中产生。

（2）各信息源量测坐标系相对于公共参考坐标系的计时误差和位置误差。

（3）由各独立信息源中的惯性量测仪在量测过程中引入的量测距离、高低角和方位角偏差。

（4）各信息源跟踪算法不同所导致的误差。

（5）建模及计算过程中模型线性近似化引入的误差等。

所以，不同信息源对同一目标跟踪产生的航迹存在一定的偏差，这种偏差不同于单

个信息源跟踪目标产生的随机量测误差，它是一种固定的偏差。随机误差可以通过航迹跟踪滤波技术很好地予以消除；对于固定的配准误差（尤其是偏差），就必须首先通过各信息源的量测数据估计出其在系统中的配准误差，然后对各自航迹进行误差补偿，从而消除配准误差。

空间配准算法较多，主要分为非卡尔曼滤波类算法和卡尔曼滤波类算法两大类。当然，也可以按照其他标准对空间配准算法分类。非卡尔曼滤波类算法主要有实时质量控制法、最小二乘法、加权最小二乘法、精确极大似然法、基于地球坐标系的配准算法等，这些方法存在初值敏感和病态问题，在某些情况下，可能无法收敛而导致偏差估计失败。卡尔曼滤波类算法是一种最小方差意义下的线性最优滤波算法，稳定性好且精度高，得到了广泛的应用。

7.2 时间配准算法

在情报信息综合处理系统中，由于各信息源采样周期不同、对采样数据的分析处理时间和数据的传输时间不同，因此信息综合处理前得到的数据序列的时间间隔有长有短。此外，各信息源的测量值存在随机误差和系统误差，如系统误差中就包含有时间偏差和时间标度误差。为了降低这类误差的影响，确保多信息源数据坐标转换的精确性，在进行信息综合处理之前，必须对这些数据进行时间配准，否则，未经对准的数据可能会导致信息综合处理结果比单独使用某一种信息源数据时的性能还差。时间配准的任务就是将来自于不同信息源的不同采样间隔下的观测数据对准到统一的时间间隔下。比较经典的时间配准算法有插值法、曲线拟合法、内插外推法、最小二乘法等。

7.2.1 内插外推法

内插外推法在同一时间片内对各信息源采集的目标观测数据进行内插和外推，将高精度观测时间上的数据推算到低精度的观测时间上，以达到各信息源数据在时间上的匹配。此方法具体步骤如下。

（1）选取时间片 T_M。时间片的划分随具体运动目标而异，目标的状态可分为静止、低速运动或高速运动，相应的进行融合的时间片就可以选取为小时、分钟和秒级。

（2）将各信息源观测数据按测量精度进行增量排序。

（3）将高精度的观测数据向低精度的时间点内插、外推，以形成一系列等间隔的目标观测数据。

设信息源 **A** 和 **B** 对同一目标进行观测，在同一时间片内的采样数据序列如图 7.1 所示，信息源 **A** 在 Ta_i 时刻的测量数据为 $(Xa_i,Ya_i,Za_i,Vxa_i,Vya_i,Vza_i)$，信息源 **B** 在 Tb_j 时刻的测量数据为 $(Xb_j,Yb_j,Zb_j,Vxb_j,Vyb_j,Vzb_j)$。

由图 7.1 可见，信息源 A 的观测时间间隔较短，为高精度的观测数据；信息源 B 的观测时间间隔较长，为低精度的观测数据。由信息源 A 向信息源 B 的采样时刻进行时间配准，配准后数据用 $(Xa_ib_j,Ya_ib_j,Za_ib_j)$ 表示。X 方向（X 分别可取为 x、y、z 三个方向的坐标）上内插外推法配准公式为

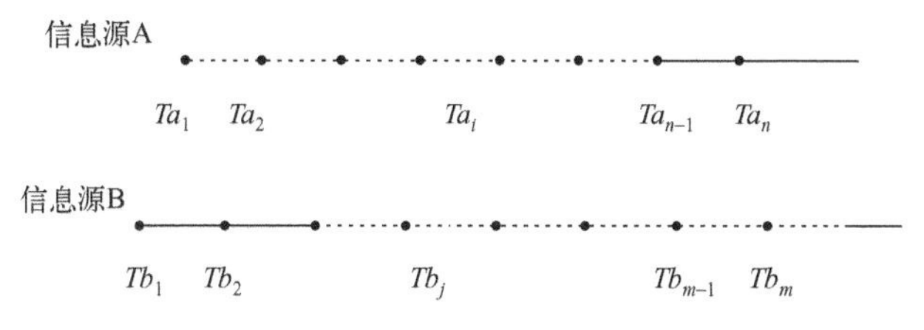

图 7.1　内插外推法的信息源采样序列图

$$\begin{bmatrix} Xa_1b_1 & Xa_2b_1 & \cdots & Xa_nb_1 \\ Xa_1b_2 & Xa_2b_2 & \cdots & Xa_nb_2 \\ \vdots & \vdots & \ddots & \vdots \\ Xa_1b_m & Xa_2b_m & \cdots & Xa_nb_m \end{bmatrix} = \begin{bmatrix} Xa_1 & Xa_2 & \cdots & Xa_n \\ Xa_1 & Xa_2 & \cdots & Xa_n \\ \vdots & \vdots & \ddots & \vdots \\ Xa_1 & Xa_2 & \cdots & Xa_n \end{bmatrix}$$

$$+\begin{bmatrix} Tb_1-Ta_1 & Tb_1-Ta_2 & \cdots & Tb_1-Ta_n \\ Tb_2-Ta_1 & Tb_2-Ta_2 & \cdots & Tb_2-Ta_n \\ \vdots & \vdots & \ddots & \vdots \\ Tb_m-Ta_1 & Tb_m-Ta_2 & \cdots & Tb_m-Ta_n \end{bmatrix} \cdot \begin{bmatrix} Vxa_1 & 0 & \cdots & 0 \\ 0 & Vxa_2 & \cdots & 0 \\ \vdots & \vdots & \ddots & \vdots \\ 0 & 0 & \cdots & Vxa_n \end{bmatrix} \tag{7-3}$$

在实际的情报信息综合处理系统中，许多信息源不能直接提供采样时刻的目标运动速度信息，需要由采样数据计算得到。在信息源测量数据仅包含位置信息的情况下，由测量数据和采样周期来估算目标的运动速度。假设目标在每一个采样周期内作匀速直线运动，并且运动速度恒等于采样点时刻的速度或平均速度，则仅需两个采样点数据就可以得到速度信息，此时，X 方向上推广后的内插外推配准公式为

$$\begin{bmatrix} Xa_1b_1 & Xa_2b_1 & \cdots & Xa_nb_1 \\ Xa_1b_2 & Xa_2b_2 & \cdots & Xa_nb_2 \\ \vdots & \vdots & \ddots & \vdots \\ Xa_1b_m & Xa_2b_m & \cdots & Xa_nb_m \end{bmatrix} = \begin{bmatrix} Xa_1 & Xa_2 & \cdots & Xa_n \\ Xa_1 & Xa_2 & \cdots & Xa_n \\ \vdots & \vdots & \ddots & \vdots \\ Xa_1 & Xa_2 & \cdots & Xa_n \end{bmatrix}$$

$$+\begin{bmatrix} Tb_1-Ta_1 & Tb_1-Ta_2 & \cdots & Tb_1-Ta_n \\ Tb_2-Ta_1 & Tb_2-Ta_2 & \cdots & Tb_2-Ta_n \\ \vdots & \vdots & \ddots & \vdots \\ Tb_m-Ta_1 & Tb_m-Ta_2 & \cdots & Tb_m-Ta_n \end{bmatrix} \cdot \begin{bmatrix} \frac{Xa_2-Xa_1}{Ta_2-Ta_1} & 0 & \cdots & 0 \\ 0 & \frac{Xa_3-Xa_2}{Ta_3-Ta_2} & \cdots & 0 \\ \vdots & \vdots & \ddots & \vdots \\ 0 & 0 & \cdots & \frac{Xa_{n+1}-Xa_n}{Ta_{n+1}-Ta_n} \end{bmatrix} \tag{7-4}$$

上述假设适用于目标运动速度恒定或变化较慢的情况，在许多实际情况下，目标运动状态十分复杂，为了提高时间配准的精度，应该考虑目标运动速度和运动方向的变化。以下推导了匀加速直线运动情况下内插外推算法在 X 方向上的公式。

假设信息源 A 周期为 Ta，在 X 方向上的加速度为 $\dot{V}xa$，根据匀加速直线运动理论，有如下方程组，即

$$\begin{cases} Xa_{i-1} + Vxa_{i-1} \cdot Ta + 0.5 \cdot \dot{V}xa \cdot Ta^2 = Xa_i \\ Xa_i + Vxa_i \cdot Ta + 0.5 \cdot \dot{V}xa \cdot Ta^2 = Xa_{i+1} \\ Vxa_{i-1} + \dot{V}xa \cdot Ta = Vxa_i \end{cases} \tag{7-5}$$

解方程组，可得目标在Ta_i时刻的加速度为

$$\dot{V}xa = \frac{Xa_{i+1} - 2Xa_i + Xa_{i-1}}{Ta^2} \tag{7-6}$$

目标在Ta_i时刻的速度为

$$Vxa_i = \frac{Xa_{i+1} - Xa_{i-1}}{2Ta} \tag{7-7}$$

设配准时刻为$Tb_j\ (Ta_i < Tb_j < Ta_{i+1})$，则配准后的数据为

$$Xa_ib_j = Xa_i + \frac{Xa_{i+1} - Xa_{i-1}}{2Ta}(Tb_j - Ta_i) + \frac{Xa_{i+1} - 2Xa_i + Xa_{i-1}}{2Ta^2}(Tb_j - Ta_i)^2 \tag{7-8}$$

内插外推法由于应用限制少，计算简便，在实际中应用较广。但配准后得到的同步数据的频率不高于信息源集合中的最低采样频率，高采样频率信息源的数据无法得到充分利用。

7.2.2 最小二乘法

当两个信息源的采样周期之比为整数时，可利用最小二乘准则将多个短周期的采样数据虚拟成一个长周期数据，从而实现时间配准。

假设有两类信息源，分别表示为信息源 A 和 B，其采样周期分别为τ和T，且两者之比为$\tau/T = N$，若信息源 A 对目标状态最近一次更新时刻为$(k-1)\tau$时刻，下一次更新时刻为$k\tau=(k-1)\tau+NT$时刻，这就意味着信息源 A 连续两次目标状态更新之间信息源 B 有N次目标状态更新。因此，可以采用最小二乘法将信息源 B 这N次量测值融合成一个虚拟的量测值，作为$k\tau$时刻信息源 B 的量测值，再和信息源 A 的量测值进行融合，就可以达到时间配准的目的。

用$\boldsymbol{Z}_N = [z_1, z_2, \cdots, z_N]^{\mathrm{T}}$表示$(k-1)\tau$至$k\tau$时刻的信息源 B 的$N$个位置量测构成的集合，$z_N$和$k\tau$时刻信息源 A 的量测值同步，若用$\boldsymbol{U} = [z, \dot{z}]^{\mathrm{T}}$表示$z_1, z_2, \cdots, z_N$融合以后的量测值及其导数构成的列向量，则信息源 B 的量测值z_i可以表示为

$$z_i = z + (i - N) \cdot T \cdot \dot{z} + v_i \quad (i = 1, 2, \cdots, N) \tag{7-9}$$

式中：v_i表示量测噪声。将式（7-9）改写成向量形式为

$$\boldsymbol{Z}_N = \boldsymbol{W}_N \boldsymbol{U} + \boldsymbol{V}_N \tag{7-10}$$

式中：$\boldsymbol{V}_N = [v_1, v_2, \cdots, v_N]^{\mathrm{T}}$，其均值为零，协方差阵为

$$\mathrm{Cov}[\boldsymbol{V}_N] = \mathrm{E}[\boldsymbol{V}_N \boldsymbol{V}_N^{\mathrm{T}}] = \mathrm{diag}\{\sigma^2, \sigma^2, \cdots, \sigma^2\} \tag{7-11}$$

σ^2为测量噪声方差，同时有

$$\boldsymbol{W}_N=\begin{bmatrix}1 & 1 & \cdots & 1\\(1-N)\cdot T & (2-N)\cdot T & \cdots & (N-N)\cdot T\end{bmatrix}^{\mathrm{T}} \tag{7-12}$$

根据最小二乘准则，有目标函数

$$\boldsymbol{J}=\boldsymbol{V}_N{}^{\mathrm{T}}\boldsymbol{V}_N=[\boldsymbol{Z}_N-\boldsymbol{W}_N\boldsymbol{U}]^{\mathrm{T}}[\boldsymbol{Z}_N-\boldsymbol{W}_N\boldsymbol{U}] \tag{7-13}$$

要使 $\boldsymbol{J}$ 最小，上述表达式两边对 $\boldsymbol{U}$ 求偏导数并令其等于零

$$\frac{\partial \boldsymbol{J}}{\partial \boldsymbol{U}}=-2(\boldsymbol{W}_N^{\mathrm{T}}\boldsymbol{Z}_N-\boldsymbol{W}_N^{\mathrm{T}}\boldsymbol{W}_N\boldsymbol{U})=0 \tag{7-14}$$

从而有

$$\boldsymbol{U}=[z,\dot{z}]^{\mathrm{T}}=(\boldsymbol{W}_N^{\mathrm{T}}\boldsymbol{W}_N)^{-1}\boldsymbol{W}_N^{\mathrm{T}}\boldsymbol{Z}_N \tag{7-15}$$

相应的误差协方差矩阵为

$$\boldsymbol{R}_U=(\boldsymbol{W}_N^{\mathrm{T}}\boldsymbol{W}_N)^{-1}\sigma^2 \tag{7-16}$$

将 $\boldsymbol{Z}_N$ 及 $\boldsymbol{W}_N$ 的表达式代入以上两式，可得融合后的量测值及量测噪声方差为

$$z(k)=c_1\sum_{i=1}^{N}z_i+c_2\sum_{i=1}^{N}i\cdot z_i \tag{7-17}$$

$$\mathrm{Var}\left[z(k)\right]=\frac{2\sigma^2(2N+1)}{N(N+1)} \tag{7-18}$$

其中

$$c_1=-2/N,\quad c_2=6/\left[N(N+1)\right]$$

当各信息源采样周期之比不为整数时，一般不能应用最小二乘虚拟法，但当融合周期为所有信息源采样周期的整数倍时也可以采用。设有两信息源 A 和 B，其采样周期之比不为整数，设为 M/N，此时，可以采用最小二乘准则将信息源 A 的 N 次测量值和信息源 B 的 M 次测量值分别虚拟为采样时刻同步时的信息源 A 和 B 的测量值，然后进行融合处理。

最小二乘法由于对配准周期有特殊的要求，而且要求信息源的采样起始时刻必须相同，所以适用情况较简单，配准后数据的时间周期不小于信息源集合中的最大采样周期，且该方法在配准周期内假设目标做匀速直线运动，在目标运动状态复杂时配准误差较大。

7.2.3 插值法

插值法是根据已知数据求出一个函数的解析式，要求它通过已知样点，由此确定近似函数，然后根据函数式计算所求时刻的数据。利用插值法进行时间配准，就是根据已知采样点数据得到目标运动的轨迹方程，然后由方程得到配准时刻的数据。常用的插值方法有拉格朗日插值法和样条函数插值法。拉格朗日插值法是采用拉格朗日插值多项式估算函数表达式，然后根据函数表达式计算所需时刻的数据；样条函数插值是采用样条函数分段拟合数据点，最终形成过所有数据点的光滑曲线，然后根据曲线解析式计算所需时刻的数据。以下以样条函数插值为例说明利用插值法进行时间配准的过程。

实际中较常采用三次样条函数进行插值，其思想是将信息源对目标的测量在整个时

间区间按采样时刻划分，根据给定时刻点以及对应的观测值构造一个三次样条插值函数。

设信息源 A 在某一时间段$[a,b]$内对目标进行了$n+1$次测量，将整个采样时间区间按采样时刻划分为$a=t_0<t_1<\cdots<t_n=b$，给定的采样时刻点t_i对应的信息源采样数据值为$f(t_i)=y_i$，$i=0,1,\cdots,n$，构造一个三次样条插值函数$s(x)$，满足下列条件。

（1）$s(t_i)=y_i\ (i=0,1,\cdots,n)$。

（2）$s(t)$在每个小区间$[t_i,t_{i+1}]\ (i=0,1,\cdots,n-1)$上是一个三次多项式。

（3）$s(t)$在$[a,b]$上具有二阶连续导数。

三次样条插值函数的构造过程如下。

记$m_i=s'(t_i)\ (i=0,1,\cdots,n)$，在每个小区间$[t_i,t_{i+1}]$上，记$h_i=t_{i+1}-t_i$，利用 Hermite 插值公式得到三次样条插值函数$s(t)$的计算公式为

$$s(t)=(1+2\frac{t-t_i}{h_i})(\frac{t_{i+1}-t}{h_i})^2y_i+(1+2\frac{t_{i+1}-t}{h_i})(\frac{t-t_i}{h_i})^2y_{i+1}+(t-t_i)(\frac{t_{i+1}-t}{h_i})^2m_i+(t-t_{i+1})(\frac{t-t_i}{h_i})^2m_{i+1} \tag{7-19}$$

利用上述条件(3)，可得$s''(t_i^-)=s''(t_i^+)\ (i=0,1,\cdots,n-1)$，附加边界条件$s''(t_0)=s''(t_n)=0$，可得

$$\begin{cases}2m_0+\alpha_0m_1=\beta_0\\(1-\alpha_i)m_{i-1}+2m_i+\alpha_im_{i+1}=\beta_i\\\cdots\\(1-\alpha_n)m_{n-1}+2m_n=\beta_n\end{cases}\quad(i=0,1,\cdots,n-1) \tag{7-20}$$

该方程组的系数矩阵为三角矩阵，其行列式不为 0，所以方程组的解存在且唯一。对方程组求解，可得到如下递推公式，即

$$m_i=a_im_{i+1}+b_i\ (i=n,n-1,\cdots,0) \tag{7-21}$$

其中

$$\begin{cases}a_i=\dfrac{-\alpha_i}{2+(1-\alpha_i)a_{i-1}}\\b_i=\dfrac{\beta_i-(1-\alpha_i)b_{i-1}}{2+(1-\alpha_i)a_{i-1}}\end{cases}\ (i=1,2,\cdots,n) \tag{7-22}$$

$$a_0=-\frac{\alpha_0}{2},b_0=\frac{\beta_0}{2} \tag{7-23}$$

$$\alpha_0=1,\quad \alpha_i=\frac{h_{i-1}}{h_{i-1}+h_i},\quad \alpha_n=0 \tag{7-24}$$

$$\beta_0=\frac{3}{h_0}(y_1-y_0),\quad \beta_i=3[\frac{1-\alpha_i}{h_{i-1}}(y_i-y_{i-1})+\frac{\alpha_i}{h_i}(y_{i+1}-y_i)]\ (i=1,2,\cdots,n-1) \tag{7-25}$$

$$\beta_n=\frac{3}{h_{n-1}}(y_n-y_{n-1}) \tag{7-26}$$

利用式（7-22）求出a_i、b_i，代入式（7-21）并令$m_{n+1}=0$，求出$m_n,m_{n-1},\cdots,m_0$，将

所给参数t_i、y_i、m_i代入式（7-19），即可得到所求的三次样条插值函数。

三次样条插值法较好地解决了时间不同步和数据率不一致等情况下的时间配准问题，并且具有计算简单和速度快等优点，但插值函数严格要求通过所有的给定点，如果给定的数据中存在观测误差，则插值结果保留全部观测误差的影响，导致插值函数不能很好地反映数据集的总体趋势。

7.2.4 曲线拟合法

曲线拟合，也称为数据拟合，是一种重要的数据处理方法。它根据数据之间的相互关系，基于某种原则给出数据间的数学公式，得到一条近似曲线，以反映给定数据的变化趋势。数据拟合不要求曲线通过所有的给定点，但是可以找出数据的总体规律性，构造一条能较好反映这种规律的曲线，并且有望尽量地靠近数据点。

基于曲线拟合的时间对准算法的基本思想是: 选择其中一个或多个信息源的观测数据，经过对数据进行曲线拟合得到一条曲线。由拟合后的曲线计算得出其他任意时刻的值，此时可以按一定的准则将各信息源测得的数据进行融合配准。

曲线拟合方法的提出是基于这样的一种观点，无论是高数据率的空中目标，还是低数据率的水面和水下目标，或是静止不动的目标，从时间上来看，所得到的目标测量数据均可视作目标的一条运动曲线。由这一思想出发，在保持拟合误差最小的原则下，对目标点迹进行曲线拟合，然后根据选择好的采样周期进行采样，这样就得到该目标在采样周期下的点迹，从而实现时间配准。

曲线拟合的方法有很多，如多项式拟合、样条函数拟合、指数函数拟合、B-样条拟合等。以下要简介的最小二乘多项式拟合方法，针对不同的测量数据，通过选择合适的多项式阶数，可有效提高曲线拟合的精度。最小二乘曲线拟合是在满足误差平方和最小的前提下寻找出一条曲线$y=L^*(x)$，使得该曲线与所有给出的数据点(x_i,y_i) $(i=0,1,\cdots,n)$最为接近。基于最小二乘的曲线拟合的时间对准算法描述如下。

设信息源 A 在某一时间段$[a,b]$内对目标进行了$n+1$次测量，将整个采样时间区间按采样时刻划分为$a=t_0<t_1<\cdots<t_n=b$，给定的采样时刻点t_i对应的信息源采样数据值为$f(t_i)=y_i$（$i=0,1,\cdots,n$）。要求的拟合曲线为$y=L^*(t)$，其误差δ_i可表示为$\delta_i=L^*(t_i)-y_i(i=0,1,\cdots,n)$。

考虑到观测数据通常由实测得到，本身并不精确；只能在节点$t_i(i=0,1,\cdots,n)$处考虑$L^*(t_i)$与y_i的误差，而无法在非节点处考虑它们之间的误差。因此，不需$y=L^*(t)$经过每个节点(t_i,y_i) $(i=0,1,\cdots,n)$，而是根据最小二乘准则，只需使误差平方和最小，即满足$\sum_{i=0}^{n}\delta_i^2=\sum_{i=0}^{n}[L^*(t_i)-y_i]^2$最小即可。

拟合函数$L^*(t)$是多种多样的，通常采用多项式形式$P^*(t)$，即在时间片$[a,b]$上构建一组关于时间t的线性无关基函数$\{\varphi_0,\varphi_1,\cdots,\varphi_m\}$，且$m<n$，若$\varphi=\operatorname{span}\{\varphi_0,\varphi_1,\cdots,\varphi_m\}$，则求最小二乘多项式拟合的问题就是求

$$P^*(t)=\sum_{j=0}^{m}a_j^*\varphi_j\in\varphi \tag{7-27}$$

使误差平方和最小，即

$$\sum_{i=1}^{n}[P^*(t_i)-y_i]^2=\min_{P\in\varphi}\sum_{i=1}^{n}[P(t_i)-y_i]^2 \tag{7-28}$$

令

$$g=\sum_{i=0}^{n}[P(t_i)-y_i]^2=\sum_{i=0}^{n}[\sum_{j=0}^{m}a_j\varphi_j-y_i]^2 \tag{7-29}$$

式中：g 为关于 $a_0,a_1,\cdots,a_m$ 的多元函数。因此，上述求拟合曲线函数的过程就转化为求多元函数极小点 $(a_0^*,a_1^*,\cdots,a_m^*)$ 的问题。由多元函数极值存在的必要条件可知，此时有

$$\frac{\partial g}{\partial a_k}=2\sum_{i=0}^{n}[\sum_{j=0}^{m}a_j\varphi_j-y_i]\varphi_k=0(k=0,1,\cdots,m) \tag{7-30}$$

从而可得

$$\sum_{j=0}^{m}[\sum_{i=0}^{n}\varphi_j\varphi_k]a_j=\sum_{i=0}^{n}y_i\varphi_k(k=0,1,\cdots,m) \tag{7-31}$$

式（7-31）为关于 $a_0,a_1,\cdots,a_m$ 的线性方程组，由此可求得多元函数极小点 $(a_0^*,a_1^*,\cdots,a_m^*)$，将它代入式（7-30)，则求得最小二乘多项式拟合函数 $P^*(t)=\sum_{j=0}^{m}a_j^*\varphi_j$ 。

事实上，曲线拟合法并未限制多项式的次数，不同次数的多项式假设可产生精度不同的拟合曲线，而拟合阶次很难确定，并且在拟合曲线的两极存在较大的误差。基于数据拟合的时间配准方法，由拟合后的曲线可以得到信息源在任意时刻的量测值，根据其他的信息源的采样周期，可从曲线的解析式得到相应时刻的测量值，从而可以方便地和其他信息源进行时间配准。

7.2.5 基于滤波的实时时间配准法

在目前广泛应用的时间配准算法中，最小二乘法因为配准模型简单而应用较多，但是相对精度较低；曲线拟合法虽然能够解决存在的时间不同步问题，但是其拟合阶次很难确定， 在拟合曲线的两极存在较大的误差，并且无法很好地应用于实时时间配准；插值法也是一种很实用的时间配准算法，根据插值法的应用原则，为了保证精度，插值数据应位于插值区间中部，因此和曲线拟合法类似，它的实时性也存在不足。总之，大多数时间配准算法必须在实际观测数据输入后才能进行时间配准，由于各信息源数据的采样时刻和输入时刻不同，时间配准的实时性变差。在实际工作中，尤其是军事应用中，各种任务对系统实时性的要求一般较高，而时间配准的实时性不足制约了系统实时性的提高。

在实际工程应用中，为了实时获得情报信息，感知战场态势，往往需要根据目标量测数据的时刻对多个信息源送来的目标信息进行简单且高效的实时时间配准，以便实时输出目标配准航迹。针对上述问题，同时考虑到常系数滤波和卡尔曼滤波等自适应滤波方法在数据滤波和预测中的良好性能，当目标运动状态和观测数据符合滤波应用条件时，

可以将这些滤波算法应用到时间配准处理中以提高配准的精度和实时性。

设信息源 A 和 B 对目标的距离进行观测，采样周期分别为 T_a 和 T_b。设由信息源 A 的采样数据向信息源 B 的采样时刻进行时间配准，两信息源的采样序列仍如图 7.1 所示。假设目标在 X 方向上做匀加速运动，加速度受到轻微的扰动，则目标的状态向量可表示为 $\boldsymbol{X}(k)=[x(k),v_x(k),a_x(k)]^{\mathrm{T}}$，对于信息源 A 来说，目标的状态方程为 $\boldsymbol{X}(k+1)=\boldsymbol{F}(k)\boldsymbol{X}(k)+\boldsymbol{G}(k)\boldsymbol{V}(k)$。其中，过程噪声的方差为 σ_V^2，状态转移矩阵和过程噪声分布矩阵分别为

$$\boldsymbol{F}(k)=\begin{bmatrix}1 & T_a & T_a^2/2\\ 0 & 1 & T_a\\ 0 & 0 & 1\end{bmatrix},\quad \boldsymbol{G}(k)=\begin{bmatrix}T_a^2/4\\ T_a/2\\ 1\end{bmatrix} \tag{7-32}$$

信息源 A 对目标的观测方程为 $\boldsymbol{Z}(k)=[1\quad 0\quad 0]\boldsymbol{X}(k)+\boldsymbol{W}(k)$，其中，测量噪声的方差为 σ_W^2。

根据卡尔曼滤波算法，可以得到信息源 A 在各个时刻的运动状态估计值。设 A 信息源在 Ta_i 时刻的状态估计向量为 $\hat{\boldsymbol{X}}(i)$，并且 $t=Tb_j-Ta_i$，则经过卡尔曼预测过程可得信息源 A 在 Tb_j 时刻的预测值为

$$\hat{\boldsymbol{X}}(Tb_j\,|\,Ta_i)=\begin{bmatrix}1 & t & t^2/2\\ 0 & 1 & t\\ 0 & 0 & 1\end{bmatrix}\hat{\boldsymbol{X}}(i) \tag{7-33}$$

这样就完成了信息源 A 到信息源 B 的实时时间配准。

7.3 空间配准算法

在信息综合处理系统中，各个信息源得到的信息可能是基于各自坐标系的，因此必须将各个信息源得到的信息配准到公共坐标系下，也就是要进行空间配准。例如，一个综合处理系统可能包括多个不同类型的信息源（如雷达、声纳、红外等），这些不同类型的信息源可量测得到相对各自位置的径距、方位等极坐标量测信息，若要通过融合不同的量测来估计直角坐标系下目标的位置、速度等，就必须先将这些量测配准（转换）到一个公共的参考空间里。

7.3.1 单平台多信息源空间配准

位于同一平台的多个信息源的误差主要是由以下几个因素造成：信息源之间的距离或方位上的组合失配；信息源位置误差；坐标变换的精度限制。距离衰减是由距离偏差和距离时钟速率误差所致；距离偏差是指加到所有距离观测值上的距离公共增量，而距离时钟误差会引起与距离成正比的误差。方位误差由信息源（如雷达）天线与地理北方向的调准偏差引起。信息源的已知位置不够精确，目标坐标变换成主参考系的处理不够准确，这些都是进一步造成误差的原因。为了减少各种配准误差，其方法之一就是利用

计算机算法自动地使每个信息源与网络中的其他信息源配准。如对于单平台多信息源跟踪系统，完全可以把某一信息源作为其他所有信息源调准的参考，这时，重要的是目标的相对位置，而不是绝对位置。下面介绍几种常用的单平台信息源配准算法。

一、均值方差配准法

1. 目标位置已知

在这种情况下，只需分别把各个信息源调准到位置已知的目标即可。假设要补偿的误差在时间和空间上均不发生变化。设信息源观测误差如图 7.2 所示，可写为

$$\begin{cases}\delta_\rho=\rho_m-\rho=\Delta\rho+\varepsilon_\rho\\ \delta_\theta=\theta_m-\theta=\Delta\theta+\varepsilon_\theta\end{cases} \tag{7-34}$$

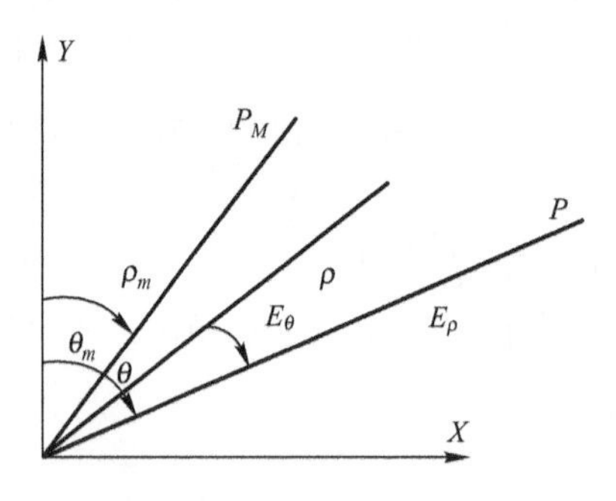

图 7.2　信息源观测值的误差

式中：(ρ_m,θ_m)为目标的极坐标观测值；(ρ,θ)为目标的真实位置。上述误差均由两项组成：第一项$(\Delta\rho,\Delta\theta)$为确定误差，是未知的，要加以补偿；另一项$(\varepsilon_\rho,\varepsilon_\theta)$为零均值随机观测误差，互不相关，通常分别具有已知方差σ_ρ^2、σ_θ^2。

对适量的观测值取平均，即可减小随机误差的影响。因此，$(\Delta\rho,\Delta\theta)$的估值可由下式求得，即

$$\begin{cases}\Delta\hat{\rho}=\dfrac{1}{n}\sum\limits_{i=1}^{n}\delta_\rho(i)\\ \Delta\hat{\theta}=\dfrac{1}{n}\sum\limits_{i=1}^{n}\delta_\theta(i)\end{cases} \tag{7-35}$$

其方差分别为σ_ρ^2/n和σ_θ^2/n。该估值也可由下式递归求出，即

$$\begin{cases}\Delta\hat{\rho}(n)=\Delta\hat{\rho}(n-1)+\dfrac{1}{n}\left[\delta_\rho(n)-\Delta\hat{\rho}(n-1)\right]\\ \Delta\hat{\theta}(n)=\Delta\hat{\theta}(n-1)+\dfrac{1}{n}\left[\delta_\theta(n)-\Delta\hat{\theta}(n-1)\right]\end{cases} \tag{7-36}$$

式中：$\Delta\hat{\rho}(n)$和$\Delta\hat{\theta}(n)$为估值误差，而$\delta_\rho(n)$和$\delta_\theta(n)$是第n步的观测误差。

下面给出由距离时钟速率偏差引起的距离误差的数学模型：$\Delta\rho=a+b\rho$。式中：a和b为所要估计的两个恒定参数。在这种情况下，至少必须知道两个不同目标P_1和P_2的位置，其坐标分别为(ρ_1,θ_1)和(ρ_2,θ_2)。在无观测噪声时，对距离观测误差，有

$$\begin{cases}\delta_{\rho_1}=a+b\rho_1\\ \delta_{\rho_2}=a+b\rho_2\end{cases} \tag{7-37}$$

由此可以得到a、b的估计值为

$$\begin{cases}\hat{a}=\dfrac{-\rho_2\delta_{\rho_1}+\rho_1\delta_{\rho_2}}{\rho_1-\rho_2}\\ \hat{b}=\dfrac{\delta_{\rho_1}-\delta_{\rho_2}}{\rho_1-\rho_2}\end{cases} \tag{7-38}$$

当存在观测噪声时，a和b均为随机量，其均值分别为a和b，方差分别为

$$\begin{cases}\sigma_a^2=\dfrac{\rho_1^2+\rho_2^2}{(\rho_1-\rho_2)^2}\sigma_\rho^2\\ \sigma_b^2=\dfrac{2}{(\rho_1-\rho_2)^2}\sigma_\rho^2\end{cases} \tag{7-39}$$

式中：假设ρ_1和ρ_2互不相关，且它们具有相同的方差σ_ρ^2。显而易见，两个被观测目标相距越远，估计值就越精确。

2. 目标位置未知

当目标位置未知时，不能以绝对参考系来调准信息源，而应选取某个信息源作为主信息源，其他信息源则依其进行调准。此时，信息源观测误差为

$$\begin{cases}\delta_\rho=\rho_B-\rho_A=\Delta\rho+\varepsilon_{\rho_A}+\varepsilon_{\rho_B}=\Delta\rho+\varepsilon'_\rho\\ \delta_\theta=\theta_B-\theta_A=\Delta\theta+\varepsilon_{\theta_A}+\varepsilon_{\theta_B}=\Delta\theta+\varepsilon'_\theta\end{cases} \tag{7-40}$$

式中：下标A和B分别指的是主信息源和需要对准的信息源。如果目标为固定目标，那么，总观测噪声ε'_ρ和ε'_θ的影响可用平均更多的观测值的办法予以减小。若目标为运动目标，则观测值指的是同一瞬时的值，为此，必须用速度估值把各个观测值对准到某个公共瞬时。其对准结构如图7.3所示。

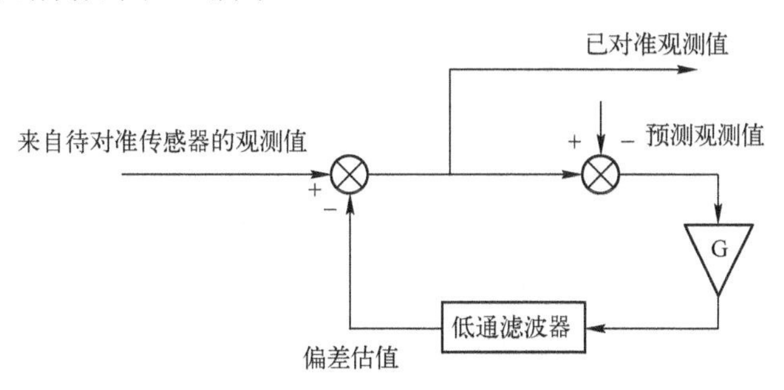

图 7.3　信息源对准结构图

二、卡尔曼滤波配准法

在卡尔曼滤波配准算法中描述信息源的测量值时，需有一个参考坐标系，而信息源的测量值所用参考坐标系就是信息源的测量坐标系。同时，要进行多信息源配准处理，

还应有一个公共参考坐标系。设第k个信息源的公共参考坐标系用三个相互正交的单位向量来表示：$\boldsymbol{e}_{x'k}$、$\boldsymbol{e}_{y'k}$、$\boldsymbol{e}_{z'k}$，其相应的测量坐标系可以用三个相互正交的单位向量表示：$\boldsymbol{e}_{xk}$、$\boldsymbol{e}_{yk}$、$\boldsymbol{e}_{zk}$。从测量坐标系到公共参考坐标系的旋转变换是先把公共参考坐标系的z轴旋转一个偏航角ϕ_k，再把y轴旋转一个俯仰角η_k，最后把x轴旋转一个倾侧角ψ_k。每个信息源的ϕ_k、η_k、ψ_k可从信息源的惯性测量单元中获得，即其值为已知。上述两坐标系的关系如图 7.4 所示。

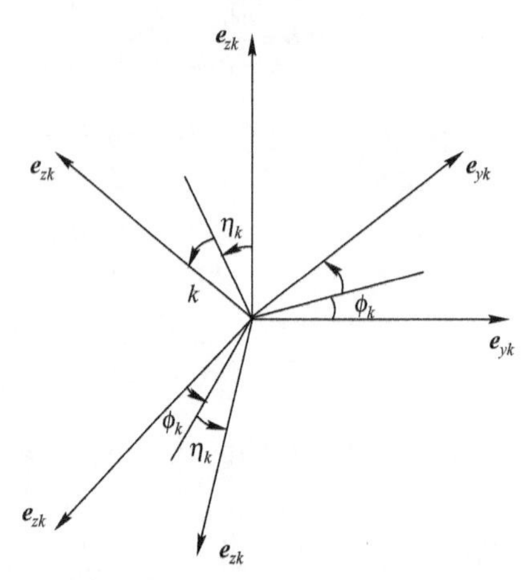

图 7.4　测量坐标系与公共参考坐标系的关系

对配准算法的推导如下。

用向量$\boldsymbol{R}_k=(x_k,y_k,z_k)$和$\boldsymbol{R}'_k=(x'_k,y'_k,z'_k)$分别表示某点在第$k$个信息源的测量坐标系中的直角坐标和公共参考坐标系中的直角坐标，则该点坐标从测量坐标系到公共参考坐标系的变换可表示为$\boldsymbol{R}'_k=\boldsymbol{T}_k\boldsymbol{R}_k$，其中，$\boldsymbol{T}_k$为$3\times3$的正交阵，即

$$\boldsymbol{T}_k=\begin{bmatrix}\cos\eta_k\cos\phi_k & \sin\psi_k\sin\eta_k\cos\phi_k-\cos\psi_k\sin\phi_k & \cos\psi_k\sin\eta_k\cos\phi_k-\sin\psi_k\sin\phi_k\\ \cos\eta_k\sin\phi_k & \sin\psi_k\sin\eta_k\sin\phi_k+\cos\psi_k\cos\phi_k & \cos\psi_k\sin\eta_k\sin\phi_k-\sin\psi_k\cos\phi_k\\ -\sin\eta_k & \cos\eta_k\sin\psi_k & \cos\eta_k\sin\psi_k\end{bmatrix}\tag{7-41}$$

假定第二个信息源在公共参考坐标系中的位置坐标为$\boldsymbol{t}=(t_x,t_y,t_z)^{\mathrm{T}}$，因此有$\boldsymbol{R}'_2=\boldsymbol{T}_2\cdot\boldsymbol{R}_2+\boldsymbol{t}$，其中，$\boldsymbol{R}_2$表示目标点在信息源 2 的测量坐标系中的位置向量。目标点从第二个信息源的测量坐标系到第一个信息源的测量坐标系的转换可以表示为$\boldsymbol{R}_{12}=\boldsymbol{T}\cdot\boldsymbol{R}_2+\boldsymbol{T}_1^{\mathrm{T}}\cdot\boldsymbol{t}$，其中，$\boldsymbol{R}_{12}$表示目标点在一个信息源的测量坐标系中的位置向量，且$\boldsymbol{T}=\boldsymbol{T}_1^{\mathrm{T}}\boldsymbol{T}_2$。

假设测量坐标系的偏转很小，则可将$\boldsymbol{T}_k$用一阶泰勒序列近似表示为$\boldsymbol{T}_k=\boldsymbol{I}+\mathrm{d}\boldsymbol{T}_k$。其中，$\mathrm{d}\boldsymbol{T}_k$为$\boldsymbol{T}_k$的微分，它在$(\varphi_k,\eta_k,\psi_k)=(0,0,0)$处计算出的值为

$$\mathrm{d}\boldsymbol{T}_k=\frac{\partial\boldsymbol{T}_k}{\partial\phi_k}\phi_k+\frac{\partial\boldsymbol{T}_k}{\partial\eta_k}\eta_k+\frac{\partial\boldsymbol{T}_k}{\partial\psi_k}\psi_k=\begin{bmatrix}0 & -\phi_k & \eta_k\\ \phi_k & 0 & -\psi_k\\ -\eta_k & \psi_k & 0\end{bmatrix}\tag{7-42}$$

相应地，$\boldsymbol{T}=\boldsymbol{I}+\mathrm{d}\boldsymbol{T}$，其中

$$\mathrm{d}\boldsymbol{T}=\mathrm{d}\boldsymbol{T}_1^{\mathrm{T}}+\mathrm{d}\boldsymbol{T}_2=\begin{bmatrix}0 & (\phi_1-\phi_2) & -(\eta_1-\eta_2)\\ -(\phi_1-\phi_2) & 0 & (\psi_1-\psi_2)\\ (\eta_1-\eta_2) & -(\psi_1-\psi_2) & 0\end{bmatrix} \tag{7-43}$$

则有

$$\boldsymbol{R}_{12}=\boldsymbol{R}_2+\mathrm{d}\boldsymbol{T}\cdot\boldsymbol{R}_2+\boldsymbol{t}+\mathrm{d}\boldsymbol{T}_1^{\mathrm{T}}\cdot\boldsymbol{t} \tag{7-44}$$

如果把信息源的姿态误差归结为信息源的测量坐标系相对于公共参考坐标系的偏转中附加的一个恒定偏差，则有

$$\begin{cases}\phi_{k,t}=\phi_k+\Delta\phi_k\\ \eta_{k,t}=\eta_k+\Delta\eta_k\\ \psi_{k,t}=\psi_k+\Delta\psi_k\end{cases} \tag{7-45}$$

式中：$\phi_{k,t}$、$\eta_{k,t}$、$\psi_{k,t}$ 分别表示第 k 个信息源的真实偏转角度值。

相应地，把信息源本身的误差归化为信息源测量值上附加的一个恒定偏差，则

$$\begin{cases}r_{k,t}=r_k+\Delta r_k\\ \theta_{k,t}=\theta_k+\Delta\theta_k\\ \varepsilon_{k,t}=\varepsilon_k+\Delta\varepsilon_k\end{cases} \tag{7-46}$$

式中：$r_{k,t}$、$\theta_{k,t}$ 和 $\varepsilon_{k,t}$ 分别表示第 k 个信息源的目标距离、方位角和高低角的量测真值，$(r_k,\theta_k,\varepsilon_k)$ 是相应的目标量测值，$(\Delta r_k,\Delta\theta_k,\Delta\varepsilon_k)$ 是传感器 k 的偏差误差。

用信息源偏转真值和测量真值替代式（7-46），得到目标从第二个信息源的真实测量坐标值到第一个信息源测量坐标系的转换表达式为

$$\boldsymbol{R}_{1,t}=\boldsymbol{R}_{2,t}+\mathrm{d}\boldsymbol{T}_t\cdot\boldsymbol{R}_{2,t}+\boldsymbol{t}+\mathrm{d}\boldsymbol{T}_{1,t}^{\mathrm{T}}\cdot\boldsymbol{t} \tag{7-47}$$

式中：$\boldsymbol{R}_{1,t}$ 表示目标在第一个信息源测量坐标系中的真实位置向量；$\boldsymbol{R}_{2,t}$ 表示目标在第二个信息源测量坐标系中的真实位置向量，且 $\mathrm{d}\boldsymbol{T}_{1,t}=\mathrm{d}\boldsymbol{T}_1\cdot\boldsymbol{t}+\boldsymbol{A}_1$，$\mathrm{d}\boldsymbol{T}_t=\mathrm{d}\boldsymbol{T}+\boldsymbol{A}$，其中

$$\boldsymbol{A}_1=\frac{\partial(\mathrm{d}\boldsymbol{T}_1)}{\partial\phi_1}\cdot\Delta\phi_1+\frac{\partial(\mathrm{d}\boldsymbol{T}_1)}{\partial\eta_1}\cdot\Delta\eta_1+\frac{\partial(\mathrm{d}\boldsymbol{T}_1)}{\partial\psi_1}\Delta\psi_1=\begin{bmatrix}0 & -\Delta\phi_1 & \Delta\eta_1\\ \Delta\phi_1 & 0 & -\Delta\psi_1\\ -\Delta\eta_1 & \Delta\psi_1 & 0\end{bmatrix} \tag{7-48}$$

$$\boldsymbol{A}=\sum_{k=1}^{2}\frac{\partial(\mathrm{d}\boldsymbol{T}_k)}{\partial\phi_k}\cdot\Delta\phi_k+\frac{\partial(\mathrm{d}\boldsymbol{T}_k)}{\partial\eta_k}\cdot\Delta\eta_k+\frac{\partial(\mathrm{d}\boldsymbol{T}_k)}{\partial\psi_k}\Delta\psi_k=\begin{bmatrix}0 & -\Delta\phi & \Delta\eta\\ \Delta\phi & 0 & -\Delta\psi\\ -\Delta\eta & \Delta\psi & 0\end{bmatrix} \tag{7-49}$$

其中

$$\begin{cases}\Delta\phi=\Delta\phi_1-\Delta\phi_2\\ \Delta\eta=\Delta\eta_1-\Delta\eta_2\\ \Delta\psi=\Delta\psi_1-\Delta\psi_2\end{cases} \tag{7-50}$$

位置向量 $\boldsymbol{R}_k=[x_k,y_k,z_k]$ 的直角坐标 (x_k,y_k,z_k) 与距离 r_k、方位角 θ_k 和高低角 ε_k 的关

系为

$$\begin{cases} x_k = r_k \cos\varepsilon_k \sin\theta_k \\ y_k = r_k \cos\varepsilon_k \cos\theta_k \\ z_k = r_k \sin\varepsilon_k \end{cases} \tag{7-51}$$

假设测量坐标系的偏转很小并且信息源本身的误差也很小，那么，真实位置向量可以用一阶近似为 $\boldsymbol{R}_{k,t} = \boldsymbol{R}_k + \mathrm{d}\boldsymbol{R}_k$，其中

$$\mathrm{d}\boldsymbol{R}_k = \frac{\partial \boldsymbol{R}_k}{\partial r_k} \cdot \Delta r_k + \frac{\partial \boldsymbol{R}_k}{\partial \theta_k} \cdot \theta_k + \frac{\partial \boldsymbol{R}_k}{\partial \varepsilon_k} \cdot \Delta\varepsilon_k \tag{7-52}$$

则式（7-47）可改写为

$$\boldsymbol{R}_1 = \left(\boldsymbol{R}_2 + \boldsymbol{t} + \mathrm{d}\boldsymbol{T}_2 + \mathrm{d}\boldsymbol{T}_1^{\mathrm{T}} \cdot \boldsymbol{t}\right) + \left(\mathrm{d}\boldsymbol{R}_2 - \mathrm{d}\boldsymbol{R}_1 + \boldsymbol{A}\boldsymbol{R}_2 + \boldsymbol{A}_1^{\mathrm{T}} \cdot \boldsymbol{t}\right) \tag{7-53}$$

第一部分代表了无偏差时转换后的位置向量值，第二部分代表了转换偏差的影响，如果坐标偏转的各角度的最大偏差值不超过 1°，且两信息源的最大距离不超过 100m，那么，$\left\|\boldsymbol{A}_1^{\mathrm{T}}\boldsymbol{t}\right\| < 6\mathrm{m}$，在计算中可以忽略，式（7-53）中第二部分就可以表示为

$$\boldsymbol{a} = \mathrm{d}\boldsymbol{R}_2 - \mathrm{d}\boldsymbol{R}_1 + \boldsymbol{A}\boldsymbol{R}_2 \tag{7-54}$$

由于两信息源间的距离与信息源同目标之间的距离相比非常小，并且假设偏差很小，所以可以认为

$$\frac{\partial \boldsymbol{R}_1}{\partial r_1} = \frac{\partial \boldsymbol{R}_2}{\partial r_2}，\quad \frac{\partial \boldsymbol{R}_1}{\partial \theta_1} = \frac{\partial \boldsymbol{R}_2}{\partial \theta_2}，\quad \frac{\partial \boldsymbol{R}_1}{\partial \varepsilon_1} = \frac{\partial \boldsymbol{R}_2}{\partial \varepsilon_2} \tag{7-55}$$

将 $\boldsymbol{A}$ 代入式（7-55）中，有

$$\boldsymbol{a} = \boldsymbol{c}_1\Delta\theta + \boldsymbol{c}_2\Delta\eta + \boldsymbol{c}_3\Delta\psi + \boldsymbol{c}_4\Delta\varepsilon + \boldsymbol{c}_5\Delta r \tag{7-56}$$

其中

$$\boldsymbol{c}_1 = \left[y_2, -x_2, 0\right]^{\mathrm{T}}，\quad \boldsymbol{c}_2 = \left[-z_2, 0, x_2\right]^{\mathrm{T}}，\quad \boldsymbol{c}_3 = \left[0, z_2, -y_2\right]^{\mathrm{T}} \tag{7-57}$$

$$\boldsymbol{c}_4 = \left[-r_2 \sin\varepsilon_2 \sin\theta_2, -r_2 \sin\varepsilon_2 \cos\theta_2, r_2 \cos\varepsilon_2\right]^{\mathrm{T}}，\quad \boldsymbol{c}_5 = \boldsymbol{R}_2 / r_2 \tag{7-58}$$

$$\Delta r = \Delta r_2 - \Delta r_1，\quad \Delta\theta = \Delta\phi + \Delta\theta_2 - \Delta\theta_1，\quad \Delta\varepsilon = \Delta\varepsilon_2 - \Delta\varepsilon_1 \tag{7-59}$$

可见，配准向量 $\boldsymbol{a}$ 取决于五个参数：方位角偏差 $\Delta\theta$、俯仰角偏差 $\Delta\eta$、倾侧角偏差 $\Delta\psi$、高低角偏差 $\Delta\varepsilon$ 和距离偏差 Δr，并且从这五个参数的定义可见，对它们的估计不是完全独立进行的，有些参数是相互关联的。式（7-56）用矩阵形式可以表示为 $\boldsymbol{a} = \boldsymbol{C}\boldsymbol{b}$。其中，$\boldsymbol{b} = \left[\Delta\theta, \Delta\eta, \Delta\psi, \Delta\varepsilon, \Delta r\right]$ 为偏差向量，$\boldsymbol{c} = \left[c_1, c_2, c_3, c_4, c_5\right]$。基本的配准公式可写为如下形式：$\boldsymbol{R}_1 = \boldsymbol{R}_{12} + \boldsymbol{C}\boldsymbol{b}$。式中的 $\boldsymbol{C}$ 阵是利用第二个信息源在其测量坐标系中的测量值计算的，也可用第一个信息源在其测量坐标系的测量值计算，即用位置向量 $\boldsymbol{R}_{12}$ 来计算。

7.3.2 多平台多信息源空间配准

多平台多信息源的误差来源同单平台多信息源的误差来源基本相同，但位于不同平台的多个信息源有其自身的特殊情况：位于同一平台内的多个信息源间的距离通常都非

常近，用于推导同一平台内的多个信息源的配准算法中的近似条件能成立，但在多平台中，信息源间距一般都较远，单平台配准算法中的近似条件不成立，适用于单平台多信息源的配准算法就无法简单地推广到多个平台的多信息源上。因此，对于多平台多信息源的配准应寻找新的算法。

一、均值方差配准法

对于位置已知的测试目标，其处理情况与同一平台内的多个信息源配准处理过程一样，也是把各个信息源调准到位置已知的目标即可，只是对于位置未知的测试目标，多平台信息源的配准算法有些不同。

对于位置未知的目标，多平台信息源的配准要求出各信息源在同一时刻对同一目标的观测值的迭合条件。考虑两个信息源情况的迭合方程，如图 7.2 所示，对位置 P 处的目标，可以写出如下方程组，即

$$\begin{cases}\left(\rho_A+\delta_{\rho A}\right)\sin\left(\theta_A+\delta_{\theta_A}\right)=-\left(\rho_B+\delta_{\rho B}\right)\sin\left(\theta_B+\delta_{\theta_B}\right)+X_B\\ \left(\rho_A+\delta_{\rho A}\right)\cos\left(\theta_A+\delta_{\theta_A}\right)=-\left(\rho_B+\delta_{\rho B}\right)\cos\left(\theta_B+\delta_{\theta_B}\right)+Y_B\end{cases} \tag{7-60}$$

因为有四个未知量 δ_{ρ_A}、δ_{θ_A}、δ_{ρ_B}、δ_{θ_B}，所以还必须进一步寻找距离点 P 有适当距离的不同目标的类似上述方程组，然后一起与式（7-60）进行配对，形成四个方程。当 δ_{θ_A} 和 δ_{θ_B} 很小时，有 $\sin\delta_\theta\approx\delta_\theta$，且 $\cos\delta_\theta\approx1$。这样，四个方程组成的联立方程组便成为含有四个未知量的线性方程，并可求解。对两个不同目标对应的方程组可用矩阵形式表达为 $\boldsymbol{A\delta}=\boldsymbol{d}$，式中，$\boldsymbol{A}$ 为 4×4 的系数矩阵，$\boldsymbol{\delta}$ 为 4×1 的需求的未知数向量，$\boldsymbol{d}$ 为 4×1 的已知项向量。因此，解为

$$\boldsymbol{\delta}=\boldsymbol{A}^{-1}\boldsymbol{d} \tag{7-61}$$

由随机观测误差 ε_ρ 和 ε_θ 引起的估值方差，其一般表达式需要作矩阵反演，这用数值方法容易做到。只有当目标在基线轴上且处于相对于基线轴的对称位置时，如图 7.3 所示的情况，才能得到方差的显式表达式。通过估值 n 求得的 δ_ρ 和 δ_θ 的方差为

$$\begin{cases}\sigma_{\delta_\rho}^2=\dfrac{1}{n}\left[\dfrac{\sigma_\rho^2}{2}+\dfrac{1}{4}\left(\tan^2\theta+\dfrac{1}{\tan^2\theta}\right)\rho^2\sigma^2\right]\\ \sigma_{\delta_\theta}^2=\dfrac{1}{n}\left[\dfrac{\sigma_\rho^2}{2}+\dfrac{1}{4}\left(\tan^2\theta+\dfrac{1}{\tan^2\theta}\right)\dfrac{\sigma^2}{\rho^2}\right]\end{cases} \tag{7-62}$$

假定两个信息源的观测值具有相等的误差方差。估值方差取决于目标间的距离以及目标相对于信息源的位置。尤其当目标彼此靠近时，方程组（7-62）成为“病态”；反之，当目标离信息源较远时，由于噪声放大对角度观测值的影响，估值 δ_ρ 存在相当大的误差。可以证明，估值 δ_ρ 的精度一般随目标偏离基线距离的缩小而改善。然而，当 Y 值很小时，因方程组（7-62）成为“病态”方程组而使误差增加。但当距离增加时，方差 $\sigma_{\delta_\theta}^2$ 趋于某个极限值，即

$$\lim_{\theta\to0}\sigma_{\delta_\theta}^2=\frac{1}{n}\left(\frac{\sigma_\theta^2}{2}+\frac{\sigma_\theta^2}{D}\right) \tag{7-63}$$

式中：D为两信息源的间距。如果有多个信息源，反复运用上述原理进行处理就可以达到配准目的。

二、其他配准法

基于球坐标系的配准算法是用测地转换法则把局部信息源的值映射到地球坐标系（大地直角坐标系）中，再在此坐标系中利用最小二乘法对多信息源进行配准处理。

极大似然配准算法综合考虑了测量噪声对信息源偏差估计的影响，配准偏差的估计通过系统平面中信息源测量值的极大似然函数来获得。精确的极大似然准则包括两组部分可分的变量（实际目标位置和信息源的配准误差），并且利用两步递归优化算法来对算法收敛速度进行优化处理。

这些配准算法求解过程较为复杂，本书略。

习　题

1．试阐述情报信息综合处理过程中进行时间配准和空间配准的必要性。

2．时间配准的主要任务是什么？

3．试分别简述内插外推法、最小二乘法、插值法、曲线拟合法和基于滤波的实时时间配准法的时间配准基本原理。

4．造成多信息源空间误差的因素主要有哪些？

5．请比较单平台多信息源空间配准方法与多平台多信息源空间配准方法的异同。

6．试分别简述均值方差配准法、卡尔曼滤波配准法和最小二乘配准法等单平台多信息源空间配准技术，以及均值方差配准法多平台多信息源空间配准技术的基本原理。

第 8 章 情报信息数据关联技术

对多源情报信息进行综合处理需要解决两个问题：一是判断来自不同信息源的信息是否属于同一个目标；二是若来自同一个目标，那么，如何综合各信息源的信息。前者属于数据关联问题，后者属于信息综合问题。本章介绍战场情报信息数据关联技术，首先概述战场情报信息关联问题和数据关联技术；之后以雷达和 ESM 信息为例，分别介绍多源同类信息关联技术和多元异类信息关联技术。其中多源同类信息关联技术包括基于多因子相关波门的雷达-雷达航迹关联方法，以及基于多特征信息的 ESM-ESM 信号灰色关联度关联方法；多元异类信息关联技术包括雷达-ESM 关联的统计分析法和综合评判法，以及技侦情报与雷达目标航迹关联的最近邻法。

8.1 概　　述

8.1.1 战场情报信息关联问题

在对战场雷达、声纳、红外、敌我识别器、电子情报、通信情报、技侦情报等各类情报信息进行综合处理之前，首先需要对各信息源的多元情报信息进行关联处理，以便明确各个信息源获取的多元情报信息是否来自于同一个目标，这是后续进行目标属性类型综合识别、航迹综合的前提。战场情报信息关联可以分为两种类型：多源同类信息关联和多元异类信息关联，例如，多平台电子侦察（ESM-ESM）信息数据关联和多雷达站（雷达-雷达）数据关联属于多源同类信息关联；AIS（Automatic Identification System，船舶自动识别系统）与雷达信息关联、电子侦察与雷达信息关联（雷达-ESM）则属于多元异类信息关联。从技术角度来看，上述信息关联问题可以归结为两种类型：静态数据关联和动态数据关联，前者主要用于目标识别、定位，后者主要用于目标跟踪。

一、目标位置的静态数据关联

静态数据关联是指对来自稳态目标/事件的传感器量测数据，或动态目标的断续式量测数据（也称为报告）进行关联，它们还没有形成表示瞬时行为的模型，即没有形成目标航迹。这类问题通常涉及确定方位（一个或两个角度/方位的关联）或确定目标位置（多条方位线关联从而得到一个空间区域，其中目标存在并具有一个确定的概率）。

1. 具有多传感器和相同维数量测的情形

在这种情况下，来自同类或不同类型传感器的空间量测具有相同的维数。需要把量测变换到同一个坐标系和时间基准上，并且在一个单一的判定空间进行关联。表 8.1 举例说明了多传感器相同维数数据关联的应用。

表 8.1　多传感器相同维数数据关联的应用

传 感 器	坐　标	关联空间维数
雷达-雷达	距离-方位-高度	3
IRST（红外）-ESM	方位-高度	2
ESM-ESM	方位或只有方向	1
声纳-声纳	方位或只有方向	1

2. 具有多传感器和不同维数量测的情形

关联也可以在具有不同空间维数的传感器之间进行，包括不同传感器不同维测量和相同传感器不同维测量。表 8.2 举例说明了多传感器不同维数数据关联的应用。

表 8.2　多传感器不同维数数据关联的应用

传 感 器	坐　标	关联空间维数
雷达-IFF	距离-方位-高度；距离-方位	3，2
雷达-IRST	距离-方位-高度；方位-高度	3，2
雷达-雷达	距离-方位-高度；方位-高度	3，2
IRST-ESM	方位-高度；方位	2，1

二、目标跟踪的动态数据关联

动态目标处理需要对目标位置进行连续的或按采样周期采样的离散量测，并且要具有估计目标运动行为的能力，以便在传感器范围内能够持续预测目标的下一个位置，得到目标运动航迹和运动参数。这个过程是对每个新的传感器量测数据集合与已知目标航迹的预测位置反复进行关联，从而确定每一个传感器量测是当前的航迹还是新目标，或是虚警。

许多复杂的多目标跟踪问题包含多传感器，且它们具有不同的目标视角、测量几何形状、精度、分辨率和范围。通过考虑测量空间之外的参数，如不同传感器观测中固有的属性数据，能够辅助关联处理，但是这会进一步使量测的关联问题复杂化。在这种情况下，密集目标可以利用非空间属性数据（即目标的判别特征，如图像特征、类型）而不是只依靠空间数据准确地进行关联。表 8.3 列出了目标跟踪的动态数据关联在战场情报信息综合处理中的应用。

表 8.3　目标跟踪的动态数据关联的应用

传 感 器	坐　标	关联空间维数
雷达-雷达	距离、方位、高度、航向、航速	5
雷达-AIS	距离、方位、航向、航速	4

动态数据关联包括以下几种类型。

（1）点迹（或观测，以下同）与航迹关联。一般用于集中式信息综合结构中，目的在于对已有航迹进行保持或对状态进行更新。首先，要判断各个传感器送来的点迹，哪些是数据库中已有航迹的延续点迹，哪些是新航迹的起始点迹，哪些是由杂波或干扰产生的假点迹。然后，根据给定的准则，把延续点迹与数据库中的已有航迹连起来，使航迹得到延续，并用当前的量测值实现状态更新，取代预测值。经若干周期之后，那些没有连上的点迹，有一些是由杂波剩余或干扰产生的假点迹，由于没有后续点迹，变成了孤立点迹，也应按一定的准则剔除掉。

（2）点迹与点迹关联。用于集中式信息综合结构中，在点迹与航迹关联过程中，那些没有与数据库中的航迹关联的点迹，有的是新发现的目标的新点迹。通过对这些来自多个传感器不同采样周期的观测进行关联，以及通过后续的综合处理建立一条新的航迹，最终形成航迹或进行航迹初始化。

（3）航迹与航迹关联。用于分布式信息综合结构中，在多传感器情况下，每个传感器都有自身的观测/点迹集合和自身的信息处理系统，可实现对目标的跟踪，通常，把每个传感器的航迹称作局部航迹。每个传感器按照一定的时间间隔，把本传感器的全部航迹状态发送至信息处理中心进行航迹关联和融合。在融合中心，如果按照某种准则能够确定几个不同传感器的航迹来自同一个目标，则把它们的状态估计和协方差矩阵进行组合，实现航迹融合，即重新计算关联以后的全局航迹的状态估计和协方差矩阵，以便实现状态更新。

单传感器的信息处理，只存在点迹与点迹、点迹与航迹关联（参见本书第 5 章）；对于多观测站或多传感器系统，以上三种方式都存在。按照给定的准则，通过对点迹的处理，实现航迹初始化或者航迹保持，尽可能地去掉假点迹，并为跟踪作数据准备，这就是数据关联所要完成的任务。在一个实际的信息处理系统中，采用哪种关联方式，往往跟信息系统所采用的网络结构有关。在集中式信息处理系统中，一般采用点迹融合，所以相应的关联方法必然也就是点迹与点迹、点迹与航迹关联；在分布式信息处理系统中，如上面指出的，一般采用航迹与航迹关联。为了提高并保证多传感器数据融合的质量，对各个传感器送到信息处理系统的点迹都有比较高的要求，并需要对其进行预处理。

8.1.2 数据关联技术概述

对于集中式信息综合处理系统而言，由于它是在单传感器系统基础上直接发展起来的，因此，从原则上讲，所有单传感器数据关联算法，如最近邻法、经典分配法、全局最近邻法、K 近邻域法、多元假设检验法、广义相关法、贝叶斯法、概率数据关联法（PDA 法）、联合概率数据关联法（JPDA 法）等，都可用于这种信息综合处理系统中。但是，集中式信息综合处理系统在定时、滤波、更新、航迹起始、偏差校正和对来自各传感器的观测使用等方面都与单传感器不同，并且有时还存在时间颠倒和方位卷绕等问题。

一、最近邻数据关联

最近邻数据关联（NNDA）算法是由 Singer 等人于 1971 年提出的一种最早、最简单的数据关联方法，有时也是最有效的方法之一。它把落在关联门之内并且与被跟踪目标的预测位置最邻近的观测点迹（或称为回波）作为关联点迹，这里的最邻近一般是指观测点迹在统计意义上离被跟踪目标的预测位置最近。图 8.1 给出了关联门、航迹的最新预测位置、本采样时刻的观测点迹以及与预测位置最近的观测点迹之间的关系。假定有一条航迹 i，关联门为一个二维矩形门，其中除了预测位置之外，还包含三个观测点迹 1、2、3，直观上看，点迹 2 应为最邻近点迹。

最近邻方法的基本含义是：唯一性地选择落在相关跟踪门之内且与被服踪目标预测位置最近的观测作为目标关联对象。所谓“最近”表示统计距离最小或者残差概率密度最大。基本的最近邻方法实质上是一种局部最优的贪心算法，并不能在全局意义上保持最优。在目标回波密度较大的情况下，多目标相关波门相关交叉，最近的回波未必由目标所产生。

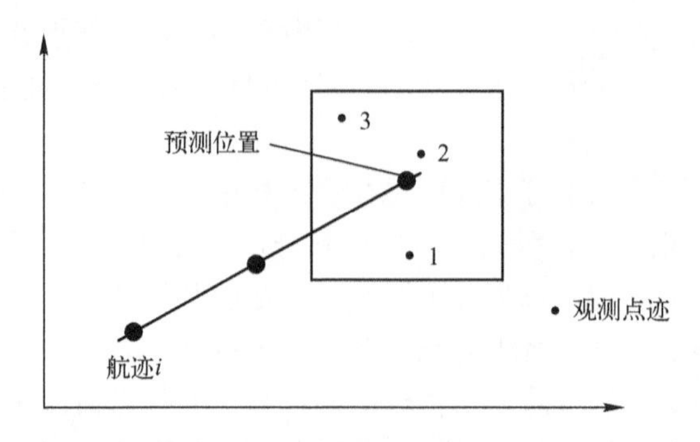

图 8.1　最近邻数据关联示意图

最近邻方法便于实现、计算量小，适应于信噪比高、目标密度小的情况；但是它的抗干扰能力差，在目标密度较大时容易产生关联错误。因此，最近邻数据关联方法主要适用于跟踪区域中存在单目标或目标数较少的情况，或者说，只适用于对稀疏目标环境的目标跟踪。

最近邻方法的统计距离定义如下：假设在第 k 次扫描之前，已建立了 N 条航迹。第 k 次新观测为 $Z_j(k)(j=1,2,\cdots,N)$。在第 i 条航迹的关联门内，观测 j 和航迹 i 的差向量定义为量测值和预测值之间的差，即滤波器残差为

$$\boldsymbol{e}_{ij}(k)=\boldsymbol{Z}_j(k)-\boldsymbol{H}\hat{\boldsymbol{X}}_i(k\mid k-1) \tag{8-1}$$

设 $\boldsymbol{S}_{ij}(k)$ 是 $\boldsymbol{e}_{ij}(k)$ 的协方差矩阵，则统计距离(平方)为

$$\boldsymbol{d}_{ij}^2=\boldsymbol{e}_{ij}^{\mathrm{T}}(k)\boldsymbol{S}_{ij}^{-1}(k)\boldsymbol{e}_{ij}(k) \tag{8-2}$$

它是判断哪个点迹为最邻近点迹的度量标准。

可以证明，这种方法在极大似然意义下是最佳的。假定残差的似然函数为

$$g_{ij}=\frac{\mathrm{e}^{-d_{ij}^2}}{(2\pi)^{\frac{M}{2}}\sqrt{\left|S_{ij}\right|}} \tag{8-3}$$

为了使残差的似然函数取极大值，对式（8-3）先取对数，然后求导，便很容易看到，其似然函数取极大值等效于残差取最小值。因此，在实际计算时，只需选择最小的残差 $e_{ij}(k)$ 就满足离预测位置最近的条件了。但必须指出，按统计距离最近的准则，离预测位置最近的点迹在密集多目标环境中未必是被跟踪目标的最佳配对点迹，这就是最近邻方法容易跟错目标的原因。

二、全局最近邻数据关联

全局最近邻数据关联方法简称全邻相关法，这种方法全面考虑了跟踪波门内的所有候选点迹，并根据所有候选点迹的加权和，取这些点迹形成的“等效点迹”作为航迹的相关点迹。它不仅考虑了所有候选点迹，而且考虑了跟踪历史，即多次扫描相关信息。

图 8.2 是全邻相关法的一个示意图，P_1 和 P_2 分别是航迹 I 和航迹 II 的外推点，相应

的跟踪波门分别为 BM_1 和 BM_2，并且在各自的波门内出现了若干候选点迹，用全邻相关法就是取每个波门内各点迹的加权中心如 P_a、P_b 点分别作为航迹 I 和航迹 II 的相关点迹，我们可形象地称其为“重心法”。

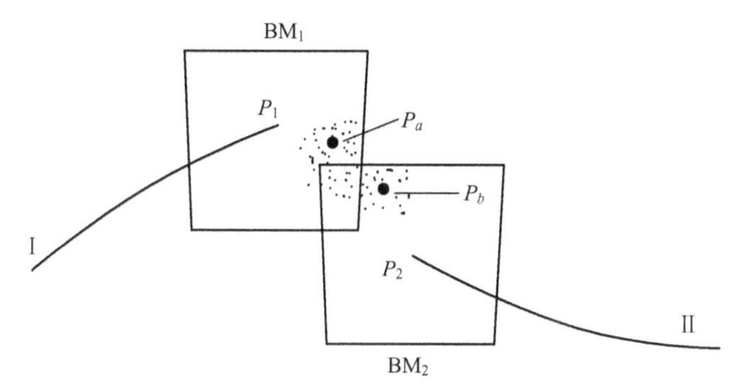

图 8.2　全邻相关法示意图

假设 $\hat{\boldsymbol{Z}}_{k+1/k}$ 表示点迹 $\boldsymbol{Z}_{k+1}$ 的预测均值，在已知前 k 个观测/点迹的情况下，有

$$\hat{\boldsymbol{Z}}_{k+1/k}=\boldsymbol{H}_{k+1}^{\mathrm{T}}\hat{\boldsymbol{x}}_{k+1/k} \tag{8-4}$$

其中

$$\hat{\boldsymbol{x}}_{k+1/k}=E\left[\boldsymbol{x}_{k+1}\mid \boldsymbol{Z}_k\right]$$

进一步假设 $\boldsymbol{S}_{k+1/k}$ 表示关联协方差矩阵

$$\boldsymbol{S}_{k+1/k}=\boldsymbol{H}_{k+1}^{\mathrm{T}}\boldsymbol{P}_{k+1/k}\boldsymbol{H}_{k+1}+\boldsymbol{R}_{k+1} \tag{8-5}$$

其中

$$\boldsymbol{P}_{k+1/k}=E\left[(\boldsymbol{x}_{k+1}-\hat{\boldsymbol{x}}_{k+1/k})(\boldsymbol{x}_{k+1}-\hat{\boldsymbol{x}}_{k+1/k})^{\mathrm{T}}/\boldsymbol{Z}_k\right]$$

如果用上下标 i 表示变量属于第 i 个航迹，上下标 j 表示属于第 j 个观测/点迹，并假设第 j 个观测/点迹的概率分布是高斯的，其均值为 $\hat{\boldsymbol{Z}}_{k+1/k}^{i}$，协方差为 $\boldsymbol{S}_{k+1}^{i}$，则有归一化的残差平方距离，即观测与预测均值之间的统计距离为

$$\boldsymbol{d}_{ij}^{2}=(\boldsymbol{V}_{k+1}^{ij})^{\mathrm{T}}(\boldsymbol{S}_{k+1}^{i})^{-1}(\boldsymbol{V}_{k+1}^{ij}) \tag{8-6}$$

式中：$\boldsymbol{V}_{k+1}^{ij}=\boldsymbol{Z}_{k+1}^{j}-\hat{\boldsymbol{Z}}_{k+1/k}^{i}$ 服从 χ^2 分布，自由度等于观测/点迹的维数。如果令 n 表示航迹和点迹数，则反映所有点迹与航迹对之间概率距离的估计权值 $C_{ij}(i,j=1,2,\cdots,n)$ 为

$$C_{ij}=P\left\{\chi^2>d_{ij}^2\right\} \tag{8-7}$$

该权值反映了系统状态估计没有落入关联门的概率。实际上，权值 C_{ij} 就是点迹与航迹不关联的概率，关联门的大小与残差有关。该方法最大的优点是它能给出唯一的航迹与点迹对，它是最小化问题

$$\min\left\{\sum_{i=1}^{n}\sum_{j=1}^{n}C_{ij}x_{ij}\right\} \tag{8-8}$$

$$\sum_{i=1}^{n}x_{ij}=1,\sum_{j=1}^{n}x_{ij}=1,\ (0\leqslant x_{ij}\leqslant 1,\forall i,j) \tag{8-9}$$

的解 $\hat{x}_{ij}$。不难看出，该方程的解或者说 x_{ij} 的估值 $\hat{x}_{ij}$ 是唯一的，要么是 1，要么是 0。如

果是 1，就意味着只有这一对航迹与点迹对关联，其他均不能关联，否则，就不能满足该方程的限制条件。

三、K-均值聚类算法

K-均值聚类算法是由 MacQueen 于 1967 年提出的，是目前聚类分析中最为重要且应用最为广泛的聚类算法之一，具有算法简单且收敛速度快的特点。K-均值聚类是基于划分的聚类算法，其基本思想是：对于给定的聚类数目 K，首先随机产生一个初始划分，然后采用迭代方法通过将聚类中心不断移动来尝试着改进划分。假设有 N 个未知类型的样本$(X_1,X_2,\cdots,X_N)$，根据样本的特征向量，将样本分为 K 类$(C_1,C_2,\cdots,C_K)$。设第 k 类的样本数为 N_k，则$N=\sum_{i=1}^{K}N_i$。每类C_k的均值为$(m_1,m_2,\cdots,m_K)$，则

$$m_k=\frac{1}{N_k}\sum_{i=1}^{N_k}X_i^{(k)}(k=1,2,\cdots,K) \tag{8-10}$$

K-均值聚类是最小化目标函数

$$J=\sum_{i=1}^{K}\sum_{j=1}^{N_i}\left\|X_j^{(i)}-m_i\right\|^2 \tag{8-11}$$

式中：K 表示聚类数目；N_k表示第 k 个类的样本数；$X_j^{(i)}$ 表示第 i 类中的第 j 个样本； m_i 表示第 i 类的均值（聚类中心）。

K-均值聚类的步骤如下。

（1）在样本空间中任意选择 K 个样本作为初始聚类中心$(X_1',X_2',\cdots,X_k')$。

（2）在样本空间中将每个样本 X_i 根据最近邻原则分配到各个类别中，X_i 离哪个聚类中心近，就属于哪个类。

（3）重新计算聚类中心$(m_1,m_2,\cdots,m_k)$和 J 值。

（4）重复步骤（2）和步骤（3），直到连续 n 次迭代 J 值不变或变化很小为止。

四、概率数据关联

全邻相关法中典型的有概率数据关联（PDA）和联合概率数据关联（JPDA）方法，它们适用于杂波环境下的数据关联。

概率数据关联是由 Bar-shalom 和 Jaffer 于 1972 年提出的。如前所述，关联波门内可能有很多回波，即人们所说的有效回波。按前面的最近邻数据关联方法认为，离预测位置最近的回波是来自目标的回波。但按概率数据关联的思想则认为：只要是有效回波，就都有可能源于目标，只是每个回波源于目标的概率有所不同，这种方法利用了跟踪门内的所有回波以获得可能的后验信息，并根据大量的相关计算给出了各回波的概率加权系数（即与目标的关联概率）及其加权和（即综合回波），然后用加权和更新目标状态。

概率数据关联理论适用于单目标跟踪，它的基本假设是：在杂波环境下仅有一个目标存在，且这个目标的航迹已经形成；在任一时刻接收到的回波有多个。在这种情况下，概率数据关联理论认为所有回波都可能源于目标，只是每个回波源于目标的概率有所不同。它将目标跟踪转化为计算每一个量测 i 与被跟踪目标 k 的关联概率。

假定概率数据关联方法使用的目标状态模型和测量模型为

$$\begin{cases} \boldsymbol{X}(k+1)=\boldsymbol{\Phi}(k)\boldsymbol{X}(k)+\boldsymbol{V}(k) \\ \boldsymbol{Z}(k)=\boldsymbol{H}(k)\boldsymbol{X}(k)+\boldsymbol{W}(k) \end{cases} \tag{8-12}$$

式中：$\boldsymbol{X}(k)$为 k 时刻的状态向量；$\boldsymbol{Z}(k)$为 k 时刻的观测向量；$\boldsymbol{\Phi}(k)$ 为状态转移矩阵；$\boldsymbol{H}(k)$为观测矩阵；$\boldsymbol{V}(k)$为均值为 0、协方差矩阵为 $\boldsymbol{R}(k)$的系统白噪声；$\boldsymbol{W}(k)$为均值为 0、协方差矩阵为 $\boldsymbol{Q}(k)$的观测白噪声。

定义 在从第 1 次到第 k 次扫描所获得的全部有效回波已知的条件下，第 k 次扫描时，第 i 个回波(i=1,2,…, m_k)均为正确回波的概率，称为正确关联概率，用 $P_i(k)$ 来表示，即

$$P_i(k) \equiv P\{\theta_i(k)/Z^k\} \tag{8-13}$$

式中：$\theta_i(k)$ 为第 k 次扫描时的第 i 个回波为正确回波（即源自目标）的事件；Z^k 为第 1 次到第 k 次扫描所获得的全部有效回波的集合；m_k 为第 k 次扫描所获得的回波数目。

根据全概率公式，可以证明，在 k 时刻目标的状态估计，即均方意义下的最优估计为

$$\hat{X}(k/k)=\sum_{i=0}^{m_k} P_i(k)\hat{X}_i(k/k) \tag{8-14}$$

式中：$\hat{X}_i(k/k)$(i=1, 2, …, m_k)为第 i 个有效回波源自目标条件下的目标状态估计值；$\hat{X}_0(k/k)$为所有回波皆来自干扰或杂波条件下的目标状态估计值。

关联概率是衡量有效回波对目标状态估计所起作用的一种度量。概率数据关联并不是真正确定哪个有效回波真的源于目标，而是认为所有有效回波都有可能来自目标或杂波，在统计的意义上计算每个有效回波对目标状态估计所起的作用，并以此为权重，给出整体的目标估计值。Balom 给出了不同干扰模型下的关联概率的计算公式。

PDA 的最大优点是它的存储量与标准卡尔曼滤波几乎相等，故易于实现，这种方法尤其适用于杂波环境下的单目标跟踪。也有人将其用于多目标环境，但在稀疏多目标环境下才有效。如果这一条件不能满足，就可能发生误跟。PDA 的主要问题是所有可能的量测的概率都要计算，故很难满足实时性要求。

联合概率数据关联是在概率数据关联的基础上产生的，适用于多目标跟踪情形。在多目标跟踪中，如果被跟踪的多个目标的跟踪门互不相交，或虽然跟踪门相交，但没有量测落入相交的区域，则多目标跟踪问题可以简化为多目标环境下的单目标跟踪问题。但实际情况却是：跟踪门相互交错，并且有许多量测落入这些相交区域中。

联合概率数据关联滤波器引入了“聚”的概念，这种方法不需要关于目标和杂波的任何先验信息。“聚”定义为彼此相交的跟踪门的最大集合，目标则按不同的“聚”分为不同的集合。对于每一个这样的集合，总有一个二元聚矩阵与其关联。从聚矩阵中得到有效回波和杂波的全排列和所有的联合事件，进而通过联合似然函数来求解关联概率，即计算每一个量测与其可能的各种源目标相关联的概率。

联合概率数据关联方法性能优良，但由于在这种方法中，联合事件数是所有量测数的指数函数，致使计算负荷出现组合爆炸现象。为了解决这一问题，1986 年出现了简化的联合概率数据关联方法，其中关联概率用一个基于经验的特殊规则来计算。1993 年又出现了基于深度优先搜索的数据关联快速算法。这些算法在降低计算量的同时，也降低了算法的有效性、可靠性和应用范围。

对于分布式信息综合处理系统而言，主要对来自多个信息源的航迹进行关联，以下给出两种航迹关联方法：统计关联和模糊关联方法。

五、统计关联方法

统计关联方法的基本思想是根据各信息源获取的信息（如用于目标识别的属性信息、用于目标跟踪的状态信息等），计算其统计距离 D，如果 D 小于预先给定的门限 T，则判定为统计相关。

下面讨论来自两个局部传感器的同一目标的两条航迹在信息中心的航迹关联问题。传感器 i 的状态估计用 $\hat{\boldsymbol{x}}_i$ 表示，传感器 j 的状态估计用 $\hat{\boldsymbol{x}}_j$ 表示，它们各自的估计误差协方差分别用 $\boldsymbol{P}_i$ 和 $\boldsymbol{P}_j$ 表示，它们的状态估计误差的互协方差分别表示为 $\boldsymbol{P}_{ij}$ 和 $\boldsymbol{P}_{ji}$，并且有 $\boldsymbol{P}_{ij}=\boldsymbol{P}_{ji}^{\mathrm{T}}$。航迹-航迹关联和点迹-航迹关联一样，仍然用状态估计 $\hat{\boldsymbol{x}}_i$ 和 $\hat{\boldsymbol{x}}_j$ 两者间的统计距离 d_{ij}^2 作为度量标准。用统计距离度量一条航迹与另一条航迹的靠近程度，可表示关联程度。目前，统计距离有多种表示方法，传统的统计距离是 Mahalanobis 距离的平方，即

$$\boldsymbol{d}_{ij}^2=(\hat{\boldsymbol{x}}_i-\hat{\boldsymbol{x}}_j)^{\mathrm{T}}(\boldsymbol{P}_i+\boldsymbol{P}_j)^{-1}(\hat{\boldsymbol{x}}_i-\hat{\boldsymbol{x}}_j) \tag{8-15}$$

当两航迹的状态估计误差相关时，必须考虑互相关，这时的统计距离改写为

$$\boldsymbol{d}_{ij}^2=(\hat{\boldsymbol{x}}_i-\hat{\boldsymbol{x}}_j)^{\mathrm{T}}(\boldsymbol{P}_i+\boldsymbol{P}_j-\boldsymbol{P}_{ij}-\boldsymbol{P}_{ji})^{-1}(\hat{\boldsymbol{x}}_i-\hat{\boldsymbol{x}}_j) \tag{8-16}$$

这种方法是由 Bar-Shalom 于 1980 年提出的。1990 年，Chong 在其文献中又给出了另外一种度量方法，即

$$\boldsymbol{d}_{ij}^2=(\hat{\boldsymbol{x}}_i-\hat{\boldsymbol{x}}_j)^{\mathrm{T}}\boldsymbol{P}_i^{-1}(\hat{\boldsymbol{x}}_i-\hat{\boldsymbol{x}}_j)+(\hat{\boldsymbol{x}}_i-\hat{\boldsymbol{x}}_j)^{\mathrm{T}}\boldsymbol{P}_j^{-1}(\hat{\boldsymbol{x}}_i-\hat{\boldsymbol{x}}_j)-(\hat{\boldsymbol{x}}_i-\hat{\boldsymbol{x}}_j)^{\mathrm{T}}\overline{\boldsymbol{P}}^{-1}(\hat{\boldsymbol{x}}_i-\hat{\boldsymbol{x}}_j) \tag{8-17}$$

式中：（$\overline{\boldsymbol{x}},\overline{\boldsymbol{P}}$）是目标状态 x 的先验估计及其协方差对，并且有

$$\begin{cases}\hat{\boldsymbol{P}}^{-1}\hat{\boldsymbol{x}}=\boldsymbol{P}_i^{-1}\hat{\boldsymbol{x}}_i+\boldsymbol{P}_j^{-1}\hat{\boldsymbol{x}}_j-\overline{\boldsymbol{P}}^{-1}\overline{\boldsymbol{x}}\\ \hat{\boldsymbol{P}}^{-1}=\boldsymbol{P}_i^{-1}+\boldsymbol{P}_j^{-1}-\overline{\boldsymbol{P}}^{-1}\end{cases} \tag{8-18}$$

从以上表达式不难看出，式（8-15）和式（8-16）实际上是欧几里得加权距离方法，其权为协方差矩阵的逆，只是式（8-16）适用于两个局部航迹的估计误差存在互相关的情形，式（8-15）适用于互协方差为零的情形。

六、模糊关联方法（FDA）

为了讨论问题简单起见，假设有两条来自不同传感器的航迹，即

$$\boldsymbol{R}_i=\begin{bmatrix}r_1\\r_2\\\vdots\\r_n\end{bmatrix}(i=1,2) \tag{8-19}$$

相应的分辨率为

$$\boldsymbol{\varDelta}_i=\begin{bmatrix}\delta_1\\\delta_2\\\vdots\\\delta_n\end{bmatrix}(i=1,2) \tag{8-20}$$

式中：$r_k, k=1,2,\cdots,n$ 表示航迹的特征，如距离、方位和速度等，n 表示特征的个数；$\delta_k, k=1,2,\cdots,n$ 表示与每个特征相对应的分辨率。假定传感器 1 的精度高于传感器 2，即 $\delta_1(k)<\delta_2(k), \forall k=1,2,\cdots,n$，现在的问题是确定已知的两条航迹是不是属于同一目标的航迹。

定义两条航迹的统计距离为

$$\boldsymbol{d}_{ij}^2=\begin{cases}\left\|\boldsymbol{R}_j-\boldsymbol{R}_i\right\| (i\neq j)\\ \left\|\boldsymbol{\varDelta}_i\right\| \quad (i=j)\end{cases} \tag{8-21}$$

于是，有

$$\begin{cases}\boldsymbol{d}_{11}=\sqrt{\boldsymbol{\varDelta}_1^{\mathrm{T}}\boldsymbol{\varDelta}_1}\\ \boldsymbol{d}_{12}=\sqrt{(\boldsymbol{R}_2-\boldsymbol{R}_1)^{\mathrm{T}}(\boldsymbol{R}_2-\boldsymbol{R}_1)}\\ \boldsymbol{d}_{21}=\sqrt{(\boldsymbol{R}_1-\boldsymbol{R}_2)^{\mathrm{T}}(\boldsymbol{R}_1-\boldsymbol{R}_2)}\\ \boldsymbol{d}_{22}=\sqrt{\boldsymbol{\varDelta}_2^{\mathrm{T}}\boldsymbol{\varDelta}_2}\end{cases} \tag{8-22}$$

利用模糊 C 均值聚类算法最佳地确定 $\{\boldsymbol{d}_{ij}\}(i=1,2; j=1,2)$ 元素之间的相似性度量

$$\boldsymbol{u}_{ij}=\frac{(1/\boldsymbol{d}_{ij})^{2/(m-1)}}{\left[\sum_{s=1}^{c}(1/\boldsymbol{d}_{sj})^{2/(m-1)}\right]} (\forall i,j=1,2) \tag{8-23}$$

于是，有

$$\begin{cases}\boldsymbol{u}_{11}=\dfrac{\left(\dfrac{1}{\boldsymbol{\varDelta}_1^{\mathrm{T}}\boldsymbol{\varDelta}_1}\right)^{\frac{1}{m-1}}}{\left(\dfrac{1}{\boldsymbol{\varDelta}_1^{\mathrm{T}}\boldsymbol{\varDelta}_1}\right)^{\frac{1}{m-1}}+\left(\dfrac{1}{(\boldsymbol{R}_1-\boldsymbol{R}_2)^{\mathrm{T}}(\boldsymbol{R}_1-\boldsymbol{R}_2)}\right)^{\frac{1}{m-1}}}\\ \boldsymbol{u}_{12}=\dfrac{\left(\dfrac{1}{(\boldsymbol{R}_1-\boldsymbol{R}_2)^{\mathrm{T}}(\boldsymbol{R}_1-\boldsymbol{R}_2)}\right)^{\frac{1}{m-1}}}{\left(\dfrac{1}{\boldsymbol{\varDelta}_2^{\mathrm{T}}\boldsymbol{\varDelta}_2}\right)^{\frac{1}{m-1}}+\left(\dfrac{1}{(\boldsymbol{R}_2-\boldsymbol{R}_1)^{\mathrm{T}}(\boldsymbol{R}_2-\boldsymbol{R}_1)}\right)^{\frac{1}{m-1}}}\\ \boldsymbol{u}_{21}=\dfrac{\left(\dfrac{1}{(\boldsymbol{R}_2-\boldsymbol{R}_1)^{\mathrm{T}}(\boldsymbol{R}_2-\boldsymbol{R}_1)}\right)^{\frac{1}{m-1}}}{\left(\dfrac{1}{\boldsymbol{\varDelta}_2^{\mathrm{T}}\boldsymbol{\varDelta}_2}\right)^{\frac{1}{m-1}}+\left(\dfrac{1}{(\boldsymbol{R}_1-\boldsymbol{R}_2)^{\mathrm{T}}(\boldsymbol{R}_1-\boldsymbol{R}_2)}\right)^{\frac{1}{m-1}}}\\ \boldsymbol{u}_{22}=\dfrac{\left(\dfrac{1}{\boldsymbol{\varDelta}_2^{\mathrm{T}}\boldsymbol{\varDelta}_2}\right)^{\frac{1}{m-1}}}{\left(\dfrac{1}{\boldsymbol{\varDelta}_2^{\mathrm{T}}\boldsymbol{\varDelta}_2}\right)^{\frac{1}{m-1}}+\left(\dfrac{1}{(\boldsymbol{R}_2-\boldsymbol{R}_1)^{\mathrm{T}}(\boldsymbol{R}_2-\boldsymbol{R}_1)}\right)^{\frac{1}{m-1}}}\end{cases} \tag{8-24}$$

将其写成矩阵形式，即

$$\boldsymbol{U}=\begin{bmatrix}\boldsymbol{u}_{11} & \boldsymbol{u}_{12}\\ \boldsymbol{u}_{21} & \boldsymbol{u}_{22}\end{bmatrix} \tag{8-25}$$

式中：$\boldsymbol{u}_{ij}$ 表示两个航迹 $\boldsymbol{R}_i$ 和 $\boldsymbol{R}_j$ 之间差值的隶属度，全局关联决策 D_g 通常总是根据最低精度的传感器做出的。若传感器 1 的精度优于传感器 2，于是有

$$D_g=\begin{cases}1,\boldsymbol{u}_{12}>\boldsymbol{u}_{22}\\ 0,\boldsymbol{u}_{12}<\boldsymbol{u}_{22}\end{cases} \tag{8-26}$$

最后，就可将两个传感器航迹之间的相关性定义为

$$\mathrm{CORR}(1,2)=\begin{cases}1,D_g=1,\text{同一航迹}\\ 0,D_g=0,\text{不同航迹}\end{cases} \tag{8-27}$$

根据前面的分析可以看到，将这种方法扩展到多条航迹也是比较容易的。

8.2　多源同类信息关联方法

本节从军事应用出发，以多雷达航迹关联和多 ESM 信号关联为例，说明多信息源同类型信息关联方法。

8.2.1　多雷达航迹关联方法

在雷达情报的综合处理过程中，需要实时处理多个雷达站或雷达情报处理系统的目标航迹数据，由于多个雷达站的监视区域可能会相互重叠覆盖，而覆盖区域中可能同时存在多个目标，因此形成多个雷达站同时对多个目标进行观测的环境，此时，雷达-雷达航迹信息的关联就成为雷达情报综合处理中的一个关键环节。

如何判断来自于不同雷达系统的两条航迹是否代表同一个目标，这就是航迹与航迹关联问题。在多雷达情报处理系统中，航迹关联是把各个雷达送来的雷达航迹的状态与数据库中已有的系统航迹进行配对，以保证配对后的目标状态与系统航迹中的状态源于同一批目标。一条雷达航迹仅仅对应一条系统航迹，且单个雷达的各条航迹均对应于不同的系统航迹。航迹关联算法需要解决多个本地航迹之间的关联，以及与系统航迹之间的关联问题，即各雷达站报来的航迹与已形成的综合航迹进行相关判断的过程，其目的是将各个雷达站观测并上报的对应于同一个目标的多批航迹综合成为一条更为连续、光滑、真实且唯一的航迹，即综合航迹。

从考虑问题的不同基点出发，可以有多种航迹关联方法。以下给出基于多因子相关波门的关联方法。该方法是通过设置各种相关区域（称为“窗口”）来进行的。设两条航迹分别为 A 批和 B 批，A 批目标当前点的坐标为$(x_a，y_a)$ ，航向为 k_a，速度为 v_a，高度为 h_a，类型代码为 j_a，个数为 n_a；B 批目标当前点的坐标为$(x_b，y_b)$，航向为 k_b，速度为 v_b，高度为 h_b，类型代码为 j_b，个数为 n_b。位置、航向、速度、高度相关窗口的半个窗口宽度分别为Δs、Δk、Δv、Δh，如果满足下列条件，则分别表示 A、B 两批目标航迹的位置、航向、速度、高度性质相关，即

$$\sqrt{(x_b - x_a)^2 + (y_b - y_a)^2} \leqslant \Delta s\text{，}\ \ |k_b - k_a| \leqslant \Delta k$$

$$|v_b - v_a| \leqslant \Delta v\text{，}\ \ |h_b - h_a| \leqslant \Delta h$$

$$j_b = j_a\text{，}\ \ n_b = n_a$$

若某批与所有的已综合目标航迹都不相关，则将该批综合为新目标航迹。若该批只与某个已综合目标航迹相关，则可将该批与已综合目标航迹综合为一批目标航迹。

从上述各相关准则的判定条件还可知，相关窗口开得大则容易判为相关，相关窗口开得小则不易判为相关。一般来说，如果雷达测量误差大，录取误差等较大，或对于飞行速度较大的目标，或在发现目标机动时，或目标航迹点间隔长，则都要适当增大窗口。

但是，仅仅由相关配对结果还不能完全达到确定重复批的目的。这是因为常常会遇到一条航迹同时与几条综合航迹相关的情况。那么，到底判定该批与哪一条综合航迹关联呢？下面给出两条航迹配对准则。

准则 1：当一条站批航迹与唯一的一条综合批航迹相关时，该站批即为该综合批的一个重复批。

准则 2：当一条站批航迹同时与几条综合批航迹相关时，应选择相关质量最好的一条综合航迹进行配对，并将该站批与所选出的综合批进行去重复处理。

除了利用相关波门基于多因子进行关联之外，还可利用目标观测信息所提供的多个因素与已综合的目标航迹进行比较，然后给出多个因子（如位置、高度、速度、航向、属性、机型、架数）的比较函数值，进而对各因子的比较函数值进行加权求和以求出综合函数值。最后，在此基础上设定综合函数相关判决准则来判定目标与已综合批是否相关。

8.2.2 多 ESM 信号关联方法

在许多作战环境中需要综合利用多部电子支援设施（Electronic Support Measures，ESM）的电子侦察信息，以提高对敌目标的识别、定位和跟踪精度，进而提高防御作战效能，使系统免受反辐射导弹、隐身目标、超低空高速小目标和综合电子干扰四大方面威胁。在此之前，需对来自多信息源的电子侦察信息进行正确的关联处理。

例如，在舰艇编队作战中，各舰艇装备的电子侦察系统可以对雷达辐射源信号进行识别，传统上对情报分析的信息来源主要依靠单平台侦察设备的一次报告提供，一般存在地域、范围、手段、精度的局限性。如果利用各舰进行互相支援、协同侦察，能够充分发挥舰艇编队的综合作战效能。例如，将各舰艇侦察系统通过数据链组成雷达侦察网，能够拓展编队系统的超视距侦察空域，在敌雷达探测到我舰之前先发现敌舰，以达到实施先敌攻击的目的。

在多平台辐射源协同侦察处理中，侦察设备对信号源的侦收过程中能够获取到信号源辐射的方位和信号字特征参数，所以，当主站要求从站进行协同侦察定位时，从站可以将从本站侦察到的信号辐射源方位以及信号字特征参数发送到主站，此时，主站接收到从站送回的信号辐射源方位以及信号字特征参数后，可以将两站侦察到的信号进行关联分析。

在雷达型号识别中，利用多平台侦察到的雷达辐射源信息进行综合识别前，也必须首先进行多辐射源信号关联，即进行 ESM 和 ESM 的数据关联。ESM 传感器都有自己的信息处理系统，并且各系统中都收集了大量的雷达辐射源的特征信息。在多平台协同侦察过程中，假如其中一平台对某个辐射源感兴趣，将该辐射源的特征参数通过战术数据链发送给友舰，那么，友舰收到主舰的请求信息以后，是如何在自己侦察的雷达目标中，选出主舰感兴趣的雷达辐射源呢？这就是 ESM 和 ESM 之间的参数关联问题。

由于电子侦察探测属于被动探测方式，侦察到的信号比较弱，再加上各部雷达侦察设备自身探测精度、低空杂波以及电子干扰等环境因素的影响，数据不完整、不精确、不可靠，甚至相互矛盾。在数据关联处理时，用这些数据作一次简单的数据关联，如果数据关联正确，数据来自同一辐射源，则可以计算该目标的真实位置，如果相关错误，最后定位的结果肯定就是错误的，这样会导致定位结果中包含大量的虚假目标点迹。随着被动站和目标个数的增加，虚假定位点将急剧增多，正确关联的难度随之增大。因此，无论哪种定位处理方法，在定位处理前，为了减少计算量和降低误差必须要进行准确地数据关联，数据关联结果的好坏直接影响到定位的结果。

目前，人们已研究出多种解决该问题的方法，如极大似然算法和拉格朗日松弛算法、K-均值聚类算法等。其中，极大似然算法和拉格朗日松弛算法是从测量域来考虑相关的，要求普遍试探、比较每种分割的总效果，故其正确相关率较高，但在传感器和目标数目较多的情况下计算量较大，不适于实时处理；K−均值算法具有简单且收敛速度较快的特点，但 K−均值聚类对于样本边界是纯属不可分以及类分布为非高斯分布或非椭圆分布的情形，聚类常会出现失效错分的情况。

以下给出一种基于多特征信息的 ESM-ESM 信号灰色关联度关联方法，这种方法综合利用被动探测设备对辐射源所测得的角度信息，以及辐射源信号特征参数，如信号的射频、载频捷变量、脉冲重复间隔、重频抖动量、重频参差、脉冲宽度、脉冲幅度、脉冲周期等。综合利用信号辐射源方位以及信号特征参数进行关联分析，可以将来自同一信号源的信息相关联，从而使类内相似性尽量大、类间相似性尽量小。

设 ESM 侦察设备在某个时间段内对 m 个辐射源进行探测，产生 m 个时间序列 $X_i, i=1,2,\cdots,m$，每个辐射源选取 s 维特征参数，如载频、载频捷变量、重频、重频抖动量、脉宽、脉宽捷变量、脉幅等。对两条辐射源的特征序列进行关联，求取关联度。求关联度的方法很多，以下给出一种灰色绝对关联度。

根据灰色系统理论的关联度定义和性质，灰色绝对关联度的基本思想是根据曲线间相似程度来判断因素间的关联程度，它对样本量的多少没有特殊要求，分析时也不需要典型的分布规律，因而，具有十分广泛的工程应用价值。然而，在某些实际工程应用中，有时仅考虑曲线间的相似性是远远不够的，还应考虑曲线间的接近程度。例如，在多雷达组成的跟踪系统中，各部雷达因受自身探测精度、低空杂波和电子干扰等因素的影响，常使个别雷达探测的数据在某时刻点上产生野值。如果此时仅用相似性作为评选准则，势必会将个别偏差很大的野值数据送入融合中心处理而造成整个系统跟踪精度的下降。为此，这里对绝对关联度的定义及性质加以改进，进一步增强其工程应用。

设 $X_0=(x_0(1),x_0(2),\cdots,x_0(n))$ 为参考时间序列，$X_i=(x_i(1),x_i(2),\cdots,x_i(n))$ 为与之比较的时间序列，$i=1,2,\cdots,m$，则 X_0 与 X_i 的灰色绝对关联度定义为

$$\varepsilon_{0i}=\frac{1+|s_0|+|s_1|}{1+|s_0|+|s_i|+|s_i-s_0|-\sigma_{s_{oi}}^2} \tag{8-28}$$

其中

$$|s_0|=|\sum_{k=2}^{n-1}x_0'(k)+\frac{1}{2}x_0'(0)|,|s_i-s_0|=|\sum_{k=2}^{n-1}(x_i'(k)-x_0'(k))+\frac{1}{2}(x_i'(n)-x_0'(n))|$$

$$|s_i|=|\sum_{k=2}^{n-1}x_i'(k)+\frac{1}{2}x_i'(n)|,\quad \sigma_{s_{0i}}^2=\sum_{k=1}^{n-1}(x_i(k)-x_0(k))/n$$

式中：$x_i'(k)=x_i(k)-x_i(1), i=0,1,2,\cdots,m; k=2,3,\cdots,n$ 称为始点零化像。

该灰色绝对关联度 ε_{0i} 具有如下性质。

（1）$0<\varepsilon_{0i}\leqslant 1$。

（2）ε_{0i} 不仅与 X_0 和 X_i 的几何形状有关，而且还与 X_0 和 X_i 的接近程度有关。

（3）X_0 和 X_i 几何上相似程度和接近程度越大，ε_{0i} 越大。

事实上，由 $\sigma_{s_{0i}}$ 的定义式可知，$\sigma_{s_{0i}}$ 反映了序列曲线 X_i 在时间点上偏离 X_0 的程度，且 $\sigma_{s_{0i}}\geqslant 0$。

灰色关联算法的步骤如下。

（1）在样本空间中任意选择一个样本作为参考时间序列 $X_0=(x_0(1),x_0(2),\cdots,x_0(n))$。

（2）将样本空间中其他样本作为与之比较的时间序列 $X_i=(x_i(1),x_i(2),\cdots,x_i(n))$，$i=1,2,\cdots,m$。

（3）利用上述式子计算灰色关联度 ε_{0i}，取 ε_{0i} 最大值所对应的信号，为与信号特征的参考序列匹配相关。

（4）重复步骤（1）、（2）、（3），将其他未匹配过的样本进行计算，直至所有样本计算完毕。

例 8.1 设敌方共有 10 部雷达，其中两部的特征参数值相同，我方为海面上的两个 ESM 观测站 B 和 C。由于实际战场环境的复杂，ESM 设备探测到的雷达特征参数带有一定量的噪声，探测值=真值＋探测精度×量测噪声。对于 ESM 探测设备，不同的波段，其探测精度不同，各波段的探测精度如表 8.1 所列。量测噪声假定为高斯白噪声。

表 8.1 ESM 设备探测精度

特征参数	精　度
射频/MHz	3.5～10
重复间隔/μs	1～8
脉宽/μs	0.01～0.06
脉幅/dB	1～7
方位/（°）	1.5～5

假设 t 时刻，我方 B、C 观测站 ESM 设备探测的雷达特征参数如表 8.2、表 8.3 所列。以 B 观测站探测的每一雷达的特征参数作为参考序列，与 C 观测站探测的雷达特征参数求灰色绝对关联度，结果如表 8.4 所列。

表 8.2　*t* 时刻 B 观测站探测的雷达特征参数（方位以正北方向为参考）

批号	射频一/MHz	射频二/MHz	射频类型	捷变量/MHz	重频周期/μs	重频类型	抖动量/%	脉宽/μs	脉宽类型	脉幅/dB	方位/(°)	到达时间/μs
2000	10198	0	固定	0	2400	普通	15	120.01	抖动	36	104.4	498
2001	12998	10504	分集	0	1500	普通	0	99.97	固定	29	105.0	497
2002	1333	0	捷变	343	3606	普通	0	300.01	固定	25	104.7	496
2003	10863	0	固定	0	2400	普通	0	125.00	固定	25	126.2	506
2004	1373	0	固定	0	3358	普通	0	424.98	固定	50	126.3	504
2004	932	0	固定	0	5001	普通	0	354.99	固定	34	127.8	503
2006	11197	0	固定	0	2002	普通	0	12.02	固定	38	148.9	533
2007	1342	0	捷变	340	3602	普通	0	299.98	固定	28	149.0	535
2008	1004	0	捷变	261	4492	普通	19	200.00	抖动	15	172.3	499
2009	884	0	固定	0	7021	普通	0	125.01	固定	20	173.2	495

表 8.3　*t* 时刻 C 观测站探测的雷达特征参数（方位以正北方向为参考）

批号	射频一/MHz	射频二/MHz	射频类型	捷变量/MHz	重频周期/μs	重频类型	抖动量/%	脉宽/μs	脉宽类型	脉幅/dB	方位/(°)	到达时间/μs
3000	10196	0	固定	0	2402	普通	22	120.00	抖动	38	94.6	559
3001	12997	10498	分集	0	1504	普通	0	100.02	固定	34	97.7	555
3002	1341	0	捷变	347	3605	普通	0	300.00	固定	24	97.0	552
3003	10872	0	固定	0	2406	普通	0	125.00	固定	24	115.1	526
3004	1357	0	固定	0	3365	普通	0	425.01	固定	50	117.2	528
3004	929	0	固定	0	4995	普通	0	355.00	固定	34	116.8	526
3006	11189	0	固定	0	2001	普通	0	12.00	固定	43	137.0	516
3007	1338	0	捷变	345	3606	普通	0	300.02	固定	24	136.5	514
3008	1011	0	捷变	255	4496	普通	12	200.01	抖动	14	164.5	444
3009	881	0	固定	0	7018	普通	0	125.01	固定	24	163.5	441

表 8.4　*t* 时刻的灰色绝对关联度

	2000	2001	2002	2003	2004	2005	2006	2007	2008	2009
3000	0.999791	0.812629	0.627682	0.992751	0.645677	0.565936	0.970736	0.627709	0.580945	0.541450
3001	0.812575	0.999880	0.702783	0.808163	0.731334	0.604571	0.794363	0.702827	0.628443	0.565629
3002	0.627352	0.702393	0.998946	0.625504	0.938028	0.763432	0.619718	0.998842	0.821225	0.669232
3003	0.992871	0.808033	0.625751	0.999913	0.643483	0.564904	0.977750	0.625778	0.579694	0.540773
3004	0.645681	0.731491	0.938745	0.643575	0.999764	0.730706	0.636983	0.938839	0.781241	0.648171
3005	0.566990	0.606314	0.767052	0.565984	0.734482	0.992203	0.562833	0.766998	0.916855	0.817061
3006	0.971254	0.794492	0.620061	0.977992	0.637014	0.561857	0.999659	0.620086	0.576006	0.538775
3007	0.627689	0.702926	0.999747	0.625836	0.939179	0.762749	0.620035	0.999851	0.820388	0.668795
3008	0.580960	0.628556	0.820732	0.579760	0.781536	0.910113	0.576001	0.820666	0.999717	0.764030
3009	0.541029	0.565005	0.667323	0.540386	0.646879	0.819154	0.538368	0.667290	0.761777	0.995448

由于在实际的作战环境中，不同的平台上可能会装有同一部雷达，并以同一种工作模式工作，这时，仅依靠求绝对关联度的方法，可能会出现误关联，对协同定位和综合目标识别造成一定的影响，所以需要结合其他方法来解决上述问题。

例如，从表 8.4 中可以看出，批号为 2002 的雷达与批号为 3007 的雷达的绝对关联度大于批号为 2002 的雷达与批号为 3002 的雷达的绝对关联度，若仅以关联度作为关联标准，将出现误关联（理论上应该是批号为 2002 的雷达与批号为 3002 的雷达关联）。

8.3 多元异类信息关联方法

本节从军事应用出发，以雷达-ESM 航迹关联和技侦情报与雷达航迹关联为例，说明多元异类信息关联方法。

8.3.1 雷达-ESM 关联的统计分析法

雷达与 ESM 传感器信息的数据融合问题是现代综合电子战、空中预警指挥控制系统等军事信息系统中的重要部分。通过雷达与 ESM 的数据融合，一方面，可以充分利用雷达与 ESM 关于目标的位置和属性信息，实现对目标的更精确识别；另一方面，由于 ESM 是一类无源传感器，可以在雷达受敌方干扰无法正常工作时，为雷达实施引导，提高系统的生存能力。

电子侦察情报与雷达目标航迹的关联主要是将 ESM 探测到的雷达属性信息和通信侦察设备属性信息（即辐射源信息）关联到具体航迹平台上，使得航迹平台信息更加丰富，更有助于对目标的识别。ESM 上报的数据主要有两类：雷达侦察设备上报的数据和通信侦察设备上报的数据。ESM 情报主要由两个部分构成：方位角和属性参数集。雷达侦察设备上报数据的属性参数根据雷达体制不同稍有差异，主要有重频、载频、脉宽等属性参数；通信侦察设备上报的属性参数主要有中心频率、调制度、变频方式、调制方式四种。

ESM 测向/雷达航迹关联定位是 20 世纪 80 年代初出现的一种有源/无源协同定位技术方法。一般来说，利用无源侦察测向信息同雷达航迹相关联来实现定位，被认为是不可靠的，这是因为无源侦察波束一般较宽，确定的是个空间扇区，精度很差，模糊性较大。然而，美国海军研究实验室的科学家们利用统计分析方法初步解决了这一难题。以下给出该方法的原理。

设有多部雷达、无源侦察设备在警戒区内对多个目标进行跟踪监视，覆盖区域可以相互重叠。设雷达网探测到 m 条目标航迹，每条雷达航迹可能由若干部雷达探测得到；ESM 设备也按时序 t_i（i=1，2，…，n）对辐射源目标进行测向，获得 n 个 ESM 角度测量数据，构成一条 ESM 航迹 $\theta_e(t_i)$（i=1，2，…，n）。目前的问题是：需要判断这条 ESM 航迹是否与已知雷达航迹相关联？与其中哪一条航迹相关联？

由于一个雷达航迹只能对应一个目标，一个 ESM 航迹对应一个辐射源，但一个目标可能载有多个辐射源，因而，一个雷达航迹可以和多个 ESM 航迹关联，而一个 ESM 航迹至多与一个雷达航迹关联。因此，ESM 航迹与雷达航迹关联问题可以转化为如下（m+1）

多元假设检验问题。

H_0：ESM 航迹与任何已知航迹均不关联。

H_1：ESM 航迹与第 1 条雷达航迹相关联。

H_2：ESM 航迹与第 2 条雷达航迹相关联。

……

H_m：ESM 航迹与第 m 条雷达航迹相关联。

根据贝叶斯检验准则，目的是使假设检验误差最小，这等于选择能使后验概率达到最大的假设。如果 ESM 测量误差具有独立性，且服从零均值恒定方差 σ^2 的高斯分布，而且假定各假设的先验概率相等，贝叶斯检验准则就可简化为下列统计检验量，即

$$d_j = \sum_{i-1}^{n}\left[\theta_e(t_i) - \theta_j(t_i)\right]^2 / \sigma^2 (j = 1,2,\cdots,m) \tag{8-29}$$

式中：$\theta_e(t_i)$ 是在 t_i 观测时刻由 ESM 测得的目标方位，i=1，2，…，n；$\theta_j(t_i)$ 是第 j 个目标在 t_i 观测时刻的真实方位。选择能使其中 d_j 达到最小的第 j 条雷达航迹作为与 ESM 测量数据组 $\theta_e(t_i)$（i=1，2，…，n）相关联的雷达航迹。

在此过程中可能存在两个问题：一是通常情况下事先并不知道目标的真实方位，这时，可用其有效估计值 $\hat{\theta}_j(t_i)$ 来代替 $\theta_j(t_i)$，该估计值可以利用各种状态估计算法（如卡尔曼滤波算法）求得；二是 ESM 观测时间可能与雷达观测时间不同，需要进行时序上的配准，可以采用第 7 章给出的时间配准方法，如使雷达航迹外推至 ESM 的观测时间、使 ESM 航迹外推至雷达观测时间、两者同时外推至共同时间。相比之下，以第一种选择更好，因为一般雷达观测精度远比无源测向精度高，以雷达观测为准外推雷达航迹，不会导致太大的估计偏差。

以上是一种最基本的 ESM 观测/雷达航迹关联方案，但是大多数实战状况比这要复杂得多。例如，假设我们在一段较长的时间内（如若干秒）观测得到一批 ESM 观测数据，由于数据量较多，为了便于处理，可依据某种方式使所有观测数据初步聚类分集，使每一个数据集各与某一条雷达航迹 j 初步挂钩。

为了估算 d_j，可以使用其中可能来自某一雷达航迹 j 的、数据量最大的 ESM 观测数据集进行分析，结果为

$$d'_j = \sum_{i=1}^{n_j}\left[\theta_e(t_i) - \theta_j(t_i)\right]^2 / \sigma^2 (j = 1,2,\cdots,m) \tag{8-30}$$

这样做可以最大限度地利用有限测量数据。然而，与此同时可能出现以下问题。

(1) 每一个雷达航迹 j 分别与一个目标相对应，每一个目标可能携带多个辐射源，每个辐射源可能产生一组 ESM 观测数据，然而，各个目标上的辐射源数量可能不同，因而，与每一目标 j 有关的 ESM 观测数据量 n_j 可能互不相同。

(2) 在 ESM 观测时间，有的辐射源可能正处于静默状态，无法获得 ESM 观测数据。

(3) 这批 ESM 观测数据中的一部分可能只被划归与某一雷达航迹相关，处理时只被利用一次，而另一些在密集目标环境中可能同时被划归与多个雷达航迹有关，处理中被重复利用多次。

因此，在这种复杂实战环境下，上式不便直接运用。为了解决这一困难，楚克和威尔逊把d'_j看作一个随机变量，并借助贝叶斯策略，在假定 ESM 信号来自雷达航迹j的条件下，将d'_j转换成能够使观测方差最小的累积概率。由于 ESM 观测遵从高斯分布，d'_j则遵从自由度为n_j的χ^2分布。因而，所希望的后验概率被给定为

$$P_j = P_x\{Z \geqslant d_j\}(j=1,2,\cdots,m) \tag{8-31}$$

式中：$Z \sim \chi^2(n_j)$。

这时，ESM 观测/雷达航迹关联判决准则就是最大后验概率准则，即选择能使P_j达到最大（$P_{j\max}$）的雷达航迹j与这n_j个 ESM 观测数据相关联。

如果对应每一雷达航迹j的 ESM 观测数n_j彼此相等，上述最大后验概率准则也就简化成为最小方差准则。

利用这种累积概率方法，零假设H_0（即“ESM 观测不与任何已知雷达航迹相关”的假设）可以借助纽曼-皮尔逊方法来判断，即依据系统观测噪声状况，选择确定一个虚警门限T_L，简单地使$P_{j\max}$同T_L相比较，如果$P_{j\max} < T_L$，则接受H_0；否则，认定 ESM 测量来自真实目标航迹。

这里用二维典型关联假设（门限）检验如下。

（1）对每个给定的 ESM 数据集合，$\theta_e(t_i)$是在时刻$t_i(i=1,2,\cdots,n)$采集的。每一条雷达航迹都已进行过平滑处理，并且雷达角度$\theta_e(t_i), j=1,2,\cdots,m$是在相同的时刻$t_i(i=1,2,\cdots,n)$上估计出来的。

（2）对雷达和 ESM 角度测量（在相同的时间点上）计算其一维（只有角度）广义距离度量为

$$d_j = \sum_{i=1}^{n}\left[\theta_e(t_i) - \theta_j(t_i)\right]^2 / \sigma^2(j=1,2,\cdots,m) \tag{8-32}$$

（3）由于角度测量误差假设是高斯的，所以这些距离度量的分布是 Chi 方分布。这就可以基于一个后验概率来形成判定规则。对于每个可能的雷达航迹使用 Chi 方分布（具有自由度n_j）计算一个 ESM 航迹的关联概率，以便使用假设检验方法。该概率由式$P_j = P_r[Z \geqslant d_j]$给出，式中，$Z$为$\chi^2(n_j)$。

（4）对这些关联概率排序，并将判定门限比检验应用于最大概率（$P_{\max}$）和次最大概率（P_{next}）值来进行这个分配工作。基于 Neyman-Pearsion 准则的一个较低门限确定这样一个值，低于该值的 ESM 信号被确定为不能分配给任何雷达航迹。

在现代战争复杂战场环境条件下，目标密集，状态变化神速，ESM 航迹、雷达航迹都在不断起始、更新或消失。单靠上述最大后验概率准则很难满足实战需要。例如，在只做单次 ESM 测量时，任何判决的不确定性都会很大。又如，当目标异常密集、雷达航迹间距离可以用测量误差σ（r.m.s）计量的情况下，最大后验概率准则可以判断 ESM 测量是否与雷达航迹相关联（即判定H_0或H_j），但不能准确判断与哪一条雷达航迹正确关联。为了解决这些难题，楚克、威尔逊等进一步提出了五种决策类型的判决处理方案。其具体办法是：在计算$P_j(j=1,2,\cdots,m)$后，从中选出最大的$P_{\max}$和次大的P_{next}，设定高、中、低三个判决门限T_H、T_M、T_L和一个概率间隔 R，利用它们选择判定下列五种可能

的判决类型之一。

（1）完全相关。ESM 信号与具有最大后验概率 P_j（即 P_{max}）的雷达航迹 j 正确关联。

（2）可能相关。ESM 信号可能与具有最大后验概率 P_j（即 P_{max}）的雷达航迹 j 正确关联。

（3）似然相关。ESM 信号可能与某一条雷达航迹相关，但不能准确判定与哪一条雷达航迹相关联。

（4）似乎不相关。ESM 信号似乎不与任何雷达航迹相关联。

（5）完全不相关。ESM 信号不与任何雷达航迹相关联。

相应的判决准则如下。

（1）如果 $P_{max} \geqslant T_H$，且 $P_{max} \geqslant P_{next} + R$，则 ESM 信号与具有最大 P_j（即 P_{max}）的第 j 条雷达航迹完全正确关联。

（2）如果 $P_H > P_{max} \geqslant T_M$，且 $P_{max} \geqslant P_{next} + R$，则 ESM 信号可能与具有最大概率 P_j（即 P_{max}）的第 j 条雷达航迹相关联。

（3）如果 $P_{max} \geqslant T_M$，但 $P_{max} < P_{next} + R$，则 ESM 信号可能与某一雷达航迹相关联。

（4）如果 $T_M > P_{max} \geqslant T_L$，则 ESM 信号可能不与任一雷达航迹相关联。

（5）如果 $P_{max} \leqslant T_L$，则 ESM 信号不与任何雷达航迹相关联。

利用这种方法实现 ESM 测量/雷达航迹关联判决的关键是，恰当设置判决常数 T_H、T_M、T_L 和 R。T_L 为纽曼−皮尔逊准则的虚警判决门限；高门限 T_H 可设置为虚假关联概率 P_{fa}，即当 ESM 信号不属于某雷达航迹而被判断为与该雷达航迹相关联的概率。注意：此处的虚假关联概率与纽曼−皮尔逊准则涉及的虚警概率不相同。前者是 ESM 信号确实来自真实目标，只因目标航迹过分密集而被错误判断所属雷达航迹；后者则是在真实目标客观不存在的情况下，由于噪声干扰所致虚假判断。显然，虚假关联概率 P_{fa} 或高门限 T_H 既与真实 ESM 方位和雷达航迹间的方位差有关（或者说，与 ESM 航迹同雷达航迹间距有关），又与雷达航迹的间距有关。如果 μ 代表这种间距，则 T_H 是 μ 的函数。

上述方法也适用于雷达与无源红外角度信息关联，例如，红外搜索和跟踪传感器（IRST）作为一种被动式探测装备，本身不辐射任何能量，而是利用目标的红外特性实现搜索和跟踪。红外搜索和跟踪传感器具有目标依赖性小、隐蔽性好、探测距离远等特点，使其具备一定的能力和优势，在雷达盲区、雷达被干扰时可辅助雷达工作，实现对低空、超低空飞行的威胁目标（导弹、飞机）的搜索和跟踪。

8.3.2 雷达-ESM 关联的综合评判法

以上给出的方法只利用了辐射源方位角与目标航迹方位角之间的关系来分析其关联性。有些雷达航迹携带有历史辐射源信息，而历史辐射源信息提供了属性信息，因此，下面给出一种基于方位角与属性参数综合评判的关联算法，该方法通过计算航迹上携带的历史辐射源属性信息与雷达侦察设备上报的辐射源属性参数的综合相似度来进行电子侦察情报与雷达目标航迹关联，这样，使得侦察设备上报的辐射源属性信息在关联过程中加以利用，有效地提高了关联率，该算法简称为一次关联。

一、方位角关联算法

该算法主要通过辐射源方位角与目标航迹方位角之间的关系，确定辐射源方位角内的目标航迹。将所有雷达侦察设备上报的辐射源数据放入集合 A 中，则有

$$\begin{cases} A = \{\theta_i \mid i \in (1,m)\} \\ \theta_i = \{(T_{ij}, a_i)\} \mid j \in (1,n)\} \end{cases} \tag{8-33}$$

式中：θ_i 为第 i 个辐射源单元；m 为辐射源单元数；T_{ij} 为第 i 个辐射源单元的属性参数集；n 为其维数；a_i 为电子侦察设备观测到第 i 个辐射源的方位角。

将所有的目标航迹外推或内插至第 i 个辐射源单元观测时间 t，得到 t 时刻航迹点的位置 (X_{kt}, Y_{kt}, Z_{kt})，再将这些位置信息转换到辐射源单元的坐标系下，求其相对于侦察站的相对坐标 (X_{kt}, Y_{kt}, Z_{kt})，同时利用下式求其方位角，即

$$\beta_{kt} = \arctan(y_{kt} / x_{kt}) \ \ (k \in (1, p)) \tag{8-34}$$

式中：k 为航迹号；p 为航迹总数。根据最近邻法，将（$\alpha_i - \beta_{kt}$）绝对值小于某一确定阈值的航迹放入试关联航迹集 L 中，依此类推，将集合 A 中辐射源单元依次遍历，则集合中辐射源单元可找到其试关联航迹集 L。这样，辐射源单元与集合 L 中的目标航迹关联，使得关联目标航迹数大大减小。

例 8.2 有两个辐射源数据 $\theta_1(T_{1j}, \alpha_1)$ 和 $\theta_1(T_{2j}, \alpha_2)$，其中目标航迹数有 10 个，分别为航迹 1、航迹 2、航迹 3、…、航迹 9 和航迹 10，假设根据方位角关联算法得到试关联航迹集 L 如表 8.5 所列。

根据表 8.5 可知，对 $\theta_1(T_{1j}, \alpha_1)$ 而言，其试关联航迹集 L 中包含三条航迹：航迹 1、航迹 2 和航迹 4；对 $\theta_1(T_{2j}, \alpha_2)$ 而言，其试关联航迹集 L 中也包含三条航迹：航迹 3、航迹 4 和航迹 5。集合 L 中不止一条目标航迹，因此，就不能简单地判断将辐射源数据关联到哪条航迹上。

表 8.5　目标航迹方位角与辐射源方位角关系

电子侦察数据	试关联航迹集 L				
$\theta_1(T_{1j}, \alpha_1)$	航迹 1	航迹 2		航迹 4	
$\theta_1(T_{2j}, \alpha_2)$			航迹 3	航迹 4	航迹 5

二、属性关联算法

根据方位角关联算法对目标航迹进行缩减后，有可能出现两种情况：第一种，集合 L 中仅有一条航迹，这样将辐射源数据与该航迹关联；第二种，集合 L 中不止一条航迹，即存在两条或两条以上目标航迹，这样方位角关联算法不能直接处理，可通过属性关联算法进行关联：通过计算集合 L 中目标航迹携带的历史辐射源属性信息与电子侦察设备上报的辐射源属性信息的综合相似度，找出最大的属性相似度，如果其大于某一确定阈值，则将该辐射源数据与此航迹关联，否则，将不能直接处理，需进行二次关联。

属性参数可能是离散的，也可能是连续的，所以规定：如果属性参数是离散的，同时，辐射源数据的属性参数与试关联航迹集中目标航迹的对应属性参数数值相同，则属性相似度为 1，否则为 0；如果属性参数是连续的，则根据下式计算属性相似度，即

$$\text{sim}(k_a) = 1 - \frac{|R_1 \cdot a - R_2 \cdot b|}{R_1 \cdot a - R_2 \cdot b} \times 2 \tag{8-35}$$

式中：R_1、R_2 均为连续的属性参数集，R_1 为辐射源单元的属性参数集，R_2 为试关联航迹集 L 中目标航迹携带历史辐射源数据的属性参数集；a 为 R_1 中一属性参数；b 为 R_2 中对应的属性参数。

将属性参数集中所有属性参数的综合相似度均值，作为属性综合相似度。属性综合相似度根据下式计算，即

$$\mathrm{sim}(k)=\frac{\mathrm{sim}(k_{\mathrm{rf}})+\mathrm{sim}(k_{\mathrm{prf}})+\cdots+\mathrm{sim}(k_{\mathrm{pw}})}{m}\quad (k\in(1,p)) \tag{8-36}$$

式中：rf、prf、pw 分别为属性参数集中一参数，根据式（8-36），求出集合 L 中所有目标航迹携带的历史辐射源属性参数集与辐射源单元属性参数集的属性综合相似度，可用下式求最大的属性综合相似度，即

$$\mathrm{sim}(l)=\max_{k\in(1,p)}(\mathrm{sim}(k)) \tag{8-37}$$

如果 $\mathrm{sim}(l)$ 大于某一确定阈值，则将该辐射源单元与航迹 l 关联；否则，属性关联算法不能直接进行处理，需进一步进行判断。

8.3.3 技侦情报与雷达目标航迹关联

不同侦察站能提供不同的情报，不同的情报具有各自的特点，因此，采用的关联算法也有所不同。技侦情报具有时延大、间隔长、随机性和非周期性等特点，能够利用的信息量较少。这里主要利用技侦数据的位置信息，采用最近邻法对技侦情报与雷达航迹进行关联。

假设表 8.6 给出了一种技侦情报的完整格式。

（1）情报类型：分空情和海情两种。

（2）情报上报时间：年、月、日、时、分。

（3）国家或地区：目标所属国家或地区，如台湾地区、美国、日本等。

（4）军种：空军和海军两种。

（5）隶属单位：目标所属部队番号，如日军横须贺第二护卫队群、美国陆军第 5 兵团等。

（6）类别：飞机、舰船、导弹、坦克等。

（7）机型或舰型：如日军的“春雨”舰、F16、IDF、“幻影”2000-5、F104 等。

（8）机号或舰号：如日军的“春雨”舰，编号是 DD-102；台湾地区的 F5E/F“虎”式战斗机、基隆号 1801 驱逐舰等。

（9）目标属性：敌我属性。

（10）起点：起飞机场、起锚码头。

（11）起点时间：飞机起飞或舰船起锚时间：年、月、日、时、分、秒。

（12）任务：海峡警戒巡逻、侦巡、北警、运补和护航等。

（13）活动区域：西部沿海、南部近海、台湾海峡等。

（14）航迹：发现目标时间（年、月、日、时、分、秒）、经纬度坐标、航向等。

以上是较完整的技侦情报，由于技侦情报自身特点，得到技侦情报比较困难。通常，上报的技侦情报数据都不完整，这给技侦情报与航迹关联产生了较大的影响。因此，技

侦情报与航迹的关联算法能够利用的信息量很少。

表 8.6　技术侦察情报格式

情报类型	情报上报时间	国家或地区	军种	隶属单位	类别	机型或舰型	机号或舰号	目标属性	起点	起点时间	任务	活动区域	航迹					
													发现目标时间	目标经度坐标	目标纬度坐标	目标航向	目标航速	目标高度

技侦情报与雷达航迹的关联算法主要利用技侦情报上报目标的位置信息进行关联。首先，将所有雷达航迹内插或外推至技侦情报发现目标时间 t，得到 t 时刻各航迹的位置信息 (x_{kt}, y_{kt}, z_{kt})， $k \in (1, p)$，其中 k 为航迹号，P 为航迹总数。

1. 技侦情报上报的位置信息处理

技侦情报上报的精确位置信息为经纬度坐标，设 (L_{it}, R_{it}) 为第 i 条技侦情报 t 时刻目标的经纬度坐标。由于航迹点的坐标为直角坐标，所以首先要进行坐标对准。

（1）坐标对准。将技侦情报 t 时刻上报的经纬度坐标位置 (L_{it}, R_{it}) 转换为直角坐标位置为 (x_{it}, y_{it}) 。

（2）最近邻法。将各航迹内插外推至 t 时刻，得到各航迹点位置 (x_{kt}, y_{kt}, z_{kt})，并与 t 时刻技侦情报的位置坐标按以下距离公式计算，求出。

$$\mathrm{dis}(k) = (x_{it} - X_{kt})^2 + (y_{it} - Y_{kt})^2 \quad (k \in (1, p))$$

找出最小的 dis(k)，即 $\mathrm{dis}(l) = \min\limits_{k\in(1,p)} (\mathrm{dis}(k))$，则 l 为最优航迹，将技侦情报与航迹 l 关联。

2. 技侦情报上报的方位角信息处理

设 α_{it} 为第 i 条技侦情报在 t 时刻上报目标的方位角，处理过程如下。

（1）坐标转换。将各航迹内插或外推至 t 时刻，将 t 时刻各航迹点位置 (x_{kt}, y_{kt}, z_{kt}) 按下式转换成方位角，即

$$\beta_{kt} = \arctan(y_{kt} / x_{kt}) \quad (k \in (1, p))$$

式中：k 为航迹号；p 为航迹总数。

（2）最近邻法。将 t 时刻所有航迹的方位角与 t 时刻技侦情报上报的方位角按下式求绝对差，即

$$e_k = |\alpha_{kt} - \beta_{kt}| \quad (k = 1, 2, \cdots, p)$$

找出其中最小的 e_k，即 $e_l = \min\limits_{k\in(1,p)} e_k$，则航迹 l 为最优关联航迹，将 t 时刻技侦情报与航迹 l 进行关联。

技侦情报在关联过程中仅用到精确的位置信息或方位角信息，使得关联的准确率不高。由于技侦情报上报的不完整性，关联时，可利用的信息较少。当仅利用方位信息进行关联时，若上报情报缺少方位信息项，则可能出现无法关联的情况，这将使得技侦情报本身所具有的准确性和可靠性等特点没有被利用，不能为识别目标提供更加准确的参考。因此，技侦情报的关联需要进一步深入研究。

技侦情报与雷达航迹关联算法利用最近邻法寻找与技侦情报目标位置信息最近的雷达航迹，将技侦情报与该航迹进行关联。技侦情报与雷达航迹关联算法流程如图 8.3 所示。

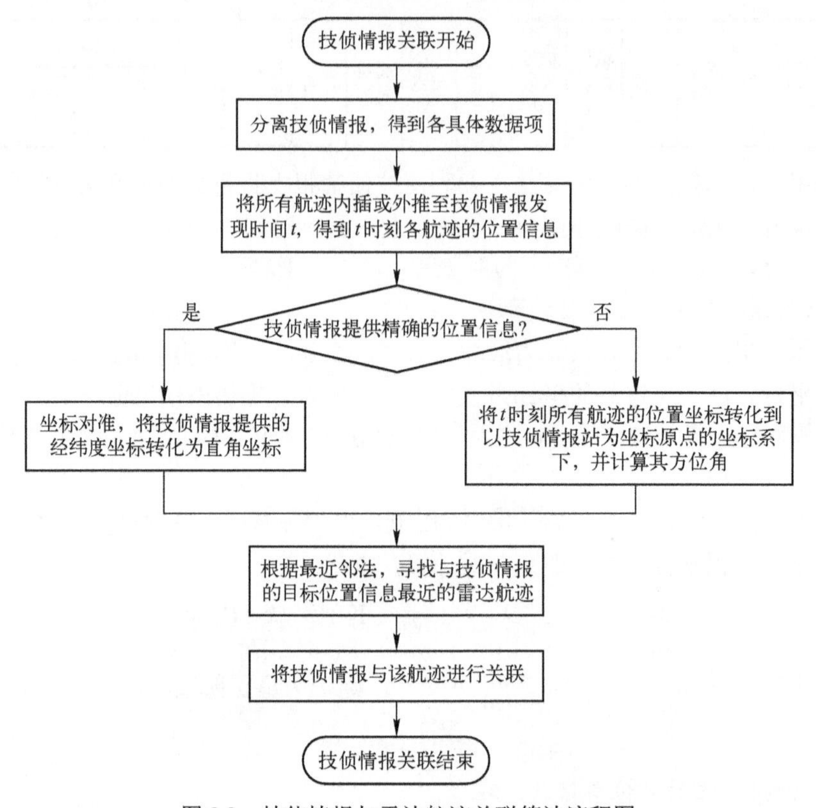

图 8.3　技侦情报与雷达航迹关联算法流程图

习　题

1．战场情报信息关联问题有哪几种类型？

2．简述最近邻数据关联、全局最近邻数据关联、K-均值聚类算法、概率数据关联的基本原理。

3．简述统计数据关联、模糊数据关联的基本原理。

4．设计一种多雷达航迹关联方案，假设两个（含两个）以上雷达探测两个（含两个）目标，各自形成单部雷达跟踪航迹，在此基础上进行航迹关联，为后续航迹综合奠定基础。

5．设计一种多 ESM 信息关联方案，假设两个（含两个）以上 ESM 探测两个（含两个）目标，各自形成单个 ESM 方位和信号特征，在此基础上进行关联，为后续综合奠定基础。

6．设计一种雷达-ESM 航迹关联方案，假设一部雷达和一部 ESM 设备探测两个（含两个）目标，各自形成单部雷达跟踪航迹、ESM 方位和信号特征，在此基础上进行关联，为后续综合奠定基础。

7．设计一种技侦情报与雷达航迹关联算法。

第9章　情报信息综合处理技术

如前所述，对多源情报信息进行关联后，接下来就需要综合各信息源的来自同一个目标的信息。情报信息综合处理的主要任务是利用来自多信息源的情报信息进行目标观测信息、特征信息或决策信息融合，实现目标综合检测、识别、定位和跟踪。本章介绍情报信息综合处理技术，首先概述军事应用中信息综合处理的几种方法，其次介绍基于观测、特征和状态信息的综合处理技术，最后介绍基于决策信息的综合目标识别技术，包括投票表决法、贝叶斯统计理论和D-S证据理论。

9.1　概　　述

情报信息综合处理的主要目的是综合目标定位、综合目标识别和综合目标跟踪，所采用的情报信息综合处理方法可以概括为基于各信息源的观测信息、特征信息、状态信息和决策信息的综合处理方法。

基于观测信息的综合方法一般适用于同类传感器，通过合并来自相同类型传感器（如雷达或红外，但不是二者兼有）的数据来提供复合数据集，然后基于此复合数据集进行后续的目标识别、定位和跟踪任务。在综合来自相同类型传感器的信息时需要基于一个公共的时间和空间基准坐标系，即进行时间和空间配准（见第7章），从而在一个统一的环境中使用传感器数据。基于观测信息的综合方法在使用时有其限制条件，而且综合时较为困难，对通信的带宽要求也高。例如，图像融合是一种常见的基于观测信息的综合方法，从技术上讲，要对来自于不同平台的传感器的多谱图像进行融合是一件困难的事情，因为每种传感器都有各自的光谱和几何目标视图，而且图像的分辨率极有可能不相同。要想从不同传感器通过目标成像融合来产生一幅清晰的图像，需要进行复杂的处理。

基于特征信息的综合方法是首先提取各信息源的情报信息的特征，对各信息源的特征进行综合，然后基于此复合特征集进行后续的目标识别任务。

基于状态信息的综合方法是首先由各信息源提供有关目标跟踪的状态信息，如目标跟踪的位置信息、运动参数等，之后对各信息源的状态进行综合，完成目标跟踪任务。

基于决策信息的综合处理方法是利用来自多部信息源的识别决策信息，在决策级上利用多源信息融合技术对其进行综合，可以适用于同类或异类信息源。

前三种信息综合处理方法可以采用类似的综合技术实现，因此，下面将分两节分别阐述基于观测、特征和状态信息的综合处理方法，以及基于决策信息的综合处理方法。

9.2 观测/特征/状态信息综合技术

本节给出基于观测或特征信息的最小二乘估计综合方法、加权最小二乘估计综合方法，以及基于状态信息的协方差加权综合方法。后两种方法实质是信息加权综合，即在多个信息源对目标已形成观测、提取特征或状态估计的基础上，对各信息源的观测值、特征值、状态估值进行线性组合，得到综合结果，形成综合观测、特征和状态信息，基于此进行目标综合识别和综合航迹处理。

9.2.1 观测/特征综合的线性加权估计法

若第 i 个信息源的输出为 x_i，其权值为 w_i，所有 n 个信息源输出数据的线性加权融合结果为

$$\boldsymbol{y}=\boldsymbol{W}\boldsymbol{X}=[w_1,w_2,\cdots,w_n][x_1,x_2,\cdots,x_n]^{\mathrm{T}} \tag{9-1}$$

式中：$\boldsymbol{W}$ 是权向量；$\boldsymbol{X}$ 是输入向量；$\boldsymbol{y}$ 是输出向量。假设

$$x_i \sim N(\mu_i,\sigma_i^2)$$

可以证明

$$y \sim N(\sum_{i=1}^{n} w_i\mu_i,\sum_{i=1}^{n} w_i^2\sigma_i^2) \tag{9-2}$$

即经过融合后的 $\boldsymbol{y}$ 的期望值为各传感器期望值的加权平均，其融合后的精度为

$$\sigma_y=\sqrt{\sum_{i=1}^{n} w_i^2\sigma_i^2} \tag{9-3}$$

此式的值越小，表明融合后输出的精度越高。

若已知

$$\sum_{i=1}^{n} w_i = 1(w_i \geqslant 0) \tag{9-4}$$

那么，w_i 满足什么条件时，函数

$$F(w_1,w_2,\cdots,w_n)=\sum_{i=1}^{n} w_i^2\sigma_i^2 \tag{9-5}$$

的值最小？此问题为一个约束优化问题，可用拉格朗日乘数法解之，令

$$F=\sum_{i=1}^{n} w_i^2\sigma_i^2+\lambda(\sum_{i=1}^{n} w_i-1) \tag{9-6}$$

则由

$$\begin{cases}\dfrac{\partial F}{\partial w_i}=2w_i\sigma_i^2+\lambda=0\ (i=1,2,\cdots,n)\\[2ex] \dfrac{\partial F}{\partial \lambda}=\sum\limits_{i=1}^{n} w_i-1=0\end{cases} \tag{9-7}$$

解得

$$w_i = -\frac{\lambda}{2\sigma_i^2}, \lambda = -\frac{2}{\sum_{i=1}^{n}\frac{1}{\sigma_i^2}} \tag{9-8}$$

将式（9-8）中的两式合并得

$$w_i = \frac{2}{\sigma_i^2 \sum_{i=1}^{n}\frac{1}{\sigma_i^2}} (i = 1, 2, \cdots, n) \tag{9-9}$$

再将式（9-9）代入式（9-3）得

$$\sigma_y = \sqrt{\sum_{i=1}^{n} w_i^2 \sigma_i^2} = \frac{1}{\sqrt{\sum_{i=1}^{n}\frac{1}{\sigma_i^2}}} \tag{9-10}$$

当 $\sigma_1 = \sigma_2 = \cdots = \sigma_n = \sigma$ 时，式（9-10）变成

$$\sigma_y = \frac{\sigma}{\sqrt{n}} \tag{9-11}$$

这表明，n 个具有相同精度传感器的输出数据在融合后，融合数据的精度会提高到单个传感器的 n 倍。设最小误差为 $\sigma_{\min}$，最大误差为 $\sigma_{\max}$，则有

$$\sigma_y = \frac{1}{\sqrt{\frac{1}{\sigma_{\max}^2} + \frac{1}{\sigma_{\min}^2} + \sum_{i=1}^{n-2}\frac{1}{\sigma_i^2}}} \leqslant \frac{1}{\sqrt{\frac{2}{\sigma_{\max}^2} + \sum_{i=1}^{n-2}\frac{1}{\sigma_i^2}}} \tag{9-12}$$

此式表明，精度再差的传感器参与数据融合后，都有利于提高测量的精度。

9.2.2 观测/特征综合的加权最小二乘估计法

如本书第 5 章所述，最小二乘估计是指为了估计未知量 $\boldsymbol{X}$，对它进行 n 次测量，寻找与各量测值之间的误差平方和达到极小的估计值 $\hat{\boldsymbol{X}}$，则称 $\hat{\boldsymbol{X}}$ 为未知量 $\boldsymbol{X}$ 的最小二乘估计。

假设某时刻 $j(j = 1, 2, \cdots, n)$ 的量测值 $\boldsymbol{Z}(j)$ 与估计值 $\boldsymbol{X}(j)$（或简写为 $\boldsymbol{X}$）之间满足如下关系，即

$$\boldsymbol{Z}(j) = \boldsymbol{h}(j, \boldsymbol{X}) + \boldsymbol{V}(j) \quad (j = 1, 2, \cdots, n) \tag{9-13}$$

式中：$\boldsymbol{V}(j)$ 为量测噪声，假设它是零均值高斯白噪声，满足 $E(\boldsymbol{V}(j)) = 0, E[\boldsymbol{V}(j)\boldsymbol{V}(j)^{\mathrm{T}}] = \sigma^2$，则在第 k 时刻的最小二乘估计 $\hat{\boldsymbol{X}}(k)$ 使得前 k 次量测误差的平方和达到最小，即

$$\hat{\boldsymbol{X}}(k) = \arg\min \sum_{j=1}^{k} [\boldsymbol{Z}(j) - \boldsymbol{h}(j, \boldsymbol{X})]^{\mathrm{T}} [\boldsymbol{Z}(j) - \boldsymbol{h}(j, \boldsymbol{X})] \tag{9-14}$$

式中：arg min 表示使

$$\sum_{j=1}^{k} [\boldsymbol{Z}(j) - \boldsymbol{h}(j, \boldsymbol{X})]^{\mathrm{T}} [\boldsymbol{Z}(j) - \boldsymbol{h}(j, \boldsymbol{X})] \tag{9-15}$$

达到极小值的自变量取值。特别地，当 $\boldsymbol{h}(j,\boldsymbol{X})=\boldsymbol{H}(j)\boldsymbol{X}$ 时，令

$$\begin{aligned}\boldsymbol{J}(k)&=\sum_{j=1}^{k}[\boldsymbol{Z}(j)-\boldsymbol{h}(j,\boldsymbol{X})]^{\mathrm{T}}[\boldsymbol{Z}(j)-\boldsymbol{h}(j,\boldsymbol{X})]\\&=\sum_{j=1}^{k}[\boldsymbol{Z}(j)-\boldsymbol{H}(j)\boldsymbol{X}]^{\mathrm{T}}[\boldsymbol{Z}(j)-\boldsymbol{H}(j)\boldsymbol{X}]\\&=(\boldsymbol{Z}^{k}-\boldsymbol{H}^{k}\boldsymbol{X})^{T}(\boldsymbol{Z}^{k}-\boldsymbol{H}^{k}\boldsymbol{X})\end{aligned}\tag{9-16}$$

其中

$$\boldsymbol{Z}^{k}=\begin{bmatrix}Z(1)\\Z(2)\\\vdots\\Z(k)\end{bmatrix},\boldsymbol{H}^{k}=\begin{bmatrix}H(1)\\H(2)\\\vdots\\H(k)\end{bmatrix}\tag{9-17}$$

由 $\dfrac{\partial \boldsymbol{J}(k)}{\partial \boldsymbol{X}}=0$ 得到 $-2(\boldsymbol{H}^{k})^{\mathrm{T}}(\boldsymbol{Z}^{k}-\boldsymbol{H}^{k}\boldsymbol{X})=0$，得最小二乘最佳估计为

$$\hat{\boldsymbol{X}}(k)=[(\boldsymbol{H}^{k})^{\mathrm{T}}(\boldsymbol{H}^{k})]^{-1}(\boldsymbol{H}^{k})^{\mathrm{T}}\boldsymbol{Z}^{k}\tag{9-18}$$

利用最小二乘估计原理，可以对来自多个信息源的观测信息、特征信息进行融合。在实际应用中，可以根据需要选取用于目标探测和识别的观测向量与特征向量。在利用 n 个信息源对目标进行观测时，由于存在自身探测精度和环境干扰等因素，常使它们所对应的误差不是同分布的，所以采用误差的加权平方和最小，比较符合工程实际。此时，加权融合的最佳估计准则为使如下性能指标

$$\boldsymbol{J}(k)=\sum_{j=1}^{k}[\boldsymbol{Z}(j)-\boldsymbol{H}(j)\boldsymbol{X}(k)]^{\mathrm{T}}\boldsymbol{R}^{-1}(j)[\boldsymbol{Z}(j)-\boldsymbol{H}(j)\boldsymbol{X}(k)]\tag{9-19}$$

达到极小值。令 $\dfrac{\partial \boldsymbol{J}(k)}{\partial \boldsymbol{X}(k)}=0$，解得

$$\hat{\boldsymbol{X}}(k)=[(\boldsymbol{H}^{k})^{\mathrm{T}}(\boldsymbol{R}^{k})^{-1}(\boldsymbol{H}^{k})]^{-1}(\boldsymbol{H}^{k})^{\mathrm{T}}(\boldsymbol{R}^{k})^{-1}\boldsymbol{Z}^{k}\tag{9-20}$$

式中：$\boldsymbol{R}^{k}=\begin{bmatrix}\boldsymbol{R}(1)&&&\\&\boldsymbol{R}(2)&&\\&&\ddots&\\&&&\boldsymbol{R}(k)\end{bmatrix}$ 为权矩阵。

例 9.1 雷达辐射源识别中的特征融合（ESM-ESM 特征参数融合识别）。

在由多部 ESM 探测设备组成的电子探测系统中，各部 ESM 探测设备常因自身的探测精度以及日益复杂的电磁信号环境的影响，使得多部 ESM 探测设备在相同时刻对同一雷达辐射源信号探测的特征参数出现较大的偏差，甚至可能含有野值。因此，合理探寻某种规则，实现对 ESM 探测数据的预处理，提高系统对雷达辐射源的识别精度，一直是众多学者专家关注和研究的焦点。

将多部 ESM 探测设备在各个时刻探测到的含有噪声的雷达辐射源的特征参数构成

一个序列，然后采用融合算法来改善和提高侦察设备对雷达辐射源信号进行协同侦察的特征精度，以提高对雷达辐射源的识别可信度。以下在数据关联的基础上，采用加权最小二乘法对正确关联上的多个侦察设备探测到的雷达辐射源特征向量进行特征级融合。

设有 n 部 ESM 探测设备同时对某雷达辐射源目标进行探测，第 i 部 ESM 探测设备在某时刻 k 对某雷达辐射源特征向量测量的量测方程为

$$\boldsymbol{Z}^i(k)=\boldsymbol{H}_k^i\boldsymbol{X}(k)+\boldsymbol{V}(k)\quad(i=1,2,\cdots,n) \tag{9-21}$$

式中：$\boldsymbol{Z}^i(k)$ 为第 i 部 ESM 设备在 k 时刻对辐射源信号特征状态的量测值；$\boldsymbol{H}_k^i$ 为第 i 部 ESM 设备的量测矩阵；$\boldsymbol{X}(k)=(\mathrm{rf}(k),\mathrm{prf}(k),\mathrm{pw}(k),\mathrm{pa}(k))^{\mathrm{T}}$ 为雷达辐射源信号在 k 时刻的特征状态向量，其中 $\mathrm{rf}(k)$、$\mathrm{prf}(k)$、$\mathrm{pw}(k)$、$\mathrm{pa}(k)$ 分别为雷达辐射的射频、重频、脉宽、脉幅；$\boldsymbol{V}^i(k)$ 为第 i 部 ESM 设备在量测过程中产生的噪声干扰或扰动向量，一般认为是零均值高斯扰动过程。

根据式（9-20），即 $\hat{\boldsymbol{X}}(k)=[(\boldsymbol{H}^k)^{\mathrm{T}}(\boldsymbol{R}^k)^{-1}(\boldsymbol{H}^k)]^{-1}(\boldsymbol{H}^k)^{\mathrm{T}}(\boldsymbol{R}^k)^{-1}\boldsymbol{Z}^k$，可得到与该辐射源相关的信号特征状态估计值向量 $\hat{\boldsymbol{X}}(k)$，而 $\boldsymbol{H}^k$ 和 $\boldsymbol{R}^k$ 的具体形式为

$$\boldsymbol{H}^k=\begin{bmatrix}\boldsymbol{H}_k^1\\ \boldsymbol{H}_k^2\\ \vdots\\ \boldsymbol{H}_k^n\end{bmatrix},\boldsymbol{R}^k=\begin{bmatrix}\boldsymbol{R}^1(k) & & & \\ & \boldsymbol{R}^2(k) & & \\ & & \ddots & \\ & & & \boldsymbol{R}^n(k)\end{bmatrix} \tag{9-22}$$

式中：$\boldsymbol{R}^k$ 为权矩阵，它的元素 $\boldsymbol{R}^i(k)$，$i=1,2,\cdots,n$ 反映了第 i 部侦察设备观测的不确定性（随机性），诸如变化和相关性，$\boldsymbol{R}^i(k)$ 的形式为

$$\boldsymbol{R}^i(k)=\begin{bmatrix}\sigma_{i,\mathrm{rf}}^2(k) & & & \\ & \sigma_{i,\mathrm{prf}}^2(k) & & \\ & & \sigma_{i,\mathrm{pw}}^2(k) & \\ & & & \sigma_{i,\mathrm{pa}}^2(k)\end{bmatrix}\quad(i=1,2,\cdots,n) \tag{9-23}$$

式中：$\sigma_{i,\mathrm{rf}}^2(k)$ 为射频方差；$\sigma_{i,\mathrm{prf}}^2(k)$ 为重频方差；$\sigma_{i,\mathrm{pw}}^2(k)$ 为脉宽方差；$\sigma_{i,\mathrm{pa}}^2(k)$ 为脉幅方差。

9.2.3 状态综合的协方差加权方法

协方差加权方法也属于一种信息综合的线性加权方法，这里关键在于加权系数的设计。例如，在加权航迹估计时常常需要考虑目标航迹质量，并以航迹质量为加权因子进行航迹状态估计融合，以提高航迹平滑度、连续性和航向航速的估计精度。这里给出航迹估计状态信息综合的协方差加权算法。

假设通过对多个信息源的识别或航迹关联判定信息源 i 和 j 探测和跟踪的是同一目标。设 $\boldsymbol{X}(k)$ 表示 k 时刻的目标状态真值，$\hat{\boldsymbol{X}}^i(k)$ 表示 k 时刻由卡尔曼滤波得到的信息源 i 对目标的状态估计，相应的估计误差协方差为 $\boldsymbol{P}^i(k)$，同理，信息源 j 的状态估计为 $\hat{\boldsymbol{X}}^j(k)$，相应的估计误差协方差为 $\boldsymbol{P}^j(k)$。

于是，第 i 个信息源状态值和第 j 个信息源状态值之间的误差 $\boldsymbol{E}^{ij}(k)=\boldsymbol{X}^{i}(k)-\boldsymbol{X}^{j}(k)$ 的估计为

$$\hat{\boldsymbol{E}}^{ij}(k)=\hat{\boldsymbol{X}}^{i}(k)-\hat{\boldsymbol{X}}^{j}(k) \tag{9-24}$$

式中：$\boldsymbol{X}^{i}(k)$、$\boldsymbol{X}^{j}(k)$ 为真值。注意：若信息源 i、j 所提供的状态变量维数不同，如三坐标雷达和红外探测（一维），则可选共同变量来构造式（9-24）。设信息源 i、j 的误差分别表示为

$$\begin{cases}\tilde{\boldsymbol{X}}^{i}(k)=\boldsymbol{X}(k)-\hat{\boldsymbol{X}}^{i}(k)\\ \tilde{\boldsymbol{X}}^{j}(k)=\boldsymbol{X}(k)-\hat{\boldsymbol{X}}^{j}(k)\end{cases} \tag{9-25}$$

Singer 讨论了在多信息源之间的估计误差相互独立情况下的状态融合问题，在此基础上，Bar-Shalom 等人解决了在多信息源估计误差相互不独立情况下的状态融合问题。当两个信息源的估计误差相互独立和不独立时，可以分别得到不同的状态融合公式。

一、各信息源估计误差相互独立的情况

设 $\tilde{\boldsymbol{X}}^{i}(k)$ 与 $\hat{\boldsymbol{X}}^{j}(k)$ 相互独立，估计误差满足高斯分布。若记信息源 i、j 的观测集分别表示为 $\boldsymbol{D}^{i}$、$\boldsymbol{D}^{j}$，并设 $\boldsymbol{X}$ 的先验均值为 $\hat{\boldsymbol{X}}^{j}$，则 $\boldsymbol{X}$ 的正态分布表示为

$$P(\boldsymbol{X}\mid\boldsymbol{D}^{i})=N(\boldsymbol{X};\hat{\boldsymbol{X}}^{i},\boldsymbol{P}^{i}) \tag{9-26}$$

根据最小均方估计算法，信息源 i、j 的状态的融合估计为

$$\begin{aligned}&\hat{\boldsymbol{X}}^{ij}=E[\boldsymbol{X}\mid\boldsymbol{D}^{i},\boldsymbol{D}^{j}]=\\&E[\boldsymbol{X}\mid\boldsymbol{D}^{i}]+E\{[\boldsymbol{X}-E(\boldsymbol{X}\mid\boldsymbol{D}^{i})][\hat{\boldsymbol{X}}^{j}-E(\hat{\boldsymbol{X}}^{j}\mid\boldsymbol{D}^{i})]^{\mathrm{T}}\mid\boldsymbol{D}^{i}\}\\&\times E\{[\hat{\boldsymbol{X}}^{j}-E(\hat{\boldsymbol{X}}^{j}\mid\boldsymbol{D}^{i})][\hat{\boldsymbol{X}}^{j}-E(\hat{\boldsymbol{X}}^{j}\mid\boldsymbol{D}^{i})]^{\mathrm{T}}\mid\boldsymbol{D}^{i}\}^{-1}\\&\times[\hat{\boldsymbol{X}}^{j}-E(\hat{\boldsymbol{X}}^{j}\mid\boldsymbol{D}^{i})]\end{aligned} \tag{9-27}$$

因为

$$\hat{\boldsymbol{X}}^{j}-E(\hat{\boldsymbol{X}}^{j}\mid\boldsymbol{D}^{i})=\boldsymbol{X}-\tilde{\boldsymbol{X}}^{j}-\hat{\boldsymbol{X}}^{i}=\tilde{\boldsymbol{X}}^{i}-\tilde{\boldsymbol{X}}^{j} \tag{9-28}$$

$$\boldsymbol{X}-E(\boldsymbol{X}\mid\boldsymbol{D}^{i})=\boldsymbol{X}-\hat{\boldsymbol{X}}^{i}-\tilde{\boldsymbol{X}}^{i} \tag{9-29}$$

故有

$$E[\tilde{\boldsymbol{X}}^{i}(\tilde{\boldsymbol{X}}^{i}-\tilde{\boldsymbol{X}}^{j})^{\mathrm{T}}\mid\boldsymbol{D}^{i}]=\boldsymbol{P}^{i} \tag{9-30}$$

$$E[(\tilde{\boldsymbol{X}}^{i}-\tilde{\boldsymbol{X}}^{j})(\tilde{\boldsymbol{X}}^{i}-\tilde{\boldsymbol{X}}^{j})^{\mathrm{T}}\mid\boldsymbol{D}^{i}]=\boldsymbol{P}^{i}+\boldsymbol{P}^{j} \tag{9-31}$$

利用式（9-30）、式（9-31）简化式（9-27）得

$$\begin{aligned}\hat{\boldsymbol{X}}^{ij}&=\hat{\boldsymbol{X}}^{i}+\boldsymbol{P}^{i}(\boldsymbol{P}^{i}+\boldsymbol{P}^{j})^{-1}(\hat{\boldsymbol{X}}^{j}-\hat{\boldsymbol{X}}^{i})\\&=\boldsymbol{P}^{j}(\boldsymbol{P}^{i}+\boldsymbol{P}^{j})^{-1}\hat{\boldsymbol{X}}^{i}+\boldsymbol{P}^{i}(\boldsymbol{P}^{i}+\boldsymbol{P}^{j})^{-1}\hat{\boldsymbol{X}}^{j}\end{aligned} \tag{9-32}$$

这时，融合估计的协方差可表示为

$$\boldsymbol{M}^{ij}=\boldsymbol{P}^{i}-\boldsymbol{P}^{i}(\boldsymbol{P}^{i}+\boldsymbol{P}^{j})^{-1}\boldsymbol{P}^{i}=\boldsymbol{P}^{i}(\boldsymbol{P}^{i}+\boldsymbol{P}^{j})^{-1}\boldsymbol{P}^{j} \tag{9-33}$$

对式（9-32）、式（9-33）进行改写，可以得到综合后的状态估计

$$\hat{\boldsymbol{X}}^{ij}=\boldsymbol{P}[(\boldsymbol{P}^{i})^{-1}\hat{\boldsymbol{X}}^{i}+(\boldsymbol{P}^{j})^{-1}\hat{\boldsymbol{X}}^{j}] \tag{9-34}$$

和综合后的误差协方差

$$\boldsymbol{P}=[(\boldsymbol{P}^{i})^{-1}+(\boldsymbol{P}^{j})^{-1}]^{-1} \tag{9-35}$$

式（9-34）、式（9-35）为两个信息源在估计误差 $\tilde{\boldsymbol{X}}^{i}$、$\tilde{\boldsymbol{X}}^{j}$ 相互独立条件下的融合估计方程。可见，融合状态 $\hat{\boldsymbol{X}}^{ij}$ 是各信息源状态的线性组合，加权系数是各信息源估计误差的协方差阵。

例 9.2 设两个信息源的估计误差相互独立，其误差协方差分别为 $\boldsymbol{P}_1=\begin{bmatrix}10 & 0\\0 & 2\end{bmatrix}$，$\boldsymbol{P}_2=\begin{bmatrix}2 & 0\\0 & 10\end{bmatrix}$，则综合后的误差协方差为 $\boldsymbol{P}=\begin{bmatrix}5/3 & 0\\0 & 5/3\end{bmatrix}$，其相互关系如图 9.1 所示。

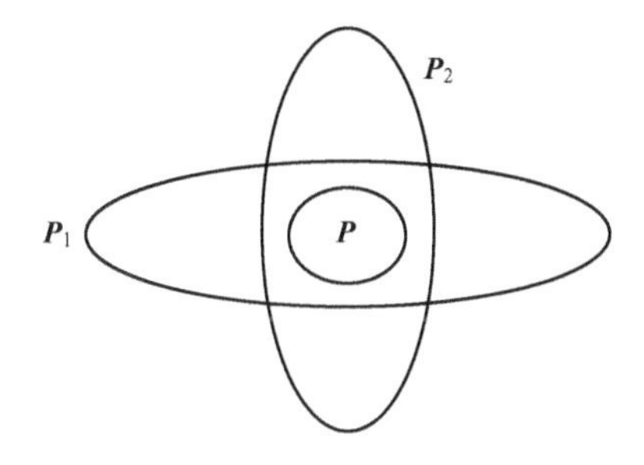

图 9.1 两个信息源独立时 $\boldsymbol{P}$ 与 $\boldsymbol{P}_1$ 和 $\boldsymbol{P}_2$ 的关系

由于实现简单，这种方法被广泛采用。当估计误差相关时，它是次优的；当两个航迹都是传感器航迹，并且不存在过程噪声时，则融合算法是最优的，它与利用传感器观测直接融合有同样的结果。如果该融合系统由 n 个信息源组成，则很容易将其推广到一般形式。

状态估计为

$$\hat{\boldsymbol{X}}^{ij}=\boldsymbol{P}[\sum_{i=1}^{n}(\boldsymbol{P}^{i})^{-1}\hat{\boldsymbol{X}}^{i}] \tag{9-36}$$

误差协方差为

$$\boldsymbol{P}=[\sum_{i=1}^{n}(\boldsymbol{P}^{i})^{-1}]^{-1} \tag{9-37}$$

二、各信息源估计误差相互不独立的情况

当 $\tilde{\boldsymbol{X}}^{i}$、$\tilde{\boldsymbol{X}}^{j}$ 相互不独立时，其融合算法的推导过程和前面的推导方法基本相似，但它们之间的互协方差不为零，因此其融合算法的推导需要计算各信息源估计误差间的协方差阵 $\boldsymbol{P}^{ij}(k)$。注意：为方便起见，本节采用的符号与前面略有区别。

假定两个信息源 i 和 j 的状态估计之差表示为

$$\boldsymbol{d}_{ij}=\hat{\boldsymbol{x}}_i-\hat{\boldsymbol{x}}_j \tag{9-38}$$

则 $\boldsymbol{d}_{ij}$ 的协方差矩阵为

$$E[\boldsymbol{d}_{ij}\boldsymbol{d}_{ij}^{\mathrm{T}}]=E[(\hat{\boldsymbol{x}}_i-\hat{\boldsymbol{x}}_j)(\hat{\boldsymbol{x}}_i-\hat{\boldsymbol{x}}_j)^{\mathrm{T}}]=\boldsymbol{P}_i+\boldsymbol{P}_j-\boldsymbol{P}_{ij}-\boldsymbol{P}_{ji} \tag{9-39}$$

式中：$\boldsymbol{P}_{ij}=\boldsymbol{P}_{ji}^{\mathrm{T}}$为两个估计$\hat{x}_i$和$\hat{x}_j$的互协方差。

系统状态估计为

$$\hat{\boldsymbol{x}}=\hat{\boldsymbol{x}}_i+(\boldsymbol{P}_i-\boldsymbol{P}_{ij})(\boldsymbol{P}_i+\boldsymbol{P}_j-\boldsymbol{P}_{ij}-\boldsymbol{P}_{ji})^{-1}(\hat{\boldsymbol{x}}_j-\hat{\boldsymbol{x}}_i) \tag{9-40}$$

系统误差协方差为

$$\boldsymbol{P}=\boldsymbol{P}_j-(\boldsymbol{P}_i-\boldsymbol{P}_{ij})(\boldsymbol{P}_i+\boldsymbol{P}_j-\boldsymbol{P}_{ij}-\boldsymbol{P}_{ji})^{-1}(\boldsymbol{P}_i-\boldsymbol{P}_{ji}) \tag{9-41}$$

当采用卡尔曼滤波器作为估计器时，其中的互协方差$\boldsymbol{P}_{ij}$和$\boldsymbol{P}_{ji}$，$\boldsymbol{P}_{ij}=\boldsymbol{P}_{ji}^{\mathrm{T}}$可以由下式求出，即

$$\boldsymbol{P}_{ij}(k)=[\boldsymbol{I}-\boldsymbol{K}_i\boldsymbol{H}_i][\boldsymbol{\Phi}\boldsymbol{P}_{ij}(k-1)\boldsymbol{\Phi}^{\mathrm{T}}+\boldsymbol{Q}][\boldsymbol{I}-\boldsymbol{K}_i\boldsymbol{H}_i]^{\mathrm{T}} \tag{9-42}$$

式中：$\boldsymbol{K}$为卡尔曼滤波器增益；$\boldsymbol{\Phi}$为状态转移矩阵；$\boldsymbol{Q}$为噪声协方差矩阵；$\boldsymbol{H}$为观测矩阵。这种方法的优点是能够控制公共过程噪声，缺点是要计算互协方差矩阵。如果系统是线性时不变的，则互协方差$\boldsymbol{P}_{ij}$可以脱机计算。另外，这种方法需要卡尔曼滤波器增益和观测矩阵的全部历史。

9.3 决策级综合识别技术

假设有m个同类或不同类信息源分别获取了战场上某未知目标的参数数据，并且每一个信息源都基于其观测和特定的识别方法给出了一个关于目标身份（属性、类型等）的说明。设O_1，O_2，…，O_n为所有可能的n种目标身份假设，D_1，D_2，…，D_m表示m个信息源各自对于目标身份的说明。接下来的问题是考虑使用什么技术将这些识别结果进行综合，得到最终的识别结果。

9.3.1 投票表决法

图 9.2 所示为决策级综合识别问题的原理框图。设m个信息源各自基于自己的观测值$y_i, i=1,2,\cdots,m$完成未知目标的识别任务（属性识别、类型识别等）$D_i=O_j$，$i=1,2,\cdots,m; j=1,2,\cdots,n$，之后将识别结果即决策值$D_i$传送到融合中心，融合中心的任务是根据接收到的局部决策，利用最优融合规则，做出最终决策即最终目标识别结果D_0。

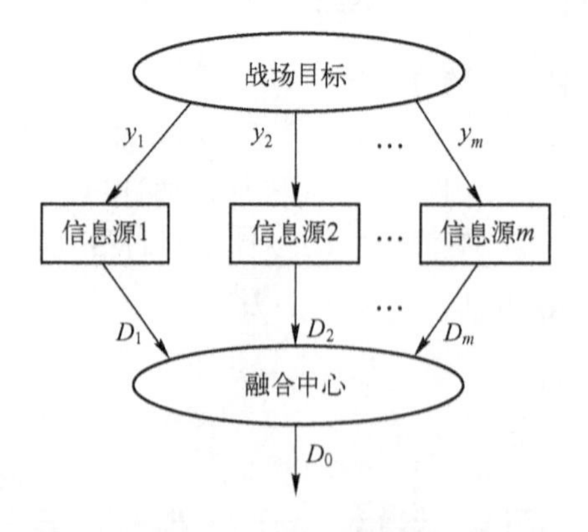

图 9.2　决策级综合识别问题的原理框图

投票表决法是一种最古老的群决策方法，可用于解决本问题。常用的投票表决方法有“非排序式表决”和“排序式表决”两种。

1. 非排序式表决方法

在决策级综合识别问题中，利用非排序式表决方法进行综合识别的方法可以采取“相对多数制”和“绝对多数制”法则。“相对多数制”也称为“简单多数制”，这里是将各信息源识别结果视为对 n 种目标身份假设的投票结果，取票数最多的结果输出。“绝对多数制”的原理是：在具有 m 个信息源的信息综合系统中，设定一个阈值 k，当这 m 个信息源中有 k 个或 k 个以上支持某一假设时，方才判定该假设成立，故也可称为 k/m 准则。

例 9.3 在多传感器目标检测系统中，如何根据各传感器的决策值得到融合的决策值，可以视为决策级综合识别问题的特例，因为只有目标“有”或“无”两种可能的结果，可以用“1”表示有目标，“0”表示无目标。

假设系统中有 m 个传感器，其中第 i 个传感器的检测率为 P_d^i，虚警概率为 P_f^i，漏检率为 P_m^i。u_i 表示第 i 个传感器的决策值，u_0 为按照各种融合策略得到的全局最优决策。

（1）复杂干扰环境下的表决融合检测方法（即 k/m 规则）是在具有 m 个局部观测器的检测网络中，设定一个阈值 k，当这 m 个观测器中有 k 个或 k 个以上支持某一假设时，则判定该假设成立。表决融合检测方法描述为

$$u_0 = \begin{cases} 1, \sum_{i=1}^{m} u_i \geqslant k \\ 0, \sum_{i=1}^{m} u_i < k \end{cases} \tag{9-43}$$

表决融合检测系统的检测概率 P_d 和虚警概率 P_f 分别为

$$P_d = \sum_{j=k}^{n} \sum_{\sum ui=j} \prod_{i} P_{f_i}^{u_i} (1 - P_d^i)^{1-u_i} \tag{9-44}$$

$$P_f = \sum_{j=k}^{n} \sum_{\sum ui=j} \prod_{i} P_{f_i}^{u_i} (1 - P_f^i)^{1-u_i} \tag{9-45}$$

式中：k 为决定融合系统性能的重要参数，$1 \leqslant k \leqslant m$，它的取值在满足一定虚警率的前提下对检测率的尽可能提高具有重要意义。对于固定的 m，当 k 取不同的值时，会产生不同的检测效果，选取小的 k 值能够提高检测率，但同时也增大了虚警率；选取大的 k 值降低了虚警率，但同时也降低了检测率。因此，k 的取值很关键，应该在满足一定虚警率的前提下尽可能提高检测率，或者在两者之间进行权衡，这与实际要求有关。

当 $k>m/2$ 时，表决方法就是“过半数决策规则”；当 $k=m$ 时，表决方法就是“与”融合检测准则；当 $k=1$ 时，表决方法就是“或”融合检测准则。

（2）“与”融合检测准则，即

$$u_0 = \begin{cases} 0, \text{存在判决为0的传感器} \\ 1, \text{所有传感器判决为1} \end{cases}$$

很容易证明，经过“与”融合检测后，系统的检测概率 P_d 和虚警概率 P_f 分别为

$$P_d = \prod_{i=1}^{N} P_d^i, \quad P_f = \prod_{i=1}^{N} P_f^i \tag{9-46}$$

显然，这种融合策略可以大大降低系统的虚警概率，但是也会大大降低系统的检测概率。

（3）“或”融合检测准则，即

$$u_0 = \begin{cases} 0, & \text{所有传感器判决为0} \\ 1, & \text{存在判决为1的传感器} \end{cases}$$

很容易证明，经过“或”融合检测后，系统的检测概率 P_d 和虚警概率 P_f 分别为

$$P_d = 1 - \prod_{i=1}^{N} (1 - P_d^i), \quad P_f = 1 - \prod_{i=1}^{N} (1 - P_f^i) \tag{9-47}$$

这种融合策略可以大大提高系统的检测概率，但是也会大大增加系统的虚警概率。

例 9.4 有七个信息源对某军事目标的类型进行识别，该目标的类型可能为（a，b，c）三种可能，假设每个信息源对目标的可能类型的识别结果如表 9.1 所列，如信息源 1 认为该目标最大可能为 a，其次为 b，再次为 c。其他信息源类似。

表 9.1 每个信息源对目标类型的识别结果

识别次序 \ 信息源编号	1	2	3	4	5	6	7
第 1 位	a	b	a	c	c	c	b
第 2 位	b	a	b	b	a	b	a
第 3 位	c	c	c	a	b	a	c

如果不考虑信息源对判别结果的排序，直接根据各信息源对目标的第 1 位识别结果，按照上述“相对多数制”和“绝对多数制”法则（取 k=3），多数（3 个）信息源认为目标最可能为 c，则最终的综合识别结果是 c。但是如果全面分析上述表格就会发现，有半数以上的信息源（4 个）认为目标最不可能为 c（见表格第四行）。因此，综合上述 7 个信息源，识别结果为 c 看来也并不是很合适。这是因为这种法则是非排序式选举，没有充分考虑信息源对判别结果的排序。

2. *排序式表决方法*

如上所述，非排序式选举方法有可能导致原本并不被大部分信息源判定的识别结果却被最终选中。因此，这些信息源最好能够对目标的所有可能身份识别结果进行排序，这在实际中是可能做到的，因为每个信息源对目标的识别结果一般都不是绝对确定的，而是一种可能结果的排序。这就适合于排序式表决。

为了讨论方便，引入如下符号：设 m 个信息源，$i = 1,2,\cdots,m$ 表示第 i 个信息源；小写字母 a、b、c 或 x、y、z 等表示目标可能的身份假设，所有身份假设的集合记为 A。

用 $\succ_i$、$\sim_i$ 分别表示信息源 i 的偏好和无差异：$x \succ_i y$ 表示信息源 i 认为目标类型为 x 的可能性大于 y；$x \sim_i y$ 表示信息源 i 认为 x 与 y 无差异，即目标类型为 x 和 y 的可能性相同；$x \succ_G y$ 表示综合识别结果认为目标类型为 x 的可能性大于 y；$x \sim_G y$ 表示综合识别结果认为目标类型为 x 和 y 的可能性相同；$N(x \succ_i y)$ 表示认为 x 可能性大于 y 的信息

源的数目。

M.De.Condorcet 于 18 世纪提出一个原则（称为 Condorcet 原则）：当存在两个以上的候选人时，只有一种办法能严格而真实地反映群中多数成员的意愿，这就是对候选人进行成对比较，若存在某个候选人，他能按过半数决策规则击败其他所有候选人，则他被称为 Condorcet 候选人，应由此人当选。采用这些符号，过半数决策规则可定义如下：对 $x,y \in A$，若 $N(x \succ_i y) > N(y \succ_i x)$，则 $x \succ_G y$；若 $N(x \succ_i y) = N(y \succ_i x)$，则 $x \sim_G y$。

例 9.5 同例 9.4，一个信息融合识别系统有七个信息源，要从 a、b、c 三个可能的目标属性中选出一个作为系统输出结果，每个信息源对目标的可能类型的识别结果如表 9.1 所列。

根据 Condorcet 原则，a 与 b 相比时，有三个信息源认为 $a \succ b$，另外的四个信息源认为 $b \succ a$，因为 $N(b \succ_i a) > N(a \succ_i b)$，按过半数票决策规则有 $b \succ_G a$。同理可得，$a \succ_G c$，$b \succ_G c$。两两比较及判决结果如表 9.2 所列。

表 9.2 两两比较及判决结果

（a，b）	（b，c）	（a，c）
$N(a \succ_i b) = 3$	$N(b \succ_i c) = 4$	$N(a \succ_i c) = 4$
$N(b \succ_i a) = 4$	$N(c \succ_i b) = 3$	$N(c \succ_i a) = 3$
过半数票决策规则：$b \succ_G a$	过半数票决策规则：$b \succ_G c$	过半数票决策规则：$a \succ_G c$

综上分析结果 $b \succ_G a$，$b \succ_G c$，$a \succ_G c$，按过半数票决策规则，最终决策结果为 $b \succ_G a \succ_G c$，如果硬判决，则选择结果为 b。

由于简单过半数决策规则的合理性与简明性，它被广泛用于从两个备选方案中选择一个的投票表决。但在从多个备选方案中选择一个时，这一规则有可能会遇到麻烦。MDeCondoreet 发现，在对多个备选方案做两两比较时，有时会出现多数票的循环。如果对例 9.5 稍作变动，就有如下情况。

例 9.6 一个信息融合识别系统有七个信息源，要从 a、b、c 三个可能的目标属性中选出一个作为系统输出结果，这七个信息源的识别结果分别如下。

两个判决结果为 $a \succ b \succ c$（即 a 的可能性大于 b，b 大于 c，a 也大于 c）。

一个判决结果为 $b \succ c \succ a$。

一个判决结果为 $b \succ a \succ c$。

一个判决结果为 $c \succ b \succ a$。

两个判决结果为 $c \succ a \succ b$。

两两比较及判决结果如表 9.3 所列。

表 9.3 两两比较及判决结果

（a，b）	（b，c）	（a，c）
$N(a \succ_i b) = 2+2+4$	$N(b \succ_i c) = 2+1+1 = 4$	$N(a \succ_i c) = 2+1 = 3$
$N(b \succ_i a) = 1+1+1 = 3$	$N(c \succ_i b) = 1+2 = 3$	$N(c \succ_i a) = 1+1+2 = 4$
过半数票决策规则：$a \succ_G b$	过半数票决策规则：$b \succ_G c$	过半数票决策规则：$c \succ_G a$

综上分析结果 $a \succ_G b$，$b \succ_G c$，$c \succ_G a$，这表明，虽然各信息源对目标识别结果的

排序是传递的，但用 Condorcet 原则两两比较，按过半数票决策规则得出的总的排序是 a 优于 b、b 优于 c、c 又优于 a 这种互不相容的结果，即总的排序不再具有传递性而是出现多数票的循环。这种现象称为 Condorcet 效应，又称投票悖论。可以证明，在用过半数规则进行投票表决时，产生多数票循环即投票悖论是不可避免的。

9.3.2 贝叶斯统计理论

贝叶斯统计理论是数理统计学中最有影响的分支之一，其基本观点是把未知参数 θ 看作一个有一定概率分布的随机变量，这个分布总结了在抽样以前对 θ 的了解（即先验分布），在利用样本所提供的信息处理任何统计分析问题时，必须利用先验信息，以先验分布为基础和出发点。

贝叶斯融合检测准则是多源信息融合优化决策的主流技术，是发展最早的融合方法，也是迄今为止理论上最完整的信息融合方法。在各种先验概率已知时贝叶斯方法是最优的方法，但是如何获得所需的先验概率知识是应用该方法的一个关键问题，并且该方法的运算量较大，也制约了它的应用。

考查一个随机试验，在这个试验中，n 个互不相容的事件 A_1，A_2，…，A_n 必发生一个，且只能发生一个，用 $P(A_i)$ 表示 A_i 的概率，则有

$$\sum_{i=1}^{n} P(A_i)=1 \tag{9-48}$$

设 B 为任一事件，则根据条件概率的定义及全概率公式，有

$$P(A_i \mid B)=\frac{P(B \mid A_i)P(A_i)}{\sum_{j=1}^{n} P(B \mid A_j)P(A_j)} \quad (i=1,2,\cdots,n) \tag{9-49}$$

这就是著名的贝叶斯（Bayes）公式。在式（9-49）中，$P(A_1)$，$P(A_2)$，…，$P(A_n)$ 表示 A_1，A_2，…，A_n 出现的可能性，这是在做试验前就已知道的事实，这种知识叫做先验信息，这种先验信息以一个概率分布的形式给出，常称为先验分布。

现假设在试验中获得观测 B，由于这个观测的出现，对事件 A_1，A_2，…，A_n 的可能性有了新的估计，这个估计知识是在做试验后获得的，可称为后验知识，此处也以一个概率分布 $P(A_1|B)$，$P(A_2|B)$，…，$P(A_n|B)$ 的形式给出，显然有

$$\begin{cases} (1) P(A_i \mid B) \geqslant 0 \\ (2) \sum_{i=1}^{n} P(A_i \mid B)=1 \end{cases} \tag{9-50}$$

这称为后验分布。它综合了先验信息和试验提供的新信息，形成了关于 A_i 出现的可能性大小的当前认识。这个由先验信息到后验信息的转化过程就是贝叶斯统计的特征。

一种确定先验分布的方法是利用历史观测。在这种方法中，或者具有对随机变量 θ 的观测资料，或者虽然无法直接观测 θ 却能观测到某一与之相关且能间接提供 θ 信息的随机变量 x。这个方法是一种客观的方法。因而，即使对 Bayes 统计的基本观点持异议的人，一般也不反对用这一方法确定参数的先验分布。另一种方法是利用主观概率假定先验分布。这种方法是依据统计者的经验对各种事件假定的概率构造先验分布。尽管统计

学者在提出某种先验分布的形式时，常有其以往的经验作为背景，但这种经验不是系统的、有条理的。故据此对各种事件假定概率时，不可避免地有其主观成分，故常称为主观概率。基于这种方法的 Bayes 统计也称为主观 Bayes 统计。在这种情形中，主观先验分布的形式因人而异，这一点正是 Bayes 统计的支持者和反对者之间引起重大争论的一个问题。

下面通过基于贝叶斯统计理论的属性识别来说明贝叶斯统计理论在多源信息融合领域中的应用方法。假设有 m 个传感器用于获取未知目标的参数数据。每一个传感器基于传感器观测和特定的传感器分类算法提供一个关于目标属性的说明（即关于目标属性的一个假设）。设 O_1，O_2，…，O_n 为所有可能的 n 个目标，D_1，D_2，…，D_m 表示 m 个传感器各自对于目标属性的说明。O_1，O_2，…，O_n 实际上构成了观测空间的 n 个互不相容的穷举假设，则由式（9-48）和式（9-49）得

$$\sum_{i=1}^{n} P(O_i) = 1 \tag{9-51}$$

$$P(O_i \mid D_j) = \frac{P(D_j \mid O_i)P(O_i)}{\sum_{i=1}^{n} P(D_j \mid O_i)P(O_i)} \quad (i = 1,2,\cdots,n; j = 1,2,\cdots,m) \tag{9-52}$$

基于贝叶斯统计理论的属性识别框图如图 9.3 所示。

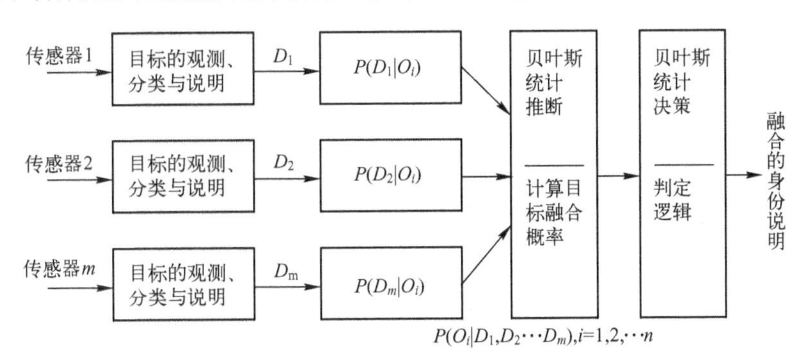

图 9.3　基于贝叶斯统计理论的属性识别框图

由图 9.3 可见，Bayes 融合识别算法的主要步骤如下。

（1）将每个传感器关于目标的观测转化为目标属性的分类与说明 D_1，D_2，…，D_m。

（2）计算每个传感器关于目标属性说明或判定的不确定性，即 $P(D_j|O_i)$，j=1,2, … , m；i=1,2, … , n。

（3）计算目标属性的融合概率，即

$$P(O_i \mid D_1, D_2, \cdots, D_m) = \frac{P(D_1, D_2, \cdots, D_m \mid O_i)P(O_i)}{\sum_{i=1}^{n} P(D_1, D_2, \cdots, D_m \mid O_i)P(O_i)} \quad (i = 1,2,\cdots,n) \tag{9-53}$$

如果 D_1，D_2，…，D_m 相互独立，则

$$P(D_1, D_2, \cdots, D_m \mid O_i) = P(D_1 \mid O_i)P(D_2 \mid O_i)\cdots P(D_m \mid O_i) \tag{9-54}$$

（4）按照一定的判定逻辑进行综合决策，如最大后验概率准则。

下面通过一个具体的例子来说明 Bayes 方法的应用，这个例子是 Hall 首先使用的，后来被广泛引用。

例 9.7 设有两个传感器，一个是敌-我-中识别(IFFN)传感器，另一个是电子支援测量(ESM)传感器。

设目标共有 n 种可能的机型，分别用 O_1，O_2，…，O_n 表示，先验概率 $P_{\text{IFFN}}(x|O_i)$ 已知，其中 x 表示敌、我、中三种情形之一。对于传感器 IFFN 的观测 z，应用全概率公式，得

$$P_{\text{IFFN}}(z|O_i)=P_{\text{IFFN}}(z|\text{我})P(\text{我}|O_i)+P_{\text{IFFN}}(z|\text{敌})P(\text{敌}|O_i)+P_{\text{IFFN}}(z|\text{中})P(\text{中}|O_i)$$

对于 ESM 传感器，能在机型级上识别飞机属性，从而有

$$P_{\text{ESM}}(z|O_i)=\frac{P_{\text{ESM}}(O_i|z)P(z)}{\sum_{i=1}^{n}P(O_i|z)P(z)}\quad(i=1,2,\cdots,n)$$

根据式（9-54）、式（9-53），基于两个传感器的融合似然为

$$P(z|O_i)=P_{\text{IFFN}}(z|O_i)P_{\text{ESM}}(z|O_i)$$

$$P(O_i|z)=\frac{P(z|O_i)P(O_i)}{\sum_{i=1}^{n}P(z|O_i)P(O_i)}\quad(i=1,2,\cdots,n)$$

从而，有

$$P(\text{我}|z)=\sum_{i=1}^{n}P(O_i|z)P(\text{我}|O_i)$$

$$P(\text{敌}|z)=\sum_{i=1}^{n}P(O_i|z)P(\text{敌}|O_i)$$

$$P(\text{中}|z)=\sum_{i=1}^{n}P(O_i|z)P(\text{中}|O_i)$$

Bayes 推理在许多领域有广泛的应用，但直接使用概率计算公式主要有两个困难：首先，一个证据 A 的概率是在大量统计数据的基础上得出的，当所处理的问题比较复杂时，需要非常大的统计工作量，这使得定义先验似然函数非常困难；其次，Bayes 推理要求各证据之间是不相容或相互独立的，从而，当存在多个可能假设和多条件相关事件时，计算复杂性迅速增加。Bayes 推理的另一个缺陷是缺乏分配总的不确定性的能力。

9.3.3 D-S 证据理论

证据理论又称为登普斯特-谢弗（D-S）理论或信任（Belief）函数理论，是经典概率理论的扩展。这一理论产生于 20 世纪 60 年代。Dempster 提出了构造不确定推理模型的一般框架，建立了命题和集合之间的一一对应，把命题的不确定问题转化为集合的不确定问题。20 世纪 70 年代中期，他的学生 Shafer 对该理论进行了扩展，并在《证据的数学理论》一书中，用信任函数和似然度（PlausibilityMeasure）重新解释了该理论，从而形成了处理不确定信息的证据理论。D-S 证据理论为不确定信息的表达和合成提供了强

有力的方法，特别适合于决策级信息融合。

在证据理论中，一个样本空间称为一个辨识框架，用$\Theta=\{\theta_1, \theta2,\cdots,\theta_n\}$表示，它具有有穷性和可列性，并且其中的元素互相排斥。该框架中的元素或子集就是要研究的对象，2^{Θ}是Θ的所有子集组成的幂集，且满足$\phi\in 2^{\Theta}$，$\Theta\in 2^{\Theta}$。一个命题可以表达为Θ的一个子集A，即$A\subseteq\Theta$，或$A\in 2^{\Theta}$。对于Θ的每个子集，可以指派一个概率，称为基本概率分配。

定义 9.1 设Θ为辨识框架，函数m：$2^{\Theta}\to[0,1]$称为基本概率分配函数，假设对于空集ϕ，$m(\phi)=0$；对于$\forall A\in 2^{\Theta}$，$\sum\limits_{A\subset\Theta} m(A)=1$。

$m(A)$称为A的基本概率分配，表示对命题A的精确信任程度。若$m(A)>0$，则称A为该函数的一个焦元。

定义 9.2 设Θ为辨识框，函数$\mathrm{Bel}:2^{\Theta}\to[0,1]$称为置信函数，假设对于$\forall A\in 2^{\Theta}$，$\mathrm{Bel}(A)$表示$A$中全部子集对应的基本概率分配之和，即$\mathrm{Bel}(A)=\sum\limits_{B\subseteq A} M(B)$。

$\mathrm{Bel}(A)$称为A的置信度，表示明确支持命题A的那些证据的概率之和。Bel 函数也称为下限函数，表示对A的全部信任。由概率分配函数的定义容易得到：$\mathrm{Bel}(\phi)=m(\phi)=0$，$\mathrm{Bel}(\Theta)=\sum\limits_{B\subseteq\Theta} M(B)$。

定义 9.3 设Θ为辨识框，函数$Pl:2^{\Theta}\to[0,1]$称为似然函数，假设对于$\forall A\in 2^{\Theta}$，$\mathrm{Pl}(A)=\sum\limits_{A\cap B\neq\phi} M(B)$。

$\mathrm{Pl}(A)$称为A的似然度，表示潜在支持命题A的那些证据的概率之和。Pl 函数也称为上限函数或不可驳斥函数，$\mathrm{Pl}(A)=1-\mathrm{Bel}(\bar{A})$，表示证据不拒绝命题$A$的程度。

容易证明，置信函数和似然函数有如下关系：$\mathrm{Pl}(A)\geqslant\mathrm{Bel}(A)$，对所有的$A\subseteq\Theta$。置信度$\mathrm{Bel}(A)$和似然度$\mathrm{Pl}(A)$分别是对$A$的信任程度的下限估计——悲观估计和上限估计——乐观估计。对偶空间$(\mathrm{Bel}(A),\mathrm{Pl}(A))$称为信任空间，命题$A$的不确定性由$u(A)=\mathrm{Pl}(A)-\mathrm{Bel}(A)$表示。D-S 证据理论对命题$A$的不确定性的描述可以用图 9.4 表示。

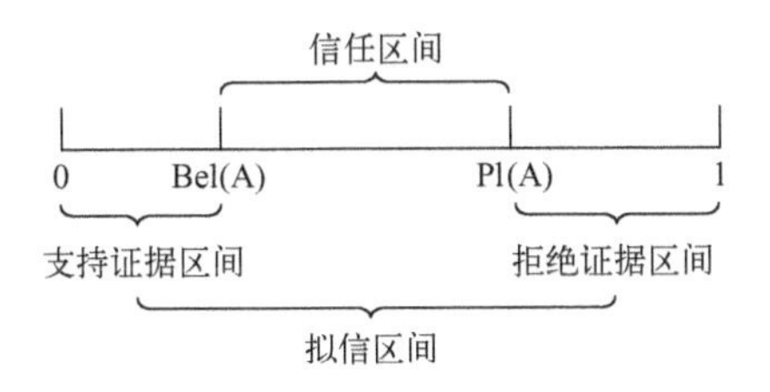

图 9.4 证据区间和不确定性

证据理论的一个基本策略是将证据集合划分为两个或多个不相关的部分，并利用它们分别对辨识框架进行独立判断，然后用 Dempster 组合规则将它们组合起来。

Dempster 组合规则： 设m_1和m_2是Θ上的两个基本概率分配函数，则其正交和$m=m_1+m_2$定义为

$$m(\phi)=0,\quad m(A)=c^{-1}\sum_{x\cap y=A} m_1(x)m_2(y)\ (A\neq\phi) \tag{9-55}$$

其中

$$c = 1 - \sum_{x \cap y = \phi} m_1(x) m_2(y) = \sum_{x \cap y = \phi} m_1(x) m_2(y) \tag{9-56}$$

如果 $c \neq 0$，则正交和 m 也是一个概率分配函数；如果 $c=0$，则不存在正交和 m，称 m_1 和 m_2 矛盾。

多个概率分配函数的正交和 $m = m_1 + m_2 + \cdots + m_n$ 定义为

$$m(\phi) = 0\text{，}\quad m(A) = c^{-1} \sum_{\cap A_i = A} \prod_{1 \leqslant i \leqslant n} m_i(A_i)\ (A \neq \phi) \tag{9-57}$$

其中

$$c = 1 - \sum_{\cap A_i = \phi} \prod_{1 \leqslant i \leqslant n} m_i(A_i) = \sum_{\cap A_i = \phi} \prod_{1 \leqslant i \leqslant n} m_i(A_i) \tag{9-58}$$

总之，D-S 证据理论在度量一个证据是否属于一个命题时，指派两个不确定性度量（类似但不等于概率），使得这个命题似乎可能成立，但使用这个证据又不直接支持或拒绝它。D-S 理论满足比概率论弱的公理，并且能够区分不确定和不知道的差异。当先验概率难以获得时，证据理论比概率论合适。

D-S 证据理论具有以下优点：运算规律性强，物理意义明确；能够处理随机性所导致的不确定性，又能处理模糊性所导致的不确定性；可以依靠证据的积累不断缩小假设集，能在实际的融合当中不断的淘汰掉偏离证据的一些假设；不需要在贝叶斯等方法中所需要的先验概率和条件概率；能够区分“不确定”和“不知道”。

但是 D-S 证据理论也存在以下缺点：它需要概率分配函数，在一定程度上依然依靠经验知识，并且概率分配函数一个很小的变化就会引起结果的很大变化，因此不能很客观地进行各种数据融合；由于整个算法的计算复杂度与假设集成指数关系，所以当辨识框中假设很多时会造成计算量的急剧增加；在组合规则中要求各个证据是相互独立的，这在一定程度上限制了它的使用范围；当两个证据完全相反的时候，证据融合失效。

图 9.5 给出了基于 D-S 证据方法的信息融合框图。由图可见，这种系统的信息融合过程为：首先由每个传感器获得关于各个命题的观测证据，然后依靠人的经验和感觉给出各个命题的基本概率分配，进而计算出置信度和似然度，即得到命题的证据区间。再根据 D-S 证据组合规则计算所有证据联合作用下的基本概率分配值（以下将融合后的概率分配值称为后验可信度分配值）、置信度和似然度，最后根据给定的判决准则（如选择置信度和似然度最大的假设）得到系统的最终融合结果。

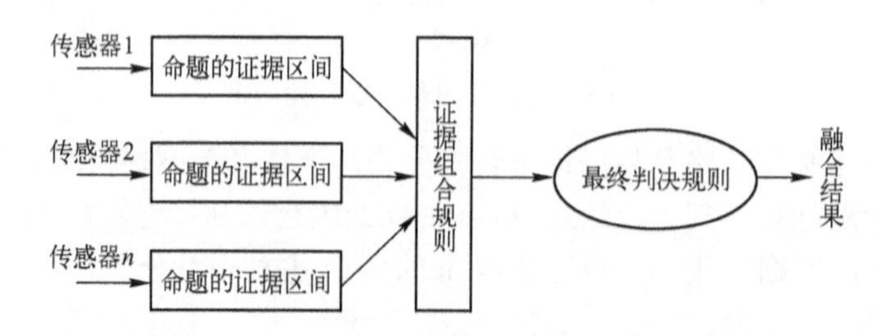

图 9.5　基于 D-S 证据理论的信息融合框图

例如，使用一个多传感器（如 n 个传感器）系统观测 k 个目标，即 k 个命题 $A_1, A_2, \cdots, A_k$。

每个传感器都基于观测证据产生对目标的身份识别结果，即产生对命题 A_i 的基本概率分配值 $m_j(A_i)(j=1,2,\cdots,n;i=1,2,\cdots,k)$ 之后，在融合中心借助于 D-S 组合规则获得融合后的后验可信度分配值。最后是逻辑判定，与 Bayes 的最大后验概率（MAP）准则类似。

1. 单传感器多测量周期可信度分配的融合

设某个传感器在 n 个测量周期中，通过不断的目标态势分析获得关于 k 个命题的基本概率分配 $m_1(A_i),m_2(A_i),\cdots,m_n(A_i)$，$i=1,2,\cdots,k$，$u_1,u_2,\cdots,u_n$。其中，$m_j(A_i)$ 表示在第 $j(j=1,2,\cdots,n)$ 个周期中对命题 A_i 的基本概率分配值，u_i 表示第 i 个周期“未知”命题的基本概率分配值。由式（9-57）可得该传感器依据 n 个测量周期的累积量测对 k 个命题的融合后验可信度分配为

$$m(A_i)=c^{-1}\sum_{\cap A_j=A_i}\prod_{1\leqslant s\leqslant n}m_s(A_i)\quad(i=1,2,\cdots,k) \tag{9-59}$$

其中

$$c=1-\sum_{\cap A_i=\phi}\prod_{1\leqslant s\leqslant n}m_s(A_i)=\sum_{\cap A_i\neq\phi}\prod_{1\leqslant s\leqslant n}m_s(A_i) \tag{9-60}$$

特别地，“未知”命题的融合后验可信度分配为

$$u=c^{-1}u_1u_2\cdots u_n \tag{9-61}$$

多传感器单测量周期可信度分配的融合与此类似。

2. 多传感器多测量周期可信度分配的融合

设有 m 个传感器，各传感器在 n 个测量周期上获得关于 k 个命题的基本概率分配为

$$m_{sj}(A_i)\ (i=1,2,\cdots,k;j=1,2,\cdots,n;s=1,2,\cdots,m) \tag{9-62}$$

$$u_{sj}=m_{sj}(\Theta)\ (j=1,2,\cdots,n;s=1,2,\cdots,m) \tag{9-63}$$

式中：$m_{sj}(A_i)$ 表示第 s（$s=1,2,\cdots,m$）个传感器在第 j（$j=1,2,\cdots,n$）个测量周期上对命题 A_i（$i=1,2,\cdots,k$）的基本概率分配值；u_{sj} 表示对“未知”命题的基本概率分配值。以下分两种情况讨论多传感器多测量周期多个命题可信度分配的融合方法。

1）中心式计算

如图 9.6 所示，中心式计算的主要思想是：首先对于每一个传感器，基于 n 个周期的累积量测计算每一个命题的融合后验可信度分配值，然后基于这些融合后验可信度分配值，进一步计算总的融合后验可信度分配值。

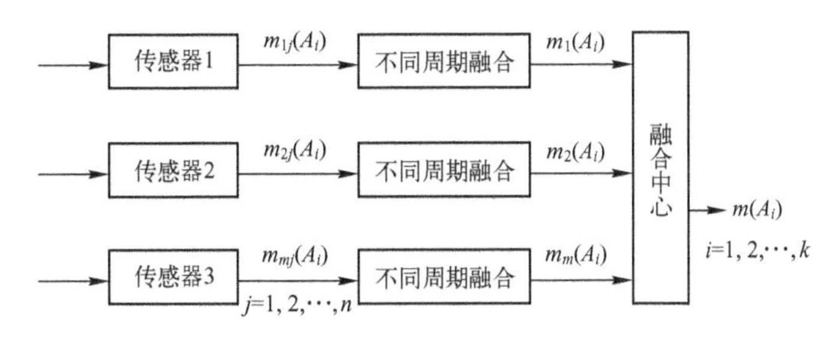

图 9.6　中心式计算

中心式计算的步骤如下。

（1）根据式（9-62），计算每一传感器依据各自 n 个周期的累积量测所获得的各个命题的融合后验可信度分配

$$m_s(A_i)=c_s^{-1}\sum_{\cap A_j=A_i}\prod_{1\leqslant j\leqslant n}m_{sj}(A_i)\quad(i=1,2,\cdots,k) \tag{9-64}$$

其中

$$c_s=1-\sum_{\cap A_j=\phi}\prod_{1\leqslant j\leqslant n}m_{sj}(A_i)=\sum_{\cap A_j\neq\phi}\prod_{1\leqslant j\leqslant n}m_{sj}(A_i) \tag{9-65}$$

特别地，“未知”命题的融合后验可信度分配为

$$u_s=c_s^{-1}u_{s1}u_{s2}\cdots u_{sn} \tag{9-66}$$

（2）将 m 个传感器看作一个传感器系统，即

$$m(P)=c^{-1}\sum_{\cap A_j=P}\prod_{1\leqslant s\leqslant m}m_s(A_i)\quad(i=1,2,\cdots,k,P\subseteq\Theta) \tag{9-67}$$

其中

$$c=\sum_{\cap A_j\neq\phi}\prod_{1\leqslant s\leqslant m}m_s(A_i) \tag{9-68}$$

特别地，“未知”命题的融合后验可信度分配为

$$u=c^{-1}u_1u_2\cdots u_m \tag{9-69}$$

例 9.8 假设空中目标可能有 10 种机型，4 个机型类（轰炸机、大型机、小型机、民航）、3 个识别属性(敌、我、不明)。下面列出 10 个可能机型的含义，并用一个 10 维向量表示 10 个机型。再考虑对目标采用中频雷达、ESM 和 IFF 传感器探测，从而考虑这 3 类传感器的探测特性后，最后给出如表 9.4 所列的 19 个有意义的识别命题及相应的向量表示。

表 9.4 命题的向量表示

序号	含义	向量表示	序号	含义	向量表示
1	我轰炸机	1000000000	11	我小型机	0011000000
2	我大型机	0100000000	12	敌小型机	0000001010
3	我小型机 1	0010000000	13	敌轰炸机	0000100100
4	我小型机 2	0001000000	14	轰炸机	1000100100
5	敌轰炸机 1	0000100000	15	大型机	0100010000
6	敌大型机	0000010000	16	小型机	0011001010
7	敌小型机 1	0000001000	17	敌	0000111110
8	敌轰炸机 2	0000000100	18	我	1111000000
9	敌小型机 2	0000000010	19	不明	1111111111
10	民航机	0000000001			

由表 9.4 可以看出，目标辨识框架 Θ 可由前 10 个命题构成。虽然该辨识框架的幂集

可能有 $2^{10}-1=1023$ 个命题，但真正有意义的命题只有表 9.4 所列的 19 个。

对于中频雷达、ESM 和 IFF 传感器，假设已获得两个测量周期的基本概率分配值为

m_{11}（{民航}，{轰炸机}，{不明}）=（0.3，0.4，0.3）

m_{12}（{民航}，{轰炸机}，{不明}）=（0.3，0.5，0.2）

m_{21}（{敌轰炸机 1}，{敌轰炸机 2}，{我轰炸机}，{不明}）=（0.4，0.3，0.2，0.1）

m_{22}（{敌轰炸机 1}，{敌轰炸机 2}，{我轰炸机}，{不明}）=（0.4，0.4，0.1，0.1）

m_{31}（{我}，{不明}）=（0.6，0.4）

m_{32}（{我}，{不明}）=（0.4，0.6）

式中：m_{sj} 表示第 s 个传感器（s=1，2，3）在第 j 个测量周期（j=1，2）上对命题的基本概率分配函数，即

$c_1 = m_{11}$（民航）m_{12}（民航）$+ m_{11}$（民航）m_{12}（不明）$+ m_{11}$（不明）m_{12}（民航）

$+ m_{11}$（轰炸机）m_{12}（轰炸机）$+ m_{11}$（不明）m_{12}（轰）$+ m_{11}$（轰）m_{12}（不明）

$+ m_{11}$（不明）m_{12}（不明）$= 0.24 + 0.43 + 0.06 = 0.73$

或者另一种方法求

$c_1=1-\{ m_{11}$（民航）m_{12}（轰炸机）$+ m_{11}$（轰炸机）m_{12}（民航）}

=1-（0.3*0.5+0.4*0.3）

= 0.73

$$\sum_{\cap A_j=\{\text{民航}\}} \prod_{i\, 1\leqslant j\leqslant 2} m_{1j}(A_i)$$

$= m_{11}$（民航）m_{12}（民航）$+ m_{11}$（民航）m_{12}（不明）$+ m_{11}$（不明）m_{12}（民航）

= 0.24

从而

m_1（民航）=0.24/0.73=0.32876

同理可得

m_1（轰炸机）=0.43/0.73=0.58904

m_1（不明）=0.06/0.73=0.0822

m_2（敌轰炸机 1）=0.24/0.49=0.48979

m_2（敌轰炸机 2）=0.19/0.49=0.38755

m_2 （我轰炸机）=0.05/0.49=0.1024

m_2（不明）=0.01/0.49=0.020408

m_3（我机）=0.76/1=0.76

m_3（不明）=0.24/1=0.24

故

$c=1-\{ m_1$（不明）m_2（敌轰 1）m_3（我机）$+ m_1$（不明）m_2（敌轰 2）m_3（我机）

$+ m_1$（轰炸机）m_2（敌轰 1）m_3（我机）$+ m_1$（轰炸机）m_2（敌轰 2）m_3（我机）

$+ m_1$（民航）m_2（敌轰炸机 1）m_3（我机）$+ m_1$（民航）m_2（敌轰 1）m_3（不明）

$+ m_1$（民航）m_2（敌轰 2）m_3（我机）$+ m_1$（民航）m_2（敌轰 2）m_3（不明）

$+ m_1$（民航）m_2（我轰炸机）m_3（我机）$+ m_1$（民航）m_2（我轰炸机）m_3（不明）}

$+m_1$（民航）m_2（不明）m_3（我机）

=1-0.771=0.229

m（轰炸机）=0.002885/0.229=0.012598

m（敌轰炸机 1）=0.0789/0.229=0.34454

m（敌轰炸机 2）=0.06246/0.229=0.2728

m（我轰炸机）=0.0808/0.229=0.3528

m（我机）=0.001275/0.229=0.005567

m（民航）=0.00228/0.229=0.01

m（不明）=0.000403/0.229=0.00176

2）分布式计算

如图 9.7 所示，分布式计算的主要思想是：首先在每一个给定的测量周期，计算基于所有传感器所获得的融合后验可信度分配，然后基于在所有周期上所获得的融合后验可信度分配计算总的融合后验可信度分配。

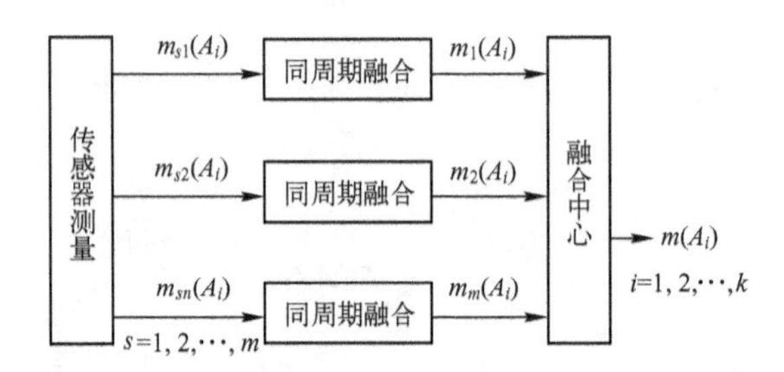

图 9.7　分布式计算

分布式计算的步骤如下。

（1）计算在每一测量周期上所有传感器所获得的各个命题的融合后验可信度分配

$$M_j(P)=c_j^{-1}\sum_{\cap A_j=P}\prod_{1\leqslant s\leqslant m}m_{sj}(A_i)\ \ (P\subseteq\Theta) \tag{9-70}$$

其中

$$c_j=\sum_{\cap A_i\neq\phi}\prod_{1\leqslant s\leqslant m}m_{sj}(A_i) \tag{9-71}$$

特别地，“未知”命题的融合后验基本概率分配为

$$u_j=c_j^{-1}u_{1j}u_{2j}\cdots u_{mj} \tag{9-72}$$

（2）基于各周期上的基本概率分配计算总的融合后验可信度分配，即

$$m(P)=c^{-1}\sum_{\cap A_j=P}\prod_{1\leqslant j\leqslant n}M_j(A_i)\ \ (P\subseteq\Theta) \tag{9-73}$$

其中

$$c=\sum_{\cap A_i\neq\phi}\prod_{1\leqslant j\leqslant n}M_j(A_i) \tag{9-74}$$

特别地，“未知”命题的融合后验基本概率分配为

$$u = c^{-1}u_1u_2\cdots u_n \tag{9-75}$$

对于上面的例子，应用分布式计算方法，容易计算得到第一周期和第二周期的各命题的 3 种传感器融合的可信度分配为

第一周期:

m_1（轰炸机）= 0.038278； m_1（敌轰 1）= 0.267942；

m_1（敌轰 2）= 0.200975； m_1（我轰）= 0.392345；

m_1（我机）= 0.043062； m_1（民航）= 0.028708；

m_1（不明）= 0.028708

第二周期:

m_2（轰炸机）= 0.060729； m_2（敌轰 1）= 0.340081；

m_2（敌轰 2）= 0.340081； m_2（我轰）=0.182186；

m_2（我机）= 0.016195； m_2（民航）= 0.036437；

m_2（不明）= 0.024291

从而，我们可以得到两周期传感器系统对融合命题的基本概率分配为

m（轰炸机）=0.011669； m（敌轰 1）=0.284939；

m（敌轰 2）=0.252646； m（我轰）=0.400814；

m（我机）=0.041791； m（民航）=0.006513；

m（不明）=0.001628

9.4 情报信息综合识别实例

本节以一个海战场多传感器目标综合识别为例，说明上述信息综合处理技术的军事应用。

9.4.1 目标综合特征信息

在海战场多传感器目标综合识别中所用的传感器功能、性能各异，它们所能提取的信息也不同。这些传感器所提供的信息根据其特点分成位置信息和身份信息。位置信息是指那些用来描述目标运动状态的动态参数，通常包括位置经纬度、高度、速度、加速度以及相对本舰的一些参数等；身份信息是有助于确立目标身份的有关信息。根据当前我海军装备的传感器类型，这里假设从以下方面取得识别信息。

1. 电子侦察信息

电子侦察设备可以得到目标电子设备的载频、脉宽、脉冲重复频率等参数，利用脉冲重复频率、载频上下限、脉宽上下限与相关数据库数据进行比对，可以得到一定概率的目标电子设备的国籍、装备的平台等信息。由于初期数据库数据较少，可通过不断识别，将具有一定可信度的目标特性增加到相关数据库中，用于后期查询。

2. 目标运动特性

通过目标航速、加速度、平均旋转角速度、空中平均最小速度、平均爬升速度、平均最小盘旋半径以及平均俯冲速度等目标运动特性，与相关数据库数据进行比对，得到

目标种类信息。

例如，一般空中目标速度大于水面目标的速度，一般固定翼飞机的最小速度为 60m/s 左右，直升机的最大速度为 100m/s 左右，一般敌方飞机的巡航速度在 240m/s 左右，水面舰船的巡航速度一般为最大速度的 75%左右，大型舰船会在较远的距离被探测到，而小型舰船一般在较近的距离被探测到。

3. 目标位置信息

通过目标高度、深度等信息，得到目标类型信息。通过目标航向、经纬度、航迹等信息，和数据库中航路相比对，得到目标属性信息。

4. 目标图形、图像信息

通过目标图形、图像等信息，和数据库中有关图形、图像相比对，得到目标属性、类型、种类信息。

5. 敌我识别器特征

通过敌我识别器识别信息，得到目标属性、类型、种类信息。

6. 雷达回波信息

通过雷达回波的截面积（RCS）、幅度以及目标的航向等信息，和此雷达回波数据库相比较，得到目标类型、种类信息。

7. 威胁度信息

通过威胁度的变化、目标运动轨迹的变化，判断目标属性信息。

8. 船舶自动识别系统（AIS）信息

AIS 可以提供目标的静态和动态信息。静态信息包括编码、呼号、船名、船的长度、宽度、类型、定位天线在船上的位置；动态信息包括船位、精度标示、完好性状态、世界协调时时间、真航向、对地航速、指向、航向状态、外接传感器提供的信息。此外，还有船舶吃水、目的港、预计到达时间等一些附加信息。

9. 其他信息通道

通过情报等来源的数据信息。

9.4.2 基于 D-S 理论和决策树的识别分类方法

这里基于海战场目标综合识别的结果分为三类。

目标属性识别指将目标区分为我方、敌方和中立方。

目标种类识别指将目标区分为空中、水面和水下目标。

目标类型识别指将目标区分为飞机、直升机、导弹、大型舰船、中型舰船、小型舰船、潜艇、鱼雷和水雷等目标。

1. 属性识别

先计算目标隶属“我方”“中立方”“敌方”的隶属值，然后用取最大隶属值作为判定的依据将目标判定为具有最大隶属值的类。设集合 $U=(u_1,u_2,\cdots,u_k,\cdots,u_n)$，式中 u_k 为计算目标属性的第 k 个因素，设模糊集 $A=(a_1,a_2,\cdots,a_k,\cdots,a_n)$，式中 a_k 为第 k 个因素 u_k 所对应的权，一般规定 $\sum_{k=1}^{n}a_k=1$。a_k 的选择需要根据第 k 个因素对判决的重要性或影响程度来决定。

这里建立一个有关目标属性识别的决策树示意图如图 9.8 所示。对于其他传感器信息也可以建立类似的决策树。

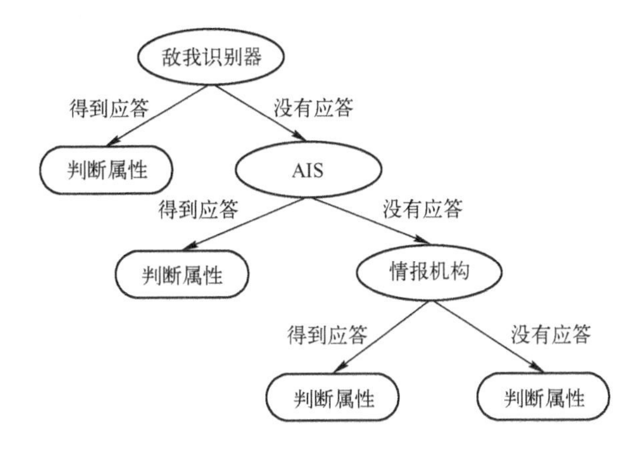

图 9.8　目标属性识别决策树示意图

首先由敌我识别器进行识别，当敌我识别器得到应答时，目标属性被判为“我方”，此时，可以不考虑其他因素，敌我识别器这个因素的权值为 1；当敌我识别器得不到应答时，查看 AIS 信息，如果 AIS 有应答也不考虑其他因素，AIS 权值为 1。当 AIS 得不到应答时，要搜寻情报信息来源，是否有方位、距离、航向、航速、海拔高度等特征和与目标特征相似的信息来源，计算出其隶属值（采用欧式距离来判断，距离为零时为 1，无穷远时为 0，探测器的最小分辨率为区分阈值，阈值和 0、1 之间可以为线性关系或自然对数关系）。

当敌我识别器、AIS 和情报系统的隶属值都为 0 时，可以判断目标属性为非我方目标。此时，可以利用电子侦察设备得出目标属性，其评估体系给出的评估结果可以作为隶属值，设此时数据库比对目标属性为“敌方”，评估体系给出的评估结果为 a_1，那么，其为“中立方”的隶属值为 $a_2=1-a_1$，战术软件对目标的威胁度做出评估，其隶属度可以利用威胁等级的变化量进行度量，设判断目标属性为“敌方”的隶属值为 b_1，其为“中立方”的隶属值为 $b_2=1-b_1$，结合电子侦察设备的判别结果进行度量，以本舰处于目标平台的武器设备攻击范围作为度量的隶属值上界，即此时判断目标为“敌方”的隶属值 b_1 为 1，以受到警告后目标的威胁等级变化量为阈值 b_1=0.5，威胁等级持续上升则 b_1 上升，反之亦然；当电子侦察设备给不出判断结果时，其上限可以是威胁等级的最高级。

图形、图像识别是目标属性识别的另一种有效手段，在信号级目标识别时，图形、图像已经做了相关的处理，简单来说，就是采用区域分割等方法对图像进行预处理，再提取目标的图像特征，最后用模板匹配法或其他更优的方法对其进行比对；图像特征和数据库比对结果可以直接采用，利用其给出的置信值作为隶属度的依据。设目标为“敌方”的隶属值为 c_1，其为“中立方’的隶属值为 $c_2=1-c_1$。

由于本系统是一个可以不断学习的系统，可以从以前的例程中学习到一些隐含的规则，同时可以根据这些规则对例程的覆盖率来得到其置信度，再将其转化为隶属值。设目标为“敌方”的隶属值为d_1，其为“中立方”的隶属值为$d_2 = 1 - d_1$。

利用以上方法便得到了四种隶属值分别为a、b、c、d的信息来源，此时，需要对其进行综合，利用证据理论对这四种隶属值进行证据推理，得到最终的目标属性。

对前面得到的四种证据的隶属值a、b、c、d，利用D-S方法对这些证据进行推理得到的最终的目标属性结果及综合可信度，应汇入信息表中。

属性识别算法流程图如图9.9所示。

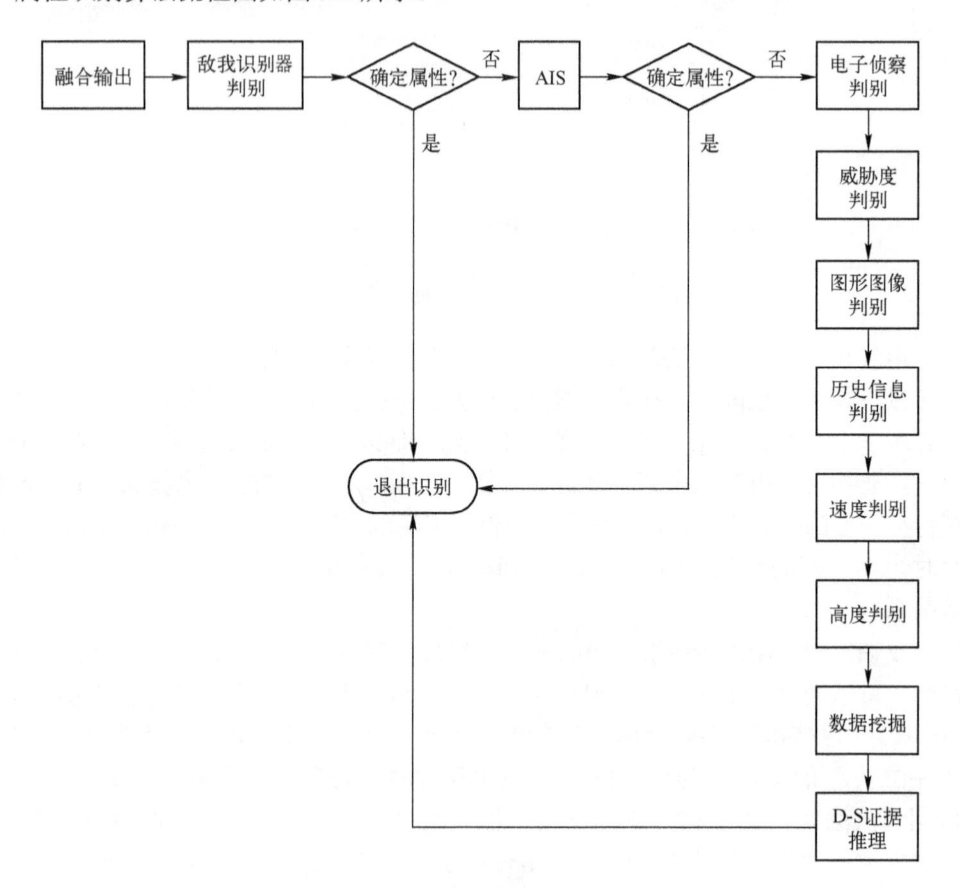

图9.9　属性识别算法流程图

2. 种类识别

先计算目标隶属“空中”“水面”“水下”的隶属值，然后可以用“取最大隶属值”作为判定的依据(即将目标判定为具有最大隶属值的类)。设集合$U = (u_1, u_2, \cdots, u_k, \cdots, u_n)$，式中$u_k$为计算目标类型的第$k$个因素，设模糊集$A = (a_1, a_2, \cdots, a_k, \cdots, a_n)$，式中$a_k$为第$k$个因素$u_k$所对应的权，一般规定$\sum_{k=1}^{n} a_k = 1$。$a_k$的选择需要根据第$k$个因素对判决的重要性或影响程度来决定。

这里建立一个有关目标种类识别的决策树示意图，如图9.10所示。对于其他传感器信息，也可以建立类似的决策树。

首先由敌我识别器进行识别，当敌我识别器得到应答时，目标种类可以通过应答的内容得到，此时可以不考虑其他因素，敌我识别器这个因素的权值为 1；当敌我识别器得不到应答时，查看 AIS 信息，如果 AIS 有应答也不考虑其他因素，AIS 权值为 1。当 AIS 得不到应答时，再根据三坐标雷达的仰角信息判断空中或水面目标；如果没有三坐标雷达，可以根据两坐标雷达探测目标的航速信息来判断空中或水面目标；如果是声纳探测到的目标，同时两坐标雷达没有探测到目标，则其为水下目标；如果通过以上判断认为是水面目标，还可以搜寻情报信息来源来验证目标种类，是否有方位、距离、航向、航速等特征和与目标特征相似的信息来源，计算出其隶属值（方法同属性判断）。再用图形图像进行目标种类识别，然后再综合数据挖掘等方法。

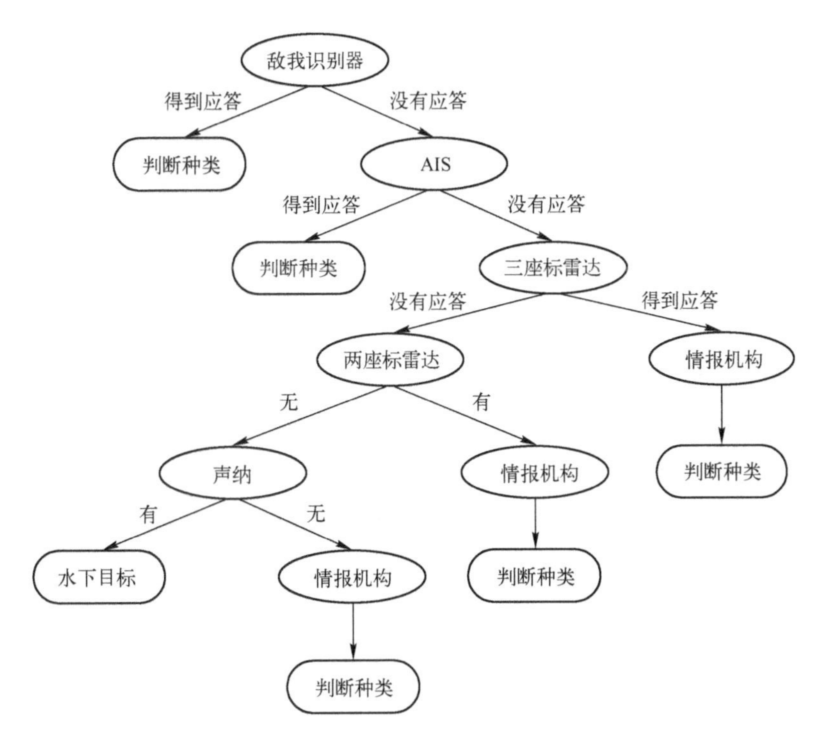

图 9.10 目标种类识别决策树示意图

由于直升机能在水面上作悬停动作，容易误判为水面目标，所以要有一段时间的积累，一旦有水面目标高度、速度达到了空中目标的要求，则可以判断其为直升机。

目标种类识别算法流程图如图 9.11 所示。

3. 类型识别

先通过目标的种类识别将其分为三类（水下、水面、空中），再分别计算目标隶属“飞机、直升机、导弹，大型舰船、中型舰船、小型舰船，潜艇、鱼雷、水雷”的隶属值，然后用“取最大隶属值”作为判定的依据（将目标判定为具有最大隶属值的类）。

设集合$U=\{u_1,u_2,\cdots,u_k,\cdots,u_n\}$，$i\in\{1,2,3\}$，式中$u_k$为计算目标类型的第 k 个因素，设模糊集$U=(a_1,a_2,\cdots,a_k,\cdots,a_n)$，$i\in\{1,2,3\}$，式中$a_k$为第 k 个因素u_k所对应的权，一般规定$\sum_{k=1}^{n}a_k=1$。a_k的选择需要根据第 k 个因素对判决的重要性或影响程度来决定。

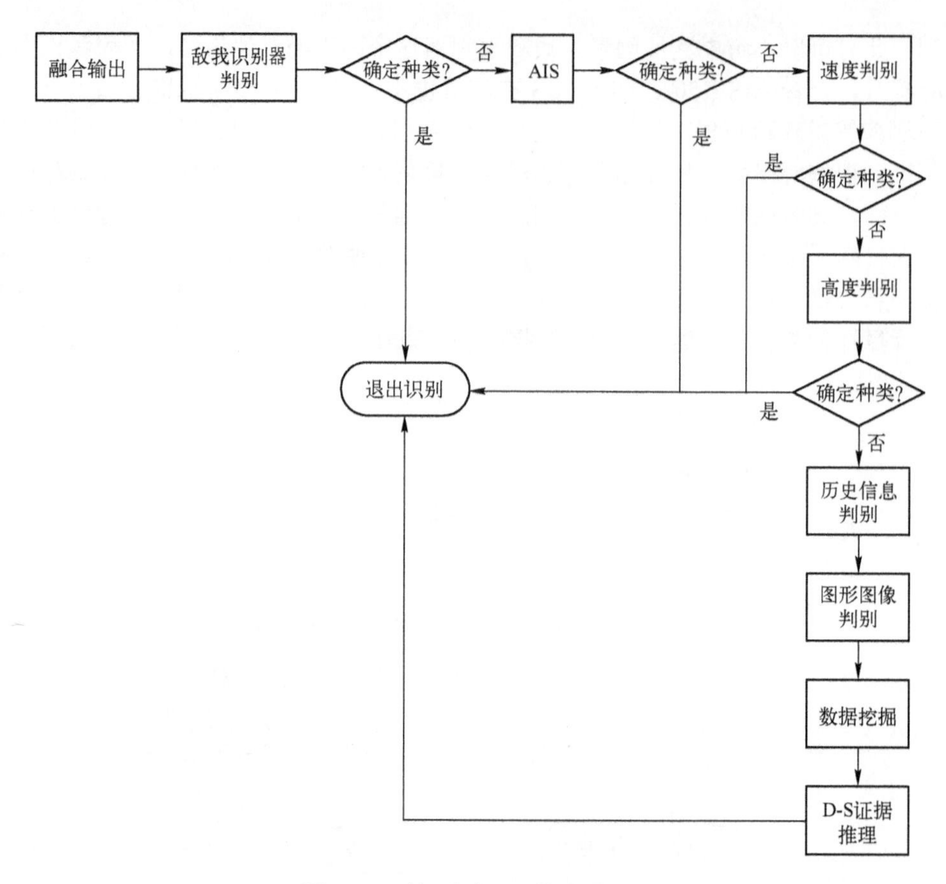

图 9.11　目标种类识别算法流程图

这里建立一个有关目标类型识别的决策树，如图 9.12 和图 9.13 所示。

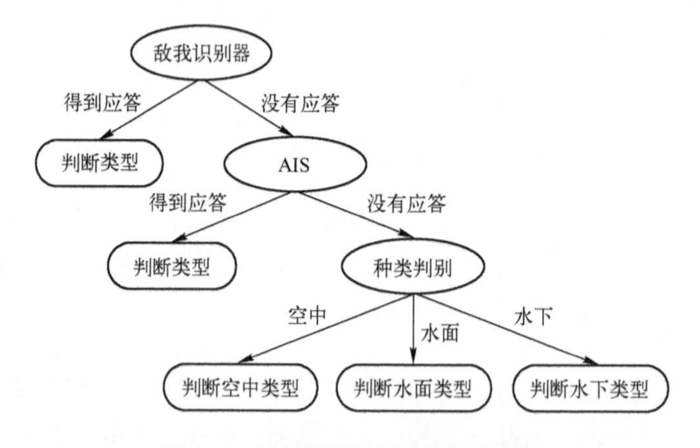

图 9.12　目标类型识别决策树示意图

首先由敌我识别器进行识别，当敌我识别器得到应答时，目标类型可以通过应答的内容得到，此时可以不考虑其他因素，敌我识别器这个因素的权值为 1；当敌我识别器得不到应答时，查看 AIS 信息，如果 AIS 有应答也不考虑其他因素，AIS 权值为 1。当 AIS 得不到应答时，首先根据目标种类将其分为空中、水面和水下三种情况。

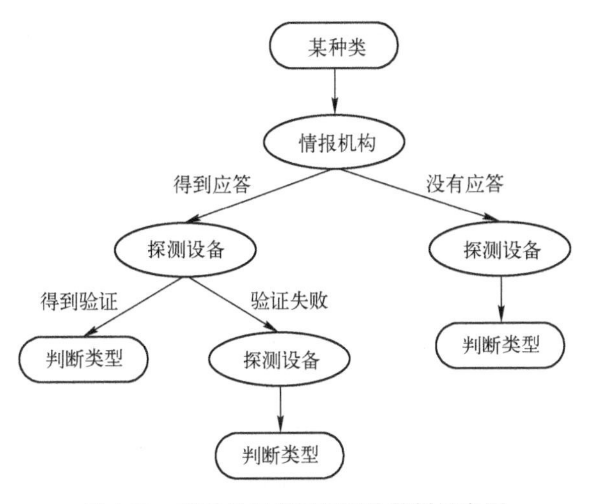

图 9.13　某种目标类型识别决策树示意图

以空中目标为例，要搜寻情报信息来源，是否有方位、距离、航向、航速、海拔高度等特征和与目标特征相似的信息来源，计算出其隶属值（方法同属性判断）。当敌我识别器和情报系统的隶属值都为 0 时，利用三坐标雷达取空中目标回波的截面积（RCS）、幅度来判断目标的类型，可以建立此雷达的回波数据库，在不同航向、不同周期、不同转速、各种大气环境下回波特性是不同的，通过相同条件下的回波比对，判断目标的种类；如果没有回波数据库，可以根据当前的各种回波计算其平均截面积、幅度，根据当前值和平均值比较，得到隶属值。设此时得到的飞机隶属值为 a_1，直升机隶属值为 a_2，导弹隶属值为 a_3，满足 $\sum_{k=1}^{n} a_k = 1$。利用电子侦察设备可以得出目标类型，其评估体系给出的评估结果可以作为隶属值，设此时数据库比对目标类型为“飞机”，评估体系给出的评估结果为 b_1，那么，其为“直升机”的隶属值为 b_2，导弹的隶属值为 b_3，满足 $\sum_{k=1}^{n} b_k = 1$。

图形、图像识别是目标类型识别的一种极为有效的手段，其识别的方法和属性识别相同。设目标为“飞机”的隶属值为 c_1，其为“直升机”的隶属值为 c_2，导弹的隶属值为 c_3，满足 $\sum_{k=1}^{n} c_k = 1$。

与属性识别相同，可以从以前的例程中学习到一些隐含的规则，同时，可以根据这些规则对例程的覆盖率来得到其置信度，再将其转化为隶属值。设目标为“飞机”的隶属值为 d_1，其为“直升机”的隶属值为 d_2，导弹的隶属值为 d_3，满足 $\sum_{k=1}^{n} d_k = 1$。

对于不同的目标类型，其运动特性也不同，比如直升机可以悬停，导弹一般直线飞行，飞机的机动性比较大，这样便可以建立目标运动特性数据库，如最大加速度、平均旋转角速度、空中平均最小速度、平均爬升速度、平均最小盘旋半径以及平均俯冲速度等，利用目标的运动特性和数据库数据进行比对，得到所需要的隶属度。设目标为“飞机”的隶属值为 e_1，其为“直升机”的隶属值为 e_2，导弹的隶属值为 e_3，满足 $\sum_{k=1}^{n} e_k = 1$。

如图 9.14 所示，运用 D-S 推理方法对以上五种隶属值$\{a,b,c,d,e\}$进行综合处理后，得到空中目标的类型信息。

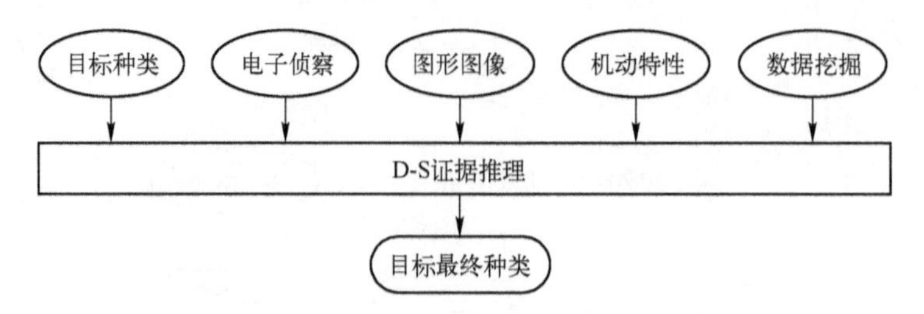

图 9.14　某种目标类型综合判断示意图

对于水面、水下目标来说，其判断的流程、准则和空中基本一样，只是水下目标用声纳来判断，其综合隶属值的判断方法是一样的。类型识别算法流程图如图 9.15 所示。

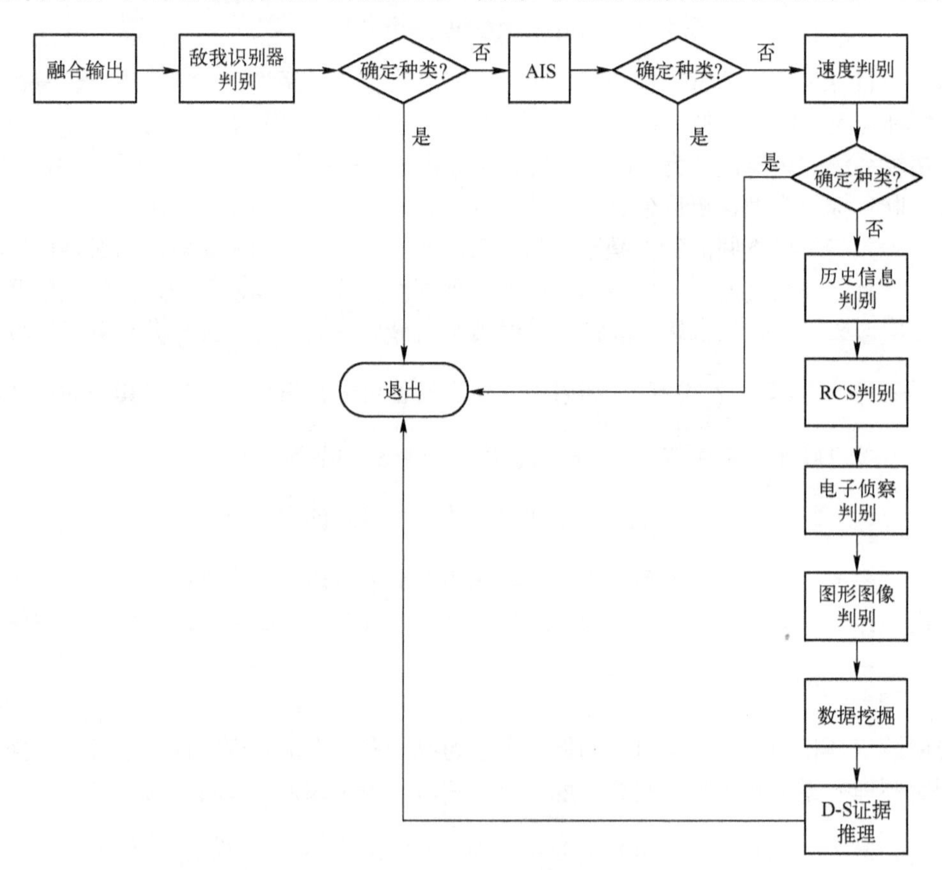

图 9.15　目标类型识别算法流程图

习　题

1．设传感器 1、传感器 2 分别给出两条航迹，其状态估计为 $\boldsymbol{x}_1$、$\boldsymbol{x}_2$，状态估计误差的协方差为 $\boldsymbol{P}_1$、$\boldsymbol{P}_2$，互协方差为 $\boldsymbol{P}_{12}=\boldsymbol{P}_{21}^{\mathrm{T}}$，试给出两个传感器协方差加权航迹融合算法

的系统状态估计和误差协方差公式。

2. 在笛卡儿坐标系中，有 N 部雷达观测同一目标。假定在航迹相关及组合各局部航迹之前，航迹已经外推或平滑至同步时刻。假设 N 部雷达在 k 时刻的目标状态估计为 $\hat{\boldsymbol{X}}_i(k)$，协方差矩阵为 $\boldsymbol{P}_i(k)$，其中，$i=1,2,\cdots,n$，如何利用各局部航迹进行航迹融合？

3. 一个信息融合识别系统有七个信息源，要从 a、b、c 三个可能的目标属性中选出一个作为系统输出结果，这七个信息源的识别结果分别如下：

（1）两个认为 $a\succ c\succ b$（即 a 的可能性大于 c，c 大于 b，a 也大于 b）；

（2）两个认为 $b\succ c\succ a$；

（3）两个认为 $c\succ b\succ a$；

（4）一个认为 $c\succ a\succ b$，

试根据 Condorcet 原则进行综合判决，给出综合识别结果。

4. 假设某多传感器目标检测系统中有 m 个传感器，其中第 i 个传感器的检测率为 P_d^i，虚警概率为 P_f^i，漏检率为 P_m^i。u_i 表示第 i 个传感器的决策值，u_0 为按照各种融合策略得到的全局最优决策。试给出 k/m 表决准则综合决策表达式及其检测概率 P_d 和虚警概率 P_f 表达式。

5. 说明基于 Bayes 统计理论的属性融合识别过程。

6. 设有两个传感器：敌-我-中识别（IFFN）传感器，用于观测 D_1（属性 x：敌、我、中）；电子支援措施（ESM）传感器，用于观测 D_2（机型 O_i：$O_1,O_2,\cdots,O_n$）。两个传感器的似然函数 $P_{\text{ESM}}(D_2\,|\,O_i)$ 和 $P_{\text{IFFN}}(D_1\,|\,x)$ 已知，先验概率 $P(x\,|\,O_i)$、$P(O_i)$ 已知。利用 Bayes 统计理论给出融合敌我属性和机型的后验概率表达式。

7. 在 D-S 证据理论的第二个例子中，试计算：

（1）基于 IFF 传感器两个周期累积量测对我机和不明目标的融合后验可信度分配值 m（我机）和 m（不明）；

（2）第一个周期内基于三个传感器累积量测对我机和不明目标的融合后验可信度分配值 m（我机）和 m（不明）。

8. 假设两个（含两个）以上雷达探测两个（含两个）以上目标，各自形成单部雷达跟踪航迹，在第 8 章自己设计的多雷达航迹关联方案基础上设计航迹综合算法。

9. 假设两个（含两个）以上 ESM 探测两个（含两个）以上目标，各自形成单个 ESM 方位和信号特征，在第 8 章自己设计的多 ESM 关联方案基础上设计信息综合算法。

10. 假设两个（含两个）以上 ESM 探测两个（含两个）以上目标，各自形成单个 ESM 方位和信号特征，在第 8 章自己设计的雷达-ESM 航迹关联方案基础上设计信息综合算法。

第 10 章　战场态势综合处理技术

利用各种传感器以及情报侦察手段，通过前面介绍的情报信息处理的目标探测、识别、定位、跟踪技术，以及多源情报信息综合处理技术，可以得到战场目标信息，如目标属性、类型、位置参数、运动参数等。在此基础上，利用战场态势综合处理技术能够生成战场综合态势，并进行态势展现和态势共享。本章介绍战场态势综合处理技术，包括战场态势估计技术、战场态势可视化技术和主动态势服务技术，战场态势估计技术解决态势感知、态势理解和态势预测问题，战场态势可视化技术解决态势展现问题，主动态势服务技术解决战场态势共享问题。

10.1　战场态势的基本概念

指挥决策是军事行动的基础，而正确的指挥决策取决于对战场环境信息、战场态势信息的准确和实时的掌握，取决于对战场空间的一致性了解，以及对战场态势的正确评估和判断。战场态势综合处理技术是在目标信息基础上，结合战场自然环境、作战指挥辅助信息，对战场各要素进行有效综合，生成战场综合态势，并建立有关全局战场空间的连续、直观、动态的态势展现。最终在对战场态势信息正确理解的基础上，通过科学的推理方法对未来战场态势进行合理推演和预测，达到辅助指挥员决策的目的。

10.1.1　态势与态势要素基本概念

军事行动是在一定的战场空间中进行的，战场空间中各个实体以及实体之间的联系对军事行动有着极其重要的影响。战场态势（Battlefield Situation，BS）指战场空间中兵力分布和战场环境的当前状态和发展变化趋势，是对战场空间各组成要素的诸属性状态信息的描述，包括静态描述与动态描述。战场态势包含敌、我、友和中立等多方当前军事力量（如兵力、兵器等）的部署和未来一段时间内的可能动向变化。

战场态势是战场感知能力（Battlefield Awareness Capability）所实现的最终产品，旨在为指挥员作战决策和指挥控制提供支持。战场感知能力包括信息获取能力、精确信息控制能力和一致性战场空间理解三个要素，信息获取能力是指及时、充分、准确地提供敌、我、友和中立部队的状态、行动、计划和意图等信息的能力；精确信息控制能力是指动态地控制和集成战术指挥、控制、通信、计算机、情报、监视与侦察（C^4ISR）资源的能力；一致性战场空间理解能力是指参战人员对参战各方和地理环境理解的水平与速度，作战部队与保障部队对战场态势一致性理解的能力。战场感知除传统的侦察、监视、情报、目标指示与毁伤评估等内涵以外，还包括信息共享及信息资源的管理与控制。利用战场感知能力可一致性地理解与预测战情，控制战争进程，夺取作战优势。

战场态势要素也称为战场态势估计要素，是指构成战场态势的兵力、环境、事件和估计等诸类要素。不同的战场态势包含不同的态势要素。与一个作战目标对应的一个或多个待验证的战场态势假设会随着作战目标改变而变化，甚至在一个作战目标下的不同作战阶段或时节都存在差异。因此，确定一个战场态势假设及其构成要素，并依据战场目标变化确定战场态势要素及其相互关系的发展和变化，予以及时估计与更新，是检验一个指挥员的态势判断能力和作战指挥能力的重要内容。

态势要素通常带有不确定性（模糊性和随机性），对态势要素的发展变化及其不确定性的估计，构成了战场态势估计的主要内容。抛开具体的特定作战目标，从总体上讲，战场态势由五类要素构成：兵力部署与作战能力类；重要动态目标类；战场环境类；社会/政治/经济环境类；对抗措施类。每类所包含的态势要素分层结构如图 10.1 所示。需要特别指出的是：对抗要素是从其他四类要素中提取出来的，表示双方可能产生对抗的兵力、动态目标、地点和环境以及可能的冲突样式和产生的结果预测等。

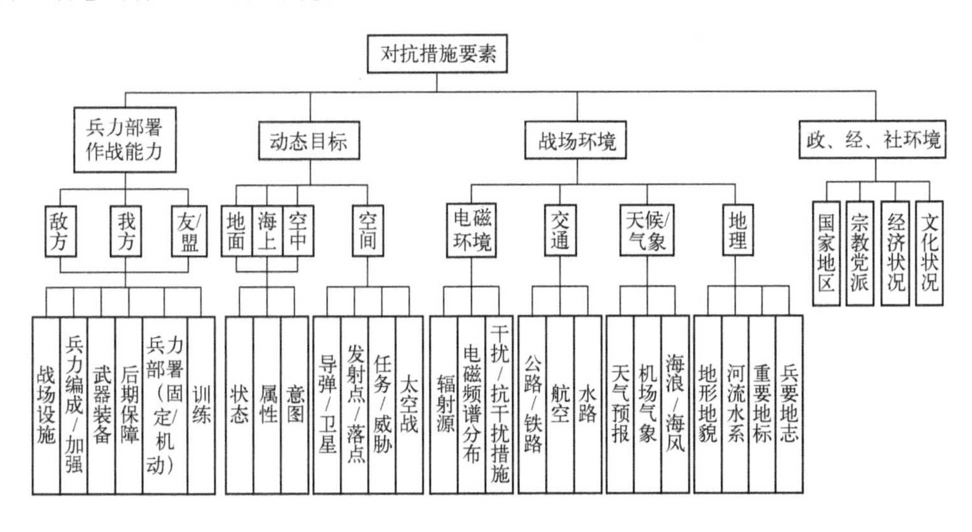

图 10.1　态势要素的层次结构

信息化战争条件下，传统的各兵种的单一战场作战形式已经不复存在，各作战单元、作战保障支援单元是在多维战场空间或者全局战场空间条件下进行协同行动，达到作战资源和作战进程的最大优化，因此，联合战场态势这一概念已成为各军事强国研究联合指挥与联合控制体系的一个重要基础。

联合战场态势将局部战场多维的态势信息空间，以及全局战场全维的态势信息空间，以整体的方式向高层决策者加以描述，同时进行有效的可视化显示。在联合战场态势中，一方面，对各种独立、分散、单一的地理空间环境信息进行融合处理，形成一体化的地理空间情报；另一方面，将地理空间情报与其他战场要素进行融合，形成包含各种作战要素的一体化作战环境。

战场态势是战场中时空相关事实的集合，战场空间内各类军事单位，包括作战单元、后勤补给单元以及自然环境要素的各种状态信息，统称为战场态势信息。战场态势信息是战场信息的重要组成部分，用来表示影响部队作战能力的军事部署、实力及战斗状况，一般由战场环境信息以及作战态势信息两部分组成。战场环境信息包括战场自然环境以及电磁环境信息，作战态势信息包括敌我双方兵力部署情况、双方兵力运动变化信息、战场数据融合系统处理结果信息等。战场态势信息是具有时间维、空间维以及其他众多属性维的多维特征数据。其中，空间维处理战场态势数据的方向、距离、层次、位置等空间属性，属性维表示空间数据所代表的空间对象的性质及属性特征，时间维描绘空间对象随时间的变化而在空间维和属性维上发生的变化。

随着传感器技术的发展，战场态势信息的获取途径也在不断扩展，信息的种类和数量达到空前规模。对战场态势信息进行有效的分类和管理，便于及时准确地查询态势信息，为态势分析、可视化和预测提供依据。从空间位置上分，战场态势信息可以分为陆战场、海战场、空战场与空间战场的态势信息；从影响因素分，可以分为影响战场空间的指挥因素信息、政治因素信息、环境因素信息等；根据战场指挥员关注的态势信息分类，可将战场态势信息分为以下几方面。

（1）位置和状态信息。表示我军、敌军、友军和中立军的海陆空天等作战单元的当前位置、状态信息及兵力部署。

（2）运动和移动信息。表示作战单元的运动航迹。

（3）战场环境信息。可能影响作战单元部署的天气信息、战斗损伤评估信息、地理信息、核信息和生化信息、电磁信息等。

（4）作战指挥辅助信息。包括作战地域、预测、告警、战斗计划、任务指令等信息。

（5）控制信息。对战场信息回放、显示等的控制信息。

10.1.2 态势估计的基本概念

战场态势估计（Situation Assessment，SA）的目的是确定战场态势假设及其构成要素，并依据战场目标变化确定战场态势要素及其相互关系的发展和变化。在军事应用领域中，态势估计至今没有统一的定义。态势估计的功能性描述是根据参战各方力量的部署及作战能力对战场画面进行解释，识别敌方意图和作战计划的过程。它基于对态势要素的分析来解释和表示战场情景，指出敌军的行为模式，推断出敌军的意图，并对未来时刻的态势变化进行预测。态势评估技术有助于指挥员准确把握战场形势，抓住敌方行动要点，了解作战效果，预测战场未来发展，为指挥员指挥决策提供可靠依据。

战场态势估计的最原始概念是对战场上兵力分布状态及其发展变化趋势的估计过程。由于战场兵力分布及其发展变化依赖于作战双方的企图/目的、作战能力及战场环境，因此态势估计已超出战场感知领域，更超出情报范围，而成为作战领域中指挥员所遂行的一项不可或缺的任务。态势估计概念上经历了以下三个阶段。

一、态势感知概念

态势估计概念来源于态势感知（Situation Awareness）。1988 年，美国心理学家 Endsley M.R.在分析飞机驾驶员和领航员对空中环境和飞机状态的感知程度对他们活动行为的影响时，给出了态势感知的定义“态势感知是在一定时空范围内对环境元素的察觉、对其涵义的理解及未来状态的预测”。1995 年，Endsley 提出了态势感知的三级模型，他认为对信息的了解是时间和空间域中的当前态势要素被察觉、认识、理解并被预测的处理过程，在态势感知中可解释为决策者对当前态势的思维模式。由此可知，可将态势感知分为三级，如图 10.2 所示。

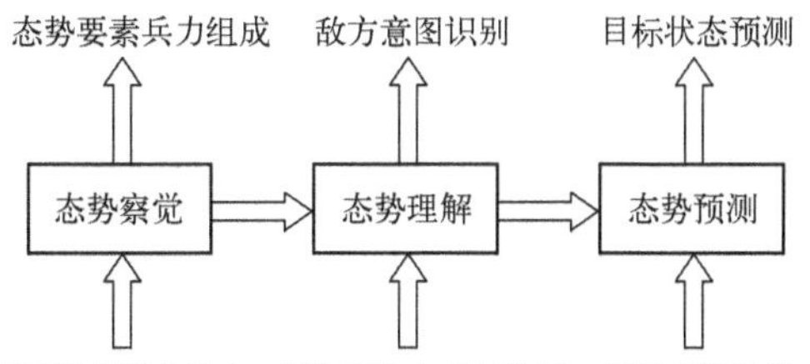

图 10.2　态势感知的三级模型

（1）一级态势感知。当前态势察觉（Situation Perception），是态势感知的最低层。提取态势要素，对实时到达的数据结合领域知识进行处理。此阶段尚未完成感知数据的解释，只是形成一个原始态势画面。

（2）二级态势感知。当前态势理解（Situation Comprehension），本质上是分析这些态势要素的含义，并形成一个态势估计画面。将态势特征向量与领域专家的军事知识相结合去解释当前态势，对敌方作战意图和计划部署进行识别。

（3）三级态势感知。未来态势预测（Situation Prediction），是态势感知的最高层。根据态势理解的结果预测未来战场态势，涉及对态势要素的未来状态、关系、事件的预测，从而使决策人员可以预先采取措施，适时处置可能出现的问题。

未来态势预测是指基于对当前态势的理解，对未来可能出现的态势情况进行预测，即已知 t 时刻的态势 $S(t)$，求 $\{S(t+t_1),S(t+t_2),\cdots,S(t+t_n),\cdots\}$。对应于不同级别，可以预测军事单元的未来状态，也可以预测全局态势演变（如由攻击状态转变为防御状态等）或预测敌方作战意图。

由于战争的复杂性与突变性，使得对战场作战单元未来高级行为的预测与估计十分困难，但是由于受到技术性能的制约和作战意图的约束，当前时刻和未来某时刻作战单元的位置和运动参数存在一定的连贯性，即在较短的一段时间内，其位置和运动参数不可能发生较大的变化，这就为战场态势的可预测性提供了一定的依据。可以结合战场运动目标的时空数据模型，根据目标航迹的状态方程、机动性、作战目的等，对作战单元未来位置的变化进行预测。

二、JDL 态势估计概念

在大量关于态势估计功能的描述中，为大多数人所接受的是由 JDL 于 20 世纪 90 年代给出的定义。该定义指出“态势估计是建立作战活动、事件、时间、位置和兵力要素组织形式的一张多层视图。该视图将所获得的所有战场力量的部署、活动和战场周围环境、敌作战意图及机动性有机结合起来，分析并确定发生的事件，估计敌方的兵力结构、使用特点，最终形成战场综合态势图”。

JDL 的这一概念实际上是将战场态势概念和态势估计概念联系起来，战场态势的层次结构和各层次的态势图就是各层次的态势估计结果（产品）。由于概念中既含有各种探测、侦察手段获得的战场环境、兵力分布与活动情况，又含有对作战计划（兵力结构、使用特点）、作战意图、作战行为（机动性）的估计与判断结果，因此关于态势的概念和结构实际上已涵盖了态势估计的主要内容。这个概念摈弃了态势的静态性和被动（观测）性，强调了态势的动态性（发展变化）和主动性（估计、预测、控制），并将态势估计与对作战的支持紧密结合起来。

三、信息融合五级模型

在21世纪初建立的信息融合系统JDL五级模型（图6.7）中，态势估计对应于第2级的高级融合。第0级为联合目标检测，第1级为目标估计，第2级为态势估计，第3级为效果评估，第4级为过程优化。可见，态势估计是基于第0级和第1级融合的结果实现的，这两级对战场目标进行融合检测与估计，但对于动态目标的状态是独立确定的，很少考虑目标之间的相互关系。态势估计则在各单一目标估计基础上，考虑战场诸多目标及战场环境总体，估计战场态势对敌我双方作战目标/企图及所采取作战行为的影响。从而将人们对战场的认识与理解从各个单一的目标点（航迹）扩展到线（攻/防边界）和面（攻/防区域）。

态势估计的重点是估计各个战场目标间的关系，包括己方目标之间的协同关系，他们的行为/状态与总体作战企图的关系，敌我目标之间的冲突（交战）对抗关系，以及战场事件的估计或预测结果对双方作战目标的影响等。因此，第0级和第1级融合所获得的目标状态与属性的准确性和实时性对态势估计具有重要的影响；态势估计的准确性与实时性则直接影响到指挥决策的正确性和动态规划能力、战场预警的准确性和预警时间。可见，态势估计功能的建立能提高战场态势感知能力，更加贴近于作战对感知的需求，从而极大地增强了信息融合系统对作战的支持效能。

第0级和第1级融合来源于战场物理域，是通过联合探测和目标融合估计实现的；态势估计则是物理域、信息域、认知域和社会域的综合结果，依赖于第0级和第1级融合所获得的目标状态与属性，在此基础上，结合其他非实时感知信息（侦察情报、中长期情报、我方作战方案/计划，以及其他政治/社会信息等），通过对未来各方作战行为和战场事件的自动分析预测，以及指挥员的人工判断预测，进行自动和人工相结合的态势处理。

10.1.3 对敌意图识别的基本概念

在战场态势估计任务中，识别敌方意图是其主要目的之一。对敌意图识别的推理过程是依据丰富的领域知识，根据传感器以及其他数据源提供的战场态势信息，生成态势特征向量，通过识别推理机制，判断敌方部署和行动企图，是对敌方作战意图和作战计划的识别。在作战过程中，实时自动地评估和预测敌方可能的目的、欺骗、行动和位置，有助于指挥的安全与高效。

孙子曰："知彼知己，胜乃不殆"，可见对"知"的重视程度非常高。这个"知"中除了基本的作战情报外，很重要的一点就是对敌方意图的识别。能正确识别敌方作战意图，就能料敌先机，根据敌方意图做出正确决策，提前部署，在战术或战略上取得优势；反之，如不能正确识别敌方意图，或对敌方意图判断错误，则可能做出错误的决策，最终可能出现一招不慎、满盘皆输的局面。在作战中，敌我双方都千方百计地通过各种办法来伪装自己、隐蔽行动，或者制造种种假象来误导和欺骗对方。其本质就是掩饰自己的意图，降低对方"知彼"的程度。同时，大量收集情报，采用各种方法手段进行分析，以便能正确识别对方意图，达到"知彼"的目的。

一、意图识别的基本概念

我军《军语》中对"意图（Intention）"的定义为："期望达到某种目的的基本设想和

打算”，这里的打算是指计划或预定要达到的目标。意图可以分为作战意图和一般意图，作战意图主要是对军事作战而言，敌我双方的意图具有敌对性和对抗性；一般意图则是对非军事行动而言的，它区别于战场中的敌对状态的意图。

军事领域的作战意图（Operational Intention）定义为：指挥员及其指挥机关为完成一定作战任务的基本设想和打算。

敌方意图包括两层含义：第一层是指战场上敌方作战平台将来可能的行为，即意图决定了作战平台对行动的选择；第二层是指敌方作战平台试图完成的任务，即意图是以作战目的引导的作战平台行为。因此，敌方意图可以理解为敌方作战平台希望达到某种作战目的而采取的一系列作战行动计划。

战场目标意图具有对抗性、动态性、稳定性、欺骗性等特征。

（1）对抗性。敌方作战意图是完成某项作战任务，而我方作战意图是阻止其完成任务，双方的作战意图存在着对抗性。

（2）动态性。表现为作战意图的阶段性和变化性。

（3）稳定性。敌方的目标意图和阶段意图均具有相对稳定性，除非遂行作战意图的条件发生根本变化。

（4）欺骗性。作战双方都会隐藏己方的意图，更可能表现出欺骗性的作战意图。

能够直观反映敌方意图的作战计划及作战目的并不能被直接观察到。战场空间所能直接观察到的只是敌方作战平台的特定行动或活动，而这些活动隐含着敌方意图。战术意图的稳定性说明战术意图是可识别的，意图识别就是从观察得到的态势信息中分析判断出其意图。

对敌作战意图识别（Adversarial Intent Recognition）是指对战场中各种信息源得到的信息进行分析，从而对敌方的作战设想、作战打算、作战计划进行解释和判断。这里的意图识别，是在战场（Battlefield）这个特殊的环境下进行的，包括“陆”“海”“空”“天”“电磁”五维空间。由于作战意图具有欺骗性，因此意图识别需要综合利用各种特征进行，作战意图的动态性决定了战术意图识别是一个连续在线进行的过程，而不是短时行为。

针对“对敌作战意图识别”的概念，有一种观点认为其强调的是识别出敌方最终希望达到的状态，也就是只关心敌方期望的结果，而忽略敌方为了实现结果而实施的具体行动过程。该观点对于人脑的意图识别过程而言是合理且可能的，但是对于用于战场态势估计的计算机来说，是无法跨越分析过程而直接得出结论的，计算机只能通过可以观察到的战场态势信息，自底向上来识别敌方的真实作战意图。也就是说，一旦识别了敌方的“意图”，就意味着同时也完成了对敌方“意图”实现过程（敌方作战计划）的识别。

由此可知，对敌意图识别不仅仅是要识别敌方的意图，还要识别敌方的作战计划，这就涉及到了计划识别的范围。所谓计划识别（Plan Recognition）是指根据敌方的行为序列来推断其军事行动过程（Courses of Action），即完成军事任务的详细计划，包括时间和空间上的安排和部署。

根据作战层次的不同，对敌作战意图识别可以分为对敌战略意图识别、对敌战役意图识别和对敌战术意图识别等。对敌战略意图识别是指针对对国家利益存在潜在威胁的对手与我方可能发生战争的时机、战争的性质、特点和发展趋势进行评估和判断，对敌方所制定和采取的准备以及实施战争的策略、方针和方法进行评估和判断；对敌战役意图识别是指对战区内敌方将要达成的战役目的进行评估和判断；对敌战术意图识别是指对战斗区域内敌方将要达成的战术目的和作战计划进行评估和判断，也就是依据各种信息源得到的信息，结合参战各方力量的部署、战场环境、敌方战斗序列战术条令理解和我方所承担的作战任务，对战术态势进行解释，辨别敌方战术意图和作战计划的过程。

二、对敌战术意图识别问题描述

相对于对敌战略意图识别和对敌战役意图识别，对敌战术意图识别要处理的对象更加具体，对识别的实时性要求也较高。目标战术意图识别过程中需要考虑的要素包括目标实时量测数据与有关情报、作战双方作战规律与原则、兵力兵器使用特点、环境和对方指挥的习惯等。其一般过程包括根据信息源提供的信息，进行敌战术意图特征提取，然后通过一定的识别推理机制，得到对敌战术意图的识别结果。

信息源是对敌战术意图识别的依据，信息源可分为三类：传感器数据、数据链数据和技情侦数据。

传感器数据是指各种雷达、声纳和红外等提供的数据，包括有源传感器（如微波雷达、激光雷达和声纳等）和无源传感器（如热成像、红外以及摄像系统等）。这里提供的数据类型包括目标的位置估计、航迹数据、敌我识别以及更高层次的目标属性的识别等。其中，雷达系统负责得到目标的距离、方位角和俯仰角和目标速度，并从目标回波中取得更多有关目标的信息；声纳系统主要用来搜索水下目标（潜艇、水雷、海底探测器等）；敌我识别系统（IFF）主要完成空中、海上目标的识别和跟踪。对上述传感器数据进行融合可以获得目标的位置估计，航迹数据以及更高层次的目标识别属性等。

数据链数据是指从远端的己方其他载体（如军事卫星、舰艇、军用飞机、岸基指挥所）通过数据链系统传来的数据。它除了提供与雷达系统相同的数据类型之外，还可以提供上级的通报或指令性数据，以及人工情报和截获敌方通信分析而得出的敌方情报等。

技情侦数据是指人工处理过的预知数据，包括以下几方面。

（1）战场环境数据。如海战场环境应包括海区的气象、潮汐、风流、碍航物、水温和水深等因素。

（2）敌方战术条令数据。如作战指导、战术原则、战术运用、兵力组织、编队队形、攻击方法和疏散队形等。

（3）敌方武器数据。如敌方武器的攻击范围和性能参数，探测装备的探测范围和性能参数，不同环境条件（如舰艇吨位、吃水以及可航行的海域）和气象条件对武器性能的影响等。

（4）我方承担的任务。我方承担的任务不同，所要求识别的敌方战术意图内容也不同。当我方承担进攻任务时，应着重识别敌方的主要防御兵力配置，是否发现我方进攻企图等；承担防御任务时，则应着重识别敌方进攻方向、攻击方法和发动攻击的时间等。

实践证明，传感器及其他数据源所提供的数据包含各种各样的信息，如目标的位置（距离、方位、仰角或高度）、速度、航向、航迹、机动特征以及它们携带的电子设备、武器类型等。但在实际的对敌意图识别过程中，还需要得到用于分析的其他抽象信息，这些信息不能直接获得，可能需要建立相应的模型来对数据进行分析和抽取。总而言之，对敌意图识别，必须首先界定识别的边界，尽量避免被海量冗余数据信息湮没。

战场可以用于判别敌方意图的依据很多，以往战场目标的意图主要通过目标的机动来识别，例如，敌方要对我方某个目标进行攻击，必然会表现出一定的机动动作，从而占据较好的攻击阵位，这种机动称为兵力的展开。随着作战样式的改变和各种远程攻击武器的使用，单独依靠敌方的机动来识别其意图已经变得越来越困难。各种侦察手段的运用也可以为判别敌方意图提供新的依据。综合各种因素，对敌方战术意图的识别要素包括以下几种。

（1）敌方采取的作战队形。敌兵力遂行作战任务时都要采取相应的队形，如敌水面舰艇防空时和护航时采取的编队队形就大不一样，因此敌水面舰艇编队采取的队形，也是我方识别其作战意图的依据之一。

（2）敌兵力的类型。不同类型的兵力携带不同的武器装备，其战术技术性能也有差别，适合执行的任务也有区别，敌方在制定作战计划时，必将仔细考虑这一点，以发挥各类兵力的优点，充分发挥其作战效能。因此，敌方兵力的类型是识别其战术意图的重要依据之一。

（3）敌兵力的机动特征。敌兵力航向、航速的变化直接反映了其战术意图。例如，使用武器进行攻击或防御，应该满足武器的发射条件（射程、射界等），因此必须进行相应的机动。航向、航速的变化在态势上综合表现为与我方兵力相对位置（距离、方位和舷角）的变化，并且这种变化是有其战术目的的，如航向变化包括直航（驶近目标和驶离目标）、曲折机动和转向（向我转向和背我转向）等。敌兵力在遂行不同的作战任务时，需采取相应的机动类型，如进攻作战中一般采用接敌机动，包括接近到相遇、占领阵位、最短时间接近到预定距离等，而在防御作战中，一般采取规避机动，包括规避于预定距离之外、规避我方使之在最短时间内距离最大等。敌兵力的机动类型可通过分析计算得到，通过敌兵力的机动特征进行意图识别是较为传统的方法。

（4）敌兵力的电磁声光特征。敌兵力在实施行动时，使用技术器材被我方技术器材所探测到的特征信息，也是我方对其作战意图进行识别的依据，例如，水面舰艇上装备有多种不同功能的雷达，各雷达的工作频率、重复频率、脉冲宽度、天线扫描方式、脉冲幅度等都不相同，使用不同雷达表明了敌方在进行不同意图阶段性的行动。这些电磁声光特征包括雷达信号、红外信号、无线电信号、声纳信号等。

（5）敌我双方对抗作战海域的水文气象条件。作战海域的水文气象条件是敌水面舰艇采取作战行动必须考虑的因素，在一定的水文气象条件下，敌方只能遂行与之相适应的作战任务。作战海域的水文气象条件同样是判断其作战意图的依据。

随着战争进程的推进，以上各个识别要素是不断变化的，因而，对敌意图的识别也是一个不断更新、逐步推进的过程。

10.2 战场态势估计技术

战场态势估计是建立在对战场态势数据的分析基础上，判断战场态势中事件发生的原因以及它们之间的关系，从而帮助指挥人员理解战场情况、预测态势演化，可见，战场态势估计是对战场上获得的数据流的高层次关系进行提取与处理的过程，涉及到众多的因素，其过程更接近于人的思维过程，所以较为复杂。

10.2.1 态势估计技术概述

在国外，态势估计是信息融合中最活跃的研究领域之一，其研究和应用成果主要集中在军事应用领域。自 20 世纪 70 年代中后期至今的 40 多年来，许多国家对态势估计从理论体系和系统实现方法等方面进行了研究和开发，取得了一定的应用成果。目前，世界各国开发的态势估计系统已达到上百个，主要采取认知方法，如人工智能、基于模板的方法、计划识别方法（PR）、专家系统（ES）、黑板模型、贝叶斯网络等实现技术。其中较为典型的有以下几种。

（1）模式类态势识别和基于专家系统的态势模型框架。将态势估计问题看作多层次、多角度和多成员的模式识别问题，态势估计的任务就是确定特征关于给定类的相关性。其中对战场的观察数据称为特征，对当前战场形势的一种描述称为态势类。态势估计的过程就是从结果到原因的逐层推理过程，可视为一个分类问题。

（2）战场情报准备系统（Intelligence Preparation of the Battlefield，IPB）。利用模板来分析态势，该模板通过开发作战条例、态势、战场事件和决策支持四个子模板进行态势估计。其中，作战条例模板将作战条例与情报数据提供的敌方兵力进行匹配，识别敌方的编制序列，生成初始态势；态势模板用于评估战场环境（气候、地理状况）对敌方作战行动的影响，生成实际的敌方战场态势；战场事件模板用于识别出敌人的战场活动事件；决策支持模板则进一步识别敌方的意图，确定应重点关心的作战地域。这些模板通常依据一些作战原则或战斗序列等先验知识进行构造。

（3）基于模板匹配的多智能体计划识别与态势估计系统。其计划识别模型是以多假设形式描述智能体当前和未来的活动，采用自上而下和自下而上两种处理方式。前者用于产生对未来活动的预测；后者是由所观察到的智能体的外在行为来识别假设。通过两种方式的联合使用，可以确定一个可能的多智能体任务集合。

（4）基于规则的专家系统模型。将态势估计归结为一个多假设动态分类问题，认为态势估计的功能是根据不断到来的数据逐步对敌方意图和作战计划进行辨别。

在应用方面，从海湾战场、阿富汗战场以及伊拉克战场等信息化战争的相关资料可知，美国已经拥有较为成熟的联合作战态势估计系统，如 ASAS（全源情报分析系统）向指挥员、参谋人员和单兵提供实时和近实时态势感知能力；共享战场态势图大幅提高了作战人员尤其是下级指挥员和士兵对战场态势的感知能力，从而提高了决策质量和指挥效率；此外，还有美军数字化师的 ATCCS（陆军战术指挥控制系统）、美国海军的 Dragon 系统、敌我态势分析系统（ENSCS）等至少 3 个可操作的系统和 15 个原型系统。

10.2.2 对敌意图识别技术

如前所述，对敌意图识别作为战场态势估计的主要目的之一，其识别推理的结果直接影响到我方指挥员的决策质量。由于技术上的限制，早期的对敌意图识别主要停留在人工推理的阶段，随着科技的进步以及战争形态的根本变化，人的能力已不足以处理迅速到来的海量战场信息。如何利用不断兴起和发展的科学技术来辅助识别敌方作战意图与行动计划部署，已成为现代战争各级指挥员的迫切需求。

一、目标意图识别过程

目标执行其作战意图总是通过一系列动作完成的，其表现为目标状态及其在时序上的变化，因此目标的某个意图可以用一个状态序列来加以表征，根据目标状态来识别目标意图的过程描述为

$$f:\{X_1,X_2,\cdots,X_t\}\to I:\{I_1,I_2,\cdots,I_n\}$$

式中：$X_i(i=1,2,\cdots,t)$ 为目标状态序列中的第 i 个状态，$X_i\{x_{i1},x_{i2},\cdots,x_{im}\}$；$x_{ij}(j=1,2,\cdots,m)$ 为表征第 i 个时序目标状态的第 j 个状态分量值，如目标的速度、航向、距离、方位和特征事件等；I 为目标意图空间，$I_k(k=1,2,\cdots,n)$ 表征目标的意图，如攻击、巡逻、防空和规避等。

目标意图识别过程是将探测到的目标状态序列与目标意图空间的目标意图相匹配的过程，这是一个动态模式识别过程。目标意图空间应包含目标各种可能的意图，每个意图都有一个最合适的目标状态作为依据，这个目标状态称为该意图的标准值。标准值是针对特定作战背景由专家给定的一个取值（可以是固定值也可以是一个取值范围），目标状态的每个状态值用这个标准值来做参照。

战场环境中目标状态复杂多样，每个状态由 N（$N\geqslant3$）个状态值组成，这是一种高维数据空间，数据分布具有稀疏性，低维空间的距离函数和相似度函数不能满足战场多属性分析要求，可以采用高维空间相似度函数对当前目标状态与意图标准状态之间的相似度进行度量。以目标状态与某意图标准状态之间的相似度作为目标状态对该意图的支持程度，从而计算出目标状态序列对目标意图空间各个意图的支持程度，找出最接近目标实际意图的战术意图。目标意图识别过程如图 10.3 所示。

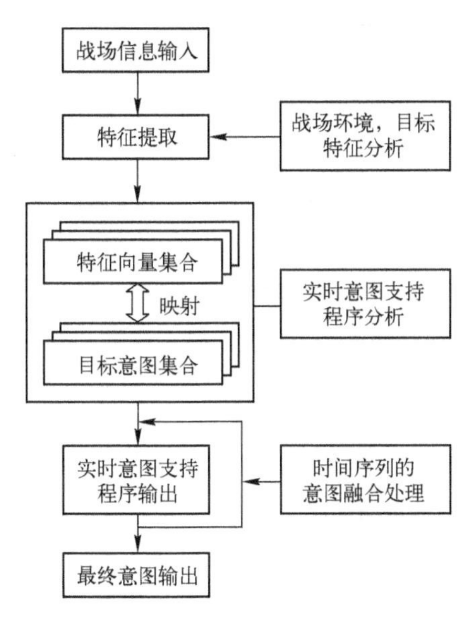

图 10.3　目标意图识别过程

二、对敌意图识别推理模型

根据态势估计的三级结构划分，对敌意图识别的推理过程主要在态势理解阶段完成，也就是根据生成的态势特征向量结合领域专家的军事知识对当前态势进行解释，并判断

敌方部署和行动企图。图 10.4 给出一个对敌意图识别推理模型。

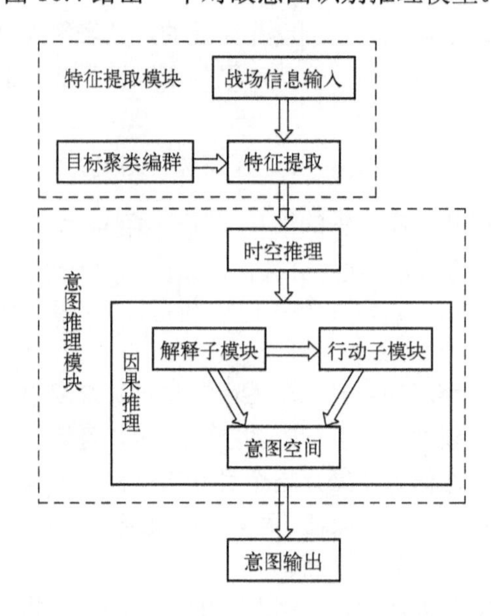

图 10.4　对敌意图识别推理模型

该对敌意图识别推理模型由特征提取模块和意图推理模块组成。

（1）特征提取模块。主要任务是根据传感器数据、数据链数据和其他源数据，对目标状态和属性进行估计，即以某种准则和算法融合多信息源获取的位置、特征参数和身份信息，从而获得单个实体目标（如辐射源、平台、武器、军事单元）的精确表示。即估计目标位置、速度、识别属性及低级实体身份。

（2）意图推理模块。意图推理模块属于态势理解阶段的工作，是整个对敌意图识别推理模型的核心，分为时空推理模块和因果推理模块。意图推理模块由以下三个子模块组成。

① 意图（Intent）空间子模块。构建敌方意图空间，体现敌方所有可能的作战意图、目的和焦点。

② 解释（Explain）子模块。分析当前态势信息中所有可能对敌方决策产生影响的因素，包括敌方信念（敌情）、我方信念（我情）、敌方意图，以及这些因素间的相互关系。通过不确定性推理方法对敌方意图空间中的各意图进行评估和排序，给出敌方所有可能意图的置信度，并将这些参数传入行动子模块。

③ 行动（Action）子模块。体现敌方作战单元本级意图和为了实现这些意图敌方可能采取的行动之间的关系，通过使用解释子模块传来的参数和传感器及其他数据源观察到的敌方行动证据来共同推断敌方真实作战意图。

这里将对敌意图识别所要考虑的战场空间态势要素归纳为四类。

（1）敌方信念（Blue Beliefs）。敌方本身的信念，例如，敌方可能认为其装备与我方装备相比更具优势（事实可能如此，也可能并不是这样），敌方认为其在海战场更加出众，敌方认为战场地形和天气不利于敌方空中作战等（需要注意的是这里将作战环境都归于敌方信念因素中，也就是敌方对作战环境对其是否有利或不利的认识），这些敌方对自身能力的了解，都称为敌方信念变量，用字母 B 来表示。

（2）我方信念（Red Beliefs）。敌方对我方信念的认识，如敌方观察到的我方立场、我方一贯的价值观，又如敌方认为我方机群从我方基地 A 起飞是为了攻击敌方基地 B 等，这些会对敌方的决策过程产生影响的我方因素都称为我方信念，用字母 R 来表示。

（3）敌方意图（Blue Intent）。敌方的目的或者希望达到的最终状态。进一步又可将目的分为上级意图、本级意图和下级意图，用字母 I 来表示。

（4）敌方行动（Blue Actions）。敌方为了实现其意图所实施的行动，用字母 A 来表示。

对敌意图识别其实是一个“先假设，后验证”的过程，整个对敌意图识别推理模型的建模过程分为以下四个步骤。

（1）初始化，定义敌作战意图的数目和名称，构建敌方初始意图空间 $I=\{I_1,I_2,\cdots,I_n\}$ 。

（2）在解释子模块中，我方根据当前战场态势和敌方作战原则等因素，模拟敌方决策过程，确定敌方所有可能意图的相对可能性，即对敌方所有可能意图（目标）的可能性排序并评估各个意图的置信度。

（3）根据解释子模块的输出来简化敌方意图空间，剔除可能性很小的敌方意图（需要领域专家视具体情况而定，因为敌方有时为了达到出其不意的效果，会冒险采取我方认为发生概率较小的方案），此时，敌方意图空间为 $I=\{I_1,I_2,\cdots I_m\},m\leqslant n$ 。

（4）根据第（3）步确定的敌方意图空间和解释子模块输出的敌方各意图排序和置信度，以及相关的敌方作战原则等先验知识，构建敌方行动子模块，结合传感器和其他数据源传来的证据（观察到的敌方行动），重新推断敌方各作战意图的可能性（用后验概率表示），如果敌方意图空间中的某个意图的后验概率达到军事专家设定的阈值，则认为该意图即是敌方真正的意图。同样地，根据更新后的行动子模块中各行动新的置信度，我方也可以预测敌方下一步可能采取的行动。

三、态势理解中的不确定性

态势理解阶段的不确定性产生原因有多种：对于知识，随机性、模糊性、知识形成的局限，知识获取的不完全，知识间的不一致等都可能造成不确定性，一些经验知识很难精确表达，也只能模糊表达；在建立系统模型时，由于问题的复杂性，不可能将所有因素考虑进去，只能抓住主要方面，而忽略次要方面，这样建立的系统本身就存在着不确定性；对于推理过程，知识不确定性的动态积累和传递过程也是造成不确定性的原因。态势理解阶段的不确定性主要包括证据的不确定性、知识（产生式规则）的不确定性和推理的不确定性三个方面。

（1）证据或事实的不确定性主要反映在以下几方面。

① 证据的歧义性。证据具有多种含义明显不同的解释，如果离开证据所在环境和证据的上下文，往往难以确定其真正的含义。

② 证据的不完全性。一是证据尚未收集完全，二是证据的特征值不完全。任何一个专业领域的知识都是发展变化和不断积累的，因此，大部分的决策都是在知识不完全的情况下作出的。

③ 证据的不精确性。证据表示的值与证据的真实值之间存在一定的差异。

④ 证据的模糊性。证据的取值范围的边界是模糊的、不明确的。

⑤ 证据的置信度。专家主观上对提出的证据的置信度的信任程度。如果证据不是完全可信任的，在进行决策时，对这样的证据要经过综合处理后才能使用。

⑥ 证据的随机性。证据是随机出现的。

战场空间的证据一般有两个来源：一是由传感器和其他数据源观测而得到的所要求解问题的初始证据。该类证据的不确定性是由观测本身的不精确性引起的，一般由军事专家给出其值；二是在推理过程中利用前面推理出的结论作为当前新的推理证据。由于在前面推理中，所使用的初始证据的不确定性，以及在推理过程中所利用知识（规则）的不确定性，导致了所推导结果的不确定性，该类证据的不确定性则由推理中的不确定性传递算法得到。

（2）知识（产生式规则）的不确定性主要有以下几方面。

① 构成规则的前件命题的不确定性。

② 规则前件命题组合的不确定性。

③ 规则本身的不确定性。

④ 规则后件结论的不确定性。

通常，态势理解阶段所涉及到的知识（规则）的不确定性由军事专家给出，但是在很多情况下，专家很难一一给出全部战场规则不确定性程度的数值，如某些规则的不确定性随先决条件的改变而改变，这时再用固定的数值来表示规则的确定性程度就显得不合理了，需要引入模糊理论的相关概念来表示这种不确定性。

（3）推理的不确定性是指由于证据的不确定性和规则的不确定性在推理过程中的动态积累和传播，从而导致推理结论的不确定性。例如传感器观察到敌方警戒雷达开机（证据 E），并且由警戒雷达开机可以预测敌方可能会对我方发动攻击（规则 $E \to H$，结果为 H），那么就要考虑怎样将证据 E 的不确定性和规则 $E \to H$ 的不确定性传递到结果 H 中去。甚至多个证据支持结论时，又将怎样将这多个证据的不确定性传递到结果中去。例如，传感器观察到敌方警戒雷达开机（证据 E_1），并且敌机群从敌方基地向我方加速驶来（证据 E_2），而这两个证据都预示着敌方可能会对我方发动攻击，那么，就要考虑如何将这两个证据的不确定性传递到结果中去。

针对态势理解阶段的不确定性问题，人们提出了多种处理方法，归纳起来可分为两类：一类是基于概率论的方法，包括贝叶斯网络（BayesianNetwork）、主观 Bayes 方法等；另一类是非概率的方法，包括模糊逻辑（Fuzzy Logic）、粗糙集理论、Dempster-Shafer 证据理论、灰色系统理论以及集对分析等。由于各种不确定性并非泾渭分明，并且不确定性知识表示和处理的各种方法和理论也各有优缺点，许多人都致力于研究各种理论和方法的融合以及新的不确定性知识表示和推理途径，力图找到更好的处理态势估计中不确定性信息的方法。

对敌意图识别推理模型中的不确定性分析主要体现在两个方面：观察误差是指利用多传感器和其他数据源获得的观测证据的不确定性；过程分析的不确定性是指对敌意图识别的过程中不确定性的传递与集成，体现了具有不确定性的观测证据与不完备战场空间知识库的动态传播和集成过程。

在上述提出的对敌意图识别推理模型中，解释子模块相当于我方模拟敌方决策的过程，而决策必然包含指挥员的知识经验、判断等模糊信息，并且敌方目标之间也可能相互冲突，解释子模块的输出是我方模拟敌方决策后预测出的敌方可能意图以及这些意图的排序（依据置信度排序）。一方面，我方军事人员可以根据敌方可能意图的置信度，将排序靠后的目标从敌方意图中剔除，这样在对行动子模块建模时，只需要考虑解释子模块的输出中可能性比较大的敌方作战意图，有利于简化行动子模块的网络结构；另一方面，军事专家可以根据意图的置信度，为意图空间中各意图的发生概率（先验概率）赋值。由于行动子模块中只存在敌方意图（I）变量和为了实现其意图的行动（A）变量，敌方的军事行动总是按照一定的作战计划展开的，而军事事件之间具有很强的因果关系，因此可以采用贝叶斯网络来表现行动子模块。

10.2.3 基于可信度理论的态势估计方法

在态势理解阶段存在很多的不确定性（Uncertainty），如何从不完全、不精确或不确定的知识和信息中作出推理，完成对当前战场态势的解释，是实现态势估计的关键所在，而模糊逻辑和可信度法是解决此类问题的有力工具。以下使用模糊逻辑方法来处理事件发生的不确定性，基于一定的知识产生对当前态势的假设，并用可信度法对获得的信息进行合成，从而构造了一个对战场态势进行分析、推理和预测的求解模型。

态势估计是军事智能决策过程中重要的环节，是以军事知识和军事经验为基础，自适应地对急剧动态变化的战场场景进行监控，按照军事专家的思维方式和经验，自动对实时多源数据进行分析、推理和推断，作出对当前战场情景合理的解释，为军事指挥员提供较为完整的当前态势分析报告。这一过程可表示为在已知军事知识$K=(K_1,K_2,\cdots,K_m)$和当前实时数据信息$S=(S_1,S_2,\cdots,S_m)$的情况下得到态势$H=(H_1,H_2,\cdots,H_l)$的假设结果$P(H|K,S)$，P表示每个备选假设（态势）有一个不确定的概率关联值或置信度。这说明，态势估计问题是模拟军事专家解决问题的过程，是人类思维推理的机器化形式。

在态势估计过程中，军事领域知识起着决定作用，可以根据知识建立态势特征与态势识别的对应关系，形成对当前态势的分类识别。设态势空间框架为$H=(H_1,H_2,\cdots,H_l)$，其元素为战场空间中可能出现的全部态势分类，$E_1,E_2,\cdots,E_k$为态势特征集合，表示战场空间中所出现的事件。所谓态势估计实际上就是基于军事领域知识求解态势特征集合E与态势空间框架H的对应关系，由此对当前态势进行识别，形成态势估计结果。

根据以上分析，态势估计的求解过程可分为事件检测、假设产生和态势估计三个步骤。事件检测是指各个传感器通过检测、处理给出对事件发生的判断；假设产生是指根据领域知识产生战场空间中可能出现的态势分类；态势估计是指用一定的推理方法，根据事件检测结果，推断出当前的态势假设类别中可能性最大的一个。

下面采用模糊逻辑进行事件检测，然后运用可信度推理方法结合领域知识找出事件与态势假设之间的潜在关系，最后用门限检测法得出目标当前的态势类型。

一、基于模糊逻辑的事件检测

模糊逻辑提供了一种处理人类认知不确定性的数学方法，它可以对不精确的语义信息进行处理。态势估计中目标的事件包括目标机动事件、辐射源事件等，由于这些事件的发生具有不确定性，因此使用模糊逻辑方法来检测事件是合理可行的。

模糊逻辑以隶属度函数来表示不确定，设U是论域，U上的一个模糊集合A由隶属度函数μ_A表征，即$\mu_A:U\to[0,1]$，则称$\mu_A(x)$为x关于模糊集A的隶属度。在态势估计系统中，把从一级融合传来的目标速度等事件状态具体值进行模糊化，从而对事件状态进行量化。对于不同的事件，事件状态隶属度的建立可以选取不同的模型参数。例如，设目标速度的事件状态为$E=\{l,m,h\}$，分别表示目标以低、中和高速运动，假设对目标速度的模糊子集采用三角形隶属函数，如图 10.5 所示。

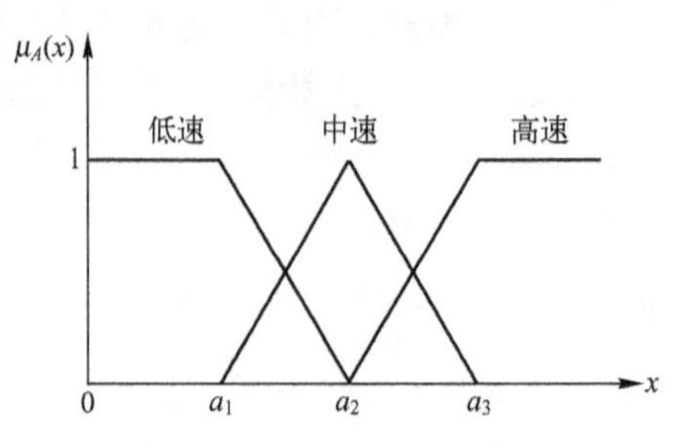

图 10.5　目标速度的模糊子集

定义目标速度的隶属度函数为

$$\mu_{A(l)}(x)=\begin{cases}1, & x\leqslant a_1\\(a_2-x)/(a_2-a_1), & a_1<x\leqslant a_2\\0, & x>a_2\end{cases} \tag{10-1}$$

$$\mu_{A(m)}(x)=\begin{cases}0, & x\leqslant a_2-b\\(x-a_2+b)/b, & a_2-b<x\leqslant a_2\\(a_2+b-x)/b, & a_2<x\leqslant a_2+b\\0, & x>a_2+b\end{cases} \tag{10-2}$$

$$\mu_{A(h)}(x)=\begin{cases}0, & x\leqslant a_2\\(x-a_2)/(a_3-a_2) & a_2<x\leqslant a_3\\1, & x>a_3\end{cases} \tag{10-3}$$

对于不同的应用范围，式中的a_1，a_2，a_3和b应该选取不同的取值。例如，根据攻击机、战斗机等的速度范围，选取a_1的马赫数为 0.5，a_2的马赫数为 1，a_3的马赫数为 1.5，b的马赫数为 0.5。对发生的事件状态进行量化后，如果某个状态属性值超过了预先设定的阈值，即认为该事件发生。量化结果则作为因果推理的输入，通过推理对态势进行分类识别，从而完成对当前态势的一次判决。

二、基于可信度法的态势估计

人们在长期的实践活动中，对客观世界的认识积累了大量的经验，当面临一个新事物或新情况时，往往可用这些经验对问题的真假作出判断。这种根据经验对一个事物或现象为真的信任程度称为可信度。在实际应用中，可信度由领域专家给出。

知识的不确定性表示是用产生式规则来表示知识，其一般形式为

$$\text{If } E \text{ then } H(\mathrm{CF}(H,\mathrm{E})) \tag{10-4}$$

式中：$\mathrm{CF}(H,E)$为该条知识的可信度，也称为可信度因子（Certainty Factor，CF），反映了前提条件与结论的联系强度。它指出证据E为真时，E对结论H的支持程度，$\mathrm{CF}(H,E)$的值越大，就越支持结论H为真。$\mathrm{CF}(H,E)$在$[-1,1]$上取值，由领域专家直接给出，当

它取负值时，表示 E 支持 H 为假的程度。

证据的不确定性也是用可信度因子 $\mathrm{CF}(E)$ 表示的。例如，$\mathrm{CF}(E)=0.6$ 表示 E 的可信度为 0.6。CF（E）的来源分两种情况：初始证据的可信度值由提供证据的用户给出；以先前推出的结论作当前推理证据时，证据的可信度值在推出该结论时通过不确定性传递算法得到。

结论不确定性的合成算法由下式计算结论 H 的可信度，即

$$\mathrm{CF}(H)=\mathrm{CF}(H,E)\cdot\max\{0,\mathrm{CF}(E)\} \tag{10-5}$$

若由多条不同知识推出了相同结论，但可信度不同，则可用合成算法求出综合可信度。由于对多条知识的综合可通过两两合成实现，所以下面只考虑两条知识的情况。

设有如下知识

$$\begin{cases}\text{If } E_1 \text{ then } H(\mathrm{CF}(H,E_1))\\ \text{If } E_2 \text{ then } H(\mathrm{CF}(H,E_2))\end{cases} \tag{10-6}$$

则结论 H的综合可信度可分为如下两步求出：

第一步，分别对每一条知识求出 CF（H）

$$\begin{aligned}\mathrm{CF}_1(H)&=\mathrm{CF}(H,E_1)\cdot\max\{0,\mathrm{CF}(E_1)\}\\ \mathrm{CF}_2(H)&=\mathrm{CF}(H,E_2)\cdot\max\{0,\mathrm{CF}(E_2)\}\end{aligned} \tag{10-7}$$

第二步，E_1 和 E_2 对 H 的综合影响所形成的可信度 $\mathrm{CF}_{1,2}(H)$ 可用下面的方法计算：

当 $\mathrm{CF}_1(H)\geqslant 0$，$\mathrm{CF}_2(H)\geqslant$ 时，有

$$\mathrm{CF}_{1,2}(H)=\mathrm{CF}_1(H)+\mathrm{CF}_2(H)-\mathrm{CF}_1(H)\cdot\mathrm{CF}_2(H) \tag{10-8}$$

当 $\mathrm{CF}_1(H)<0$，$\mathrm{CF}_2(H)<0$ 时，有

$$\mathrm{CF}_{1,2}(H)=\mathrm{CF}_1(H)+\mathrm{CF}_2(H)+\mathrm{CF}_1(H)\cdot\mathrm{CF}_2(H) \tag{10-9}$$

当 $\mathrm{CF}_1(H)\cdot\mathrm{CF}_2(H)<0$ 时，有

$$\mathrm{CF}_{1,2}(H)=(\mathrm{CF}_1(H)+\mathrm{CF}_2(H))/(1-\min\{|\mathrm{CF}_1(H)|,|\mathrm{CF}_2(H)|\}) \tag{10-10}$$

用可信度法进行态势估计时，证据就是第一步事件检测的结果，结论是根据领域知识假设的目标的态势类别，用可信度法根据领域知识求出各个态势类别的可信度，用门限检测方法就可得到态势估计的结果。图 10.6 给出了可信度法用于态势估计系统的具体过程。

在图 10.6 中，$E_1,E_2,\cdots,E_k$ 表示要经过模糊逻辑进行检测的 k 个发生的事件，各个态势类别的可信度 $\mathrm{CF}_1(H_i),\mathrm{CF}_2(H_i),\cdots,\mathrm{CF}_k(H_i)$ 分别由 $E_1,E_2,\cdots,E_k$ 用可信度法推出，$\mathrm{CF}(H_i)$ 为各个态势类别的合成可信度。

态势估计过程的具体步骤如下。

（1）根据领域知识确定目标的态势类别。

（2）将事件检测的各个结果作为证据，用式（10-5）分别计算各个态势类别的可信度。

（3）由式（10-8）～式（10-10）计算各个态势类别的综合可信度。

（4）进行门限检测，若某个态势类别的可信度达到设定的阈值，则将此类别作为估

计结果。由于各个态势类别的合成可信度的计算与合成次序无关，所以图 10.6 所示的合成计算等同于两两合成的计算递推得到的结构等效图。当不断有事件发生时，这个过程便得以继续，直到某个态势类别的可信度达到预先设定的阈值。

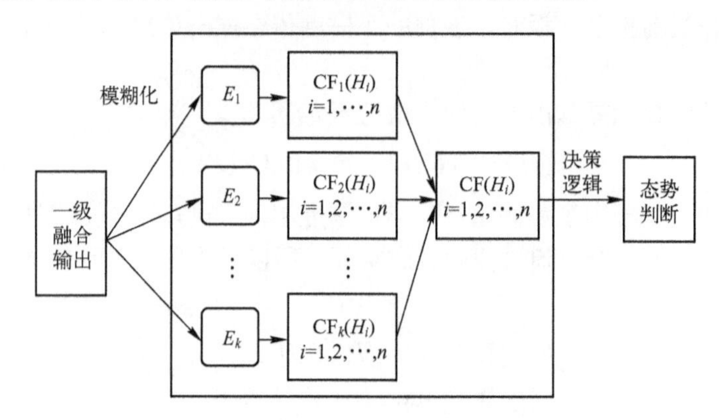

图 10.6　可信度法用于态势估计系统的具体过程

例 10.1　假设红方在某地区执行防空任务，据报告有蓝方目标接近，要求根据逐步到来的情报推测该目标的意图。

设根据领域知识得到目标的态势类别为攻击（H_1）、佯攻（H_2）、监视（H_3），而事件 E_1、E_2、E_3 分别表示目标以低速、中速和高速靠近红方。设定可信度阈值为 0.6。假设由领域专家给出的已知条件如下：

$$\mathrm{CF}(H_1,E_1)=0.3,\quad \mathrm{CF}(H_2,E_1)=0.3,\quad \mathrm{CF}(H_3,E_1)=0.4$$
$$\mathrm{CF}(H_1,E_2)=0.6,\quad \mathrm{CF}(H_2,E_2)=0.2,\quad \mathrm{CF}(H_3,E_2)=0.2$$
$$\mathrm{CF}(H_1,E_3)=0.8,\quad \mathrm{CF}(H_2,E_3)=0.1,\quad \mathrm{CF}(H_3,E_3)=0.1$$

设在时刻 t_1 检测到目标以马赫数为 0.75 的速度靠近红方，由式（10-1）～式（10-3），事件 E_1、E_2、E_3 的可信度分别用速度的隶属度值来表示为

$$\mathrm{CF}(E_1)=0.5,\quad \mathrm{CF}(E_2)=0.5,\quad \mathrm{CF}(E_3)=0$$

由式（10-5）得到各个态势类别的单一可信度分别为

$$\mathrm{CF}_1(H_1)=0.15,\quad \mathrm{CF}_2(H_2)=0.15,\quad \mathrm{CF}_1(E_3)=0.2$$
$$\mathrm{CF}_2(H_1)=0.3,\quad \mathrm{CF}_2(H_2)=0.1,\quad \mathrm{CF}_2(H_3)=0.1$$
$$\mathrm{CF}_3(H_1)=0,\quad \mathrm{CF}_3(H_2)=0,\quad \mathrm{CF}_3(H_3)=0$$

由式（10-8）～式（10-10）计算得到各个态势类别的合成可信度均小于阈值，分别为

$$\mathrm{CF}(H_1)=0.405,\quad \mathrm{CF}(H_2)=0.235,\quad \mathrm{CF}_1(H_3)=0.28$$

设在时刻 t_2 检测到目标以马赫数为 0.875 的速度靠近红方，求得各个态势类别的合成可信度均小于阈值，分别为

$$\mathrm{CF}(H_1)=0.491,\quad \mathrm{CF}(H_2)=0.214,\quad \mathrm{CF}_1(H_3)=0.405$$

设在时刻 t_3 检测到目标以马赫数为 1.375 的速度靠近红方，求得各个态势类别的合成可信度分别为

$$\mathrm{CF}(H_1)=0.66,\quad \mathrm{CF}(H_2)=0.235,\quad \mathrm{CF}_1(H_3)=0.28$$

可见，$\mathrm{CF}(H_1)=0.66>0.6$，因此，在$t_3$时刻，目标的态势类别为攻击（$H_1$），即认为目标会对红方进行攻击。

10.3 战场态势可视化技术

战场态势信息的可视化过程是为满足高层指挥员面对海量联合战场态势信息时的战场感知需求，为显示战场态势信息而提供的一种更具效率的方式。美军关于战场态势可视化的定义是这样的："战场态势可视化是一个有助于指挥员对当前所处态势明确认知、对最终状态准确评估并能对作战行动进行准确评价的过程"。这段话里包含有对地形的分析，对敌我双方位置的判定，对天气的影响以及对敌军指挥系统的了解。战场态势可视化不仅仅是一个智能系统，它能够利用战场全部信息系统中的数据，并将其整合成一个整体，而且是一种战争艺术与先进科学技术相结合的产物，是作战指挥人员将其指挥艺术与先进科学技术结合起来增大并保持对敌作战优势的一种能力。

10.3.1 态势图及其应用层次结构

战场态势可视化是指利用科学计算可视化、虚拟现实以及计算机图形学技术，根据数字化战场信息构造战场详图或虚拟战场，使用户"沉浸"于其中，快速、准确地获得有效的战场信息，从而激发指挥员的作战"构想"，并利用自然、友好的"交互"手段影响作战行动。

战场态势的可视化形式是态势图（Situation Picture），该图由底图（电子地图）及在底图上标绘的描述各态势元素信息的一系列军标队列符号（称军队标号）覆盖层构成。为达到一致性理解，态势图上通常加注态势信息说明。它将各种战场作战信息，包括我方兵力部署、行进路线、敌方兵力情报、敌方军事动态、战区地理环境等各种军事情况信息，以图像、图形或文字、符号等形式，动态、可控地显示出来，以便迅速地给指挥、参谋人员提供全面、直观、清晰的战场态势，有利于缩短决策时间、提高决策质量、增强武器系统的效能、提高作战效率，从而大大提高部队的战斗力和机动能力。

战场态势可视化分析系统有多种方式直观地为用户提供丰富的战场信息，一般有二维态势显示和三维态势显示两种方式。二维态势显示为用户监视整个战场推演过程提供第三方视点，通过配置所需比例尺下的电子/数字地图，提供整个战场的平面图；三维态势显示对应于传统的沙盘作业模式，它基于虚拟现实技术实现，为用户提供关于某一特定战场区域的真实而全面的虚拟自然环境（地物、地貌和自然条件），并在此基础上提供敌我双方兵力与态势变化情况的真实表现和描述，从而给指挥人员以身临其境的视觉体验以及其他感官体验。二维态势与三维态势是从不同层面、不同角度上描述同一战场空间，二维态势重点表现整个战场形势的全局变化情况，而三维态势则重点表现局部细节变化，其目的是为指挥员提供动态的、实时的、完整的、全局统一的战场公共视图。由于二维态势和三维态势仅仅是对同一战场空间的两种不同的表现形式，故在战场推演过程中的任一给定时刻，二维标绘与三维标绘的内容是相同的，所要表达的目的也是相同的，它们仅仅是提供给用户的两种不同的标绘手段而已。

战场态势可视化分析过程一般可以分为以下几个阶段：原始数据、数据表、态势分析建模、态势可视化建模、视觉观察。原始数据经过转换，去掉无用的重复的数据，得到规整的抽象数据，数据以多维属性值来表示；利用得到的多维信息值进行态势分析；采用可视化模型将得到的态势数据表示出来，也就是进行数据的可视化表达，这也是用户最终观察到的结果。整个过程归纳后如图 10.7 所示。

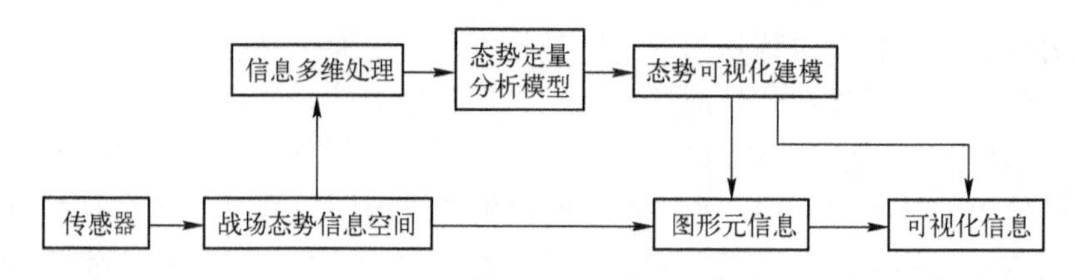

图 10.7　战场态势可视化过程

战场态势信息量大、组成复杂，对战斗胜利有直接影响的信息往往淹没在大量与作战行动关联性不大、甚至是基本无关的信息中。如果将所有的信息全部发给指挥员，反而会干扰指挥员对战场的认知。通过对战场态势信息模型化，可以实现信息的分层、分类，控制同时展现在用户面前的信息总量，实现对战场信息的“过滤器”作用。对信息进行适当的过滤，减少信息冗余，去伪存真，去粗存精，可以帮助用户将注意力始终集中在主要问题的认识、解决上，这样才能更好地发挥战场可视化系统的优势。

战场态势分析的可视化模型应利于指挥员分析并发现战场态势的关联和走势，使指挥员快速、准确地获得有效的战场信息，从而激发指挥员的作战“构想”，便于指挥员实现诸如战场整体形势、整体实力的对比、敌我双方的兵力部署、前沿阵地的位置、双方的薄弱环节、安全行军路线等的判断。

态势图需要满足各级用户的需求，因而其空间分辨率必然存在多样性和数字地图产品的多类型（向量图、像素图、DEM 格式、地形图、地理图、水系图、岸线图、政区图等图种），因此，需要进行多分辨率、多类型地图的集成应用。

从应用需求出发，战场态势分为战略态势、战役态势和战术态势，它们分别为国家级、战区（军种）级和作战行动级的指挥员提供战场感知服务。这样划分的三级态势在其涵盖作战区域、态势粒度、要素类型等方面是有差别的，这取决于用户需求，但这三个层次的战场态势并没有十分严格的界线。

战场态势通常以态势图方式提供给指挥员应用。态势图通常由底图（电子地图）和在其上叠加显示的态势要素（队列标号）图形及标注信息组成。美军从指挥决策、战术指控和火力打击等作战环节对战场态势的应用需求出发，将战场态势的图形服务形式——互操作作战图族（FIOP）分为共用作战图（COP）、共用战术图（CTP）和单一合成图（SIP）。COP 和 CTP 中的“共用”概念指遂行同一作战任务的两个以上作战单元在进行作战方案/计划或战术行动协同时，必须使其共同关心的战场态势要素保持一致。在 FIOP 中，COP 为国家军事战场空间视图，其要素构成主要包含相应局部战场空间中的各类打击目标、火力单元及环境参数，依局部空间和打击目标不同，分别称为单一合成空图（SIAP）、海情图（SISP）、地情图（SIGP）、太空图（SISPP）等。各类 SIP 担负有为生成 CTP 提供相应局部战场空间态势要素的使命。

战场态势及态势图的层次结构如图 10.8 所示。该图阐明了美军 FIOP 三级态势图与三级态势层次、指挥级别、应用节点的关系。其中：

NJCC（National Joint Command Centre）——国家联合指挥中心；

TJCC（Threat Joint Command Centre）——战区联合指挥中心；

SCCC（Services Components Command Centre）——军兵种指挥中心；

PFC（Participate Forces Command Post）——参战部队指挥所；

FCS（Fire Control Site）——火力控制节点。

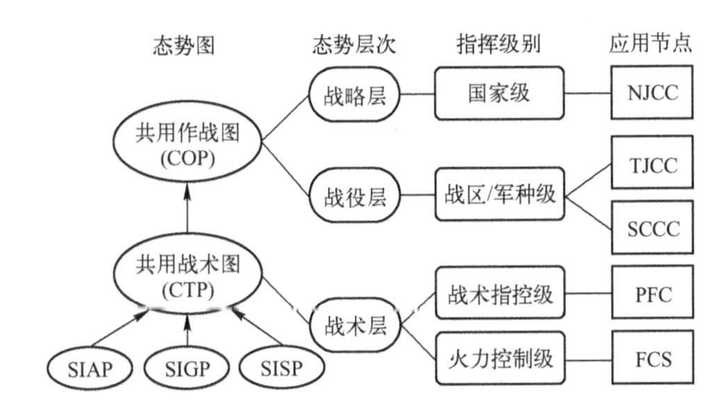

图 10.8　战场态势图与态势层次、指挥级别、应用层次的关系

10.3.2　战场态势信息表现技术

战场态势可视化是帮助指挥员实现“透视战场”能力的工具，是建立在信息可视化的基础之上的，其服务的目标是对战场态势的感知。战场态势信息的可视化过程是将战场空间中通过各种信息获取方式获取的信息，以及下级指挥员的态势报告信息，借助计算机工具、计算机图形学和图像处理等技术，在军事地理信息系统的基础上，以计算机图像的形式直观形象地表达出来，并通过进行数据关系特征探索和分析来获取新的理解和认识，最终使指挥员能够以可视化的方法进行战场规划、指挥决策和指挥控制。具体而言，战场态势可视化主要涉及到战场环境和作战力量的信息表现技术。

一、战场环境信息表现技术

信息化战争对于信息优势和主宰性的战场空间感知的迫切需求使得对战场空间信息的表现技术要求越来越高。当前，3S 技术的集成发展为战场空间信息的综合表现提供了良好的技术支持。3S 技术，即全球卫星定位系统（Global Positioning System，GPS）、遥感（Remote Sensing，RS）和地理信息系统（Geographic Information System，GIS）的统称。在 3S 技术的集成系统中，GPS 用于实时、快速地提供目标的空间位置；RS 用于实时、快速地提供大面积地表物体及其环境的几何与地理信息及各种变化；GIS 是 3S 技术集成的核心，集遥感和全球定位系统技术的功能为一体，是多种来源的时间、空间数据的综合处理与应用分析的平台，是空间信息实时采集、处理、更新与提供决策辅助信息的有力手段。

战场空间信息的表现技术主要包含以下内容：用户共用的、一致的、可操作的联合绘图技术；地图与地理叠加技术；动态轨迹技术；基于地理位置与属性的航迹关联技术；多区域视图、多层次视图、面向任务视图的绘制技术等。以 GIS 为核心的 3S 技术完全可以提供以上战场空间信息的表现技术的实现。对于战场环境的可视化研究主要集中在电子战场环境的构建方式上。目前战场环境的构建方式主要分为以下三种。

1. 二维数字地图环境

二维数字地图（图 10.9）是随着信息可视化技术的进步发展起来的。随着勘测等地理信息采集技术的发展，地理信息数据海量增加，以往的普通地图已经很难满足工程人员对数据吞吐量、数据处理速度的要求。使用计算机进行地理信息数据处理已经成为趋势，而数字地图就是对普通地图在计算机上的模拟，但拥有更高的数据集成化手段，更快的数据处理速度，可以满足工程人员对地理数据的存储与查询需求。

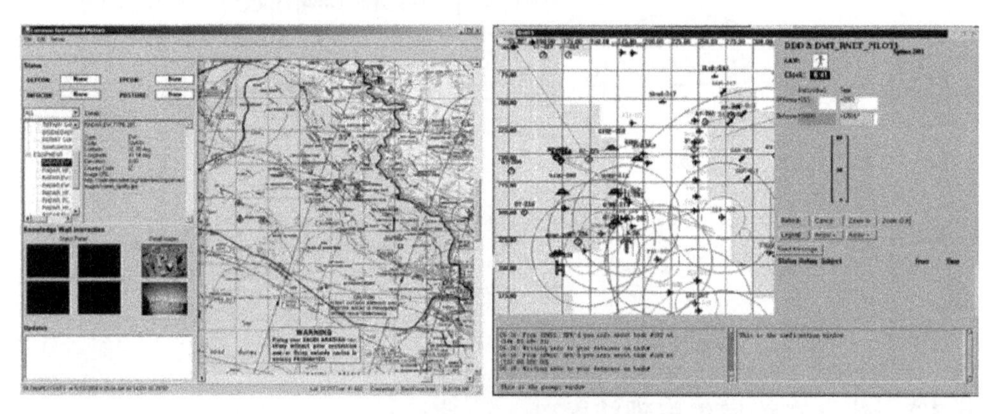

图 10.9　二维数字地图

2. 二维数字地图加局部高程信息环境

地学信息可视化的发展，促使人们对于可视化信息的需求已经不仅仅局限于在计算机上进行地理位置查询，还需要在数字地图上实现距离量算、高程计算、空间分析等功能。但是由于数字地图具有二维平面性，这些功能往往很难被满足，因此，研究人员在二维电子地图上附加高程等高度信息，以满足简单的空间分析需要，这样的数字地图往往被称为 2.5 维地图环境（图 10.10）。2.5 维环境虽然不如三维仿真环境直观，但在处理速度方面具有相当强的优势。

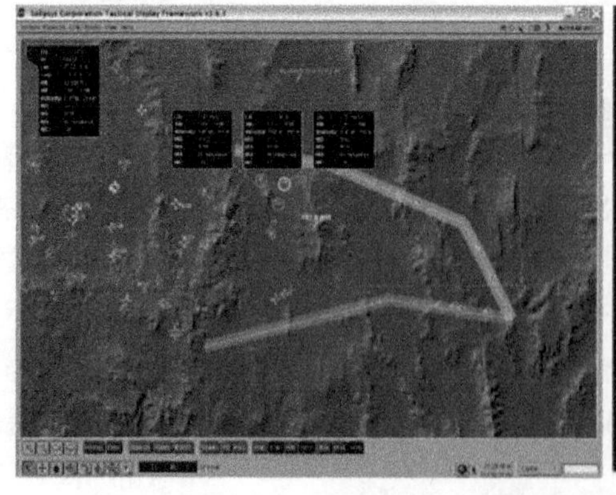

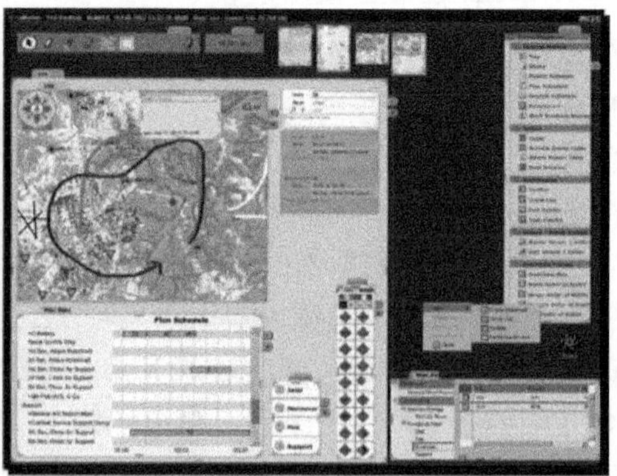

图 10.10　二维数字地图加局部高程信息环境

3. 三维虚拟战场环境

随着计算机图形学的发展与计算机图形硬件系统的迅速发展，进行大规模的三维空间地理环境绘制已经成为了可能。三维虚拟战场环境（图 10.11）是对综合战场空间进行真三维的模拟，主要包括三维地形的生成、空间影像的纹理处理、海量数据集成等技术。三维环境对于指挥员进行正确的战场决策有着很好的促进作用，三维空间由于其构造的真实感，可以使指挥员对战场态势进行很直观的掌握，并能为指挥员提供三维空间分析功能。目前三维战场虚拟环境的缺点在于绘制的实时性仍有待提高，同时，三维环境有可能增加指挥员对战场态势的迷失感，造成决策失误。

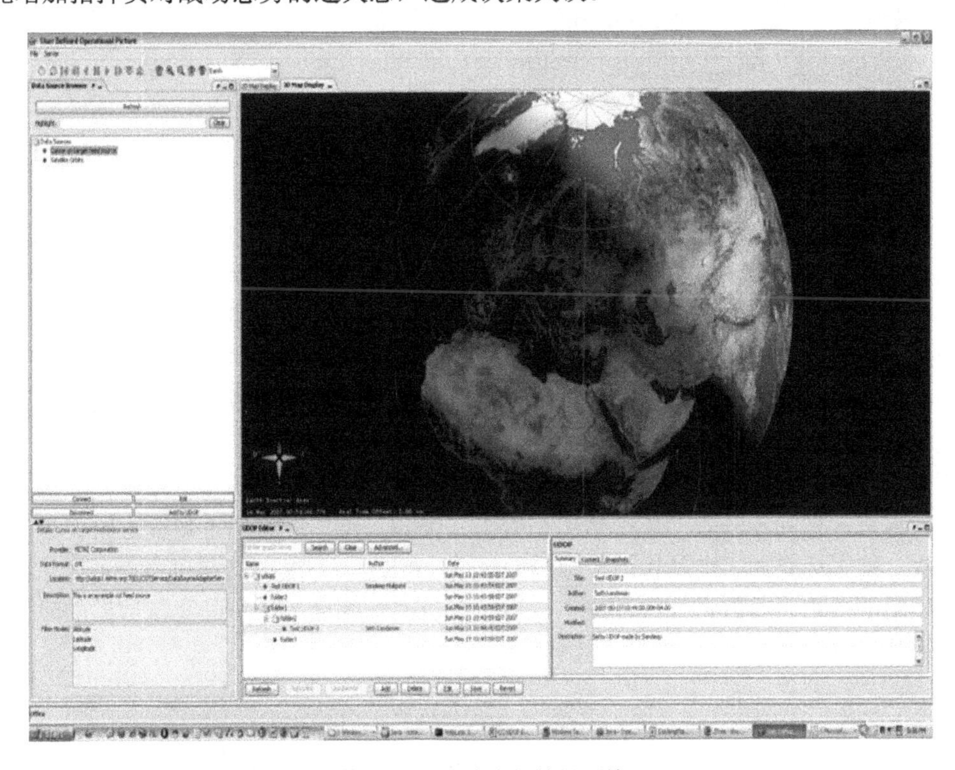

图 10.11 三维虚拟战场环境

二、作战力量信息表现技术

作战力量的可视化主要集中在军标信息的可视化手段方面，军标是在各类战场指挥系统中进行态势编辑和标绘的主要符号化手段，主要有三种军标可视化方式。

1. 二维符号

二维军标符号是对各种军事标注单位的专业符号化显示，各国在二维军标符号的制定方面都有本国的统一标准，一般是对传统的地形沙盘所用的军标进行计算机图形学的符号化仿真，以便作战参谋进行专业的态势标绘以及指挥员可以继续在态势图上进行熟悉的战场感知。

2. 三维实体模型

随着三维战场环境构造的发展，以实体模型（图 10.12）进行三维战场的态势标绘成为现在态势信息可视化的热点。实体模型军标就是对在三维环境下作战的军事单位进行真实的图形学绘制，用于指挥员对综合战场空间的真实感知。

图 10.12　三维实体模型

3. 二维军标加三维属性

目前，在全三维战场环境的态势标绘研究中，不少学者对真三维的实体模型军标是否在态势感知方面具有优越性提出了质疑。虽然三维实体模型在对军事单元细节的描述上更加逼真，但在实时绘制的速度上仍然有待于提高，同时也容易造成指挥员在面对精细模型时态势感知上的迷失感，从而造成指挥决策上的失误。所谓三维军标的混淆作用，指的是仿真实体的立体感所造成人眼对实体真实属性的错误性理解，容易造成指挥员信息获取时的失误。

研究人员通过多种不同的心理学实验，对二维和三维军标在各个应用层次上进行感知比较，通过大量的参与者的感知结果来得出二维和三维军标在局部特征上的优越性，从而生成二维军标叠加三维属性的军标模型（图 10.13），不仅在绘制速度上可以达到实时态势显示的要求，而且在三维环境下，当指挥员面对综合战场空间海量数据的时候，也可以为其提供更好的决策支持作用。

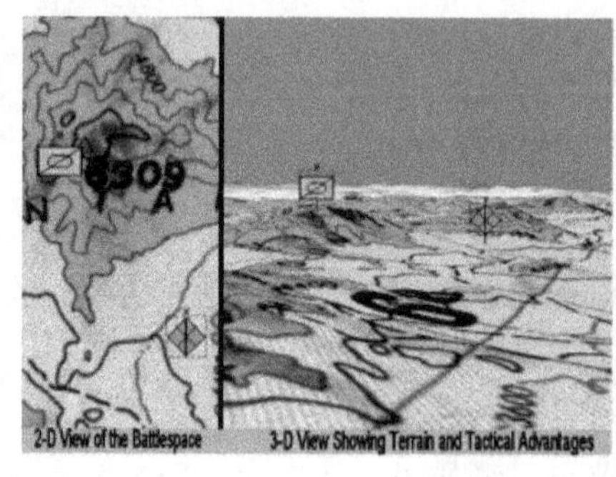

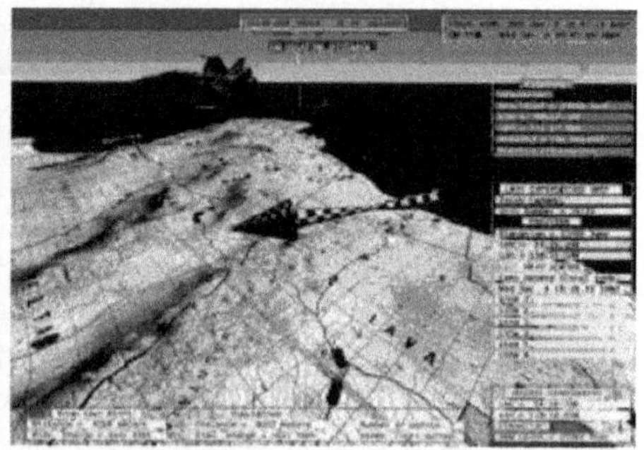

图 10.13　二维军标加三维属性

10.4　主动态势服务技术

态势图的生命力在于拥有实时共享的数据。每一个用户既是数据提供者，也是使用者。所以，用户发布的信息是态势图服务体系最新鲜的“血液”。用户能够提供的数据类型、数据的现势性、提供数据的方式、数据的质量都不尽相同。因此，需要对 JOP 用户发布权限进行控制，对发布的数据进行去伪存真、归一化处理。从态势图使用者的角度来看，所使用的态势感知数据虽可能来源于同一数据源或态势数据库，但是各态势图使用者可能处于不同的部门，而且需求层次、作业任务也可能不同，因此，需要为用户提供态势信息的定制能力，包括数据源、内容以及表达形式等。其次，从态势图提供者的角度来看，态势信息也许不必要或者不允许提供给所有的用户，因此，也需要选择。

10.4.1 态势数据的分布式管理

态势图的服务对象可以具体到每一个“单兵”，而“单兵”既是数据提供者也是数据使用者。因此，态势数据和态势图必然是分布式存储的，甚至是异构的，这便需要分布式数据库管理技术的支持。

一、分布式数据库技术

分布式数据库技术是分布式技术与数据库技术的结合，在数据库研究领域中已有多年的历史。从概念上讲，分布式数据库是物理上分散在计算机网络各节点上，而逻辑上属于同一个系统的数据集合。它具有数据的分布性和数据库间的协调性两大特点。系统强调节点的自治性而不强调系统的集中控制，且系统应保持数据的分布透明性，使应用程序编写时可完全不考虑数据的分布情况。与集中式数据库系统不同，数据冗余在分布式系统中被看作是所需要的特性，其原因是：首先，如果在需要的节点复制数据，则可以提高局部的应用性；其次，当某节点发生故障时，可以操作其他节点上的复制数据，因此这可以增加系统的有效性。当然，在分布式系统中对最佳冗余度的评价是很复杂的。

正如概念中所说，态势图之所以公用是由于所有用户都使用同样的数据，可见，一致性是态势图的基础。分布式数据库技术在主动式态势图服务中最重要的作用便是维护态势数据的一致性，态势数据的时效性决定了数据库之间不可能采用 ArcGIS 的“松散耦合、定时同步”机制，而应该是采用触发器的“即时同步”机制。当然，“即时同步”必然会给最为宝贵的通信资源带来负担，所以必会出现为提高效率而采取的数据冗余机制和数据一致性的矛盾。针对具体问题，在最佳冗余度评价指导下的分片模型会带来最佳解决方案。

在无人工干预下，由软件自动按照预先设定的任务保持分布式数据库中数据的实时一致性是一个难点。国内外很多学者都在从事动态数据复制这一领域内的研究工作，但大多研究其理论，并提出了很多算法和算例。目前，数据同步和一致性管理技术按照数据的更新方式，可以分为同步复制和异步复制。按照具体实现的技术可分为基于数据库高级复制功能、触发器技术、主动数据技术等。下面来详细讨论这些实现技术。

基于数据库的高级复制功能：目前的大型关系型数据库都提供这项功能，如 Oracle、SQL Server 等。复制是在分布式数据库环境中维护表副本的过程，复制对象包括在一台以上机器存在的表、索引、数据库触发器、包与视图。以 Oracle 为例，Oracle 复制使用主站点/快照站点方案。主节点含有所有要被复制到其他节点的对象（表、索引、视图等）。主组含有一组要被复制到多个站点的对象，快照站点直接与一个并且只与一个主站点相关，它可以含有主站点的所有对象，但通常只含有对象的一个子集。

基于触发器技术：触发器是现在大型关系型数据库都有的功能，所以可以使用数据库触发器从一个表向另一个表复制数据；当然这张表既可以在本地数据库内，也可以在远程数据库中。当对特定的表执行特定的操作时，就会引发数据库触发器。这些触发器可以把每一行事务或整个事务作为一个单元来执行。进行数据复制时，通常关心的只是每行数据。这里仍以 Oracle 为例，在创建触发器之前，同上面的复制一样，必须为要使用的触发器创建一个数据库链。在这种情况下，数据库链应当在拥有数据的数据库中创建，并可以对复制表的拥有者进行访问。理论上讲，有可能创建一个触发器来执行本地数据库中所有可能的数据的复制操作事务，但这样做很快就会变得非常难以管理，因此触发器常用于所复制的数据是十分有限的表间复制中。通常只有在发送到远程数据库的数据类型是 insert 或 delete 时才使用这种方法。支持 update 事务的代码通常比相应的快照要复杂得多。对于一个复杂的环境，应该考虑使用快照或手工数据拷贝等其他方法。

二、元数据技术

元数据是关于数据库中所存储的数据的描述性信息。元数据对数据的内容、质量、条件和其他特征进行描述与说明，以便人们有效地定位、评价、比较和获取数据，避免数据的重复生产造成的浪费，同时元数据也是“数字地球”建设的基本要求。它由八个基本内容部分和四个引用部分组成，其中基本内容部分包括标识信息、数据质量信息、数据集继承信息、空间数据表示信息、空间参考系信息、实体和属性信息、发行信息以及空间元数据参考信息八个方面的内容，另外四个引用部分包括引用信息、时间范围信息、联系信息以及地址信息。

态势数据具有多源性和分布式存储的特点，因此，只有借助元数据目录服务，用户才可以在元数据管理工具的帮助下主动发现和获取需要的数据，进而才能有效地利用各种基础数据。提供者所提供的数据，也只有利用元数据的目录服务进行登记，才能方便地为其他用户发现和使用。当然，元数据必须有统一的标准，才能在提供者和使用者之间建立共享的环境。

元数据技术也是实现主动式 GIS 的关键技术，过去地理信息系统提供的信息服务都是被动式的，用户必须去寻找自己需要的数据和服务；元数据可以帮助 GIS 主动地为不同的用户提供相应的数据和服务。对于态势图服务体系，因为其数据源异常丰富，用户要想发现和使用最新、质量最高、最恰当的数据，就必须要有一个智能搜索引擎。元数据是实现智能搜索引擎的基础。元数据库中的元数据来自于两方面：态势图服务体系构建时，由元数据库管理软件，从下辖的数据库自动生成；在运行时，各级用户对具有权限的数据库的更新（增、删、改）信息，都由分布式数据库的动态复制技术自动添加到对应的元数据库中去，以反映本级态势图服务体系的最新状态和趋势。任何数据库里的数据，只有通过元数据库这个门户，才能够被发现和使用，也确保了态势数据的现势性。

10.4.2 态势数据分发技术

战场态势瞬息万变，战机稍纵即逝。实时、准确地把握战场态势是取得胜利的关键。战场态势数据共享是网络中心战的重要特征。要将合适的态势数据在合适的时间发送给合适的战场数据节点，就要考虑态势数据的分发问题。

战场态势数据具有信息量大、更新快、多元化等特点。战场网络环境下，态势数据在各个战场数据节点间实现共享。每个节点既是数据生产者，又是数据请求者。态势数据在战场网络中是分布式存储的，甚至异构的。各战场数据节点对于态势数据在内容、实时性、持久性、可靠性和优先级等诸方面均有不同要求。此外，由于战场环境的特殊性，使得不断进行态势数据分发的各数据节点的组成总处于动态变化中。

由战场态势数据特点可知，其数据分发技术必须满足分发数据量大、实时性高、抗毁性强、能够提供 QoS 保证等要求，即只有满足高实时性、能够提供 QoS 保证、解决单点失效问题的数据分发技术，才能满足态势数据在战场网络环境下实现战场态势数据共享的要求。

数据共享是指在一定范围内、一定规则下，系统内任一节点都能访问其他节点的数据，而无须受限于数据的格式或结构。实现系统内节点间的数据共享存在多种方式，最主要的包含三种：联邦数据库系统、数据仓库和中间件技术。但目前较为流行的是中间件，它能够屏蔽各种异构数据间的差异，实现节点间的互连、互通、互操作，为用户提供访问异构数据的统一接口。采用中间件实现数据分发技术，中间件作为共享系统的“中间人”，从数据生产者获得数据，经过整合后，分发至数据请求者。常见的数据分发中间件有：CORBA、Web Services 和 JMS 等。各类中间件基于不同的实现原理，但大致可分为两类：面向服务的数据分发中间件和面向消息的数据分发中间件。面向消息的中间件又可再分为两个子类：基于消息队列和发布/订阅的数据分发中间件。

一、面向服务的数据分发中间件

对于面向服务的数据分发中间件，如 CORBA、RMI、DCOM、EJB 等，数据交互基于客户/服务器方式，数据交互过程采用同步方式。其数据分发的过程如图 10.14 所示：数据请求者的客户进程①发送请求到中间件的一个服务进程，该服务进程接收到请求后，以客户进程②访问数据生产者，数据生产者以进程③返回所请求的数据，再经中间件处理后，以进程④返回给数据请求者。

此种方式下，数据交互是由数据请求者的客户进程请求发起的，数据的实时性取决于数据请求者发起请求的频率和时刻。数据交互双方必须明确各自的位置以及是否在线。一旦某个数据生产者出现故障或退出共享环境，与之对应的数据请求者需要重新搜索新的数据生产者。

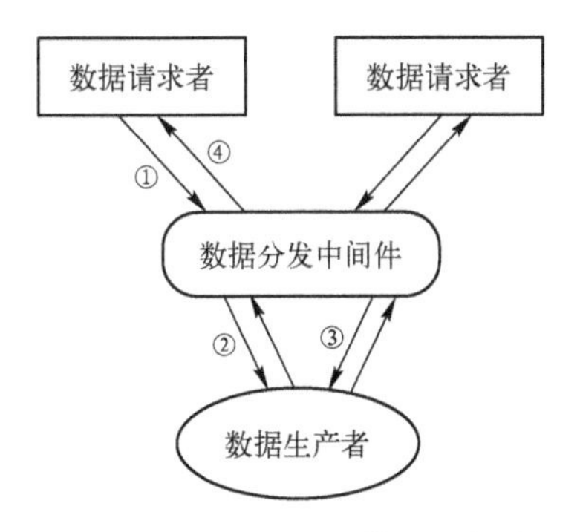

图 10.14　面向服务的数据分发过程

二、面向消息的数据分发中间件

对于面向消息的数据分发中间件，如 JMS、DDS 等，数据交互方式基于消息采用存储转发的方式实现，数据交互过程一般采用异步方式。数据分发的过程为：数据生产者的客户进程将产生的数据以消息形式包装，并通过中间件进行存储；数据请求者根据预先设定的规则从存储空间获取所需数据。按照预定的规则，面向消息的数据分发中间件又分为基于消息队列和发布/订阅的数据分发中间件。

1. 基于消息队列的数据分发中间件

基于消息队列的数据分发中间件的特点是：数据请求者是按照一定周期轮询由分发数据构成的存储空间，即消息队列，并按照“先进先出”或“先进后出”的原则将所需数据从消息队列中获取。其数据分发过程是：当数据生产者有新数据产生后，便以客户进程（1）将更新数据发送至中间件消息队列，之后中间件以进程（2）予以确认；数据请求者不断轮询中间件消息队列，当发现所需数据到来，则以进程①向数据分发中间件发出请求，中间件以进程②将请求数据返回数据请求者，如图 10.15 所示。

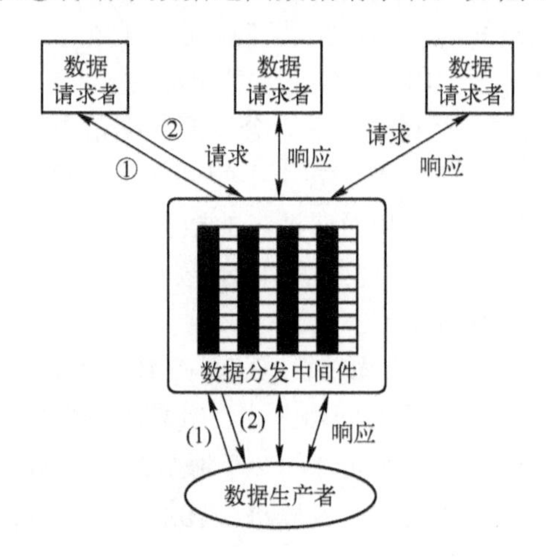

图 10.15　面向消息的数据分发过程

此种方式下，数据交互也是由数据请求者的客户进程请求发起的，实时性方面与面向服务的数据分发中间件性能相当。但由于数据请求者无需了解数据生产者的具体地址以及是否在线，也就是说，当某类数据的生产者被破坏后，只要仍然存在拥有同一类数据的生产者，整个数据分发系统不会受到影响；所以，基于消息队列的数据分发中间件在解决单点失效问题和抗毁性上较前者具有优势。

2. 基于发布/订阅的数据分发中间件

对于基于发布/订阅的数据分发中间件，数据请求者将所需的数据主题或内容提要向数据分发中间件发出订阅请求；当所需数据到来，由中间件通知数据请求者到数据存储区去获取。其数据分发过程是：当数据生产者产生更新数据，以客户进程（1）向中间件发布数据主题，并将该数据存储于位于中间件的数据存储区，中间件以进程（2）予以确认；数据请求者以客户进程①向中间件订阅所需主题数据，当相关主题的数据到来或更新时，由中间件以进程②向数据请求者发出通知，数据请求者接到通知后，以客户进程③向中间件发出数据请求，中间件以进程④返回数据请求者所需主题数据，如图 10.16 所示。

此种方式下，数据交互是由数据请求者所需主题数据的到来驱动的；由于该类中间件基于数据的“推”方式驱动数据交互，因此，在实时性方面较前两种基于数据“拉”

方式驱动的中间件更具优势。与基于消息队列的数据分发过程相似，该方式下数据请求者也无需了解数据生产者的具体地址以及在线与否，因此，两种面向消息的数据分发中间件都能够解决单点失效的问题，具有较强的抗毁性。在基于发布/订阅的数据分发中间件中，数据请求者根据主题来选择所需数据；在目前的相关研究中，主题已由单个名词拓展到主题内容、摘要和 QoS 等概念，因此，基于发布/订阅的消息中间件能够更好地满足数据请求者对于数据内容、QoS 等的需求差异。

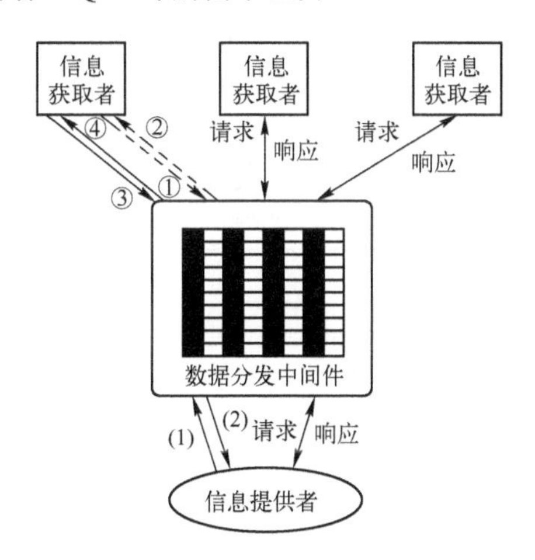

图 10.16　基于发布/订阅的数据分发过程

综上所述，基于发布/订阅的数据分发中间件具有更好的实时性、能够实现多种 QoS，并能解决单点失效问题，具有较强的抗毁性，因此具有最大限度地实现战场态势数据分发的能力。

10.4.3　态势信息的发布与定制

对于态势服务而言，定制需求固然必不可少，但态势信息定制毕竟太复杂，也必然消耗时间，对用户的认知水平要求太高，“推送”的主动式服务应该是态势最主要的服务方式。当前绝大多数 GIS 软件缺乏“推送力”，提供的都是“拉”式服务，“拉”的时间也很难确定，以至于往往是滞后的，不能实现多源数据的真正实时性集成。因此，在态势图中提供主动式服务是一种迫切需要的技术。

态势信息的发布和定制是主动式服务的基础。态势定制涵盖两方面内容：态势内容定制和态势表达方式定制。

态势内容的定制：指不同的用户或者同一个用户在不同的时刻或环境下能够根据当时的需要，选择自己需要的态势图内容，可以定制的要素包括要素类型、各类型要素的详细程度（用户需要显示的分级）、不同要素类型的时效性要求等。

态势表达方式的定制：指用户在信息内容定制的基础上，选择自己需要的态势信息的表达方式，表达方式的定制包括要素符号化（符号样式、颜色、图案等）的方式、投影方式、地图显示比例的选择、二维和三维的选择以及不同要素层叠置顺序的调整与控制等。

下面给出一个基于 DDS 的战场态势数据分发系统。

一、DDS 实时数据分发服务

数据分发服务（Data Distribution Service，DDS）是由 OMG 提出的基于发布/订阅的数据分发服务规范，其目标是为分布式系统各节点间提供高效、可靠、实时的数据分发服务。DDS 实现了以数据为中心的基于发布/订阅的分布式应用程序接口。DDS 分为两个部分：发布订阅（Data Centric Publish Subscribe，DCPS）层，提供用来与实现 DDS 的其他节点进行通信的 API，为核心层；数据本地重构（Data Local Reconstruction Layer，DLRL）层，用来定义如何使用面向对象类用 DCPS 数据域实现接口，为可选层。DDS 还定义了全面的QoS 策略，使得在每一对发布者和订阅者之间可以建立独立的QoS 协定。DDS 数据分发服务架构如图 10.17 所示。

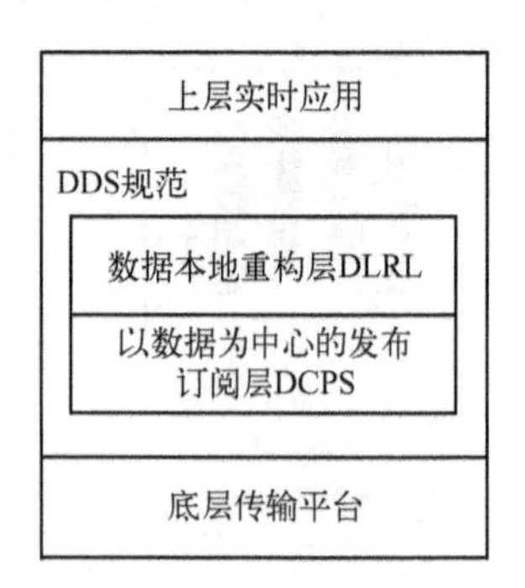

图 10.17　DDS 数据分发服务架构

二、战场态势数据分发中间件

DDS 中实现数据分发的功能层为 DCPS 层，而中间件又是实现 DCPS 层的核心技术。基于 DDS 的数据分发中间件，能够实现系统内各节点的数据共享，保证节点间数据的一致性和完整性。

战场态势数据分发中间件基于 DDS 规范构建，实现指挥控制管理系统内多个节点间关于战场态势数据的共享。指挥控制管理系统内各战场态势数据节点通过相应的 DDS 中间件接入传输网络，DDS 中间件为各数据节点提供订阅、发布消息接口、数据分发接口，并基于心跳检测的方式相互关联。战场态势数据分发中间件包括订阅代理、发布代理、发送代理、接收代理、转发代理和 DDS 数据库六个部分，如图 10.18 所示。

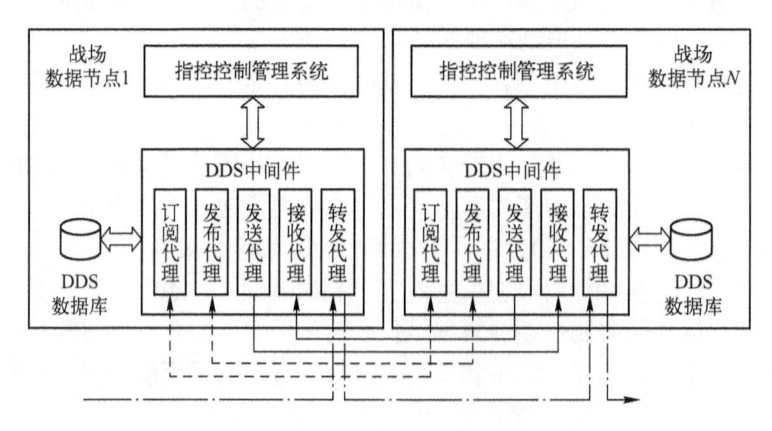

图 10.18　战场态势数据分发中间件架构

其中，订阅代理：周期性发送本地数据节点的订阅请求消息，并处理远程订阅请求消息。发布代理：周期性发布本地数据节点的更新数据消息，处理远程发布消息。发送代理：负责发送本地数据节点更新的数据给需要相关主题的订阅者。接收代理：负责为本地数据节点接收来自远程数据生产者的数据更新，它需要正确匹配订阅者所需数据主题，也要确保相应的 QoS 需求得到满足。转发代理对订阅/发布消息和更新数据进行转发。DDS 数据库：充当发布者、订阅者交互的数据存储区，保存主题、发布/订阅消息和更新数据。当数据发布时，发布者通过“写”操作将更新数据保存到本地数据存储区，然后由 DDS 服务根据特定的主题和 QoS 需要实时地将更新数据分发至系统内的订阅者。

基于发布/订阅的数据分发中间件技术由于是基于数据为核心构建共享结构，而与数据生产者和数据请求者无关，使得其在实时性、抗毁性和提供 QoS 保证等方面更具优势，更能满足战场态势数据分发的要求。DDS 是基于发布/订阅的实时数据分发规范，基于 DDS 实现的数据分发中间件能够很好地解决指挥控制管理系统内各战场数据节点间数据共享的问题。

习　题

1．试说明战场态势、联合战场态势的基本定义。

2．根据战场指挥员关注的态势信息分类，战场态势信息分为哪几种类型？

3．说明对敌意图识别推理过程。

4．分别说明战场环境信息表现技术、作战力量信息表现技术。

参考文献

[1] 杨露菁，余华. 多源信息融合理论与应用[M]. 第2版. 北京：北京邮电大学出版社，2011.

[2] (美)David L.Hall，James Llinas 编.多传感器数据融合手册.杨露菁，耿伯英，译. 北京：电子工业出版社，2008.

[3] 杨露菁，等. 目标信息处理技术[M]. 武汉：海军工程大学，2010.

[4] 贺晔. 指挥信息系统导论[J]. 武汉：通信指挥学院，2009.

[5] 李琦. 浅析信息化战争中军事情报活动[J]. 科技信息，2010（36）：67-68.

[6] 赵宗贵，刁联旺，李君灵. 战场感知信息质量与可信度的概念、内涵与关系模型[J]. 指挥信息系统与技术，2010（1）：13-19.

[7] 赵宗贵. 信息融合技术现状、概念与结构模型[J]. 中国电子科学研究院学报，2006，1（4）：305-312.

[8] 刘俊先，罗爱民，曾熠，等. 指挥信息系统综合集成理论与方法[J]. 火力与指挥控制，2008（8）：1-4.

[9] 李小花，李姝. 多源信息智能化融合体系结构及关键技术[J]. 指挥信息系统与技术，2012，3（4）.

[10] Deakin Richard S.Battlespace Technologies:Network-enabled Information Dominance[M].Artech House,2012.

[11] 缪崇大. 海战场多传感器目标综合识别技术研究[D]. 南京：南京信息工程大学，2008.

[12] 康耀红. 数据融合理论与应用[M]，西安：西安电子科技大学出版社，1997.

[13] 张远鹏. 基于多平台侦察信息的综合目标识别技术研究[D]. 无锡：江南大学，2008.

[14] 杨露菁，陈志刚. 作战辅助决策理论与应用[M]，北京：国防工业出版社，2016.

[15] 杨万海. 多传感器数据融合及其应用[M]，西安：电子科技大学出版社，2004.

[16] 陈舜乾. 多传感器数据融合中的偏差配准问题研究[D]. 南京：南京理工大学，2010.

[17] 梁凯，潘泉，宋国明，等. 基于曲线拟合的多传感器时间对准方法研究[J]，火力与指挥控制，2006，31（12）：51-53.

[18] 牟聪. 多传感器数据融合系统中数据预处理的研究[D]. 西安：西北工业大学，2006.

[19] 潘自凯，董文锋，王正国，等. 基于曲线拟合的 PRS/IRS 时间对准方法研究[J]. 空军雷达学院学报，2011，25（5）：343-345.

[20] 祁永庆. 多平台多传感器配准算法研究[D]. 上海：上海交通大学，2008.

[21] 徐毅，陈非，敬忠良，等. 基于扩展 Kalman 滤波的空基多平台多传感器数据配准和目标跟踪算法[J]. 信息与控制，2001，30（5）：403-307.

[22] 陈非，敬忠良，姚晓东. 空基多平台多传感器时间空间数据配准与目标跟踪[J]. 控制与决策，2001，增刊（16）：808-811.

[23] 贺席兵. 信息融合中多传感器的时空对准研究[D]. 西安：西北工业大学，2001.

[24] 李晓波，王晟达，梁娟. ESM 与雷达航迹关联的最大似然估计算法[J]. 电光与控制，2007，14（1）：46-47.

[25] 王杰贵，罗景青. 基于多目标多特征信息融合数据关联的无源跟踪方法[J]. 电子学报，2004，32（6）：1013-1016.

[26] Stubberud S C，Kramer K A. Data Association for Multiple Sensor Types Using Fuzzy Logic. IEEE Transactions on Instrumentation and Measurement，2006，55（6）：2292-2303.
[27] 张腊. 异类军用情报融合处理技术研究[D]. 西安：西安电子科技大学，2010.
[28] 刘进平. 雷达情报综合中的航迹处理方法[J]. 雷达科学与技术，2005（1）：37-42.
[29] 曾凯，王瑾. 指挥引导系统中对雷达情报的综合处理[J]. 中国科技信息，2006（19）：271-272.
[30] 张国柱，黄可生，姜文利，等. 电子对抗系统中雷达情报综合技术研究[J]. 国防科技大学学报，2005（4）：81-84.
[31] 赵宗贵，李君灵，王珂. 战场态势估计概念、结构与效能[J]. 中国电子科学研究院学报，2010，5（3）：226-230.
[32] 王斌，林怀清，林海涛. 战场态势数据分发技术研究[J]. 舰船电子工程，2011，31（5）：9-11.
[33] 胡小佳. 态势估计中的不确定性推理方法研究[D]. 长沙：国防科学技术大学，2007.
[34] 牛晓博. 海战场态势分析及其可视化建模技术研究[D]. 武汉：海军工程大学，2008.
[35] 熊红强. 海战场态势分析及其可视化[D]，武汉：海军工程大学，2011.
[36] 赵宗贵，李君灵，王珂，等. 共用作战图现状与发展趋势[J]. 中国电子科学研究院学报，2008，3（4）：384-392.
[37] 熊加遥，王睿，廖阳，等. 基于可信度理论的一种态势估计方法[J]. 现代防御技术，2011，39（2）：79-82.
[38] 张韬. 基于多平台协同的辐射源目标定位与跟踪技术研究[D]. 无锡：江南大学，2008.